计算机科学与技术丛书

Igor Pro实用教程

图表绘制、数据分析与程序设计

第2版

贾小文◎编著

清华大学出版社

北京

内 容 简 介

本书介绍 Igor Pro 的基本使用技巧和数据分析处理的一般方法，全面涵盖 Igor Pro 基本操作、图表绘制、数据分析拟合和程序设计等内容。在内容设计上，以实用性为目的，突出图表绘制、数据拟合和程序设计等数据处理中需要的内容模块。书中配有大量的示例代码，以便读者在学习的过程中参考和借鉴。

全书共分为 7 章和 3 个附录，第 1 章介绍 Igor Pro 的基本对象和基本使用方法，突出命令行使用的特色；第 2 章介绍图表的绘制和设置中涉及的概念和方法；第 3 章介绍数据拟合的技巧和方法，并详细讨论 Igor Pro 的一些高级拟合技巧；第 4 章介绍一些常用的数据处理方法，如插值、傅里叶变换、方程求解等；第 5 章介绍程序设计的基本概念、Igor Pro 语法环境及命令行程序的设计；第 6 章介绍窗口界面程序的设计方法；第 7 章介绍一些高级的程序设计方法，如多线程、钩子函数、计算机硬件操作等。附录介绍本书所用术语、Igor Pro 常用快捷键和新版本的特性。

本书可作为高等院校、科研机构等相关单位从事实验教学或者实验科学研究的教师、工程师的参考书籍，也可作为高年级本科生和研究生实验数据分析和处理的参考书籍。

图书在版编目(CIP)数据

Igor Pro 实用教程：图表绘制、数据分析与程序设计/贾小文编著. —2 版. —北京：清华大学出版社，2024.4

(计算机科学与技术丛书)

ISBN 978-7-302-65786-6

Ⅰ. ①I… Ⅱ. ①贾… Ⅲ. ①表处理软件 Ⅳ. ①TP317.3

中国国家版本馆 CIP 数据核字(2024)第 051099 号

责任编辑：曾　珊
封面设计：李召霞
责任校对：韩天竹
责任印制：沈　露

出版发行：清华大学出版社
　　　　网　　　址：https://www.tup.com.cn，https://www.wqxuetang.com
　　　　地　　　址：北京清华大学学研大厦 A 座　　　邮　　　编：100084
　　　　社 总 机：010-83470000　　　　　　　　　邮　　　购：010-62786544
　　　　投稿与读者服务：010-62776969，c-service@tup.tsinghua.edu.cn
　　　　质量反馈：010-62772015，zhiliang@tup.tsinghua.edu.cn
　　　　课件下载：https://www.tup.com.cn，010-83470236
印 装 者：三河市龙大印装有限公司
经　　销：全国新华书店
开　　本：186mm×240mm　　印　　张：29.75　　　　字　　数：690 千字
版　　次：2018 年 5 月第 1 版　　2024 年 5 月第 2 版　　印　　次：2024 年 5 月第 1 次印刷
印　　数：1～1500
定　　价：129.00 元

产品编号：102335-01

序
FOREWORD

  Igor Pro 是实验研究中常用的数据处理工具,特别是在角分辨光电子能谱实验领域得到广泛应用。在仪器测量的数据维度越来越多、实验数据越来越庞大的情况下,如何高效、正确地分析处理数据,以及准确、美观地呈现分析结果,是摆在每一个科研工作者面前的基本问题。仪器附带的软件往往只具有数据采集功能,缺乏对数据的后续处理能力,这就需要使用专业的工具软件,Igor Pro 正是这样一款软件。与同类软件比较,Igor Pro 程序设计能力突出,非常适合数据处理中大量程序设计的应用需求。

  虽然目前使用 Igor Pro 的人员在日益增加,但相关的学习资料却非常少,中文学习资料几乎没有,这大大限制了 Igor Pro 的广泛使用和使用水平。贾小文博士多年来一直从事关于 Igor Pro 中实验数据处理的研究和程序设计工作,具有丰富的 Igor Pro 实践经验和娴熟的程序设计能力。现在他将多年来学习和研究 Igor Pro 的心得总结成此书,和大家分享,这是一件非常难得的机会。

  本书内容翔实,涵盖了 Igor Pro 使用的方方面面,详细介绍了 Igor Pro 中程序设计的方法,兼具实用性和针对性。初学者可以从中学到基本的使用方法;有基础的使用者可以从中学到数据处理中程序设计的理念和技巧,或是可将其作为参考和备忘。

  据我所知,这是国内关于 Igor Pro 使用的第一本工具书,因此这也是一项具有开创性的工作。我很高兴为本书作序,并将本书推荐给我的学生、同事以及其他使用 Igor Pro 的人员。

周兴江

中国科学院物理所研究员

超导国家重点实验室主任

第2版前言

PREFACE

2023 年 3 月 9 日，Wavemetrics 公司正式发布了 Igor Pro 9.02 Beta 1 版本，这也是该公司在被 Sutter Instrument 公司收购后正式发布的第一个测试版本。与本书第 1 版对应的 6.37 版本相比，新版本引入了很多新的特性，体现在以下几个方面。

（1）提升程序代码编辑功能，命令行窗口支持语法高亮，并支持自动补齐；

（2）支持对象长名字命名（255 个字符）；

（3）实验文件和程序文件采用 UTF-8 编码，解决非英文操作环境下乱码问题；

（4）大幅提升 3D 绘图能力；

（5）扩充标准图表类型，增加了盒线图、小提琴图（Violin）等标准图表绘制命令；

（6）数据浏览器做了较大调整，显示信息时更加全面、直观；

（7）支持 HDF5 文件读取；

（8）支持部分 Tex 功能；

（9）Page Layout 功能得到全面提升，数据组织、整理和展示更加方便；

（10）增加了一些新的命令和函数，整体性能得到全面提升；

（11）调整和提升了软件界面，与最新版本操作系统和硬件系统更加适配。

新特性特别是在编程方面特性的提升（包括新增的函数和命令）是值得关注的，这些提升进一步强化了 Igor Pro 基于编程处理和可视化实验数据的功能特色。UTF-8 编码很好地解决了实验文件在复制和交流过程中出现的乱码问题，3D 绘图功能的提升满足了当前科学实验数据处理领域对数据进行 3D 可视化的使用需求，其他更新则进一步提升了软件的使用体验。本书体现新版本所引入的新的功能特性，帮助读者更好地掌握新版本 Igor Pro 的使用。

Igor Pro 面世至今已经有 30 多年的历史，很多使用 Igor Pro 进行数据处理与管理的实验室有大量的程序是基于 Igor Pro 老版本编写的，这些版本甚至低于 6.37 版本。因此，Igor Pro 在发布新版本时特别关注对老版本的兼容问题，已有的知识和使用经验在新版本环境下大多数是适用的，一般不会发生大的变化，老的程序一般可以在新版本下运行（有时需要简单修改）。因此，本书仍以 Igor Pro 6.37 为基础，在涉及新版本引入的新特性或者调整的地方，则进行特别说明，以提示读者。通过阅读本书，读者完全可以掌握 Igor Pro 最新版本的使用方法。

清华大学出版社对本书的再版十分支持，并提供了很多宝贵的意见，在此表示感谢。

贾小文

2024 年 1 月于天津

第1版前言

PREFACE

　　《Igor Pro 实用教程——图表绘制、数据分析与程序设计》终于要和读者见面了。此时，笔者内心非常激动。

　　这里首先介绍本书创作的缘由。

　　在笔者就读大学期间，还未听说过 Igor Pro。当时，笔者处理数据用的是 Turbo C 3.0。由于没有意识到数据处理软件这种工具的存在（比如最基本的 Excel），笔者觉得数据处理就是编程。以至于后来，笔者甚至构建了一个雄伟的计划：利用 Turbo C 设计一个数据处理软件，基本功能是绘图和最小二乘法，甚至连软件架构都写好了。遗憾的是，因为没有计算机，加之学校的机房上机费太贵，这个计划最终被搁浅了（幸亏如此）。随着升入高年级，实验课结束，这个计划终于被彻底忘记了。不过，这种编程处理数据的思路最终还是让笔者受益匪浅。本书介绍的 Igor Pro 就是最适合通过编程处理数据的工具。

　　上研究生时，实验数据处理这个问题再次出现。不过笔者发现不能再继续用 Turbo C 3.0了，因为实验室所有的人都在用 Igor Pro，所以笔者开始了 Igor Pro 的学习和使用。学习 Igor Pro 的经历是值得回顾的。

　　记得第一次看到这个软件，感觉很茫然。按照以往的经验，不懂的内容可以通过 Google 搜索。可是在 Igor Pro 的学习过程中，笔者从来没有用过一次 Google 或者百度，甚至连这种意识都没有（笔者想本书的读者和笔者也是一样的）。原因很简单，网上没有任何关于 Igor Pro 的学习资料。笔者能做的，就是向同实验室的人请教，自己在挫折中慢慢摸索；阅读现有的代码，掌握 Igor Pro 的基本使用方法。这里笔者不得不感谢笔者的导师周兴江研究员，他不仅是一位在超导研究领域取得卓越成就的科学家，也是一位出色的 Igor Pro 编程大师。笔者今天关于 Igor Pro 的认识，应该说就是从研究他的代码开始的。

　　学习的经历是艰辛的。任何一个小问题的解决都不容易。现在回顾起来，笔者发现走了很多弯路，不仅是学习的弯路，还有使用的弯路。当时使用的很多方法其实非常笨拙，效率非常低。比如一个最基本的问题，当时程序运行的速度比较慢，绘制一幅费米面的图需要半分钟左右，大家都认为是 Igor Pro 的问题。后来笔者发现不是，是我们没有理解 Igor Pro 中的程序设计机制，没有搞清楚 Proc 和 Function 的关系。在搞清楚这个问题后，笔者对所有的程序进行了一次彻底的升级。然后突然发现，以前几分钟的计算现在一眨眼就可以完成。很难想象我们一直在这种低效率的工作状态下使用 Igor Pro 很多年，仅仅是因为不了解 Proc 和 Function 所致！

诸如此类的问题非常多，如图表绘制、数据拟合、算法设计等，不胜枚举。很显然，要做好这些工作，需要很好地了解 Igor Pro。遗憾的是，Igor Pro 的学习资料太少了。Igor Pro 其实是一款非常优秀的数据处理软件，特别是处于大数据时代的今天，它能将编程与数据可视化完美地融为一体，既具有 Python、R 等脚本编程语言的可扩展性，又具有 Origin 等数据可视化工具的方便易用性，十分难得。但由于软件的语言（英语）、需要编程的特性以及用户使用群体（主要集中在国外）等原因，Igor Pro 一直未被广大用户所了解。这样造成的后果就是没有人去讨论和贡献自己对 Igor Pro 的心得和使用技巧。Igor Pro 本身的软件文档写得非常好，但是作为一个手册，其实是不适合初学者的，只有在一定的基础上看软件文档，才有效果。初学者直接看文档，很容易感到迷茫。

由于学习资料的匮乏，很多人，特别是刚进入实验室的人员对 Igor Pro 望而生畏，转而去选择其他的工具。其实，Igor Pro 更适合他们，更适合他们处理数据。于是，Igor Pro 的潜在使用者就这么流失了。反过来，这又影响了后来的人去选择 Igor Pro。虽然有所谓"酒香不怕巷子深"的古训，但是，如果酒是香的，为什么不能将它放到"浅"一点的巷子里呢？好东西应该是被大众所共享的，而不应只属于个别"资深酒客"。

在这么多年使用 Igor Pro 的过程中，在帮助他人解决 Igor Pro 的一些问题时，笔者对 Igor Pro 的认识也越来越深刻。笔者发现，Igor Pro 能做的其实远比我们想象的多。但是，很多人，包括在实验室里天天使用 Igor Pro 的人们，却没有意识到，其实他们使用 Igor Pro 的水平并不高（这当然是完全可以理解的，由于更专注于科学研究，他们不可能在这上面花太多精力）。

所有的这些，促使笔者决定编写一本关于 Igor Pro 使用的书籍，把笔者这么多年来对 Igor Pro 的使用心得和经验总结出来，公布于众。所谓授人以鱼，不如授人以渔。笔者的目的就是希望读者在使用 Igor Pro 遇到困惑时，能知道去哪儿找到解决问题的方法，少走一些弯路，而不是只寄希望于求助别人或者浪费很多的时间。同时，也更希望读者能利用本书中提到的知识提高数据处理效率，节约时间和精力。当然，笔者知道本书离这个目标还很远，但至少这是一个好的开始。

本书真正的写作始于两年前。这个过程和笔者学习 Igor Pro 的经历一样，也是艰辛的：没有资助，缺乏参考资料，只能利用业余时间创作。所有的一切都是靠兴趣、靠对 Igor Pro 的热爱在支撑。当然这很正常，任何一个新的领域在刚开始时都是这样的。既然还没人做这件事情，那么就从笔者开始吧。

本书的体例结构都是经过精心设计的，目的就是突出实用性。各章节结构具有相对的独立性，每一小节一般都对应于 Igor Pro 某个方面的使用。建议读者仔细阅读第 1 章和第 5 章，前者是 Igor Pro 工作原理的基础，后者是程序设计的基础。其他各章节可在需要的时候选择性阅读。另外，读者在阅读本书时，可结合 Igor Pro 自带的软件手册进行学习，这样会获得事半功倍的效果。

在完成本书的过程中，笔者曾与周兴江研究员、谢卓晋博士、物理所超导实验室 SC7 组进行过多次讨论，书中很多创作的灵感都来源于这些讨论，在此表示谢意。

最后，由于本书是此领域的第一本书，也限于笔者的水平，书中难免存在错误之处。在这里恳请读者在阅读过程中发现错误能及时指出，以便笔者及时修正。

贾小文

2018 年 1 月于天津

目 录

CONTENTS

第 1 章

Igor Pro 基本介绍

Igor Pro 是一款优秀的实验数据处理软件,具有强大的数据可视化能力,绘制的图表可达专业级水准且可直接用于出版或者发表。Igor Pro 可扩展性非常强,是完全可编程的,在常规的菜单、窗口操作之外,有一个功能强大的编程环境,可以编程处理从简单到复杂的任何实验数据。Igor Pro 内建近 1000 个不同的函数和命令,这些函数和命令涵盖数据分析、图表绘制、图像处理、事件响应、文件读写等方方面面,可直接用于程序设计。通过 XOP 工具包,使用者可利用 C/C++编程语言扩展 Igor Pro 的基本功能。

在当前实验科学研究领域专业划分日益细化、科学仪器日益复杂、实验数据量日益庞大、实验数据分析日益专业化的趋势下,选择一款合适且通用的数据处理和分析软件变得非常重要。Igor Pro 的可扩展性和可编程性使得它可以完美地满足这些需求。利用 Igor Pro 强大的编程能力,使用者可编写具有针对性和指向性的数据分析和处理程序,节约软件开发成本,提高效率。许多图谱型实验技术如光电子能谱、中子衍射、扫描隧道显微镜、低能电子衍射等非常适合使用 Igor Pro 作为数据分析处理的工具。Igor Pro 具有出色的编程能力,在某些场合甚至可以代替 Python、R 等目前非常流行的脚本式数据分析工具,在大数据处理、分析和挖掘中发挥作用。

Igor Pro 具有以下功能。

(1) 输出具有印刷质量的实验数据图。

(2) 快速的数据图表显示。

(3) 快速分析巨大数据及绘图。

(4) 完善、强大、极具扩展性的数据拟合能力。

(5) 傅里叶变换、小波变换、平滑、统计等数据分析方法。

(6) 信号处理。

(7) 图像显示和分析处理。

(8) 提供图形用户界面和命令行界面。

(9) 提供编程环境扩展数据处理能力。

(10) 完整的文件读写机制。

(11) 可播放、录制声音和视频信号。

（12）数据采集。

（13）可以利用 C/C++ 进行基本功能的扩展。

Igor Pro 是这款软件的全称。为了简洁起见，本书在后面的内容中将使用 Igor 来表示 Igor Pro。

1.1　Igor 概述

1.1.1　特色定位

Igor 通过提供大量的函数和命令来完成数据处理，这些函数和命令可以在程序中使用，也可以直接在命令行窗口中使用。命令行窗口是 Igor 的一个功能窗口（按 Ctrl＋J 快捷键可调出该窗口），用于执行函数和命令及显示执行的结果。其菜单系统及大量的功能对话框根本上也是对这些函数和命令行的使用。几乎所有的对话框操作都能转换为对应的命令行并醒目显示，使用者在熟练以后可以直接使用命令行完成与对话框相同的操作。

除了数据处理和分析，图表的绘制和显示、显示的样式和风格，窗口的创建及其外观内容，也能转换为相应的命令行（详见第 6 章），Igor 能自动把这些命令行封装为一个生成脚本（macro），只需重新执行该脚本就能重建图表。Igor 无须保存绘制好的图表或者设计好的程序界面，而仅仅保存对应的生成脚本，必要时执行该脚本即可。这些程序代码由纯文本文件组成，占用的内存空间很小。

程序设计在程序窗口中完成（按 Ctrl＋M 组合键可打开内置程序窗口）。可编程性是 Igor 的功能特色定位所在，因此在 Igor 环境中进行程序设计是非常方便和自然的。Igor 的语法环境系统而完整，功能强大，使用简单。在程序窗口中，可使用所有的内置函数和命令，并能自由访问 Igor 的数据对象，如 wave、变量、表格和窗口等。Igor 编程环境支持命令行程序和窗口程序的设计，前者没有人机交互界面，可以在命令行窗口或者程序窗口直接调用执行，后者具有人机交互界面（即有一个面板），基于事件驱动，通过鼠标、键盘等完成数据操作。利用这些特性，使用者可以根据自己数据的特点开发出高效且有针对性的数据处理程序。为了方便程序的开发，Igor 提供了方便的在线帮助系统：在相应的关键字处右击即可查询在线帮助，通过帮助中心（【Help】|【Igor Help Browser】）可快速定位命令或者函数。

虽然编程是主要的数据处理方法，但是不编写程序，同样可以利用 Igor 完成绝大多数数据处理（当然效率可能会差一些），这些数据处理操作以菜单和对话框的形式提供。几乎所有的菜单及对话框操作都能转换为对应的命令行，因此利用菜单系统，一方面可完成常见的数据处理任务，另一方面也可将之作为快速了解和掌握命令行的途径。

不同版本之间的兼容性也是 Igor 的优秀特色之一。Igor 版本更新非常快，一般每年都会有一到两次的版本更新。用户甚至能够下载使用每日的最新版本（nightly builds）（当然正式发布的版本稳定性会好很多）。对于大多数脚本类编程工具，老版本中写的程序，在新版本中很可能无法通过编译，需要重写。Igor 在不同版本之间也存在差异，通常新版本会引入一些新的特性,但是一般都能兼容运行老版本中的程序,或者只需要很小的改动。这是一个非常大的优点。本书写作时使用的 Igor 版本为 6.37,但是所有的内容几乎完全适用于 Igor 最新版本。这正是 Igor 不同版本之间兼容性良好的体现。

除了 Igor 之外,常见且功能优秀并被广泛采用的科学实验处理软件还有 Origin、MATLAB、Excel 等。其中,Origin 和 Igor 功能定位最为类似,也是很多人在选择时会存在困惑的地方。

Origin 和 Igor 最为相似,目标定位也相同,即都用于实验数据分析处理。但是 Origin 的设计理念和 Igor 迥异,首先在界面上就和 Igor 完全不同:Origin 有菜单、工具条按钮、快捷工具按钮、文件区、数据区等,符合 Windows 系统中标准 IDE 程序的风格,因此熟悉 Windows 系统的使用者在学习使用 Origin 时较容易,学习曲线较为平缓。即使没有经过任何学习,也能较为顺利地上手,完成一些基本数据分析处理。Origin 提供了一个内置的编程环境,但是由于设计的原因,在最初设计时并没有把通过编程以扩展数据处理的功能考虑进去,直到后来的版本才加进去(附带编程功能是目前数据处理工具的主流),与 Igor 原生支持程序设计相比,编程不是非常方便。一般认为,如果数据量不是很大,处理目标明确,编程要求较小,用 Origin 是合适的;如果数据量很大,处理过程复杂,需要编写程序成批处理,则 Igor 是首选。Origin 之于 Igor 相当于 Windows 之于 Linux,前者易用性高,但牺牲了自由,后者则相反。当然这种比较是相对的。

MATLAB 是业界顶尖的数学软件,界面简洁,功能强大,几乎无所不能。但 MATLAB 的长处在数值计算、仿真等领域,而不是实验数据处理及科学绘图。在绘图过程中,MATLAB 响应较慢,在对图的设置中,如曲线外观、坐标轴等的设置,MATLAB 并不是非常方便。此外,MATLAB 在实验数据的管理、保存、恢复等方面也不是很方便、直观,因此虽然也有人用 MATLAB 进行实验数据处理,但是并不推荐。可以用 MATLAB 进行较大规模的计算和分析工作,而将一般的数据处理交给专门的数据处理软件完成,如 Igor。

Excel 是微软 Office 办公软件套件的一个组件,俗称电子表格,用来处理电子表格型数据。Excel 更适用于财会、统计或者数据处理分析不是太复杂的应用领域,用于实验数据处理则显得灵活性不足,也不够专业。

近年来,脚本程序设计语言如 Python、R 等语言也越来越多地被用于数据处理。毋庸置疑,从编程的角度来说,Python、R 等语言的优点是非常突出的。如果同时考虑编程特性、数据可视化、数据管理、易操作性等方面,那么 Igor 的优势就显而易见了,而这些方面正是实验数据处理需要的。Igor 更适合具体的实验数据处理,而 Python 等则多用于更为宽泛的数据分析领域。Igor 兼具 Python 的可编程性和 Origin 的易操作性,可谓集众家之长。

另外,Octave、Scilab 等软件也用于实验数据处理,感兴趣的读者可以自行查阅相关资料。

1.1.2　安装和使用

Igor 在 Windows 下的安装非常简单,通过 http://www.wavemetrics.com 下载最新的安装包,直接单击安装即可。Igor 是一个收费软件,没有购买只能使用演示版本,演示版本具有正式版本所有的数据处理功能，但无法保存任何文件。Igor 有苹果 OS 版本和 Windows 版本，本书写作和使用的版本为 Windows 下的 Igor Pro 6.37 版本。Igor 的版本更新很快，最新版为 Igor Pro 9（2022 年 9 月）。本书同样适用于苹果 OS 版本下 Igor 的操作，但可能存在一些细微的差别，如文件夹的位置操作等。

双击 Igor 关联的实验数据文件（扩展名为.pxp）可打开一个已经保存的实验文件。如果当前有打开的实验文件，会提示保存该文件，这是因为默认设置双击时只能打开一个 Igor 实验文件。如果需要通过双击打开多个实验文件，则按住 Ctrl 键再双击与 Igor 关联的数据文件即可，也可以通过 Windows 开始菜单或者 Igor 主程序快捷方式直接启动 Igor 主程序 Igor.exe，然后通过【File】菜单或者直接拖放的方式打开多个实验文件。

Igor 预定义了多种数据文件格式，如程序文件格式 IPF、帮助文件格式 IHF、二进制 wave 保存格式 IBW、实验数据文件格式 PXP、实验模板文件格式 PXT 等。利用【File】菜单中的【Save Experiment As】命令，可将当前所有实验数据，包括图、表格及程序（没有另存为程序文件或者与程序文件脱离联系），存放于一个扩展名为.pxp 的二进制文件。打开该文件可恢复上一次对数据分析和操作的所有状态。

1.1.3　基本界面

Igor 的界面非常简洁，新打开的 Igor 工作界面默认包括 4 部分：系统菜单、数据浏览器、数据表格和命令行窗口，如图 1-1 所示。

图 1-1　Igor 标准界面

Igor 的菜单包括系统菜单、动态菜单[①]、右键快捷菜单和用户自定义菜单。动态菜单随操作对象不同而不同,右键快捷菜单一般出现在特定窗口中,如图形窗口 Graph、程序面板 Panel 和程序文件窗口 Procedure 等。动态菜单一般和右键快捷菜单相对应,功能也较为一致。用户自定义菜单由用户通过编程添加。通过编程可以向系统菜单添加用户自定义菜单,也可以向动态菜单和右键快捷菜单添加用户自定义菜单,还可以创建完全独立的弹出式菜单。

数据浏览器以树状目录列出当前实验文件里所有的数据对象,包括 wave 和变量,并查看这些对象的基本信息。数据浏览器是 Igor 下的数据文件管理器。

数据表格主要用于查看 wave、创建 wave 和修改 wave。在实验中也常用表格来记录信息。

命令行窗口可以执行命令和函数,执行的结果显示在历史窗口中。命令行窗口相当于MATLAB 中的命令输入界面。对于简单的数据处理和操作经常通过命令行窗口进行,这是 Igor 日常操作的一部分。

1.1.4　系统菜单

本节主要介绍系统菜单的含义及其功能。动态菜单、右键快捷菜单和用户自定义菜单请参看相关章节。

通过系统菜单可以完成文件操作、常见的图表绘制、数据拟合和一些基本的数据分析工作。系统菜单包括【File】【Edit】【Data】【Analysis】【Macros】【Windows】【Misc】【Help】【Table】等基本菜单项。菜单项会随着当前操作对象的不同而动态调整,如当操作对象为 Graph 时会出现【Graph】菜单项,操作对象为表格时会出现【Table】菜单项,操作窗口为程序面板时会出现【Panel】菜单项。

1. 【File】菜单

- 【Save Experiment As】:保存实验文件。一般保存为 PXP 格式,即压缩实验文件格式。
- 【Save Experiment】:保存文件。一定要养成随时保存的习惯。
- 【Open File】:打开文件。用于打开 Procedure、Notebook 和 Help File 文件。用户自定义程序文件也可以通过此菜单项打开。
- 【Save Graphics】:输出图片。输出的图表可以选择 JPEG、EPS、PNG 等多种编码格式。
- 【Recent Experiments】:最近打开的实验文件列表。
- 【Recent Files】:最近打开的程序文件。
- 【Example Experiments】:示例实验文件。此菜单项提供了大量的示例实验,演示诸如绘图、数据拟合、数据分析等各种具体技术。这些实验文件除了演示基本的操作方法和技巧之外,还包含大量程序代码,这些代码是学习 Igor 编程非常好的范例,可直接借鉴或者将这些代码用于自己的数据处理程序。研究这些示例文件是掌握 Igor 数据处理方法和编程方法的有益途径。
- 【Adopt Windows】:断开窗口(Window)内容与存储文件之间的关联。Windows 会

① 此处动态菜单随操作对象而异,本质上仍为系统菜单。使用者也可以自定义动态菜单(见 6.4.2 节)。

根据当前的窗口自动将此菜单命令替换为相应的名字，如当前窗口为程序窗口，会变成【Adopt Procedure】。这个菜单项用于将某个窗口里的内容与其硬盘上对应的文件联系断开，以保持实验文件的自我描述完整性。在将一个实验文件复制给别人时，如果实验文件里包括存放于硬盘上的程序文件，而这个程序文件别人没有，那么他在打开实验文件时就会遇到错误。此时可以选择该程序文件，执行【Adopt Procedure】命令，则会将该程序与对应的文件关联断开，程序代码会作为实验文件的一部分被保存，别人打开此实验文件就不会出现错误了。如果程序文件非常多，最好还是连程序文件一起提供。

2. 【Edit】菜单

- 【Duplicate Window】：复制窗口。执行此命令可以复制一个完全一样的图表。当需要在图上尝试一些操作而不想破坏该图表原来的布局呈现时，可以执行此命令备份原窗口(注意不要修改 wave 的内容和坐标属性)。
- 【Export Graphics】：将图表输出到剪贴板。
- 【Find】：查找命令。在编写程序时常用，如查找函数、变量。快捷键是 Ctrl＋F。
- 【Indent Left】：左缩进。
- 【Indent Right】：右缩进。
- 【Adjust Indentation】：自动调整缩进。此命令和【Indent Left】【Indent Right】命令自动对程序代码进行缩进，使代码看起来层次清晰，结构美观。

3. 【Data】菜单

- 【Load Waves】：从外部文件读取数据。
- 【Make Waves】：创建 wave。
- 【Change Wave Scaling】：设置 wave 的坐标范围。
- 【Redimension Waves】：调整 wave 的大小和维度等。
- 【Data Browser】：打开数据浏览器。对于 Igor 7 及以后的版本，可利用快捷键 Ctrl＋B 打开。

4. 【Analysis】菜单

- 【Curve Fitting】：曲线拟合。利用内置函数对 wave 进行拟合，也可以创建自定义函数对 wave 进行拟合。拟合的结果显示在命令行窗口，相应 wave 和变量可通过数据浏览器查看。如果 wave 显示在图中，拟合的结果一般也会自动添加到图中。
- 【Quick Fit】：利用内置函数对曲线进行快速拟合，无须设置任何参数。这是一个常用的命令。
- 【Fourier Transform】：傅里叶变换。
- 【Convolve】：卷积。
- 【Correlate】：计算相关性。
- 【Differentiate】：微分。
- 【Integrate】：积分。

- 【Smooth】：曲线平滑。去掉噪声，使曲线变得平滑。
- 【Filter】：滤波。
- 【Resample】：采样。

5. 【Macros】菜单

列出用户自定义程序（macro）、设置是否自动编译、编译程序。在编写程序代码时，如果程序未被编译，会有一个【Auto-Compile】菜单项，取消此菜单项可取消自动编译，否则一旦单击程序窗口外部的任何地方，Igor 都会自动编译所有程序。

6. 【Windows】菜单

- 【New Graph】：创建 Graph。常用的命令之一。
- 【New Table】：创建表格。常用的命令。
- 【New】：创建记事本、程序文件、程序控件面板、二维 wave 图、3D 图等。常用的命令之一。
- 【Command Window】：打开命令行窗口。常用的命令，快捷键是 Ctrl＋J。
- 【Procedure Windows】：打开内置程序设计窗口，常用的命令，快捷键是 Ctrl＋M。还可列出当前实验文件包含或者打开的所有程序文件。
- 【Control】：控制窗口命令。常用命令是 Window Control，快捷键是 Ctrl＋Y。如面板生成 macro 需要更新时即可执行此命令或者按 Ctrl＋Y 快捷键执行命令。
- 【Graphs】：列出当前所有的 Graph 窗口。
- 【Other Windows】：列出当前打开的非 Graph、Table 和 Layout 窗口。
- 【Recent Windows】：列出最近打开的窗口。程序文件也是一个窗口。

7. 【Misc】菜单

- 【New Path】：创建符号路径。符号路径是一个指向操作系统文件夹路径（不包括文件名）的变量，是一个全局对象。当从存储介质中读写文件时一般需要通过符号路径指明文件所处路径。较常用的命令。
- 【Path Status】：查看当前所有的符号路径。Igor 在启动时会默认创建一个名为 Igor 的符号路径，指向 Igor 的安装文件夹。
- 【Kill Paths】：删除符号路径。
- 【Pictures】：创建程序图片。
- 【Command Buffer】：设置命令行窗口的字体、背景等属性。
- 【Preference On】：打开偏好设置。
- 【Preference Off】：关闭偏好设置。

8. 【Help】菜单

- 【Getting Started】：打开一个介绍 Igor 的初级教程。
- 【Igor Help Browser】：打开 Igor 帮助浏览器，查看帮助信息。其中 Command Help 里包含了 Igor 提供的所有内置函数和命令的使用说明。Shortcuts 列出了 Igor 下的操作快捷键。Manual 打开一个 PDF 文档，即 Igor 的软件使用文档。

- 【Show Igor Pro Folder】：打开 Igor 安装文件夹。
- 【Show Igor Pro User Files】：打开"我的文档"下 Igor 创建的一些特殊文件夹，这些文件夹存放用户自定义程序、扩展 XOP 等。可通过这两个菜单快速打开这些文件夹。
- 【IgorExchange】：打开一个 Igor 交流的论坛。这个论坛由 Igor 开发者 WaveMetrics 公司进行管理和维护。在 Igor 9 中，此菜单替换为【Wavemetrics Forums】。

1.1.5　数据浏览器

数据浏览器（Data Browser）用于查看和管理实验文件里所有的数据。

Igor 有 3 种数据形式：wave、数值型变量和字符串变量。wave 相当于一个数组，用于存放一组数据（也可以是字符串），因此常用来存放实验数据，有时也存放中间结果，或具有特定功能的一组数据（如 List 控件列表项等）；数值型变量存放数据处理的中间结果或者作为某个控件的关联变量；字符串变量存放各种字符串信息，如各个对象的名字。

这 3 种格式的数据都可以通过数据浏览器统一管理。存放在数据浏览器中的变量（数值型变量和字符串变量）称为全局变量，一般通过命令行窗口创建，其生存期是永久的，即和实验文件具有同样的生存期。在程序中也可以创建变量，程序中的变量一般是局部的，生存期仅限于程序内部。程序中也可以创建全局变量，此时该变量会自动出现在数据浏览器中。wave 一般是全局的，不管在命令行窗口创建还是程序中创建，都会被自动添加到数据浏览器中。也可以在程序中创建"局部"的 wave，详细介绍可参考程序设计相关章节。

数据浏览器以数据文件夹的方式管理所有的数据。数据浏览器默认有一个根目录 root，其他的数据文件夹都在 root 下创建，上下级数据文件夹之间用冒号分隔，如 root：Datafolder1 表示 root 下的 Datafolder1 数据文件夹。数据文件夹是一种特殊的 Igor 对象，Igor 下有专门的函数和命令用于获取和操作数据文件夹。

数据浏览器以树状模型显示所有数据及其层次结构，可以通过菜单【Data】|【Data Browser】打开（Igor 7 以后版本还可以通过 Ctrl＋B 组合键打开）。在 Data Browser 中数据按照层次结构显示，同一组数据存放于同一个目录。数据浏览器会在 Igor 中频繁地被使用，用户必须熟练地掌握。数据浏览器如图 1-2 所示。

1. 打开与合上目录

单击目录旁边的"＋"按钮可以打开目录，单击"－"按钮可以合上目录（Igor 7 以后变为"＞"和"∨"，含义一样）。单击顶层可视目录下拉按钮可选择数据浏览器显示的最顶层目录，这在目录非常多时很有用。双击想要显示的目录，则数据浏览器只显示该目录，其他的和该目录平级以及比该目录级别高的目录将不显示，但可以通过顶层可视目录进行重新选择。

2. 当前目录

当前目录是 Igor 保存或者操作变量（variable）、字符串（string）和 wave 的默认目录。在命令行窗口或程序（macro 或 proc）中，数据如果位于默认目录下则可以直接使用变量名进行访问。当前目录有两个明显的标识：首先，数据浏览器最上方有一个文本框显示当前目录的完整路径，左侧是一个红色的实心箭头；其次，在数据浏览器内容区也有一个红色的

图 1-2　数据浏览器

实心箭头指向当前目录。如果当前目录位于子目录,子目录所在的父目录没有展开,则为空心箭头。当需要改变默认目录时,可直接拖动红色箭头或者右击相应的目录,在弹出的快捷菜单中选择【Set Current Data Folder】,或按住 Alt 键后同时在对应目录左边单击,注意单击的位置应该是红色箭头显示的位置而不是目录图标,如图 1-3 所示。

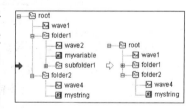

图 1-3　当前目录(实心和空心箭头指向当前目录)

3. 显示选项

显示选项控制数据浏览器里面显示哪些数据对象及是否显示对象详细信息。

- 【Waves】:选中此复选框显示 wave,否则不显示。
- 【Variables】:选中此复选框显示变量,否则不显示。
- 【Strings】:选中此复选框显示字符串变量,否则不显示。
- 【Info】:选中此复选框在下面的信息显示框会显示数据的详细内容,否则不显示。

单击【Info】旁边的“i”小图标可以切换为“Σ”图标,显示 wave 的统计信息,如最大最小值、平均值、标准偏差等,否则显示 wave 的基本信息,如名字、数据个数、x 轴和 y 轴坐标等。Igor 7 以后版本中,“i”和“Σ”小图标移到了浏览器面板下方。

- 【Plot】:选中此复选框会显示数据绘制简图,否则不显示。

4. 功能按钮

- 【New Folder】按钮：在当前目录下创建新数据文件夹。
- 【Save Copy】按钮：将所选数据进行备份。如果想从大量数据中保存个别数据，可以使用此功能。
- 【Browse Expt】按钮：浏览其他 PXP 格式的实验文件，单击后会出现一个文件打开对话框，选择文件后单击确定，在当前数据浏览器的右侧会打开一个新的窗口，此窗口包含了所打开实验文件的全部数据和目录结构，可以选择数据并拖放到当前实验数据文件中，如图 1-4 所示。这是在不同实验文件之间传递数据的重要方法之一。

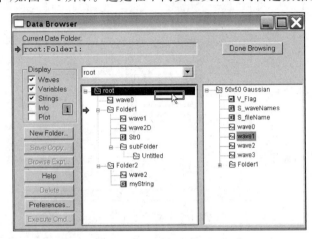

图 1-4　从其他实验文件获取数据

- 【Delete】按钮：删除目录或者数据对象。也可以在对应的数据对象和目录上右击，选择 Delete Objects 命令。
- 【Execute Cmd】按钮：此按钮打开一个编程窗口，用户可以通过命令行对数据进行一些特定的操作，通过这个窗口操作 wave 等数据对象要比直接利用命令行窗口更方便一些。

5. 其他功能

当数据浏览器保持选中时，通过菜单【Edit】中【Find】命令可以在数据浏览器中查找对象。在数据浏览器对象中右击相应数据，可在弹出的快捷菜单中执行与该数据类型相关的一些操作，如显示、编辑数据、删除数据等。

1.1.6　数据表格

数据表格类似于 Excel 电子表格，可以查看、修改和创建 wave 中的数据。数据表格不具有计算功能，这是和 Excel 不同的地方。

打开表格有以下几种方法。

（1）通过菜单【Windows】|【New Table】命令。

（2）在数据浏览器中双击 wave。

（3）在数据浏览器中单击 wave，在弹出的菜单中选择【Edit】命令。

（4）在命令行窗口输入 Edit（命令行窗口介绍请看下一小节）。

　　用户可以直接在表格中修改数据，修改的结果会实时更新到 wave 中。直接在表格中输入数据会自动创建一个新的 wave。因此，当数据量不太大时，可以通过表格手动输入实验数据创建 wave。wave 不是保存在表格中的，表格关闭后对应的 wave 依然存在。

　　一维 wave 在表格中表现为一列，每一行对应一个 x 坐标。二维 wave 在表格中表现为一个矩阵，行号增加的方向为 x 坐标增加的方向，列号增加的方向为 y 坐标增加的方向。三维 wave 在表格中表现为多层数据，每一层含义和二维数据一样，同时在右上侧提供两个方向箭头用于在层间切换，层号增加的方向对应 z 坐标增加的方向。

　　通过【Table】菜单可以设置表格的外观及功能，如设置字体、设置表格只读等，也可以在程序中通过 modifytable 命令进行设置。在表格上右击，通过弹出的快捷菜单可以对表格中的 wave 进行操作，如插入数据点、删除或者重命名 wave。表格不具有运算功能，无法直接通过表格完成计算。Igor 中的表格仅具有编辑功能。表格的功能和 wave 紧密相连，关于表格的操作将在后面介绍 wave 时进一步讲解。数据表格如图 1-5 所示。

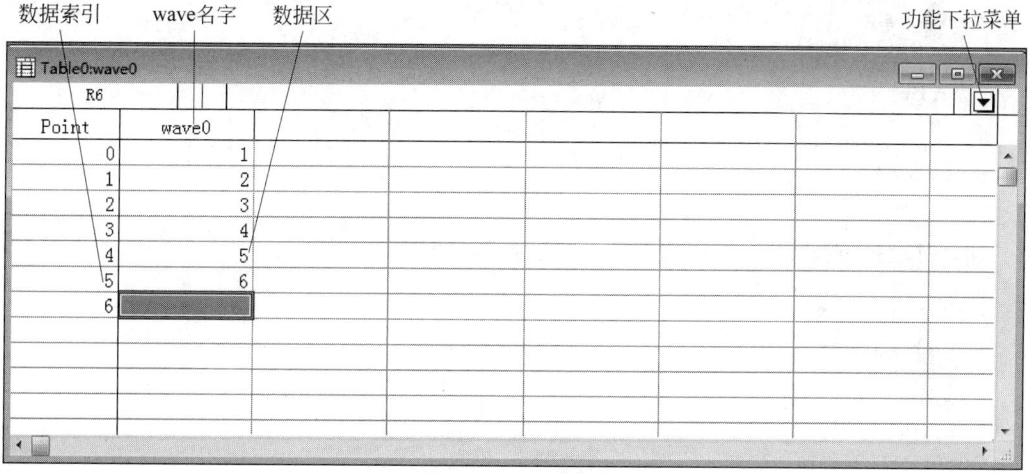

数据索引　　wave名字　　数据区　　　　　　　　　　　　　　　　功能下拉菜单

图 1-5　数据表格

1.1.7　命令行窗口

　　命令行窗口是 Igor 中一个非常重要的窗口，和 MATLAB 命令行输入窗口类似，除了菜单和对话框之外，绝大多数的数据分析和处理都是通过命令行窗口完成的。命令行窗口相当于 Igor 中的交互解释器。命令行窗口还可以输出各种运算信息或者调试信息。

　　命令行窗口可以执行的命令包括系统命令和函数、用户自定义程序和函数。在命令行窗口可以直接使用对象名字访问当前数据文件夹下的数据对象。命令行窗口包括两部分：命令行输入窗口和历史窗口。前者用于输入命令，后者显示命令及执行后的结果，如图 1-6 所示。Igor 7 以后版本中，命令行窗口还具有语法高亮功能。

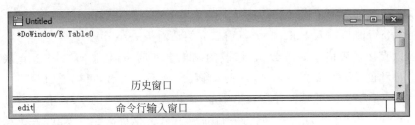

图 1-6　命令行窗口

在命令行窗口中可以完成以下功能（但不限于）。

（1）创建变量、字符串和 wave。

```
Variable v1,v2
String s1 = "hello",s2
Make/N = 100 data1
```

（2）完成基本运算，如加、减、乘、除、乘方、开方；计算各类基本函数值，如三角函数、指数函数等。

```
Print 2 + sqrt(3) + 5^3 + 6^0.3
Print sin(1),ln(3),exp(2)
```

（3）设置 wave 坐标，对 wave 赋值。

```
Make/O/N = 100 data1
SetScale/I x,0,2 * pi,data1
data1 = sin(x)
```

（4）对数据进行变换，如傅里叶变换、微分、积分等。

```
FFT data1
```

（5）对 wave 进行拟合。

```
Make/O/N = 100 data1
data1 = x + gnoise(1)
Curvefit line data1/D
```

（6）将 wave 显示在 Graph 窗口，或者将 wave 内容显示在 Table 中。

```
Display data1
Edit data1
```

（7）对 Graph 窗口、Panel 窗口等进行设置。

```
Display data1
ModifyGraph mode(data1) = 3,marker(data1) = 19
```

（8）执行创建对话框的命令。

（9）执行用户自定义函数。

（10）设置 Igor 的环境变量或者某些内置函数运行时的全局参数等。

可以说，Igor 几乎所有的操作，只要是顺序执行的，都可以通过命令行窗口来实现。

Igor 的使用,离不开命令行窗口的使用。熟练掌握命令行窗口的使用是利用 Igor 高效处理数据的一个基本前提。

历史窗口显示已经执行的命令和函数及其执行后的结果,如曲线拟合和数据统计的结果等。利用向上/向下方向键可以在命令行窗口中选择已经使用过的命令,按 Enter 键该命令将出现在命令行输入窗口,再次按 Enter 键将执行该命令。

系统函数和内置函数的使用是有区别的,系统函数必须作为操作对象,如作为某个命令的参数、某个函数的参数或用来赋值等,不能直接在命令行窗口输入系统函数,如下面的命令不会被执行:

Sin(1) //错误

如果想要输出 sin(1)的值,应该如下输入:

Print sin(1)

用户函数没有这个限制,可以直接在命令行输入执行。

注意:Igor 命令和函数(程序设计)拼写不区分大小写,即 make、Make、MAKE 表示完全相同的命令。Igor 程序设计的详细内容可参见第 5 章。

Igor 会将对话框或者菜单的操作自动转换为相应的命令行并执行,如执行菜单【Windows】|【New Graph】命令,将出现一个对话框,利用该对话框可以创建要显示的曲线图,Igor 会自动根据用户操作创建对应的命令行,并在对话框底部显示该命令行,单击【Do It】按钮,命令将提交给命令行窗口并执行。这个特性非常有用,在利用 Igor 设计程序时,可以先通过对话框熟悉和测试相关命令的使用。这些自动生成的命令可直接复制到程序中使用。图 1-7 显示了这种特性。

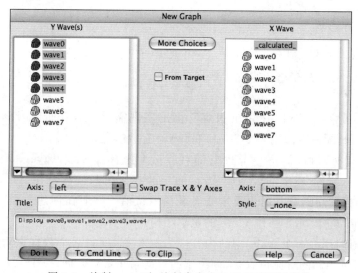

图 1-7　绘制 wave 时,绘制命令会显示在对话框底部

本书大量的示例都是通过命令行窗口完成的，命令行窗口的使用贯穿于本书始终，请读者在阅读本书时注意体会。

除了命令行窗口之外，Notebook 和程序文件窗口中也可以直接输入命令并执行，唯一不同的是需要按 Ctrl＋Enter 组合键而不是 Enter 键。如果同时执行的命令较多，且需要不时修改某个参数值，则可以将这些命令复制到一个程序文件窗口，然后选择所有命令行，按 Ctrl＋Enter 组合键即可执行。程序文件窗口可参见第 5 章。

1.2　Igor 中的基本对象

Igor 主要利用一系列存储实验数据并对实验数据进行分析、处理和呈现，这些模型表现为一个个基本的对象，可在程序中设置和使用。这些对象包括（部分）：wave、Graph（图）、Table（表格）、Page Layout（页面）、Numerical and String Variable（数值和字符串型变量）、Data Folder（数据文件夹）、Notebook（记事本）、Control Panel（程序面板）、3D Plot（三维图）、Procedure（程序）、Operation and Function（命令和函数）。括号里为对应的中文名称。为了叙述的方便，在本书的后续章节里英文名称和中文名称都会使用。

wave 存放实验数据，Graph、Table 和 Page Layout 呈现数据，Variable 存放中间结果辅助实验数据处理，Data Folder 存放 wave，Notebook 存放实验记录（相当于 Igor 自带的文本编辑器），3D Plot 呈现三维数据，Control Panel 和 Procedure 用于编写程序处理数据。命令和函数用于实现一个指定的操作，但命令没有明确的返回值，函数则有一个明确的返回值。用户可以添加自定义函数（但一般不能添加自定义命令，不过利用 XOP 可以突破这个限制）。

1.2.1　wave

wave 是 Igor 的核心概念。wave 是一组数据，有点类似于数组。一个 wave 通常包含成百上千个数据，这些数据一般来源于数据采集设备。也可以主动创建具有特定目的和功能的 wave。

除了存放实验数据之外，Igor 中很多功能的实现需要 wave，如列表框使用一个 text wave 存放列表项，配色表使用一个 $N \times 3$ 的 wave 存放颜色信息。

wave 具有坐标属性，即每一个数据都对应一个坐标。一维 wave 具有 x 坐标，二维 wave 具有 x 和 y 坐标，三维 wave 具有 x、y 和 z 坐标。在 Igor 中利用 X-scaling 来描述这一性质，坐标轴数据间隔可由用户设定或者采用默认值。一般在创建一个 wave 后都要设置 X-scaling。图 1-8 显示了一维 wave 的基本结构。

在实际中有时用另一个 wave 中的内容作为 x 坐标，即每一个数据点对应的 x 坐标存放于另一个 wave 相同的对应位置，这种类型的数据叫作 XY 数据，一个 wave 作为 Y，另一个作为 X。Igor 支持 XY 型的数据处理。

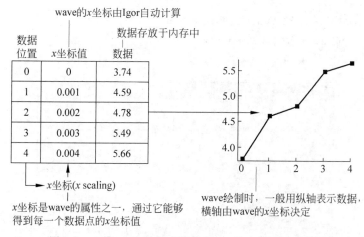

图 1-8　一维 wave 的基本结构(x scaling 表示 x 坐标)

wave 被显示时,自动显示 x 坐标,如图 1-8 所示。利用 Edit 命令查看 wave 内容时,不显示 x 坐标信息。如果同时查看 x 坐标信息,应该在 wave 名字后面加".xy",如图 1-9 所示。

```
Make/O/N = 100 data
SetScale/I x,0,1,data
data = x
Edit data                        //只显示 data 内容
Edit data.xy                     //显示 data 内容和 x 坐标信息
```

Table1:data

RO		0	
Point	data		
0	0		
1	0. 010101		
2	0. 020202		
3	0. 030303		
4	0. 040404		
5	0. 050505		
6	0. 0606061		

Table2:data.xd

RO Index			
Point	data. x	data. d	
0	0	0	
1	0. 010101	0. 010101	
2	0. 020202	0. 020202	
3	0. 030303	0. 030303	
4	0. 040404	0. 040404	
5	0. 0505051	0. 050505	
6	0. 0606061	0. 0606061	

图 1-9　在表格中显示 wave 的 x 坐标

Igor 最多支持四维 wave。创建 wave 的主要方法是使用 Make 命令。在创建时可以指定 wave 内容的数据类型,是数值型还是字符串型 wave。如果是数值型,还可以更进一步指定数值的类型,是整型还是浮点型,是 Byte 还是 Word 等。下面介绍 wave 的创建方法。

1. 菜单项【Data】|【Make Waves】创建 wave

这种方法非常简单，如图 1-10 所示。

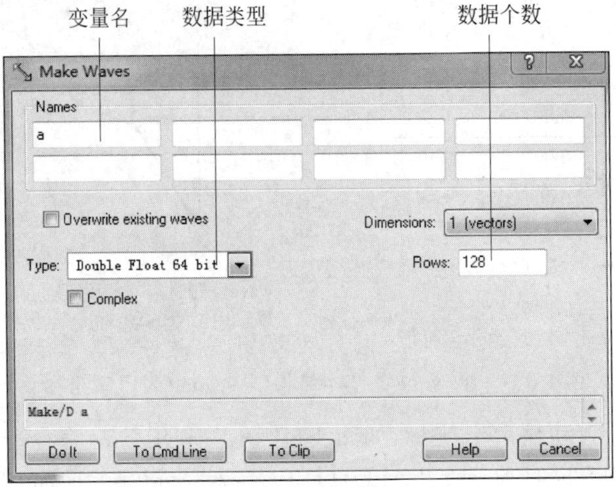

图 1-10　利用菜单项【Data】创建 wave

这种方法可以同时创建 8 个 wave，创建的 wave 初始值都被赋值为 0。可在【Type】下拉列表中指定数据类型。在实际中很少用这种方法创建 wave，这个窗口更多地被用来帮助用户理解和掌握 Make 命令的使用。

2. Make 命令创建 wave

Make 命令用于创建 wave，是 Igor 常用命令之一。利用菜单【Data】|【Make Waves】打开的窗口所进行的操作，最终转换为 Make 命令的调用。下面创建一个 wave，名为 sinx，数据个数为 200，x 轴坐标范围为 $0 \sim 2\pi$，命令如下：

```
Make/O/N = 200 sinx;
SetScale/I x,0,2 * pi,sinx;
sinx = sin(x);
Display sinx;
```

标记/N 指明了数据点个数，不指定则取默认数据个数（128）。标记/O 表示如果 wave 已经存在则覆盖。sinx 为创建的 wave 的名称。

SetScale 命令用来设置 sinx 的 x 轴坐标，标记/I 设定起始和终止坐标，在本例中，第一个数据点对应的 x 坐标为 0，最后一个数据点对应的 x 坐标为 2π，相邻数据间 x 坐标间隔为 $(2\pi)/(200-1)$。

赋值过程调用了 Igor 提供的内置正弦函数为 sinx 赋值，注意正弦函数 sin 的每一个参数都来源于 sinx 对应位置的 x 坐标值。

命令 Display sinx 将 sinx 绘制于一个窗口。

命令后边的分号不是必需的。将上面的命令直接复制到命令行窗口并按 Enter 键即可完成 wave 的创建和显示。命令执行完毕，当前数据文件夹下会出现一个名为 sinx 的 wave。本例中，当前数据文件夹为 root，如图 1-11 所示。

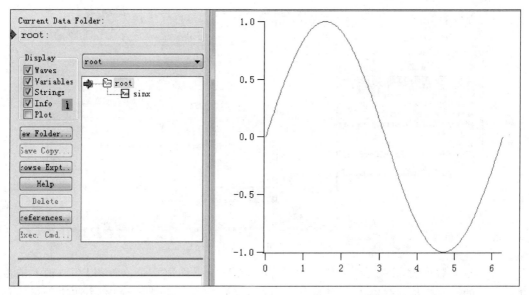

图 1-11   创建的 wave 自动出现在数据浏览器当前数据文件夹下

也可以利用 Make 创建复数 wave、文本 wave，前者使用标记/C，后者使用标记/T。指定创建 wave 的完整路径在相应的目录下创建 wave，这种方法可以突破只能在当前数据文件夹目录下创建 wave 的限制，如：

```
Make/O/N = 200/C cmpwave;
Make/O/T/N = 200 twave;
SetDataFolder root;                        //设定当前目录
NewDataFolder tmp;                         //创建一个名为 tmp 的目录
Make/O/N = 200 root:tmp:cmpwave;           //指定 wave 的完整路径
```

可以利用/D、/B、/I 等标记指定 wave 的数据类型为双精度浮点型、字节型和整型等。

创建 wave 后要设置 x 坐标，该操作通过 SetScale 命令来完成，命令中利用/I 标记指定起始和终点 x 坐标。也可以利用/P 标记指定起始坐标和坐标间隔，如：

```
SetScale/P x,0,2 * pi/199,"s",sinx
SetScale/I x,0,2 * pi,"s",sinx
```

上面两条命令效果是等价的。注意"s"表示设定坐标的单位为"s"。

SetScale 命令中，x 代表 x 坐标轴方向（维度 1）；与之类似的，y、z 和 t 分别代表 y 坐标轴、z 坐标轴和 t 坐标轴方向，分别对应 wave 的第 2、3、4 维度。

3. 表格创建 wave

如果 wave 的数据个数不太多，可以通过表格中输入数据来创建 wave。执行菜单【Window】|【New Table】命令打开一个新的表格。也可以在命令行窗口直接输入 Edit 命令打开一个新的表格。二者本质上是等价的，前者也是调用了 Edit 命令，如图 1-12 所示。

表格默认只有左上角第一个空格可编辑，输入数字（字符）后该列下一个空格自动变为可编辑状态。

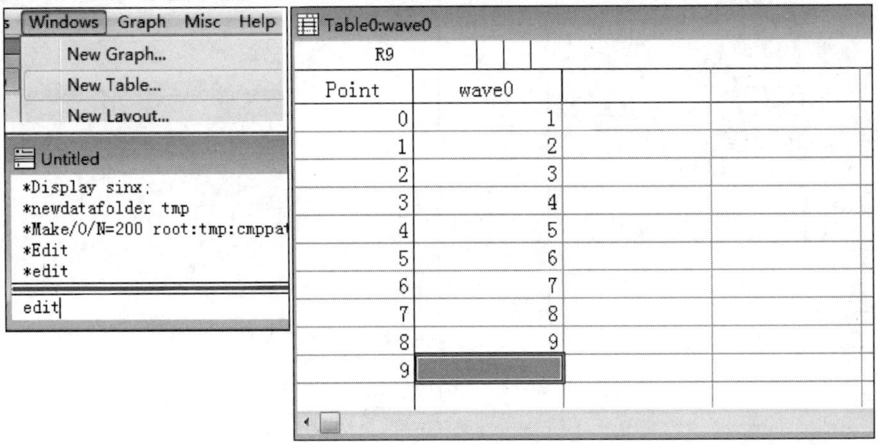

图 1-12　Edit 命令打开一个数据表格（Table0）

　　用户输入数据后，Igor 会自动在当前数据文件目录下创建一个 wave 以存放输入的数据，wave 的长度就是该列输入数据的个数，wave 名默认为 waveX，X 的大小取决于当前目录中名字具有 waveX 形式的 wave 的个数。如果当前目录下没有 waveX 型名字的数据，则 wave 的名字为 wave0，如果已经存在一个 wave0，则名字自动命名为 wave1。可以修改默认的数据名，方法是右击 wave0 所在列，在弹出的快捷菜单里选择【Rename wave0】命令，在随后的对话框中输入新的名字，单击【Do It】按钮，如图 1-13 所示。

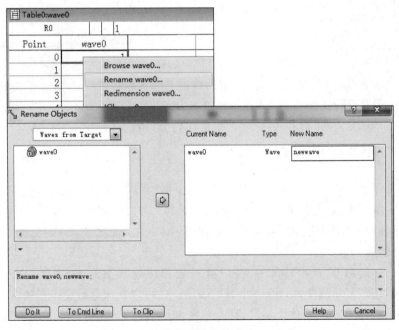

图 1-13　在数据表格中修改 wave 名字

也可以在数据浏览器中单击 wave 的名字,待名字区域变为可编辑状态后直接修改,如图 1-14 所示。在程序中还可以利用 Rename、Movewave 等命令修改 wave 的名字。上面的对话框操作也是调用了 Rename 命令。

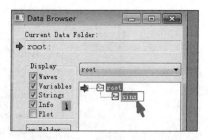

图 1-14　在数据浏览器中修改
wave 名字

4. 外部文件导入创建 wave

对于格式化的数据,如存放于文本文件中的利用 Tab 键或者逗号等分隔的多列数据,可以直接通过复制的方式复制到 Igor 的表格里,Igor 会自动创建 wave,并命名为 waveX,存放在当前数据文件夹目录下,X 取决于当前目录下名字为 waveX 形式的 wave 的数量。

Excel 表格中的数据可以直接复制粘贴到 Igor 的表格中。对于存放于文件中的数据,可以利用菜单【Data】|【Load Waves】读取。该菜单列出了 Igor 能加载的数据类型,命令基本分为两类:一类用于读取由 Igor 保存的数据文件,如【Load Igor Binary】【Load Igor Text】;另一类用于读取非 Igor 保存的数据文件,如 Excel 文件、Image 文件、普通文本文件、二进制文件等。对于前者,可以直接读取。对于后者,能否成功读取,取决于文件中数据的存放格式。一般对于标准的 Excel 数据(只包含数据列)和 Igor 自己保存的数据读取时没有任何问题,但是对于其他的数据则不能保证总是正确读取。

最常见的数据读取是从记事本中读取数据,此时可以使用命令【Data】|【Load Waves】|【Load General Text】。图 1-15 所示的记事本记录了牛顿环实验的测量数据,这是一个由 Tab 键分隔的数据列,在文件开头有一些文本信息,Igor 会直接忽略这些文本信息。读取过程如图 1-16 所示。

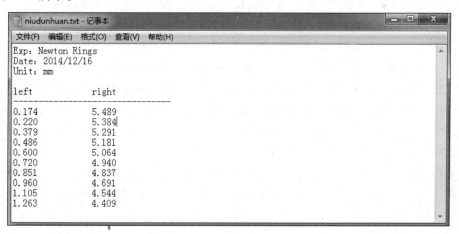

图 1-15　牛顿环实验数据

读取的 wave 自动命名为 wave1、wave2。在这里可以按照前面的方法将 wave 名字修改为特定的名字。

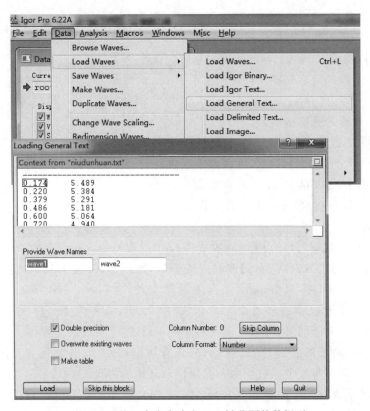

图 1-16　从记事本中读取 Tab 键分隔的数据列

从本例可以看出，Igor 之所以能顺利读取数据，是因为数据的存放是有规律的，即两列数据由 Tab 键分隔。对于没有任何规律的数据，Igor 一般是无法直接读取的。

虽然【Load Waves】在对话框中提供了很多的设置以尽可能地适应不同的数据存放格式，但是能直接读取的数据文件种类仍然非常有限。对于不能直接读取的数据，最好的办法莫过于直接手动输入，或者利用文件读写函数和命令通过编写程序读入 Igor。

对于一般的二进制数据文件，除了已经规范和标准化的数据格式（如 JPEG、MP3 等），【Load Waves】菜单命令基本上是无能为力的，此时必须用文件读写函数手动读取。绝大多数仪器测量的数据都需要通过这种方法进行加载。

5. 利用 Duplicate 命令

复制是通过已有 wave 创建新 wave 最快捷的方法。Duplicate 命令除了复制数据之外，还复制坐标信息，这在创建 wave，特别是在程序中创建 wave 时会非常方便。Duplicate 的使用非常简单：

```
Duplicate/O oldwave, newwave;
```

其中，标记/O 表示如果已经存在一个名为 newwave 的 wave，则覆盖。还可以指定要复制 wave 的范围，比如要复制 x 坐标范围为从 $x=$ x1 到 $x=$ x2 的部分数据，则命令行如下：

```
Duplicate/O/R = (x1,x2) oldwave,newwave;
```

也可以复制数据点 p1 到 p2 范围内的数据,命令如下:

```
Duplicate/O/R = [p1,p2] oldwave,newwave;
```

6. wave 赋值

一般有以下几种赋值方式,第 1 种是在创建时赋值,如

```
Make/O data = {1,2,3}
```

第 2 种是通过元素序号赋值,元素序号位于方括号内,如

```
w[1] = 2
```

使用方括号赋值是最基本的方式。Igor 支持灵活多样的赋值方式,不仅支持方括号赋值,还支持圆括号赋值,甚至支持分段赋值:

```
w[2,10] = 2                    //给第 2~第 10 个元素赋值
w[0,98;2] = 1                  //给 0~98 之间的偶数序号元素赋值(每隔 2)
w[1,99;2] = 0                  //给 1~99 之间的奇数序号元素赋值(每隔 2)
w[,50] = 2                     //给第 0~50 个元素赋值
w[51,] = 2                     //给第 51 及所有以后的元素赋值
w[ , ;2] = 2                   //给所有偶数序号元素赋值(每隔 2)
w[1, * ;2] = 2                 //给所有奇数序号元素赋值(每隔 2)
w(2) = 2                       //给 x 坐标值为 2 的元素赋值
w(1,5) = 2                     //给 x 坐标位于(1,5)区间的元素赋值
w(0,100;5) = 2                 //给 x 坐标位于(0,100)区间的元素赋值,每隔 5 赋值一次
```

第 3 种是通过表格赋值。

第 4 种是利用特殊函数如 x、y、p、q 等赋值,第 4 种赋值方式更灵活,更普遍,读者应该细心体会并掌握。

```
Make/O data
SetScale/P x,0,0.001,data
data = exp( - x/0.01)
Make/O data1
data1 = data[p]
make/O/N = (100,100) data2
data2 = y * q
```

在上面的例子中,赋值号右边的 x 函数会自动获取 data 的 x 坐标值并传递给函数 exp,而 p 函数则会自动获取 data1 的行序号并被 data 使用以获取该序号处 data 的值。y 和 q 函数分别对应 y 坐标值和列序号,除此之外含义和 x、p 完全相同。如果程序里定义了名为 x 和 y 等变量,上述函数就被覆盖了。因此一般不要在程序里定义 x、y、p、q 等这样的变量。

1. 2. 2　图(Graph)

Graph 是 Igor 下的一种窗口,将 wave 绘制于窗口中就构成一个 Graph。根据 wave 的维度的不同,Graph 中图表对象的叫法有所不同。对于一维数据,通常叫作曲线(trace)。通

过【Windows】|【New Graphs】菜单命令创建曲线。对于二维数据,图表对象稍微复杂一些,分别有图像(Image Plot)、等高线图(Contour Plot)、瀑布图(Waterfall Plot)和曲面图(Surface Plot)等。通过【Windows】|【new】下面对应的菜单命令来创建相应的 Graph。对于三维数据,图表对象称为 Gizmo Plot。通过【Windows】|【New】|【3D Plots】来创建相应的 Graph。关于各种图表的绘制请参看第 2 章图表绘制。

Igor 具有强大的图形绘制能力,可以绘制并精细调节和控制 wave 的显示方式和效果。其图形渲染能力十分出色,即使是几百兆的数据也可以很快地完成绘制。绘制的 Graph 可以输出为高分辨率的图片,用于打印或者发表。

与一维数据和二维数据相比较,三维数据的绘制要复杂一些。Igor 提供了一组基于OpenGL 的 Gizmo 工具,支持三维数据图的绘制。

创建 Graph 最简单的方法是在数据浏览器中右击 wave,选择【Display】命令,或者在命令行窗口输入命令 Display wavename。命令 AppendtoGraph、AppendImage、AppendMatrixContour、AppendXYZContour 用于向一个已有的 Graph 窗口添加新的数据图。

Graph 和 wave 一样,是 Igor 的一个基本对象,具有独一无二的名字,可以在 Igor 中编程进行访问和控制。对 Graph 的访问包括获取 Graph 中的 wave 引用、对 Graph 中的图表对象进行设置等。

1.2.3　表格

同 Graph 一样,表格(Table)也是 Igor 下面的一种窗口,用于查看和修改 wave 的内容。Table 也是 Igor 的一个基本对象,具有独一无二的名字,可以在 Igor 中编程进行访问和控制。当在程序中需要输入大量参数或者输出结果包含大量结果时可以使用 Table 对象,在需要列出大量内容时也可以使用 Table 对象。这比使用文本控件更有效率。

1.2.4　页面布局

页面布局(Page Layout)可将多个 Table、Graph 放在一个标准的页面。这个页面可被直接打印。如果 Table 和 Graph 的内容更新了,Page Layout 的内容也会实时更新。Page Layout 可以通过菜单【Windows】|【New Layout】创建,或者在程序中或者命令行窗口中输入命令 NewLayout 来创建。Igor 7 及以上的版本中,Page Layout 功能十分完善,推荐读者使用。

1.2.5　变量

Igor 中使用两种变量(Variable)类型——数值型变量和字符串变量。其中,Numeric Variable 表示数值型变量,String Variable 表示字符串变量。这两个变量类似于普通编程语言中的变量类型,主要用在程序设计中。可以使用 Variable 和 String 作为关键字来声明变量。

```
Variable v1;                          //声明一个普通变量
Variable/C v1;                        //声明一个复数变量
Variable/G v1;                        //声明一个全局变量
String str;                           //声明一个字符串变量
```

Variable 关键字后使用/G 标记，表示声明的变量为全局变量。全局变量和 wave 一样具有永久的生存期，并成为实验文件的一部分，在保存数据时被自动保存。全局变量会显示于数据文件夹下。在命令行窗口使用 Variable 声明的变量是全局变量。

关于变量的详细介绍和使用请参看第 5 章程序设计。

1.2.6 数据文件夹

数据文件夹(Data Folder)用于组织和管理数据。Igor 利用树状目录结构组织所有的数据对象，数据对象存放于不同的目录之中。目录中还可以包含目录。这些数据目录称为数据文件夹，是 Igor 的基本对象之一。Igor 提供了一系列的命令和函数用于数据文件夹的操作，如创建、删除目录，设定当前数据文件夹等。前面介绍的数据浏览器实际上就是数据文件夹的可视化显示，这是一个 XOP 扩展程序(Igor 7 及以上版本中，数据浏览器已经集成到内部)，专门用于对数据文件夹进行操作。

wave 名字的长度是有限制的，不能任意长，Igor 6 名字不能超过 31 个英文字符，Igor 7 以后这一限制为 128。因此不能也没有必要利用很长的名字来区分不同的 wave，可通过建立不同数据文件夹来存放不同的 wave。如果不指定或者不使用完整路径，命令和函数操作的数据对象默认位于当前目录，所以在程序中要特别注意当前目录的位置，否则就会因为找不到数据对象而出错。一般应该在程序开头获取当前数据文件夹并保存起来，然后设置新的当前数据文件夹，在程序结束后再恢复原来数据文件夹。读者应该养成这样的习惯。

```
Function func( )
    String curr = GetDataFolder(1)              //获取当前目录
    SetDataFloder mydestfd                      //mydestfd 应该存在，存放了要处理的数据
    //工作代码
    SetDataFolder curr                          //恢复当前目录
End
```

1.2.7 记事本

记事本(Notebook)是一个文本编辑器，可以通过【Windows】|【New】|【Notebook】菜单命令打开，也可以在程序中或命令行窗口中输入 NewNotebook 命令创建。Notebook 是 Igor 中的基本对象之一。Notebook 支持纯文本、富文本格式。采用富文本格式时可以创建包含格式化字符和图形的文本。记事本相当于 Igor 中的文本编辑器，用来记录实验数据中的各种信息，比如实验条件、实验日期、实验数据处理日志等。记事本也可用来开发在线帮助文档。Igor 自身的在线帮助系统就是基于 Notebook 开发的。

在 Notebook 中可以执行命令，这是一个很有意思的功能。按 Ctrl＋Enter 组合键，系统会自动执行光标所在行的命令，并将命令执行的结果显示于 Notebook 中。

1.2.8 程序面板

程序面板(Control Panel)是一个特殊的窗口，上面可以放置按钮、复选框、变量框等控件，为 Igor 窗口程序设计提供控件容器。通过菜单【Windows】|【New Panel】或者在命令行窗口输

入命令 NewPanel 创建程序面板。除了控件之外，还可以在程序面板中放置 Graph、Table 和 Notebook，从而使窗口程序的功能更加丰富实用。另外，Graph 也可以作为控件的容器。Control Panel 是 Igor 程序设计的重要概念。关于窗口程序设计的详细内容请参考第 7 章。

1.2.9　三维图

三维图（3D Plot）表示三维图形 Graph。3D 绘制和显示涉及一些 3D 图形处理的技术和知识，与曲线或者平面图形不同，概念较为复杂，计算量也相对大很多。在任何的科学数据图形绘制工具中，3D 图形的绘制都不是一件很简单的事情。Igor 提供了基于 OpenGL 的一系列函数和命令用于 3D 图形绘制，能使用户方便地绘制 3D 图形并对其进行设置，具有较强的 3D 图形绘制能力。在 Igor 下，3D 图形绘制技术称为 Gizmo。关于 3D 图形的绘制请参看第 2 章图表绘制。

1.2.10　程序

程序（Procedure）是 Igor 的最核心的功能。Igor 提供了完整的、系统的程序设计环境，既可以编写普通的脚本程序（Proc、Macro），又可以编写能被编译的低层级别的程序（Function）。Igor 还提供了 XOP 工具包，可直接利用 C/C++ 开发工具扩展 Igor 的功能。Igor 本身不少功能就是基于 XOP 开发的，如数据浏览器（6.37 版本以前）、3D 图形绘制（6.37 版本以前）、串口读写、数据库操作等。XOP 工具包提供了一个动态运行库及相应的头文件，扩展程序通过该运行库与 Igor 主程序进行通信和交换数据。

对程序设计的友好支持使得 Igor 具有极强的可扩展性和处理任意复杂数据的能力。通过编写程序，大批量数据的自动化处理变得方便、简单。程序保存在程序文件里，以自定义函数或者脚本作为执行单位。程序可以非常简单，也可以非常复杂，简单的程序只有一个函数，复杂的程序具有上百个程序文件、数万行代码，能系统地处理某一特定类型的实验数据。Igor 下的程序设计包括命令行程序和事件驱动的窗口程序。

程序设计是 Igor 的核心功能体现，是熟练使用 Igor 的基本要求。本书第 5、6、7 章详细介绍程序设计的方法和技巧。

1.2.11　命令和函数

数据处理通过调用不同的命令或者函数来完成。前面介绍的命令行窗口就是用来接收和解释执行用户命令的。程序窗口里程序也是对各种函数和命令的"打包"使用。

函数和命令是有区别的，函数一般都有一个特定的返回值，而命令没有。但是命令可能会生成修改一些 wave 或者创建一系列变量等。如 Integrate1D 是一个函数，用于返回积分值的大小，Integrate 是一个命令，用于对一个 wave 进行积分操作，结果一般存放于原 wave 中。

除了调用系统提供的函数和命令之外，还可以自定义函数（详见第 5 章）。自定义函数在编译后和系统函数一样，可以在任何地方使用。命令不能自定义，但是利用 XOP 可以给

Igor 添加命令。

　　命令和函数在执行之后可能会产生错误，利用 GetRTError 和 GetErrMessage 函数可以获取错误代码和错误的描述信息，这有助于程序的调试。一般当程序出错时系统会自动提示错误信息。

　　函数和命令一般都有一个或者多个参数。命令除了参数，还有标记及标记参数。下面是函数 Integrate1D 的调用格式：

```
Integrate1D(UserFunctionName, min_x, max_x [, options [, count ]])
```

方括号里的参数表示可选参数，在调用时可以提供，也可以不提供。不在方括号里的参数必须提供。另外注意，系统函数必须作为操作对象，如出现在赋值号的右边、Print 命令的右边、另一个函数的参数位置等。所有的系统函数都遵循这个规律。

　　命令也遵循同样的规律，如下面是命令 Integrate 的调用格式：

```
Integrate [/DIM = d /METH = m /P/T][typeFlags ] yWaveA [/X = xWaveA ][/D = destWaveA ] [,
yWaveB [/X = xWaveB ][/D = destWaveB ][, ...]]
```

带斜线的叫作标记，标记里等号右边的数值叫作标记参数，其他的叫作参数。方括号里都是可选项，因此上面的例子中只有 yWaveA 是必需的，其他的都是可选项。在后面介绍函数和命令时这种格式会经常出现，将不再单独说明。

第 2 章

图 表 绘 制

将数据以图表的形式可视化,是一个科学绘图工具最基本的功能。通过图表可以清楚地观察到数据之间的依赖关系及演化趋势。Igor 绘图以 wave 作为基础,以自定义绘图工具作为辅助,可以绘制出具有任意效果的精美图表。

图的绘制包括一维曲线图 Trace 绘制,二维 Image、Contour、Waterfall 图绘制和三维 Gizmo 图的绘制。绘图设置包括 5 个方面:绘图区域设置,如背景色、绘图区域大小等;外观设置,如图标、线型、曲线颜色、配色等;坐标轴设置,如坐标轴对齐、范围、坐标轴刻度等;图注设置,如添加文本说明、图例、数据标签等;添加自定义图形。通过【Windows】菜单可以调出相应的设置对话框,这些对话框根据用户操作生成对应的命令。

2.1　曲线

2.1.1　绘制曲线

一维 wave 的绘制叫作曲线绘制。在命令行窗口中执行下面的命令:

```
Make/N = 100/0 gaussfun, lorfun
SetScale/I x, − 1, 1, gaussfun, lorfun
gaussfun = exp( − x * x/0.01)
lorfun = 1/((x * x) + 0.04)
Make/N = 10 XY_Y = {4,6,8,4,6,7,9,1,4,3}
Make/N = 10 XY_X = {3,5,1,4,7,5,8,6,9,2}
```

在数据浏览器中设定当前目录为新创建 wave 所在的数据文件夹。选择菜单命令【Windows】|【New Graph】,打开【New Graph】对话框。对话框中【Y Wave(s)】区域列出当前目录下所有一维数据。【X Wave】区域同样列出当前目录下所有一维数据。二者的区别是【X Wave】区域的 wave 被用来当作 x 坐标。注意,【X Wave】可以选择_calculated_项,表示使用 wave 的 x 坐标信息来绘制曲线。本例中,在【Y Wave(s)】区域选择 gaussfun,【X Wave】区域选择_calculated_,单击【Do It】按钮,即可以完成曲线图的绘制,如图 2-1 所示。

关于【New Graph】对话框的说明如下。

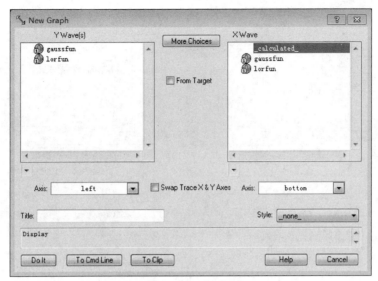

(a) 一线曲线绘制对话框

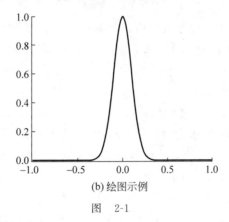

(b) 绘图示例

图 2-1

（1）可以按 Shift 键选择多个 wave，此时将绘制多条曲线。

（2）【More Choices】按钮：单击此按钮可出现更多的绘制选项。如果同时绘制多个 XY 型曲线，或者只绘制曲线的一部分，或者为不同的曲线指定不同的坐标轴，可以按下此按钮，如图 2-2 所示。

在【More Choices】模式下，按【Add】按钮，对应的选择如图 2-2 所示。方括号表示要绘制数据点的范围。在【Y Axis】和【X Axis】下拉菜单选择曲线的坐标轴，可以新建一个坐标轴。

（3）【From Target】复选框：控制【Y Wave(s)】和【X Wave】区域中显示的内容，如果选中此复选框，内容为显示在最顶层窗口的 wave 或所在目录，否则列出当前目录下所有的一维 wave。如果想绘制当前 Table 中的 wave，就可以使用此选项，而无须去数据文件夹寻找该 wave。Igor 很多的操作窗口都有这个复选框，含义相同。

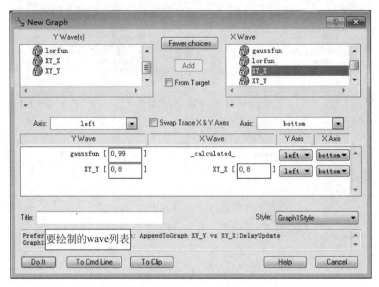

图 2-2　在绘图对话框显示更多选项

（4）【Axis】下拉列表框：设置坐标轴。不设置将默认使用 left 和 bottom 坐标轴。left 和 bottom 是 Igor 内建的坐标轴，left 默认显示在曲线图的左边，bottom 默认显示在曲线图的底部。

单击【Axis】下拉列表框，可以选择 right、top 坐标轴。right 默认显示在曲线图的右边，top 默认显示在曲线图的上部。还可以选择 L＝VertCrossing、B＝HorizCrossing 坐标轴。

left、right、bottom 和 top 属于固定位置坐标轴，表示坐标轴相对于绘图区域是固定的，移动坐标轴将改变绘图区域。而坐标轴 VertCrossing 和 HorizCrossing 为自由坐标轴，坐标轴可以在整个绘图区域自由移动。

通过【Axis】下拉列表框中的 New 选项可以打开【New Free Axis】对话框，选中【Left】或者【Right】单选按钮并输入名字，可以创建自定义坐标轴。Left（bottom）及 Right（top）表示新坐标轴的方向和位置。创建新坐标轴后曲线图将使用新建坐标轴。自定义坐标轴是自由坐标轴，如图 2-3 所示。

（5）【Swap Trace X ⅋ Y Axes】复选框：交换 x、y 坐标轴方向（注意曲线的实际内容没有改变，只是显示的方向改变）。

（6）【Title】：Graph 的标题。注意，标题不是 Graph 的名字。通过命令行或者程序操作 Graph 窗口时使用名字而不是标题。Graph 窗口的标题是可以一样的，但名字是独一无二的。执行菜单命令【Windows】|【Control】|【Window Controls】（或者按 Ctrl＋Y 组合键）可以打开【Window Control】对话框，这里可以看到 Graph 标题和名字的区别，如图 2-4 所示。

（7）【Style】下拉列表框：选择绘制曲线的样式。通过下拉列表可以指定一个自动绘制样式脚本（Macro），自动设置曲线的颜色、线型、图标等。曲线绘制完毕后，可利用【Window

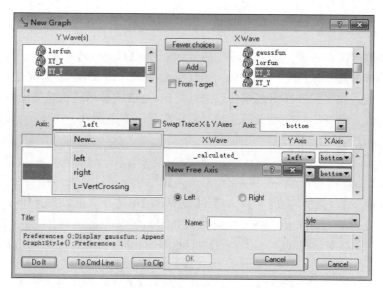

图 2-3　新建自由坐标轴

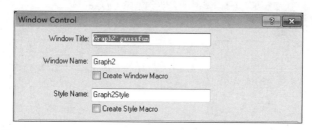

图 2-4　Graph 标题和名字的区别

【Control】提供的【Create Style Macro】生成该曲线对应的样式脚本。利用样式脚本可以快速地绘制指定样式的曲线图。

（8）在曲线图最靠近底部的文本框里，是自动生成的命令行。在【New Graph】对话框中的所有操作都被转换成命令行并显示在这个文本框里，单击【To Cmd Line】按钮将命令行复制到命令行输入窗口。【To Clip】按钮将命令复制到剪贴板。

绘制曲线的关键命令是 Display。因此，直接在命令行窗口输入 Display 也可以完成曲线图的绘制，如上面的例子可以通过命令行操作，具体的命令如下：

```
Display gaussfun
// 绘制 gaussfun 曲线
Display XY_Y vs XY_X as "mygraph"
//绘制 XY 曲线并且设定 graph 标题为 mygraph
Display/L = newLeft/B = NewBottom gaussfun as "mygraph"
//以新建自由坐标轴 newLeft 和 NewBottom 绘制 gaussfun 曲线
Preferences 0;
Display/L = newLeft/B = NewBottom gaussfun as "mygraph";
Graph1Style();
Preferences 1;
```

//以新建自由坐标轴 NewLeft 和 NewBottom 为坐标轴绘制 gaussfun 曲线,并采用预定义样式
Graph1Style

还可以在数据浏览器中直接右击对应的 wave,选择【Display】命令进行绘制。

在实践中根据需要选择不同的方法。如仅仅为了显示曲线,在数据浏览器中使用右键
是最有效的方法。如果需要显示多条曲线进行对比,对曲线显示进行精确的控制,就需要使
用对话框的方式。熟练以后也可以通过编写程序来显示多条曲线。

2.1.2 添加新曲线

选择菜单【Graph】|【Append Trace to Graph】(注意保持待添加 Graph 为顶层窗口),弹
出【Append Traces】对话框。在【Y Wave】和【X Wave】中选择数据,单击【Do It】按钮就可以
将曲线添加到已有的 Graph 中。在添加时如果指定自定义坐标轴,新添加的曲线将使用新
的坐标轴。添加曲线对话框和【New Graph】对话框基本相同,操作也完全一样,如图 2-5 所示。

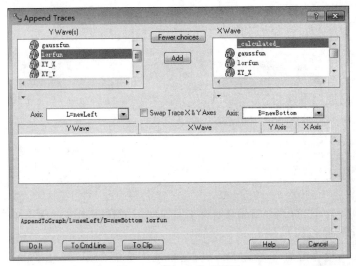

图 2-5 添加曲线对话框

注意,此时对应的命令行,相应的 Display 命令被替换成 AppendToGraph 命令。
AppendToGraph 命令向已有图添加曲线。上面的操作对应的命令行为

AppendToGraph/L = newLeft/B = newBottom lorfun
//向当前 graph 添加 lorfun,坐标轴为 newLeft 和 newBottom

AppendToGraph 命令默认向当前 Graph 添加曲线,当前 Graph 是最顶层 Graph。如
果向不是最顶层的窗口添加曲线,需要在 AppendToGraph 中指定 Graph 的名字,如下:

AppendToGraph/W = Graph0 lorfun   //向名为 Graph0 的窗口添加 lorfun 曲线

其中,graph0 就是 Graph 窗口的名字。

也可以在数据浏览器中右击曲线选择【AppendToGraph】命令将曲线添加到当前
Graph 窗口。

2.2　图表的设置和美化

2.1 节完成了曲线的最基本绘制,绝大多数设置都采用默认设置。如果需要精细调节曲线的显示样式,达到某种特殊的显示效果,就需要对 Graph 进行设置和美化。

图表设置和美化包括 5 个方面:绘图区域、外观、坐标轴、图注和自定义图形。绘图区域相当于画布,表示窗口中显示数据的区域大小、纵横比等。外观与待绘制的 wave 相关,包括颜色、标记、模式、线型等。坐标轴用于设置坐标轴的位置、刻度、坐标信息、范围等。图注用于添加对数据的说明,区分不同的数据,注明所用的颜色等。自定义图形用于向绘图区域添加各种自定义形状,如圆、箭头等。

绘图区域、坐标轴和自定义图形对所有类型的 wave 都一样,外观和图注则依赖于所要绘制的 wave 类型。

当前选择窗口为图表窗口 Graph 时,主菜单中会出现【Graph】菜单,里面包含了对 Graph 操作的菜单项。也可以在 Graph 窗口中右击,在弹出的快捷菜单中进行相应设置。注意鼠标在 Graph 窗口中右击位置或者对象不同,弹出的快捷菜单是不同的,如右击空白区将弹出关于绘图区域设置的相关菜单,右击数据图将弹出外观设置的相关菜单,右击坐标轴将弹出坐标轴设置对话框等。如果对图表的设置不能满足用户的要求,那么还可以使用自定义绘图工具向图表添加自定义图形。

通常绘制并设置一幅精美的图表是很耗时间的,为了节省时间,可以将主要的设置(主要包括坐标轴、外观等样式)保存为一个样式脚本(Style Macro),这样在以后的绘图中可以直接应用该样式。

本节介绍一维 wave 曲线的绘制和美化。这些介绍同样适用于二维 wave 乃至三维 wave 图表的设置。由于二维 wave 在外观、图注设置上的区别,所以其设置的方法放在了后面二维 wave 绘制的介绍之中,本节只涉及一维曲线的外观和图注设置。尽管一维和二维存在这些区别,但原理本质上是一致的(如图注设置使用同一个对话框)。掌握了一维 wave 曲线的设置,二维 wave 的设置就很容易掌握了。

2.2.1　设置绘图区域

执行菜单命令【Graph】|【Modify Graph】,或者右击 Graph 窗口空白处,从弹出的菜单中选择【Modify Graph】,打开绘图区域设置对话框,如图 2-6 所示。

这个对话框设置绘图区域到窗口边框的距离大小、绘图区域的大小及纵横比、窗口所使用的默认字体。

(1)【Margins】设置绘图区域距离窗口边框的大小,一般采用 Auto 即可,图 2-7 所示是绘图区域和窗口的关系示意图。

(2)【Width mode】和【Height mode】用于设置绘图区域的大小及纵横比。Width 表示宽度,Height 表示高度。以【Width mode】为例,包括 5 个模式。

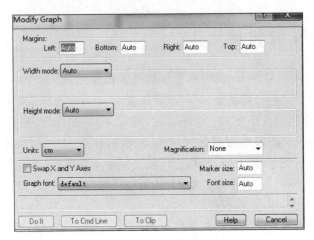

图 2-6　绘图区域设置对话框

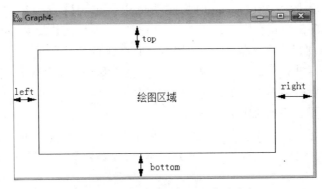

图 2-7　绘图区域和窗口的关系示意

- Auto：自动选项，此时窗口大小没有限制，可以在窗口边框按下鼠标左键随意拖动大小。
- Absolute：指定宽度大小为一个绝对数值。可以输入一个数值指定窗口大小，单位由【Units】下拉列表框指定，可以是 cm、inches 或 points。
- per Unit：指定宽度大小为单位长度×数据范围。单位长度表示坐标轴一个逻辑单位对应的显示长度，该长度可以手动输入，单位由【Units】下拉列表框指定。数据范围表示坐标轴方向数据跨度范围，可以选择 left 或者 bottom 等坐标轴。
- Aspect：设置纵横比。设定以后，窗口只能等比例缩放。
- Plan：设置纵横比，与 Aspect 有所区别。纵横比为比例系数×水平坐标轴范围/垂直坐标值范围，如果设置比例系数为 1，则水平方向和垂直方向一个逻辑单位对应的长度是相同的。注意坐标轴范围是可以选择的。
- 【Height mode】设置 Graph 窗口的高度，含义和【Width mode】含义完全一样。
- 【Graph font】下拉列表框用于设置 Graph 里所用的所有字体。【Font size】文本框设置 Graph 窗口中字体的大小。注意，字体信息在添加时还可以单独设置，那里的设置会覆盖本窗口里的设置。

2.2.2　设置外观

曲线的默认设置很多时候是不满足用户要求的,如无法区分不同曲线、没有强调突出的效果,外观设置可以克服这些缺点。外观设置一般包括线型、粗细、颜色、显示模式、图形标记等。

通过执行菜单命令【Graph】|【Modify Trace Appearance】(保持 Graph 为当前窗口)打开曲线样式设置对话框。在 Graph 上右击空白处选择【Modify Trace Appearance】或者右击曲线选择【Modify wavename】打开同样的对话框,还可以直接双击曲线图对象打开样式设置对话框,如图 2-8 所示。

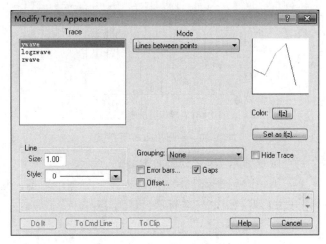

图 2-8　曲线样式设置对话框

对曲线样式设置对话框【Modify Trace Appearance】的说明如下。

1)【Trace】选项框

列出当前 Graph 显示的一维数据。选择某个 wave,进行曲线外观调整。按 Shift 键可以同时对多个 wave 做外观调整。

2)【Line】选项区域

【Size】表示线型宽度,用以设置曲线的粗细程度,最大可以取到 10,设为 0 时曲线不显示。【Style】表示线型,可以选择点状线或其他线型等。

3)【Mode】下拉列表框

选择绘制模式。Igor 提供了 13 种曲线绘制模式,分别介绍如下。

(1) Lines between points 模式:默认模式,用直线将数据点连接起来,如图 2-9 所示。

(2) Sticks to zero 模式:用长短不同的竖线来表示数据大小,长度的计算以 $y=0$ 作为参考点,大于 0 竖线位于 x 坐标轴上方,小于 0 竖线位于 x 坐标轴下方。当选择此模式时,会出现两个

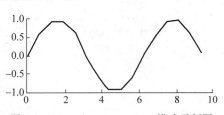

图 2-9　Lines between points 模式示例图

复选框，【＋Color】设置正数竖线的颜色，【－Color】设置负数竖线的颜色，如图 2-10 所示。

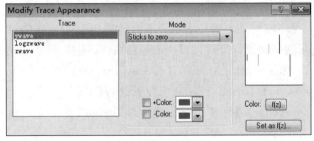

(a) 设置对话框

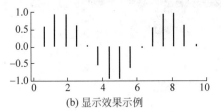

(b) 显示效果示例

图 2-10　Sticks to zero 模式

（3）Dots 模式：每个数据显示为一个点，如图 2-11 所示。

（4）Markers 模式：用一个特殊标记（Marker）来显示每一个数据。这些标记可以是一个圆圈，或者是一个小正方形等，如图 2-12 所示。

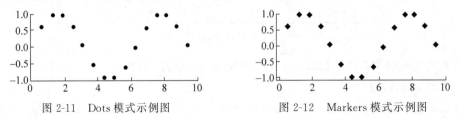

图 2-11　Dots 模式示例图　　　　　　图 2-12　Markers 模式示例图

系统提供了大量的默认标记图形可供选择，如图 2-13 所示。

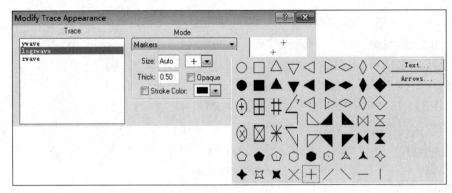

图 2-13　系统内置图形标记（Marker）

图 2-13 中，【Size】表示 Marker 的大小，它右边的下拉菜单提供系统默认的 Marker 图形。【Thick】设置 Marker 轮廓线宽。【Opaque】设置是否透明，若选中，则后面出现的 Marker 会覆盖前面的 Marker。【Stroke Color】表示 Marker 轮廓颜色。

除了系统自定义 Marker 之外，还可以选择字符和箭头作为 Marker，甚至可以自己绘制个性化的 Marker。单击图 2-13 中 Marker 选择界面的【Text】按钮打开图 2-14 所示对话框。

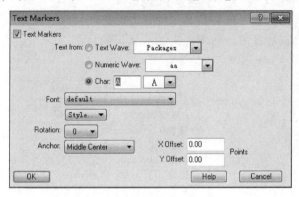

图 2-14　字符图形标记对话框

通过【Text Markers】对话框可以将 Marker 指定为一个字符串。【Char】表示一个固定字符或是不多于 3 个字符的字符串。【Text Wave】表示通过一个字符串型 wave 存放每一个数据对应的 Marker，该 Marker 就是相应的字符串。【Numeric Wave】表示通过一个数字型 wave 存放每个数据点对应的 Marker，含义和【Text Wave】相同。注意，若选择 wave，wave 的长度必须和待设置的曲线长度相等。【Rotation】代表字符 Marker 旋转的角度，【Anchor】表示字符 Marker 相对于数据点的位置，可以通过【X Offset】和【Y Offset】进行精细调节。使用文本型 wave 作为 Marker 的一个可能应用是在显示曲线的同时显示每一个数据点的大小。图 2-15 所示是字符型 Marker 的示例。

单击图 2-13 所示 Marker 选择界面的【Arrows】按钮，打开【Arrow Markers】设置界面，如图 2-16 所示。

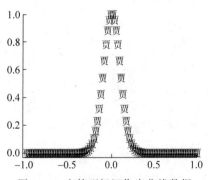

图 2-15　字符型标记作为曲线数据
　　　　　图形标记示例

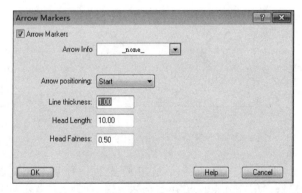

图 2-16　箭头图形标记设置对话框

【Arrow Info】下拉列表框选择一个 $N \times 2$ 的二维数组，第一列存放 Arrow 的大小，第二列存放 Arrow 的角度，【Arrow Positioning】设置箭头相对于数据点的位置，【Line thickness】设置箭头的粗细，【Head Length】设置箭头头部的长度，【Head Fatness】设置箭头头部的宽度。箭头图形标记在绘制一些带有方向的数据如力场或电场时非常有用。利用箭头图形标记的例子如下，效果如图 2-17 所示。

图 2-17　箭头图形标记示例

```
Make/N = 50 sinx,cosx;           //创建两个 wave
Setscale/I x,0,2 * pi,sinx,cosx; //设置两个 wave 的
                                 //x 坐标为 0～2π
sinx = sin(x);                   //设置 wave sinx 为
                                 //它的横坐标的正弦
cosx = cos(x);                   //设置 wave cosx 为它的横坐标的余弦
Make/N = (50,2) arrowinfo;       //创建 Arrowinfo 信息 wave
Setscale/I x,0,2 * pi,arrowinfo; //设置 Arrowinfo wave 的 x 坐标为 0～2π，代表一圈
arrowinfo[][0] = 10;             //设置所有的箭头长度都是 10;
arrowinfo[][1] = x;              //设置箭头偏转的方向
Display sinx vs cosx;            //显示 sinx,并且以 cosx 为横坐标
ModifyGraph mode = 3,arrowMarker(sinx) = {arrowinfo,1,5,0.5,1}
                                 //设置 Marker 为 Arrow.这一步也可以通过曲线
                                 //外观设置对话框设置箭头 Marker 完成,注意[Arrow
                                 //Info] 要选择 arrowinfo
```

（5）Lines and markers 模式：此模式是 Line 模式与 Marker 模式的结合，Line 模式下和 Marker 模式下的所有操作在这里都适用。此模式下有一个复选框【Sparse Markers】，含义非常简单，表示每隔多少个数据点显示一个 Marker，在 Marker 太密集彼此覆盖影响显示时可以选择并设置此选项，如图 2-18 所示。

（6）Bars 模式：条形图。和 Stick to zero 模式一样，只是把竖线换成了条形图，如图 2-19 所示。

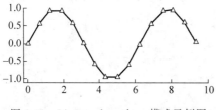

图 2-18　Lines and markers 模式示例图

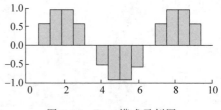

图 2-19　Bars 模式示例图

Bars 模式和 Stick to zero 模式的设置基本相同，但增加了两个新的设置选项：【+Fill type】和【-Fill Type】，代表填充模式。可以采用纯色填充，并设置填充的透明度，还可以选择 Pattern 进行填充。Bars 模式经常用于绘制 Category Plot。Bars 模式设置对话框如图 2-20 所示。

（7）Cityscape 模式：看起来类似于城市轮廓，因此得名，如图 2-21 所示。

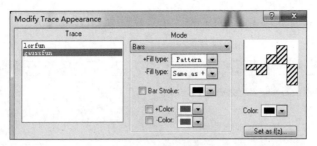

图 2-20　Bars 模式设置对话框

（8）Fill to zero 模式：填充模式，曲线与 $y=0$ 所围成的部分用指定的颜色填充。Fill to zero 模式下的选项和 Bars 模式下的选项一样，可以指定填充样式和正负区间的不同填充颜色，如图 2-22 所示。

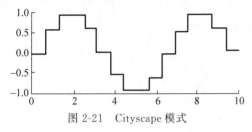

图 2-21　Cityscape 模式

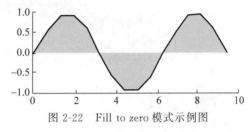

图 2-22　Fill to zero 模式示例图

（9）Sticks and markers 模式：此模式是 Stick to zero 模式和 Markers 模式的结合。Stick to zero 模式和 Markers 模式下所有的操作在此模式下都可以用。示例如图 2-23 所示。

（10）Sticks to next 模式、Bars to next 模式、Fill to next 模式、Sticks and markers to next 模式：前面提到的 Bars、Fill to zero、Sticks and markers 和 Sticks to zero 模式都是将 $y=0$ 作为参考点，这些模式表示不以 $y=0$ 作为参考点，而是以紧随其后的 wave 作为参考点。这些模式要求至少有两个 wave，并且具有相同的长度。此时，wave 在【Modify Trace Appearance】对话框中显示的顺序很重要，可以通过菜单【Graph】|【Reorder Traces】命令或右击 Graph 选择【Reorder Traces】改变 wave 顺序。这些模式下的效果如图 2-24 所示。

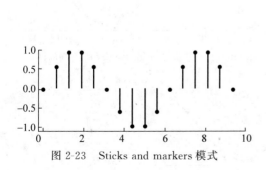

图 2-23　Sticks and markers 模式

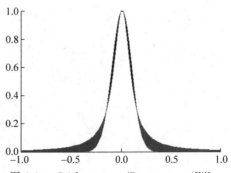

图 2-24　Sticks to next/Bars to next/Fill to next/Sticks and markers to next 等模式下的效果图

当选用这些模式时，【Grouping】下拉菜单自动选择 Draw to next 选项，例如选择 Sticks to next 模式后对话框如图 2-25 所示。

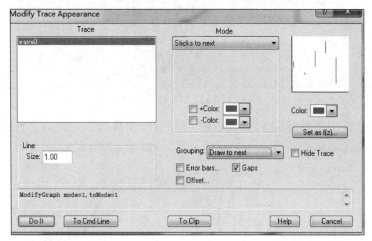

图 2-25　Sticks to next 模式下对话框

4）【Grouping】下拉列表框

- Keep with next：只有在 Category 绘制下使用。
- Draw to next：参考点为当前 wave 下一个 wave 对应的数据点。
- Add to next：参考点仍然为下一个 wave 对应的数据点，但是绘制数据大小为当前数据与下一个 wave 对应的数据点之和。
- Stack on next：参考点仍然为下一个 wave 对应的数据点，但是当数据与参考 wave 对应数据异号时不绘制。以两个正弦曲线为例（如图 2-26 所示），一个振幅较大，一个振幅较小，则 Add to next 和 Stack on next 的含义分别如图 2-27 和图 2-28 所示。

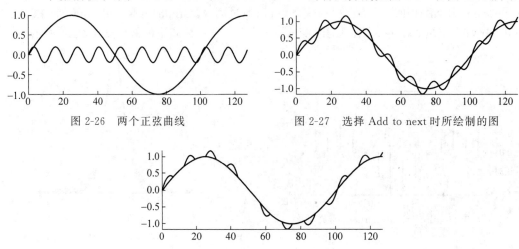

图 2-26　两个正弦曲线　　　　　　　图 2-27　选择 Add to next 时所绘制的图

图 2-28　选择 Stack on next 时所绘制的图

5）【Error Bars】复选框

选中【Error Bars】复选框后会打开【Error Bars】误差对话框，如图 2-29 所示。

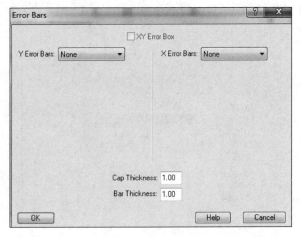

图 2-29 误差对话框

可以分别通过【Y Error Bars】和【X Error Bars】下拉菜单为数据添加误差线，共有 5 个选项。

- None：不设置 Error Bar。
- % of base：每个 Error Bar 的大小是当前 wave 对应数据大小的百分比，百分比大小可以设定，如图 2-30 所示。
- Sqrt of base：每个 Error Bar 的大小是当前 wave 对应数据的平方根。以计数方式获取的实验数据其误差一般为测量值的平方根。
- Constant：每个数据的误差都是固定大小。
- ＋/－wave：误差由 wave 指定，每个数据的误差由 wave 中对应的元素指定。可以分别指定正向和负向误差对应的 wave，如图 2-31 所示。

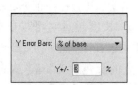

图 2-30 利用百分比指定 wave 的误差限

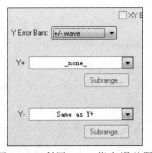

图 2-31 利用 wave 指定误差限

6）【Color】选项

设置曲线颜色。单击【Color】下拉列表为曲线选择不同的颜色。

7）【Set as f(z)】按钮

设置每一个数据点的外观。通过 f(z)，可以精确地控制每一个数据点的显示样式，就好像数据点的样式依赖于一个函数一样。

f(z)可设置曲线上每个数据点的颜色、Marker 的大小、Marker 的样式或 Pattern 的样式。Igor 借助于一个独立的 wave 来实现上述操作。单击【Set as f(z)】按钮后打开如图 2-32 所示对话框。

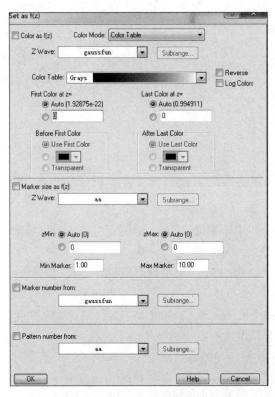

图 2-32 【Set as f(z)】对话框

（1）【Color as f(z)】复选框设置曲线上每个数据点的颜色，包括 3 种模式：Color Table、Color Index Wave 和 Three Column Wave。

- Color Table 模式：利用内置配色表，此时【Z Wave】可以选择当前 wave，也可以指定一个新 wave，该 wave 长度不能小于待绘制的 wave，长度超过时可以单击【Subrange】按钮选择一个区间。从【Color Table】下拉列表框中选择 Igor 预定义配色表。曲线数据点的颜色将按照如下方式来确定：每一个数据点的颜色值为将【Z Wave】选定的 wave 对应的数据点映射到配色表时对应的颜色。从 Z Wave 到配色表的映射方式可以为线性映射，也可以为对数映射（当选中【Log Colors】复选框时），如图 2-33 所示。【First Color at z＝】和【Last color at z＝】两个选项设置从 Z Wave 映射到配色表的起始点和终止点。【Auto】表示映射范围为最小到最大值。【Before First Color】和【After Last Color】两项分别用来设定当 Z Wave 数据点小于【First Color at z＝】和大于【Last color at z＝】对应的 z 数值时，数据点对应的颜色。

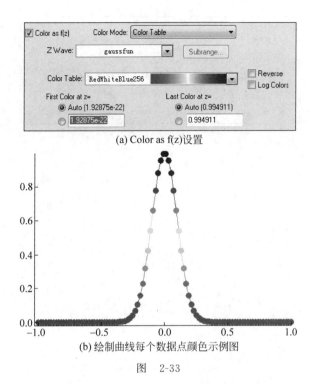

(a) Color as f(z)设置

(b) 绘制曲线每个数据点颜色示例图

图　2-33

- Color Index Wave：使用一个颜色索引 wave 指定每个数据点的颜色。具体的流程为：选择一个 Z Wave，然后选择一个 $N \times 3$ 的 Color Index Wave，该 wave 的 3 列分别存放红、绿、蓝 3 种颜色强度的数值，范围为 $0 \sim 65535$，并且设置了 x 坐标。数据点的颜色按照如下方式确定：每一个数据点的颜色等于从 Z Wave 映射到 Color Index Wave 的 x 坐标所对应的行存放的颜色值。
- Three Column Wave：Z Wave 直接是一个 $N \times 3$ 的 Color Index Wave，每一行都指定了对应数据点的颜色。这种方式提供了对数据点颜色的绝对控制。

（2）【Marker size as f(z)】复选框：指定一个 Z Wave，该 wave 指定了每一个数据点 Marker 的大小。Marker 的实际大小按照如下方式确定：将 Z Wave 映射到 Min Marker 和 Max Marker，对应的数值就是 Marker 的实际大小，映射的范围也可以由【zMin】和【zMax】两个选项指定。本操作仅对 Marker 模式有效。相应的设置和示例如图 2-34 所示。

```
Make/N = 100 datax, datay, dataz
datax = enoise(2); datay = enoise(2); dataz = exp( – (datax^2 + datay^2))
Display datay vs datax; ModifyGraph mode = 3, marker = 8
ModifyGraph zmrkSize(datay) = {dataz, * , * ,1,10}
```

（3）【Marker number from】复选框：指定一个 Z Wave，该 Z Wave 存放了每一个数据点对应的图形标记（Marker）索引序号。图 2-35 所示是 Igor 中内置图形标记及其索引对照图。

(a) 设置对话框

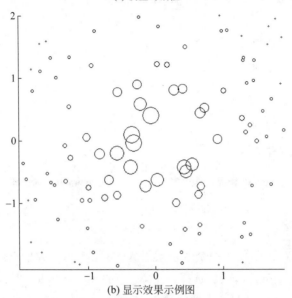

(b) 显示效果示例图

图 2-34 【Marker size as f(z)】选项区域设置

图 2-35 内置图形标记及其索引对照图

本选项设置例子如图 2-36 所示，在 Table 中创建 wave0 和 wave1，其中 wave1 作为 Z Wave，显示 wave0 并设置 f(z)。

（4）【Pattern number from】复选框：和【Marker number from】含义一样，只是 Z wave 存放的是 Pattern 的索引。图 2-37 所示是内置 Pattern 的索引序号。

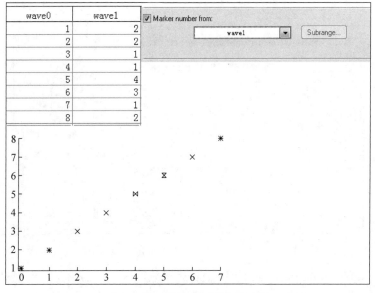

图 2-36　每个数据点使用不同的图形标记示例

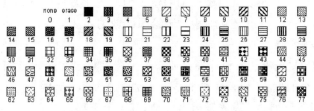

图 2-37　内置 Pattern 的索引序号

2.2.3　设置坐标轴

坐标轴的设置包括线型、粗细、刻度线和刻度标签、坐标轴标签等。设置坐标轴有 3 种方法：通过菜单命令【Graph】|【Set Axis Range】进行设置；在 Graph 窗口右击选择菜单【Axis Properties】进行设置；双击坐标轴进行设置。这 3 种方法都可以调出坐标轴设置对话框【Modify Axis】。系统坐标轴和自由坐标轴都可以通过该对话框设定，如图 2-38 所示。

【Modify Axis】对话框一共有 7 个选项卡，每一个选项卡代表对坐标轴的一类操作。对话框左上角【Axis】下拉列表里包含当前 Graph 中所有坐标轴，从中选择对应坐标轴进行设置。也可以同时选择多个坐标轴，此时设置对所有选择的坐标轴生效。【Live Update】复选框被选中时，对坐标轴的任何修改都会实时更新。

1.【Axis】选项卡

（1）【Mode】选项区域：设置坐标轴刻度是线性分布还是对数分布。对数分布常用于坐标数量级跨度特别大的场合。

（2）【Free Position】选项区域：设置自由坐标轴的位置，有以下 3 种选择。

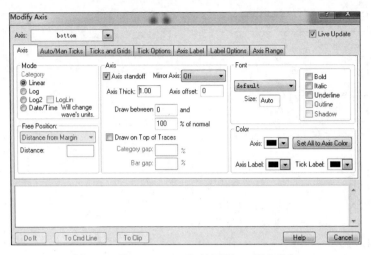

图 2-38 【Modify Axis】对话框【Axis】选项卡

- Distance from Margin：自由坐标轴相对于绘图区域的距离是一个绝对数值，单位是点数（points）。
- Crossing Other Axis：自由坐标轴的位置为与之垂直的坐标轴某一数据点（如 0）。
- Fraction of Plot：自由坐标轴相对于绘图区域的距离为绘图区域大小的百分比。

（3）【Axis】选项区域。

【Axis Standoff】复选框：取消选择将使横纵坐标轴直接在起始点相交，没有偏移，否则坐标轴会有一个小小的偏移，以避免被曲线或者曲线 Marker 遮挡。

【Mirror Axis】下拉列表：设置镜像坐标轴，有 4 个选项。

- Off：表示没有镜像坐标轴。
- On：表示带有刻度线但没有刻度标签的镜像坐标轴。
- No ticks：表示没有刻度线和标签的镜像坐标轴。
- Label：表示带有刻度线和标签的镜像坐标轴。

【Axis Thick】文本框：设置坐标轴粗细程度，设为 0 时坐标轴将不显示。

【Draw between】文本框：指定坐标轴在绘图区域的位置，通过百分比来指定，从左到右（从下到上）分别对应 0～100%。例如，绘制图 2-39 所示效果的方法为（假定自定义坐标轴为 NewL、NewB）：NewL 坐标轴的【Draw between】设置为 60% 和 100%，NewB 坐标轴的【Draw between】设置为 50% 和 100%。

（4）【Font】和【Color】选项区域：设置坐标轴及刻度标签的字体和颜色。

2.【Auto/Man Ticks】选项卡

此选项卡用于设置刻度线的显示样式，有 3 种方式，这 3 种方式可以通过左上角下拉列表进行选择。

- Auto Ticks：自动刻度线设定。
- Computed Manual Ticks：半自动刻度线设定。

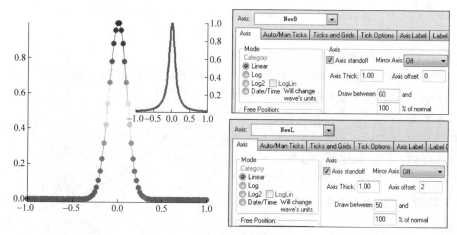

图 2-39　Inset 图的绘制

- User Ticks From Waves：完全自定义刻度线设定。

一般最常用的是自动设定（Auto Ticks）。在 Auto Ticks 显示样式下通过设置【Approximately】和【Minor Ticks】观察坐标轴刻度显示，选择最佳样式，如图 2-40 所示。

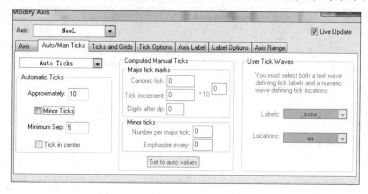

图 2-40　【Auto/Man Ticks】选项卡

（1）【Automatic Ticks】选项区域：选择自动刻度线时，设置主刻度线和副刻度线。

- 【Approximately】文本框：设置主刻度线的数目。注意此数字并不一定和主刻度线数相等，Igor 会根据该数目及实际显示效果自动计算一个最佳的刻度线数目。
- 【Minor Ticks】复选框：设置是否显示副刻度线。
- 【Minimum Sep】文本框：设置副刻度线的最小间隔，以像素作为单位。同样该间隔和实际间隔可能略有差别。

（2）【Computed Manual Ticks】选项区域：半自动设定刻度线。通过指定刻度线的间隔和某一个特征刻度线的位置，重新计算并绘制所有刻度线。

- 【Major tick marks】区域：设置主刻度线。
- 【Canonic tick】文本框：某条主刻度线的位置。一般设置为起始主刻度线，但可以不是起始主刻度线。

- 【Tick Increment】文本框：主刻度线间隔。可以设置为 $n \times 10^m$。
- 【Digits after dp】文本框：刻度标签数字小数点后面的位数。
- 【Minor ticks】区域设置副刻度线。
- 【Number per major tick】文本框：每两个主刻度线之间副刻度线的数目。
- 【Emphasize every】文本框：每几个副刻度线强调一次（如略微变长）。

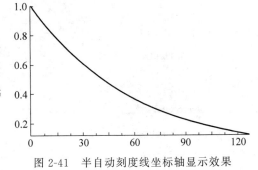

当需要在坐标轴上显示某些特殊的刻度标签时，可以选择半自动刻度线。如刻度轴表示时间，每一个主刻度表示 60s 的整数倍，则可以选择半自动刻度线设置，显示效果如图 2-41 所示。

```
Make/O data
SetScale/P x 0,1,data
data = exp( - x/60)
Display data
ModifyGraph manTick(bottom) = {0,30,0,0},manMinor(bottom) = {3,2}
```

图 2-41 半自动刻度线坐标轴显示效果

上面命令中最后一行在选项卡中的对应设置如图 2-42 所示。

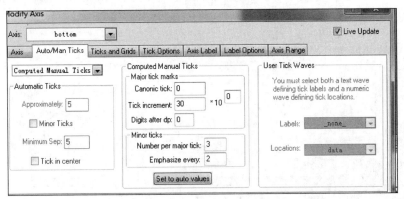

图 2-42 半自动坐标轴设定

（3）【User Tick Waves】选项区域：完全自定义刻度线的绘制。前面两种刻度线都是均匀分布的刻度线，非均匀分布的刻度线可以采用第 3 种方式。此时需要提供两个 wave：一

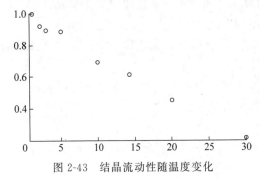

图 2-43 结晶流动性随温度变化

个是文本 wave，包含刻度线对应的标签名称；另一个是数值型 wave，包含刻度线在坐标轴上的位置，数值取坐标值。完全自定义坐标轴很有用，如在测量晶体随温度变化的流动性时，流动性是 T_m/T 的函数，其中 T_m 为结晶温度。下面是一个可能的数据和绘制命令，所绘制出的结晶流动性随温度变化图如图 2-43 所示。

```
Make/O InverseTemperature = { 30,20,14.2857,10,5,3.0303,2.22222,1.25}
Make/O Mobility = { 0.211521,0.451599,0.612956,0.691259,0.886406,0.893136,0.921083,1}
Display Mobility vs InverseTemperature          //绘制曲线,使用默认坐标轴
ModifyGraph mode = 3,marker = 8
```

图 2-43 中横轴刻度线均匀分布,很难看出特征温度的信息。如果希望温度在 20、30、50、100、400 摄氏度(实际中这些温度可能对应特殊物理含义)时显示对应的刻度线,则可以使用自定义刻度线的方法。首先创建两个 wave:

```
Make/N = 5/T TickLable = {"20","30","50","100","400"}      //刻度线标签
Make/N = 5 TickPosition
TickPosition = 450/str2num(TickLable)
```

设置坐标轴刻度线由自定义 wave 绘制:

```
ModifyGraph userticks(bottom) = {TickPosition,TickLable}
```

上面的命令在坐标轴设置选项卡中对应的设置如图 2-44 所示,最终效果如图 2-45 所示。

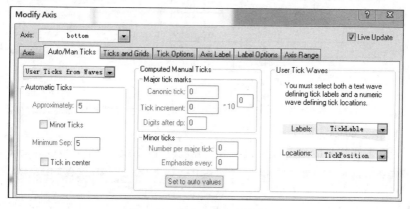

图 2-44　用户自定义刻度设置

使用完全自定义刻度方法,刻度线标签可以指定为任何字符,如可以将 TickLable 的第一个字符串"20"改为"20 Degree",如图 2-46 所示。

```
TickLable[0] = "20 Degree"
```

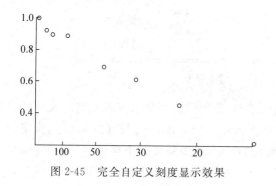

图 2-45　完全自定义刻度显示效果

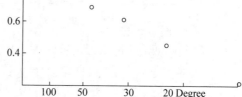

图 2-46　自定义刻度标签

刻度标签对应的文本 wave 可以是一个一维 wave，也可以是一个 $N \times 2$ 的二维 wave，此时第一列存放刻度线标签内容，第二列存放刻度线的绘制方式，如主刻度线、副刻度线、强调刻度线等。图 2-47 所示是一个相关的例子，请读者对照例子自己练习。

刻度标签文本wave($N \times 2$)

TickLabels[][0].d	TickLabels[][1].d	TickPositions
	Tick Type	
20 degrees	Major	22.5
30	Major	15
50	Major	9
100	Major	4.5
400	Major	1.125
	Minor	21.4286
	Minor	20.4545
	Minor	19.5652
	Minor	18.75
	Emphasized	18
	Minor	17.3077
	Minor	16.6667
	Minor	16.0714
	Minor	15.5172

列名(DimLabel)，此处必须为 Tick Type。可用SetDimLabel 命令设定

刻度线标签　　还可以使用SubMinor关键字

图 2-47　完全自定义刻度标签 wave 的结构说明

3.【Ticks and Grids】选项卡

用于设置刻度线标签的显示方式和显示位置，设置网格线，设置"0 位线"，如图 2-48 所示。

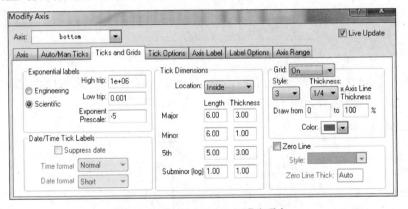

图 2-48　【Ticks and Grids】选项卡

（1）【Exponential labels】选项区域：用于设置刻度线标签的显示方式。刻度线标签指显示在刻度线旁边的文字。当标签的极大值和极小值落于【High trip】和【Low trip】指定的范围时，显示为正常数字，否则按照科学记数法显示。例如刻度标签数字为 12000，如果【High trip】设定为 100000，则标签显示为"12000"，如果【high trip】设定为 1000，则标签显示为 1.2，而坐标轴上会显示 10^4 作为单位。

（2）【Tick Dimensions】选项区域。

【Location】指定刻度线相对于坐标轴的位置，有 4 个选项可供选择。

- Inside：表示位于坐标轴内部。
- Crossing：表示和坐标轴交叉。
- Outside：表示位于坐标轴外部。
- None：表示不绘制刻度线。

【Length】和【Thickness】用于设置刻度线的长短和粗细。刻度线的模型如图 2-49 所示。

（3）【Grid】选项区域：绘制网格线。

（4）【Zero Line】复选框：绘制一条通过坐标轴的 0 刻度位置的直线。【Style】指定直线的线型，【Zero Line Thick】指定线的宽度。

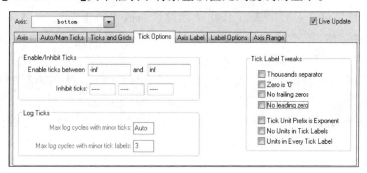

图 2-49 刻度线模型

4.【Tick Options】选项卡

刻度线选项，控制某条刻度线的显示与否。前面的设置都是针对所有刻度线的，这里可以对个别刻度线进行设置，【Tick Options】选项卡如图 2-50 所示。

（1）【Enable/Inhibit Ticks】选项区域：指定要显示刻度的刻度值范围，或是指定哪个刻度不显示。【Inhibit ticks】文本框表示将禁止该值处刻度线的显示。

图 2-50 【Tick Options】选项卡

（2）【Tick Label Tweaks】选项区域：设置刻度标签的显示方式，详细含义如表 2-1 所示。

表 2-1 刻度标签的显示方式选项

复 选 框	效 果
Thousands separator	$10000 \longrightarrow 10,000$
Zero is "0"	$0.000 \longrightarrow 0$
No trailing zeros	$1.50 \longrightarrow 1.5$
No leading zeros	$0.5 \longrightarrow .5$
Tick Units Prefix is Exponent	如果刻度值有单位（通过 SetScale 命令指定），将指数和单位写在一起合为一个单位，如 $3 \times 10^3\,M \longrightarrow 3 \times 10^3\,M$
No Units in Tick Labels	刻度值单位不显示
Units in Every Tick Label	每个刻度值都显示单位

5.【Axis Label】选项卡

坐标轴标签说明选项。通常显示于坐标轴旁，用于描述坐标轴的含义及刻度单位等。【Axis Label】选项卡中的文本输入框【Axis Label】可以直接输入要显示的内容，输入内容将实时显示在【Label Preview】窗口中。输入内容包括普通字符和转义字符，转义字符以一个反斜线开始，如上标转义字符为"\S"。【Axis Label】选项卡如图 2-51 所示。

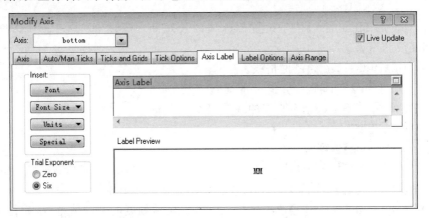

图 2-51　【Axis Label】选项卡

【Insert】区域里包含了对 Axis Label 进行设置和输入的所有选项。【Font】设置字体，【Font Size】设置字体大小。【Units】中设置 Axis Label 是否自动添加幂指数单位，如将 10^{-6} A 自动写为 μA。【Units】有 6 个选项。

- Units：用 m、μ、p、f 等符号表示 10^{-3}、10^{-6}、10^{-9}、10^{-12}，对应转义字符为"\U"。
- Exponential Prefix：用科学记数法表示，如 10000 表示为 10^4，对应转义字符为"\u"。
- Inverse Exponential Prefix：和 Exponential Prefix 含义一样，但指数符号是相反的，如 0.0001 表示为 10^4，对应转义字符为"\u♯1"。表示类似于 pH 值的数据时可用到此选项。
- Scaling：用科学记数法表示，如 10000 表示为"$\times 10^4$"，对应转义字符为"\E"，与 Exponential Prefix 不同的是前面出现一个"$\times$"。
- Inverse Scaling：和 Scaling 含义相同，但指数符号是相反的。
- Manual Override：禁止生成任何坐标轴标签，对应转义字符为"\u♯2"。

图 2-52 给出了选择不同 Units 时坐标轴标签的区别，这里 x 轴的范围是从 9×10^{-12} 到 120×10^{-12}，单位为 A。

【Special】用于输入特殊字符，包括设置字体风格（黑体、斜体、下画线等），对齐方式，颜色，输入上标、下标、反斜线、普通字符或者特殊字符、Marker，甚至是自定义图片等。这些输入通过转义字符来完成，Igor 会根据用户选择自动生成对应的转义字符。直接手动输入转义字符可达到相同的效果。表 2-2 总结了常用转义字符及其对应的效果。

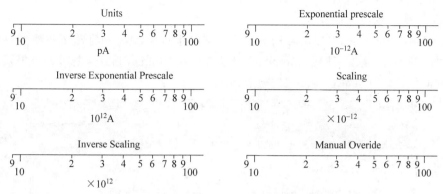

图 2-52 坐标轴标签 Units 不同时的区别

表 2-2 坐标标签中常用的转义字符及其对应效果

转 义 字 符	含 义	效 果
无	无	Tick Label
\f01Tick Label	黑体	**Tick Label**
\f02 Tick Label	斜体	*Tick Label*
\f04 Tick Label	下画线	Tick Label
Tick\SLabel	上标	Tick^{Label}
Tick\BLabel	下标	Tick$_{Label}$
\M Tick Label	正常显示	Tick Label
\JL Tick Label	左对齐	Tick Label
\JR Tick Label	右对齐	Tick Label
\JC Tick LabelLabel	居中	Tick LabelLabel
\K(65535,0,0)Tick Label	设置颜色(红色)	Tick Label[①]
\F'Arial' Tick Label	设置字体为 Arial	Tick Label

注意,特殊字符是依赖于字符集 Font 的。字符集不同,特殊字符也不同,因此要输入某个特殊的字符,应该选择相应的字符集 Font。一般应该选择英文字体,如 Times New Roman、Arial 等,此时特殊字符能正常显示,但是预览可能会出现乱码,不过不影响使用。对于 Igor 7 以后版本,由于其支持 UTF-8 编码,很多特殊字符可以直接输入并正常显示,还部分支持 Tex 语法,可输入 Tex 公式。

6.【Label Options】选项卡

坐标轴选项,常用到的功能是设置标签是否显示,【Labels】下拉列表框中有下面 3 个选项。

- On：显示所有标签。
- Axis Only：不显示刻度上的标签(即刻度值),但显示坐标轴上的标签(坐标轴说明文字及单位等)。

---

① 此处未体现红色。

- Off：不显示所有标签。

【Axis label rotation】可以旋转标签的显示方向，【Tick label offset】可以改变刻度值与刻度线之间的距离。【Label Position Mode】通常选择 Compatibility，表示可以用鼠标拖动调整标签的位置。【Label Options】选项卡如图 2-53 所示。

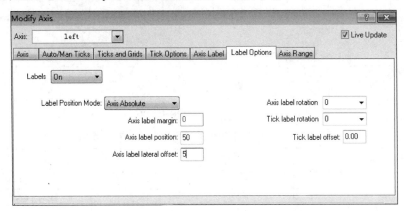

图 2-53 【Label Options】选项卡

7.【Axis Range】选项卡

此选项卡用以设置坐标轴坐标范围。设置坐标的范围会改变 wave 被显示的内容，如改变 x 坐标的范围，则只有 x 坐标值位于该范围内的部分才能显示。因此经常利用【Axis Range】选项卡来放大显示曲线的某一部分或者缩小曲线以观察曲线的全貌。【Axis Range】选项卡如图 2-54 所示。

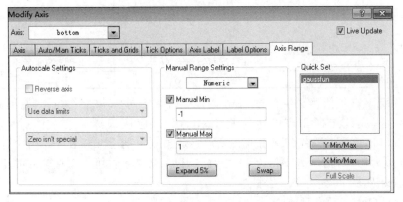

图 2-54 【Axis Range】选项卡

有 3 种调节坐标轴范围的方法。

（1）设置【Autoscale Settings】。Igor 自定义了一些自动调节方法，当通过菜单执行【Graph】|【AutoScale Axis】命令或者是按 Ctrl＋A 组合键时，Igor 将自动设置坐标轴范围。一般经常使用 Use data limits 和 Zero isn't special 选项，表示默认坐标轴范围将包含整条曲线。

（2）设置【Manual Range Settings】。通过手动指定坐标范围来指定曲线的显示范围，是坐标轴调节最常用的方法。

（3）通过获取当前 Graph 中 wave 的最大值和最小值来指定坐标轴范围。这种方法很少用到。

自动调节的【Reverse axis】复选项是一个很实用的功能，选中后将翻转坐标轴。

也可以在 Graph 中直接改变坐标轴的范围，方法是按鼠标左键拖动，Igor 会显示一个矩形框（Marquee），该矩形框包含了 wave 的某一部分。在该矩形框中右击，在弹出的快捷菜单里选择【Expand】命令，就会放大显示矩形框内的 wave 部分，可以利用这种方法对 wave 局部显示放大，按 Ctrl＋A 组合键将会复原曲线图的默认显示状态，如图 2-55 所示。

Marquee 有一个右键快捷菜单（Marquee 框内右键单击），叫作 Marquee 菜单，用户可以在此菜单中添加自定义菜单项，从而可以实现诸如选择数据某一部分并右击选择处理命令的个性化操作。

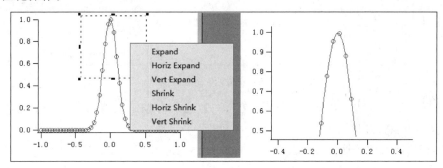

图 2-55　利用 Marquee 放大 wave 的局部

2.2.4　设置图注

图注设置是指为图添加注解和各种说明文字。Igor 支持 4 种图注方式：TextBox、Legend、ColorScale、Tag。利用【Graph】|【Add Annotation】菜单命令，或是直接右击 Graph 空白区域，选择【Add Annotation】命令，或者是双击已经创建好的 Annotation，都可以打开图注设置对话框，如图 2-56 所示。

不同维度 wave 的图注设置有所区别，一维 wave（曲线）一般可添加 TextBox、Tag、Legend，二维 wave（Image）除了前面这 3 种类型外，还可以添加 ColorScale。当然这不是绝对的，如果需要，这 4 种图注可以用于任何一种 wave 类型。

在【Annotation】下拉列表框中选择 TextBox、Legend、ColorScale 或者 Tag 以设置图注的类型。【Name】文本框（如果图注已经存在则 Name 显示为 Rename）表示图注的名字。每一个图注都是一个独立的对象，由相应的命令创建。可以在程序里或者命令行里通过名字引用这些图注对象，并动态设置或修改图注内容。在曲线拟合时可以通过这种方法在窗口中以图注方式显示拟合结果。

1. TextBox

在【Annotation】下拉框中选择 TextBox，添加一个文本框说明图注。选择 TextBox 时

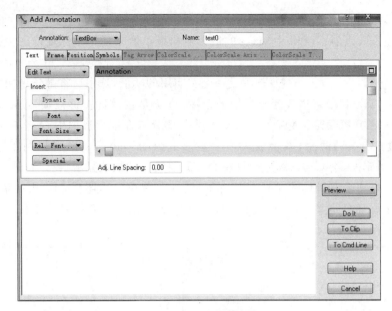

图 2-56　图注设置对话框

有 4 个选项卡用于调整文本内容，分别是【Text】（文本）、【Frame】（轮廓背景）、【Position】（位置）、【Symbol】（符号）。

　　【Text】选项卡用于输入文本内容。【Annotation】区域用于输入文本内容，设置文本字体、大小，输入特殊字符，和上一节设置坐标轴标签（Axis Label）含义完全一样。通过下方的窗口可预览输入的内容，【Do It】按钮表示确定创建，【To Clip】按钮表示将该操作对应命令行保存到内存，【To CmdLine】按钮表示将命令行输入命令行窗口。

　　【Frame】选项卡用于设置文本显示的方式、文本的前景色和背景色、文本框的粗细等。【Annotation Frame】下拉列表框可设置文本框的边框，【Border】下拉列表框可设置边框风格，【Thickness】文本框可设置粗细，【Halo】文本框可设置背景色边框粗细，【Foreground Color】下拉列表框可设置字体颜色，【Background】下拉列表框可设置背景色等。所有的设置都可以实时预览。

　　【Position】选项卡用于设置文本显示的位置。还可以直接用鼠标拖动文本的位置，各项含义非常简单。

　　【Symbols】选项卡用于设置文本框中用到的 Marker 的大小。

　　双击打开一个已有的 TextBox，则原来【Do It】按钮和【To Clip】按钮分别被替换为【Change】按钮和【Delete】按钮，表示该 TextBox 可以修改和删除。

　　图 2-57 给出了一个 TextBox 的例子。用户可先创建一个 wave，然后按照图 2-57 进行设置并查看显示效果。

```
Make/O gaussdata
SetScale/I x, -1,1,gaussdata
gaussdata = gauss(x,0,0.2)
```

```
Display gaussdata
ModifyGraph zColor(gaussdata) = {gaussdata, * , * ,Rainbow256,0}
ModifyGraph mode = 4,marker = 19
ModifyGraph mskip = 5
TextBox/C/N = text0/D = {2,2,0}/A = MC "\\JC\\Z15\\F'Times New Roman'Gauss Function\re\\S( - x\
\S2\\M\\Z14\\S/2\\F'symbol's\\F'Times New Roman'\\S2\\M\\Z14\\S)"
```

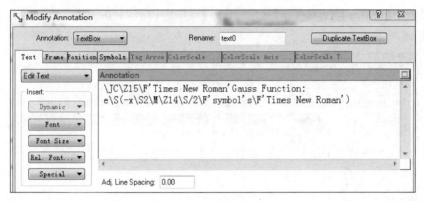

(a) TextBox的【Text】设置

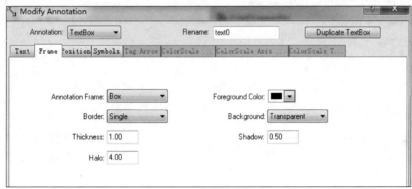

(b) TextBox的【Frame】设置

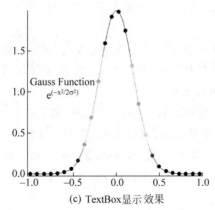

(c) TextBox显示效果

图 2-57 TextBox 应用示例

2. Legend

Legend 表示图例。一个 Graph 中包含多条曲线，需要区分不同曲线时就要用到图例。Legend 由文本内容和一小段显示曲线组成。添加 Legend 的方法非常简单，首先打开【Add Annotation】对话框，在【Annotation】下拉列表框中选择 Legend，【Annotation】区域会自动生成当前 Graph 中所有的曲线对应的 Legend 代码，并在下面的窗口中提供预览。Legend 设置中【Frame】、【Position】、【Symbols】选项卡内容与 TextBox 设置时含义完全一样，如图 2-58 所示。

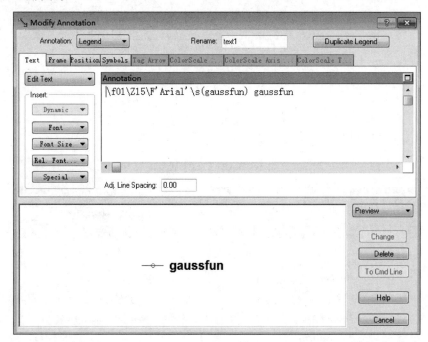

图 2-58　Legend 设置

【Annotation】区域也和 TextBox 设置时的操作一样，可以输入各种字符或者转义字符，以达到特殊的显示效果。读者可以利用上面的例子练习操作。

3. Tag

Tag 为提示便签，常用于强调某一个数据点。Tag 一般由说明文字和一个指向某一数据点的箭头组成。说明文字可以完全自定义，一般为该数据点的特定信息，如数值大小等。图 2-59 是 Tag 的设置和显示效果示例。

在【Text】选项卡的【Annotation】区域输入 Tag 的文本内容，其中要动态显示的部分利用转义字符来描述。转义字符可以通过【Dynamic】下拉列表动态生成，熟练以后也可以直接手动输入。注意，只有 Tag 型图注有【Dynamic】下拉列表。其他的设置选项和前面含义完全一样。【Dynamic】下拉列表包含 8 个选项，含义如表 2-3 所示。

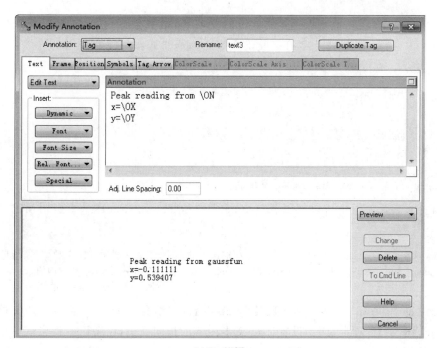

(a) Tag设置

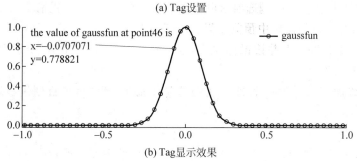

(b) Tag显示效果

图 2-59　Tag 应用示例

表 2-3　Tag 中转义字符说明

项　　　目	转 义 字 符	含　　义
Wave name	\ON	wave 名字
Wave name and instance	\On	wave 名字和实例编号(同一个 Graph 添加多条相同的曲线)
Attach point number	\OP	数据点位置索引
Attach point X value	\OX	当前 x 大小
Attach point Y value	\OY	当前 y 大小
Attach point Z value	\OZ	当前 z 大小
Attach xoffset value	\Ox	曲线的 x offset(在 Modigraph 中设置)
Attach yoffset value	\Oy	曲线的 y offset(在 Modigraph 中设置)

除了上述转义字符,也可以使用自定义转义字符,格式是\{}。大括号里可以包含任意表达式,如 wave、变量、格式化字符串及函数等。例子如下:

```
Twice \{K0} is \{K0 * 2}
```

对应 Tag 显示内容为:

```
Twice 7 is 14
\{"Twice K0 is % g, and today is % s", 2 * K0, date()}
```

对应 Tag 显示内容为:

```
Twice K0 is 14, and today is Thu, May 4, 2000
```

在自定义转义字符中可以使用 Tagvalue 函数和 Tagwaveref 函数来引用预定义的转义字符,如:

```
\{"x value = % g", tagval(2)}          //输出 x 的大小,参数 2 表示预定义类型,这里是 x 坐标
\{"mean value = % g", mean(tagwaveref(), – inf, + inf)}  //输出引用 wave 的平均值,tagwaveref 返
                                        //回 tag 所附着 wave 的引用
```

Tag 设置中【Frame】、【Position】和【Symbols】选项卡各项的含义与 TextBox 相同。增加了【Tag Arrow】选项卡,用于设置 Tag 文本内容的指向箭头,设置以后将出现一个箭头指向对应的数据点。【Tag Arrow】选项卡可设置箭头的模式,并可设置箭头的线宽、线型和颜色等。用户可以在下方的窗口中预览效果。

将鼠标光标置于 Tag 上并按鼠标左键,同时按下 Alt 键,然后移动光标可以改变 Tag 所指示的数据点位置。

图 2-60 为添加 Tag 的另一个例子,并且添加了箭头(请读者自行创建示例数据,也可以在真实数据上操作)。

4. ColorScale

ColorScale 用于添加色度说明,在后面章节 Image 绘图操作设置中介绍。

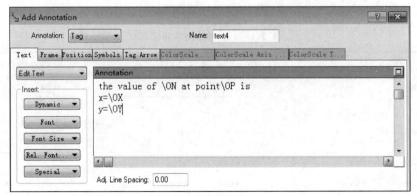

(a)【Text】选项卡设置

图 2-60　给 Tag 添加箭头的应用示例

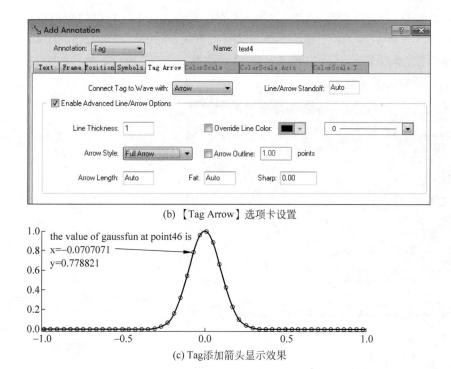

(b)【Tag Arrow】选项卡设置

(c) Tag添加箭头显示效果

图 2-60　（续）

2.2.5　向曲线添加自定义形状

Igor 绘图以 wave 作为基础,无论是曲线的外观、坐标轴还是图注,都以 wave 作为目标对象。如果这些设置仍然不能达到指定的效果,还可以使用绘图工具。绘图工具可以在图表窗口绘制基本的形状,如直线、箭头、矩形、椭圆、多边形、贝叶斯曲线、文本等,并可设置这些形状的线型、颜色、填充等特性。通过绘图工具也可以在图表窗口添加一幅普通的图形,如利用粘贴命令(Ctrl＋V 组合键)粘贴位于粘贴板的屏幕截图。

利用自定义形状,可以突出数据的某些特性,如用一个圆圈将数据的某一部分圈起来,用一个箭头指向数据的一个峰,用一系列小圆点标在数据 wave 的某个部位以提醒别人注意等。

这些自定义形状和图表中的 wave 一般没有关系,也就是说如果改变了图表的大小(如用鼠标拉动图表边框),wave 对应的曲线与自定义形状之间的相对位置会发生变化。在绘制自定义形状时指定坐标系为 wave 使用的坐标系可基本克服这个问题。

执行菜单命令【Graph】|【Show Tools】,或是按 Ctrl＋T 组合键可以在当前 Graph 窗口左侧打开一个工具条。单击工具条最上方的按钮 可以打开或者合上工具条。再次按 Ctrl＋T 组合键可以关闭工具条。在工具条打开后,单击相应工具条按钮可以在 Graph 中绘制直线、箭头、矩形、圆角矩形、椭圆形、多边形,或者输入文本内容。按下按钮 可以设置绘制

线型、粗细、颜色、是否带有箭头、箭头方向、填充模式等。双击绘制好的图形也可以对该图形进行设置。若要在 Graph 中添加一条带箭头的直线，可先单击 ◥ 按钮，在 Graph 区域中绘制一条直线，再双击该直线，按照图 2-61 进行设置。

可能的效果如图 2-62 所示。

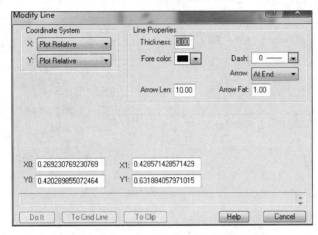

图 2-61　在 Graph 中添加带箭头的直线设置

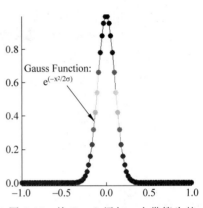

图 2-62　给 Graph 添加一个带箭头的直线示例图

2.2.6　样式脚本

图的外观设置是比较复杂的，需要花费一定的时间去熟悉和掌握。由于涉及很多调节操作，即使熟练掌握了外观的设置方法，如果对图的美观效果要求较高，要完全设置好图的外观也会消耗不少时间。Igor 提供了 Style Macro 的概念来简化这类操作。在完成外观设置后，按下 Ctrl＋Y 组合键或选择【Windows】|【Control】|【Window Control】|【Create Style Macro】菜单命令，Igor 会将所有设置操作保存到一个脚本（Macro）里。绘制新的 wave 时只要在 Style 中选择该脚本即可应用已经做好的设置。

2.3　类别图

2.3.1　类别图的绘制和设置

类别图（Category Plot）是一种特殊的一维 wave 图，需要用到两个 wave，因此属于 XY 型，其中 x wave 是一个文本型 wave，每个文本代表一种类别。y wave 是一个正常的数值型 wave。图 2-63 所示是一个典型的类别图。

Category Plot 的绘制非常简单。选择【Windows】|【New】|【Category Plot】命令可以打开【New Category Plot】对话框，在 Y Wave 区域选择 y wave，在 X Wave 区域选择一个存放

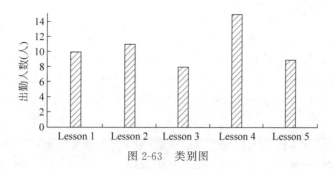

图 2-63 类别图

类别信息的文本 wave。单击确定即可创建一个 Category Plot，如图 2-64 所示。也可以直接在命令行输入 Display ywave vs textWave 创建一个 Category Plot。

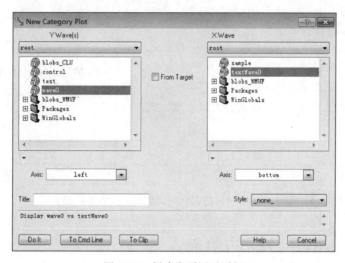

图 2-64 创建类别图对话框

2.3.2 类别图的设置

Category Plot 相当于一种特殊的 XY 型 wave，因此对曲线图所有的设置都适用于 Category Plot。由于 Category Plot 显示为条形图，所以在【Modify Graph】对话框中绘图模式需要选择 Bar。Category Plot 结构模型如图 2-65 所示。

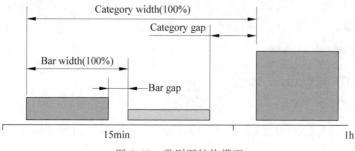

图 2-65 类别图结构模型

一个类别到下一个类别的距离（Category width）定义为一个单位，包括一个类别里所有的条形图中类别与类别之间的空隙（Category gap）；一个条形图到下一个条形图的距离（Bar width）被定义为一个单位，包括一个条形图及其与下一个条形图之间的空隙（Bar gap）。通过调整 Bar gap 和 Category gap 的大小，可以使不同类别的条形图更容易地区分开来。可通过【Modify Axis】对话框的【Axis】选项卡对条形图的显示进行调节，如图 2-66 所示。

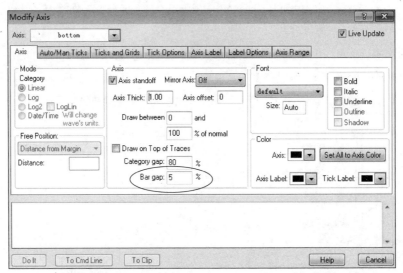

图 2-66　类别图类别之间和类别内部空隙的设置

2.4　二维 wave 数据的绘制

前面介绍了一维曲线的绘制。对于二维 wave 数据的绘制，Igor 使用了 Image、Contour Image、Waterfall 和 Surface 的概念。Image 用不同的颜色表示数据的大小，每一个数据用一个具有特定颜色的小矩形来表示。Contour Image 用等高线图来表示数据的大小，具有相同大小（或者落在某个范围）的数据位于同一条等高线上。Waterfall 将二维 wave 看成是由多条一维曲线组成的，并将多条一维曲线绘制在同一个窗口。Surface 和 Image 类似，但除了用不同的颜色来表示数据的大小之外，还利用数据距离 XY 平面的远近程度（正比于数据值）来表示数据大小，所有的数据分布于一个曲面上。下面分 8 个小节分别介绍这 4 种图的绘制和设置方法。

2.4.1　Image 的绘制

1. 绘制 Image

执行【Windows】|【New】|【Image Plot】命令打开【New Image Plot】对话框，如图 2-67 所示。

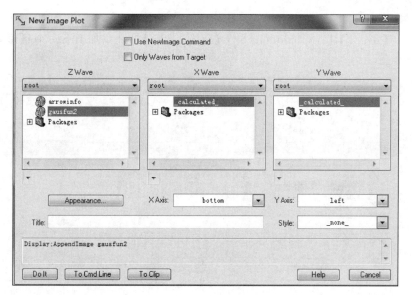

图 2-67 Image 绘制对话框

【Z Wave】区域列出要绘制的二维 wave,【X Wave】和【Y Wave】区域分别选择 x 和 y 坐标的 wave,一般选择_calculated_,表示默认坐标。

【X Axis】和【Y Axis】下拉列表框与曲线图绘制时【Axis】下拉列表框的含义一样,可以选择默认坐标轴,也可以自定义自由坐标轴。自定义自由坐标轴能够自由移动。【Style】(样式)下拉列表框和曲线图绘制时样式含义一样,可以选择一个已经保存好的样式脚本(Style Macro)。

【Appearance】设定 Image 的外观,单击【Appearance】按钮后会打开外观设置对话框,用于设置 Image 的颜色方案。关于这部分内容请参看 2.4.2 节 Image 的设置。

【Use NewImage Command】复选框表示对应的命令不同,如果选中则对应的命令为"NewImage wave",否则为"Display AppendImage wave",两者的区别是 y 坐标的方向不一样。【Only Waves from Target】复选框表示被绘制的 wave 来源于当前的顶层窗口。图 2-68 所示是按照默认设置显示的 Image 的例子。

也可以直接在数据浏览器中右击对应的 wave,选择【NewImage】命令或者直接在命令行中输入 NewImage wave 绘制 Image。此时相当于【Use NewImage Command】复选框被选中的情形,但是要方便一些。

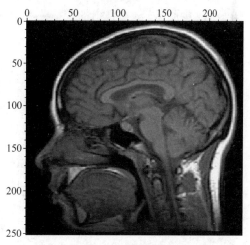

图 2-68 Image 绘制示例

2．添加 Image

通过菜单【Graph】|【AppendtoGraph】|【Image Plot】打开添加 Image 对话框，如图 2-69 所示。

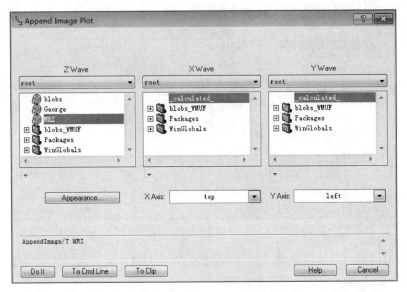

图 2-69　添加 Image 对话框

添加 Image 对话框和新建 Image 对话框几乎相同，操作也完全一样，不再赘述。需要注意的是，后添加的 Image 会覆盖前面的 Image，如果向已有的 Graph 添加新的 Image，应该使用自定义自由坐标轴，然后调整自定义坐标轴在绘图区域的显示范围，使多个 Image 都显示出来。

还可以使用 AppendImage wave 命令向最顶层 Graph 添加 Image，或者右击 Data Broswer 中的 wave 在弹出的快捷菜单中选择【AppendImage/T】命令也可以完成添加。

2.4.2　Image 的设置

和对曲线的设置一样，也可以对 Image 进行设置，包括绘图区域、外观、坐标轴、图注等。

1．设置外观

选择菜单【Graph】|【Modify Image Appearance】命令，或者右击 Image 选择【Modify Image Appearance】命令都可以打开 Image 外观设置对话框，如图 2-70 所示。

此对话框就是前面创建 Image 时的外观调整对话框（按下【Appearance】按钮打开的对话框）。利用这个对话框可以设置 Image 的颜色。Image 通过不同的颜色来表示数据大小，这叫假色图（false color）。假色图颜色并不是固定的，可以根据不同的配色方案进行调整。Image 外观对话框提供了 3 种设置方式：Color Table、Color Index Wave 和 Explicit Mode。

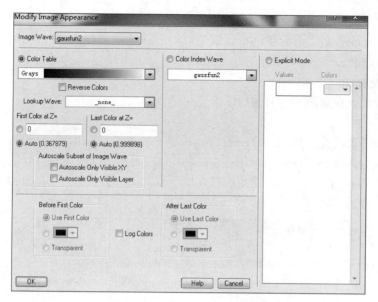

图 2-70　Image 外观设置对话框

1）Color Table

使用 Igor 内置的颜色表，含义和前面修改曲线颜色时颜色表的含义一样。不同的是这里不需要一个专门的 Z wave，颜色取决于待设置的 wave 本身，wave 中数据点的颜色等于将该数值线性映射（或是对数映射）到颜色表后对应的颜色。也可以手动指定为非线性映射，方法是在【Lookup Wave】下拉列表框中选择一个 wave 作为 look up table（LUT）。LUT 是一个一维 wave，取值范围为 0～1，作用类似于图像处理中的伽马曲线。二维 wave 的数值首先线性映射到 LUT 的 x 坐标，然后再通过 x 坐标得到 LUT 对应位置的 y 值，最后 y 值线性映射到 Color Table，用公式表示如下：

$$color(z) = L(LUT(x))$$

其中，L 表示线性映射算符。

【First Color at Z＝】和【Last Color at Z＝】用于限定映射范围，如【First Color at Z＝】设置为 100，【Last Color at Z＝】设置为 1000，则所有小于 100 的数值都将显示为颜色表开头的颜色，所有大于 1000 的数值都将显示为颜色表末尾的颜色，100 和 1000 之间的数值按照映射确定颜色。【Auto】表示自动设置，此时最小数值对应开头的颜色，最大数值对应末尾的颜色。

还可以手动指定映射范围之外的颜色为其他颜色。【Before First Color】和【After Last Color】分别用于设置小于起始颜色值时的颜色和大于终止颜色值时的颜色。

2）Color Index Wave

和设置曲线外观时介绍的 Color Index Wave 含义一样，指定一个 $N \times 3$ 的二维 wave，该 wave 分别存放了红、蓝、绿 3 种颜色值（0～65535），数据点的颜色值取决于将该值映射到 Color Index Wave 的 x 坐标后对应的颜色值。

3）Explicit Mode

直接指定某个数值对应的颜色。如指定数值 100 并选择红色，则所有的数值等于 100 的点都显示为红色。

2. 设置坐标轴

坐标轴设置和前面曲线图的坐标轴设置一样。

3. 添加图注

和曲线图添加图注一样，TextBox、Legend、Tag 的含义和添加方法相同，不再赘述。这里介绍 Image 常用到的 ColorScale 图注。ColorScale 表示不同颜色对应数值大小和变化的趋势。添加 ColorScale 的方法很简单，在【Add Annotation】对话框选择 ColorScale，Igor 会自动创建一个小的颜色条，如图 2-71 所示。

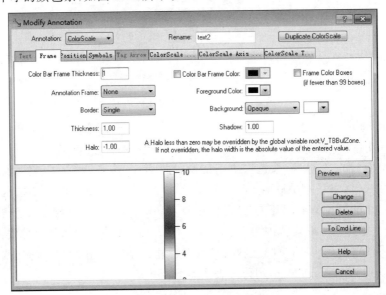

图 2-71   添加 ColorScale 图注的设置对话框

1）【Frame】选项卡

设置 ColorScale 的轮廓外观，说明如表 2-4 所示。

表 2-4   ColorScale Frame 设置及其含义说明

【Color Bar Frame Thickness】	紧靠 ColorScale 的小框粗细，设为 0 不显示
【Annotation Frame】	ColorScale 是否放置于一个大框内
【Border】	包含 ColorScale 大框的风格
【Thickness】	包含 ColorScale 大框的线的粗细
【Halo】	ColorScale 外侧空间的大小
【Color Bar Frame Color】	紧靠 ColorScale 的小框颜色
【Foreground Color】	ColorScale 刻度值颜色
【Background】	设置是否透明背景
【Shadow】	包含 ColorScale 大框的影子大小

2)【Position】选项卡

设置 ColorScale 的位置。一般不用设置，可直接用鼠标拖动到合适位置。

3)【Symbols】选项卡

设置显示在 ColorScale 上的一些特殊符号或是 Marker 的大小。

4)【ColorScale Main】选项卡

设置 ColorScale 的主界面。ColorScale 的主界面如图 2-72 所示。

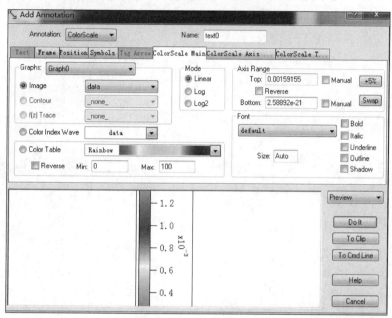

图 2-72　Image 外观 ColorScale 主界面设置

- 【Graphs】：ColorScale 所用数据来源于哪个 Graph 窗口，默认是当前 Graph 窗口，也可以是其他 Graph 窗口。根据 Graph 窗口上的 wave 对象，可以在下面选择 Image、Contour 或者 $f(z)$（如果包含了曲线），则根据该对象的外观设置自动创建 ColorScale。
- 【Color Index Wave】：一个 $N \times 3$ 的 wave，里面包含了颜色信息，3 列分别对应 R、G 和 B 3 个分量。
- 【Color Table】：使用系统默认颜色表。【Reverse】复选框代表反转默认颜色对应方式，【Min】文本框表示最小颜色对应值，【Max】文本框表示最大颜色对应值。
- 【Mode】：表示颜色从 Min 到 Max 是线性映射还是按照对数规律映射。
- 【Axis Range】：【Top】设置 ColorScale 竖直方向坐标轴的最大值，【Bottom】设置 ColorScale 竖直方向坐标轴的最小值。Igor 实际上把 ColorScale 处理成了一个小的 Image，因此也有坐标轴信息。【Reverse】表示反转坐标轴，即上下显示反转。
- 【Font】：设置 ColorScale 坐标轴刻度值字体、颜色等。

5)【ColorScale Axis Label】选项卡

和坐标轴【Axis Label】的设置基本一样。

6）【ColorScale Ticks】选项卡

和坐标轴刻度线的设置方式基本一样。

图 2-73 为添加 ColorScale 前的数据图，下面以此为例介绍 ColorScale 的添加方法（假设 wave 为 bbnob，Graph 名为 Graph0）。设置过程如下。

（1）【Frame】中【Color Box Frame Thickness】设置为 2，【Annotation Frame】选择 Box，【Thickness】设置为 2，【Color Bar Frame Color】设置为红色，【Foreground Color】选择蓝色。

（2）【Position】中【Height】设置为 40（保证后面的【Percent】选中）。

（3）【ColorScale Main】选择默认设置。

（4）【ColorScale Axis Label】中输入 ColorScale，【Rotation】设置为 180。

（5）【ColorScale Ticks】中【Approximately】设置为 3。

（6）单击【Do It】按钮。

最终效果如图 2-74 所示。

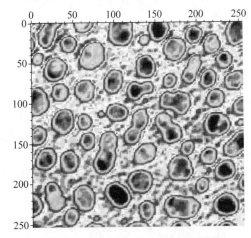

图 2-73　添加 ColorScale 前的数据图

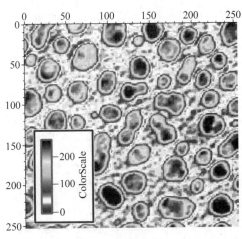

图 2-74　ColorScale 添加示例

4. 添加自定义形状

同样，也可以在 Image Graph 中打开绘图工具条（通过执行菜单命令【Graph】|【Show Tools】或按 Ctrl＋T 组合键）进行自定义图形绘制，方法和 2.2.5 节介绍的完全一样。

2.4.3　Contour 的绘制

Contour，即等高线图，也是一种常见的二维图绘制方法。等高线图在查看数值的分布时非常有用。图 2-75 所示是一个 Contour 图示例。

执行菜单命令【Windows】|【New】|【Contour Plot】打开【New Contour Plot】对话框，如图 2-76 所示。

【Contour Data】选择待绘制的二维 wave 类型。

有 3 种 wave 可以绘制为 Contour 类型：Matrix wave；$N \times 3$ 的二维 wave，第 1 列存放

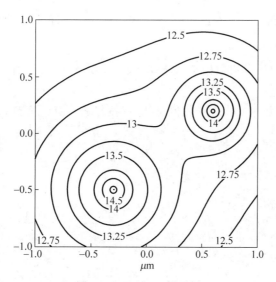

图 2-75　Contour 图示例

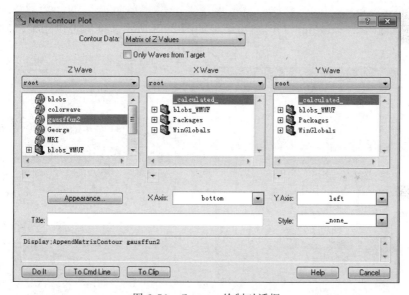

图 2-76　Contour 绘制对话框

x 坐标,第 2 列存放 y 坐标,第 3 列存放 z 值;XYZ 型 wave,即 3 个独立的 wave,分别存放 x、y 坐标和 z 值。第 1 种数据类型常用于均匀采样时 Contour 的绘制,后两种类型则用于非均匀采样的情况。

　　根据选择 wave 的类型,【Z Wave】区域列出当前目录下满足该类型条件的所有 wave。【X Wave】和【Y Wave】区域选择 wave 的坐标(如果存在)。

　　【Appearance】的含义是调整 Contour 的外观,这部分内容将在 2.4.4 节介绍。其他的选项与绘制 Image 和曲线时的含义完全一样。

图 2-77 是一个二维 wave Contour 的绘制例子，利用下面的命令创建示例数据：

Make/O/N = (128,128) gaussdata = gauss(x,64,10,y,64,10)

在 Contour 绘制对话框里数据类型选择 Matrix of Z Values 类型，在【Z Wave】区域选择 gaussdata。

绘制一个 XYZ 型数据 Contour 的例子如下（按 Ctrl＋M 组合键，打开程序设置窗口，将以下程序复制进去）。

```
Function xyzcontour()
    Make/O/N = (100,3) xyzwave
    Variable i
    for(i = 0;i < 100;i += 1)
        xyzwave[i][0] = gnoise(1)
        xyzwave[i][1] = gnoise(1)
        xyzwave[i][2] = gnoise(1)
    endfor
    Display;AppendXYZContour xyzwave
End
```

在命令行输入 xyzcontour()并执行，结果如图 2-78 所示。读者可以用菜单对话框完成同样的操作。

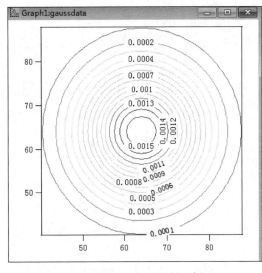

图 2-77　Contour 绘制示例

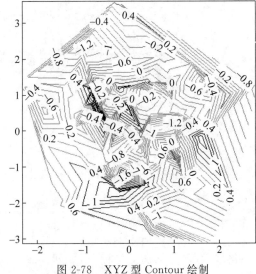

图 2-78　XYZ 型 Contour 绘制

从上面的例子可以看出，当数据类型是 Matrix 时，绘制命令为 AppendMatrixContour；当数据类型是 $N×3$ 或者 XYZ 型 wave 时，命令为 AppendXYZContour。

通过执行菜单命令【Graph】|【Append To Graph】|【Contour Plot】可以给已有的 Contour Graph 添加新的 Contour。

2.4.4 Contour 的设置

对 Contour 的设置包括设置坐标轴、添加图注、添加自由形状、设置外观等。这些操作和前面介绍的曲线、Image 操作基本一样，下面重点介绍 Contour 的外观设置。Contour 的外观设置包括两个方面。

1. 轮廓线设置

双击 Contour 轮廓线或者右击轮廓线后选【Modify Tracename】或者执行菜单命令【Graph】|【Modify Trace Appearance】都可以对轮廓线进行设置。Igor 将 Contour 处理为一条条曲线，每一条曲线都相当于一个 XY 型 wave。因此对轮廓线的设置与对曲线的设置完全一样，如图 2-79 所示。

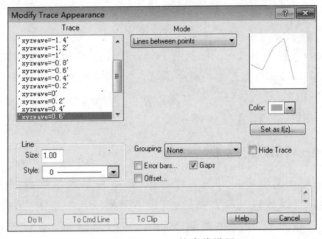

图 2-79　Contour 轮廓线设置

2. 外观总体设置

执行菜单命令【Graph】|【Modify Contour Appearance】或者右键选择相应命令都可以打开【Modify Contour Appearance】对话框，如图 2-80 所示。

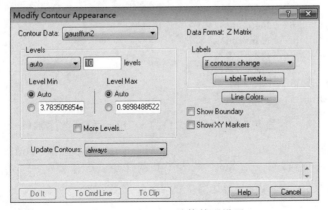

图 2-80　Contour 总体外观设置

- 【Levels】：轮廓线显示的方式。auto 表示 Igor 自动计算等高线分布间隔并将等高线对应的值以 Tag 的方式显示在等高线上，此时仅需要提供一个参数——等高线的条数；manual 表示手动指定起始数值、分布间隔和曲线条数；from wave 表示选择一个 wave，wave 中存放了要绘制等高线对应的数值。
- 【More Levels】：手动指定要额外绘制的等高线对应的数值。
- 【Update Contours】：指定更新方式，always 代表任何操作将马上更新。如果 Contour 绘制很耗时间，可以关闭更新，此时数据发生变化（如对数据进行运算），Contour 并不更新。可以调用 DoUpdate 命令在需要时更新。
- 【Labels】下拉列表框设置 Contour 上显示的标签更新方式，含义和上面一样。【Label Tweaks】按钮用于设置显示在 Contour 上的标签字体、大小、颜色及是否透明等。
- 【Line Colors】：设置曲线的颜色，可以选择一个 ColorTable，也可以选择一个 Color Index Wave。
- 【Show Boundary】：显示 Contour 边界。Igor 在计算 Contour 时，首先需要根据 x 和 y 坐标来确定其在 xy 平面占据的最小区域，这个过程叫作三角剖分。如果 x 和 y 均匀分布，这一步相当容易，如果 x 和 y 随机分布，那么这一步是比较耗时间的。
- 【Show XY Markers】：在每一对 x、y 坐标处用"＋"符号表示该位置有一个数据。

2.4.5　Waterfall 的绘制

Waterfall，按照字面意思可以理解为瀑布图，是一种呈现二维数据的方法。Waterfall 以透视图的方式显示二维数据的所有列数据，每一列显示为一条曲线，曲线按照 Y 方向透视排列，形似瀑布。Igor 没有提供绘制 Waterfall 的对话框，绘制 Waterfall 只能通过 NewWaterfall 命令进行。设置 Waterfall 的命令是 ModifyWaterfall。

Waterfall 是一种常用的二维数据显示方式，它能直观地呈现数值演化的趋势。看下面的例子：

```
Make/O/N = (200,30) fdfun;
SetScale/I x, - 1,0.2,fdfun;
fdfun = 1/(exp(x * 1.6 * 10000/1.38/30) + 1);
Duplicate/O fdfun,lorfun1,lorfun2;
lorfun1 = 0.005/((x + 0.1)^2 + 0.01);
lorfun2 = 0.008/((x + 0.3)^2 + 0.01);
fdfun = fdfun + lorfun1 + lorfun2
NewWaterfall fdfun;                          //绘制 Waterfall
```

绘制效果如图 2-81 所示。左边的坐标轴（left）为 z 方向，底部坐标轴（bottom）为 x 方向，倾斜坐标轴（right）为 y 方向。

Igor 没有提供向已有 Graph 添加 Waterfall 的命令。如果要向一个已有 Graph 添加一个 Waterfall，可以使用 NewWaterfall 命令的 Host 参数，如

```
NewWaterfall/Host = graphname wavename
```

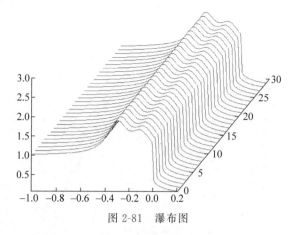

图 2-81　瀑布图

Host 指定了要向其中添加 Waterfall 的 Graph 名字。这里实际上是在 Graph 窗口中添加了一个子窗口，可以通过按下 Ctrl＋T 快捷键，进入编辑模式来调整子窗口的位置。

2.4.6　Waterfall 的设置

对 Waterfall 的设置包括对坐标轴的设置和对曲线外观的设置。对曲线外观的设置可以通过 ModifyGraph 和 ModifyWaterfall 来进行。Waterfall 类似于一组曲线图，可以在窗口双击或者右击选择【Modify Graph】命令或者执行菜单命令【Graph】|【Modify Graph】都可以打开【Modify Trace Appearance】窗口，修改的方式和前面曲线部分介绍的一样。需要注意的是，在【Trace】一栏只显示一个 wave，就是 Waterfall wave 本身，因此设置将应用到所有曲线，如图 2-82 所示。

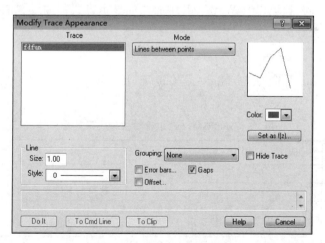

图 2-82　Waterfall 的设置

如果使每一条曲线都显示不同的颜色，需要指定一个 Z Wave，存放颜色信息，对于 2.4.5 节的例子可如下操作：

```
Duplicate/O fdfun fdcolor;
fdcolor = y;
ModifyGraph zColor(fdfun) = {fdcolor, *, *, Rainbow256, 0};
```

显示效果如图 2-83 所示。

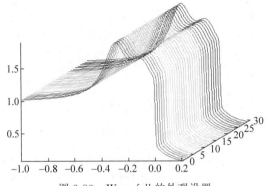

图 2-83　Waterfall 的外观设置

上面的设置中，选择了 fdcolor 作为设置颜色的 Z Wave。fdcolor 是一个二维 wave，fdcolor＝y 表示 $fdcolor(x, y) = y$，即同一列所有行都是相同的值，都等于 y。因此每一条曲线（同一列）的颜色都是一样的，不同曲线（不同列）颜色不一样。如果要每一条曲线内部颜色也变化，如随 x 不同变化，则需要设置 fdcolor 沿 x 方向的值，即同一列每一行的数据也不一样。

上述命令行也可以在【Modify Trace Appearance】窗口中设置 $f(z)$ 完成。

Igor 专门提供了一个 ModifyWaterfall 的函数，可以调整修改 Waterfall 的 y 坐标轴（right 坐标轴）的方向、长短以及 Waterfall 中曲线的显示方式。如设置图 2-83 y 坐标轴方向为 45°的命令为

```
ModifyWaterfall angle = 45
```

其中，ModifyWaterfall 是命令名，angle 是关键字（key word）。表 2-5 是 ModifyWaterfall 关键字的含义。

表 2-5　ModifyWaterfall 命令关键字及其含义

关　键　字	取　值　范　围	含　　　　义
angle	10～90	设置 y 轴取向
axlen	0.1～0.9	设置 y 轴长度，注意这里的长度是相对于绘图区域的百分比
hidden（只在 Line Between Points 模式下有效）	0	关闭隐藏曲线功能
	1	使用 painter 算法隐藏被覆盖曲线
	2	隐藏被覆盖曲线
	3	隐藏被覆盖曲线的底部
	4	对被覆盖曲线的底部用另外的颜色着色（而不是隐藏），可以使用命令 ModifyGraph negRGB＝(r,g,b)设置该颜色

2.4.7　Surface 的绘制

Image 将二维图显示为一副假色（false color）图，通过颜色的不同来区分数据的大小和分布。Surface Plot（曲面图）和 Image 不同，它除了可以用不同的颜色来区分数据的大小和分布之外，还可以利用三维样式，将数据的大小表示成 z 方向的高度。看下面的例子：

```
Make/N = (100,100) gaussfun;
Setscale/I x, − 0.5,0.5,gaussfun;
Gaussfun = exp( − x * x/0.04 − y * y/0.04);
```

执行菜单命令【Windows】|【New】|【3D Plots】|【Surface Plot】打开【Surface】对话框，如图 2-84 所示。

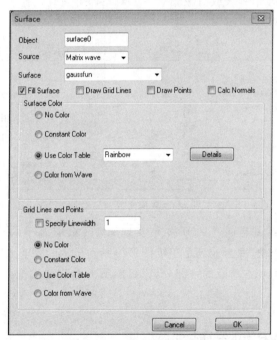

图 2-84　Surface 绘制对话框

【Object】指定 Surface 对象的名字，【Source】指定数据类型，这里选择 Matrix wave，【Surface】指定要绘制的数据 wave。在【Surface Color】选项区域里选择配色方案，可以选择使用颜色表（Color Table），单击【OK】按钮。效果如图 2-85 所示。

Surface 实际上是一个三维图，关于三维图的详细介绍可参见 2.5 节。可以单击 Surface 并按左键拖动以改变图的取向。

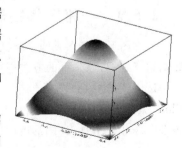

图 2-85　Surface 绘制

2.4.8　Surface 的设置

双击 Surface 或者从主菜单【Gizmo】中都可以对 Surface 进行设置。设置内容除了颜色、坐标轴之外，还涉及三维图形显示的一些特性，如环境、光照、亮度等。

执行菜单命令【Gizmo】|【Show Info】打开 3D 数据绘制信息对话框（创建三维图时这个窗口一般会自动打开），如图 2-86 所示。通过这个窗口可以看到 Igor 绘制三维图的基本方法及其和二维图绘制的区别：窗口从左到右依次为显示列表（Display List）、对象列表（Object List）、属性列表（Attribute List）。显示列表中的内容会直接显示在窗口。对象列表里的内容包括待绘制的 wave 及各种其他对象，如坐标轴、直线、矩形、箭头等。将对象列表中内容拖入显示列表，该对象将被显示。属性列表用于设置显示属性，如颜色、线宽、光照等，将每一个属性拖入显示列表或对象列表中的对象即可完成设置。

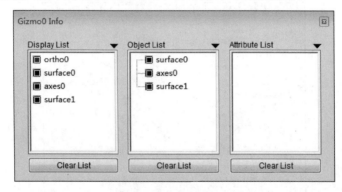

图 2-86　3D 数据绘制信息对话框

Igor 6.37 的三维绘制是通过 XOP 扩展实现的，该 XOP 基于 OpenGL 开发，因此绘制效率和渲染速度都相当快，完全能满足三维图形绘制和显示的要求。Igor 6.37 以后版本已经将这部分内容内化为基本功能的一部分，三维图形的绘制和二维图形的绘制操作在形式上也较为一致。

2.5　三维 wave 的绘制

2.5.1　三维图形绘制的概念

三维图形的概念有两个含义：源数据是一维或者二维的，以三维的方式进行显示；源数据是三维的，以三维的方式进行显示。

Igor 支持的 3D 图形包括曲面图（Surface Plot）、散点图（Scatter Plot）、路径图（Path Plot）、彩虹图（Ribbon Plot）、等高面图（Isosurface Plot）、空间图（Voxelgram Plot）等。表 2-6 给出了各种 3D 图形的简要描述及对应源数据的格式。

表 2-6　Igor 下 3D 图形及其对应数据格式

种　类	示　例	描　述	源　数　据
曲面图		以(x,y,I)表示三维空间一个点,其中 I 为(x,y)处的值;或者曲面的空间坐标存放在参数wave里(参数曲面)	二维矩阵数据,$M \times N \times 3$ 的三维矩阵
散点图		在(x,y,z)绘制一个特征 3D 图形标记,如球体、圆柱体等。x、y和 z 存放于一个 $N \times 3$ 的矩阵,每一行对应一个坐标	$N \times 3$ 的二维矩阵
路径图		将不同的(x,y,z)用直线连接起来。(x,y,z)存放于一个 $N \times 3$ 的矩阵,每一行对应一个坐标	$N \times 3$ 的二维矩阵
彩虹图		将不同的(x,y,z)用面连接起来。(x,y,z)顺序存放于一个 $N \times 3$ 的矩阵,每一行对应一个坐标	$N \times 3$ 的二维矩阵
等高面图		由函数值(或测量值)相同的(x,y,z)坐标点构成的面。(x,y,z)由源数据坐标属性决定	三维矩阵
空间图		用不同颜色或者大小的 3D 图形标记(小立方体、小圆柱体或者小球体等)显示三维数据的一个数据点	三维矩阵

散点图、路径图和彩虹图对应的源数据都是一个 $N \times 3$ 的矩阵，第一列存放 x 值，第二列存放 y 值，第三列存放 z 值。彩虹图要求 (x,y,z) 的数据点数 N 为偶数，存放的顺序必须满足图 2-87 所示的要求。

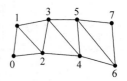

图 2-87 彩虹图数据格式

参数曲面（parametric surface）是指由如下参数方程决定的曲面：

$$\begin{cases} x = x(u,v) \\ y = y(u,v) \\ z = z(u,v) \end{cases}$$

因此参数曲面是一个 $M \times N \times 3$ 的三维 wave，其中第一层存放 x 坐标，第二层存放 y 坐标，第三层存放 z 坐标，如图 2-88 所示。

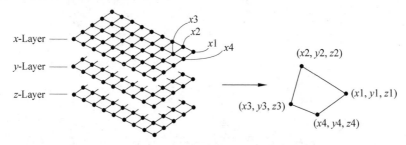

图 2-88 参数曲面数据模型

所有的 3D 图都可以添加颜色信息，颜色可以使用系统内置的颜色表（color table），也可以手动指定一个颜色 wave。当使用系统颜色表时，需要指定一个 z wave，如果不指定，系统会默认使用当前 wave。手动设定颜色 wave 时需要建立对应的 wave，如 $M \times N$ 的矩阵需要建立一个 $M \times N \times 4$ 的矩阵，存放对应的 RGBA 值，4 层分别对应 RGBA 的 4 个分量，A 表示透明度，取值为 $0 \sim 1$。

2.5.2　三维图形的绘制

绘制 3D 图的方法并不复杂。以绘制曲面为例，首先创建一个二维矩阵：

```
Make/O/N = (100,100) data
SetScale/I x, - pi,pi,data
SetScale/I y, - pi,pi,data
data = sin(x) * cos(y)
```

执行菜单命令【Windows】|【New】|【3D Plots】|【Surface Plots】，打开 3D 图形绘制对话框，如图 2-89 所示，其各项的含义与 2.4.7 节介绍的相同。【Source】选择源数据的类型，这里选择 Matrix wave。【Surface】下拉列表框选择要使用的原始数据，这里选择刚创建的 data。【Surface Color】表示曲面的颜色，这里默认选择 Rainbow，曲面的颜色由 data 矩阵中的数值大小决定，如果要修改，可以单击【Details】按钮。其他的选项选择默认设置。

单击【OK】按钮后结果如图 2-90 所示。左侧为显示 3D 图的 Graph 窗口，右侧为 3D 图绘制信息对话框。

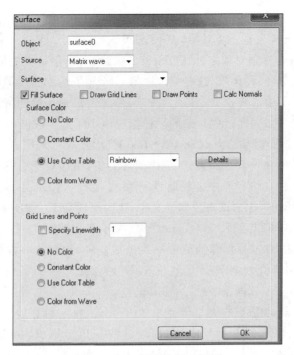

图 2-89　3D 图形绘制对话框

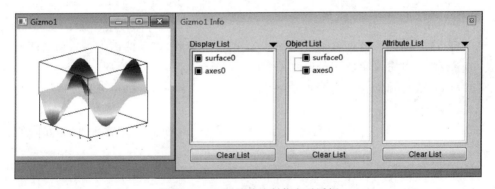

图 2-90　3D 图及其绘制信息对话框

图 2-90 左侧的 3D 图可以自由旋转，按下并移动左键即可拖动视图。

【Gizmo Info】面板显示当前 3D 图的基本信息，如本例中 3D 图包含一个曲面 surface0 和一个坐标系 axes0，这两个对象分别显示在【Gizmo Info】面板中【Display List】和【Object List】属性列表中。surface0 是 3D 图的名字。双击 surface0 会弹出前面的 Surface 创建对话框，可以对 Surface 进行设置，如设置颜色、显示网格等。

【Gizmo Info】是 3D 图形绘制的主要操作面板。除了通过菜单命令绘制 3D 图之外，也可以通过【Gizmo Info】绘制 3D 图形，方法是单击【Object List】下三角形，选择【Append New Object】，然后选择要绘制的 3D 图形。根据选择类型会打开相应的对话框。

【Object List】中的对象并不会显示，只有将【Object List】列表中的对象拖入【Display List】才可以显示。Axes 也是一个对象，表示坐标轴。

除了 3D 图对象、坐标轴对象之外，【Object List】列表还包括一些标准图形对象，如线、三角形、空间四边形、球体、柱体等，这些标准图形对象除了绘制特殊形状之外，也可以用来表示散点图或者空间图中的数据 Marker。注意，标准图形使用绘图区域相对坐标，绘图区域范围被定义为（−1，1），因此这些对象的坐标值应该小于这个数值。

除了基本的 3D 图形对象之外，【Display List】列表还包括对图像的操作，如图像变换、视角、颜色等对象。【Attribute List】列表列出属性对象，属性对象描述了 3D 图形的某些属性，如颜色、线宽、光照、光泽等。这些属性可以直接拖入【Display List】显示列表或者【Object List】相应对象中，作为该对象属性之一，这些属性会影响 3D 图形的最终显示效果。

【Gizmo Info】窗口可以通过 NewGizmo/I 命令打开。

特别地，在创建曲面时，数据源的类型一共包括 9 种，理解这些数据类型对掌握 3D 绘图非常有益，现将其含义介绍如下。

（1）Matrix wave：源数据是一个二维矩阵。

（2）Triangles wave：源数据是一个 $N \times 3$ 的 wave，每一行存放一组（x，y，z）坐标，每相邻三行表示一个三角形的 3 个顶点，曲面由这些三角形组成。在绘制等高面时，使用 ModifyGizmo 命令的 savetowave 属性可以生成等高面对应的 Triangles wave。

（3）Volume wave：源数据是一个三维矩阵，此时曲面来源于源数据 z 方向的一层（plane）。

（4）Parametric wave：源数据是一个 $M \times N \times 3$ 的三维矩阵，按层存放 x、y 和 z 坐标。

（5）Quad wave：源数据是一个 $N \times 4 \times 3$ 的三维矩阵，表示曲面由一系列空间四边形组成，每一行的 4 列分别存放四边形的 4 个顶点，三层分别对应 x、y 和 z 坐标。

（6）Disjoint Qud wave：源数据是一个 $N \times 12$ 的二维矩阵，每一行存放一个空间四边形的 4 个顶点坐标。

（7）Volume Z Plane：源数据是一个三维矩阵，此时曲面数据来源于 z 方向的一层（plane）。

（8）Volume X Plane 和 Volume Y Plane：和 Volume Z Plane 含义相同，只是曲面数据来源于 x 方向或者 y 方向。

下面通过参数曲面创建一个球面。球面的参数方程如下：

$$\begin{cases} x = r\sin\theta\cos\varphi \\ y = r\sin\theta\sin\varphi \\ z = r\cos\theta \end{cases}$$

创建参数曲面源数据的代码如下：

```
Make/O/N = (20,20,3) dsphere
SetScale/I x,0,pi,dsphere
SetScale/I y,0,2 * pi,dsphere
dsphere[][][0] = 1 * sin(x) * cos(y)
dsphere[][][1] = 1 * sin(x) * sin(y)
```

dsphere[ ][ ][2] = 1 * cos(x)

绘制曲面的代码如下,效果如图 2-91 所示。

```
NewGizmo/N = Gizmo0/T = "Gizmo0"
ModifyGizmo startRecMacro
AppendToGizmo Surface = root:dsphere, name = surface0
ModifyGizmo ModifyObject = surface0 property = { surfaceColorType,1}
ModifyGizmo ModifyObject = surface0 property = { fillMode,3}
ModifyGizmo ModifyObject = surface0 property = { srcMode,4}
ModifyGizmo ModifyObject = surface0 property = { frontColor,0.250004,0.996109,0.250004,1}
ModifyGizmo ModifyObject = surface0 property = { backColor,0.996109,0.664073,0,1}
ModifyGizmo setDisplayList = 0, object = surface0
ModifyGizmo SETQUATERNION = {0.488416,0.302182,0.455614,0.680110}
```

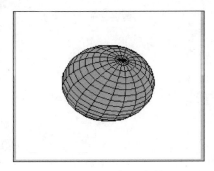

图 2-91 球形曲面绘制

读者也可以通过菜单来创建,但注意如果当前数据文件夹下仅有 dsphere(即刚创建的数据)时,【Surface】菜单项不可用。此时可选择【Others】打开【Gizmo Info】面板,通过向【Object List】添加【Surface】对象来创建上述曲面。同样,在命令行窗口输入 NewGizmo/I 也可以实现相同的操作。这里的操作留给读者作为练习。

在创建其他类型的 3D 图形时,数据类型已经确定,不能选择,如创建散点图,对话框只列出 $N \times 3$ 的数据,看下面的例子:

```
Make/O/N = (20,3) data = gnoise(5)
data[ ][2] = 2 * data[p][0] − 3 * data[p][1] + data[p][0]^2 + gnoise(0.05)
```

执行菜单命令【Window】|【New】|【3D Plot】|【Scatter Plot】,打开散点图绘制对话框,如图 2-92 所示。

散点图绘制对话框只列出满足条件的数据,如刚创建的 data。【Marker Shape】里可以选择每一个散点对应的图形标记,如球体、立方体等。这些形状都是 Igor 预定义好的一些标准 3D 图形。还可以设置相应形状的颜色、旋转角度和大小等。

Voxelgram 用于绘制真正的三维数据,这里的三维数据有 3 个坐标 x、y 和 z,每一个数据点表示坐标为 (x,y,z) 处的数值。绘制时需要给数据点指定一个基本形状,或者将数据点显示为一个点。同时还要指定数值取某个值时数据点对应的颜色,Igor 最多支持 5 个不同的颜色。

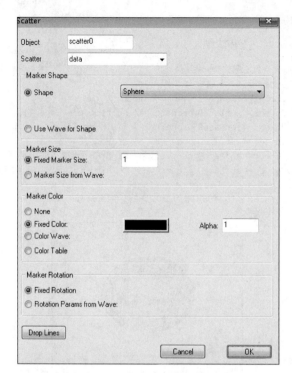

图 2-92　散点图绘制对话框

文献里经常会看到如图 2-93 所示类型的 3D 图，这里举例说明利用 Igor 绘制该类型图的方法（下面的方法适用于 Igor 6.37 及以前部分版本）。

首先创建一个 wave：

```
Make/N = (100,100)/O data
SetScale/I x, -2,2,data
SetScale/I y, -2,2,data
data = gauss(x, -1,0.5,y, -1,0.5) + gauss(x, -1,0.5,
y,1,0.5)
data = data + gauss(x,1,0.5,y, -1,0.5) + gauss(x,1,
0.5,y,1,0.5)
```

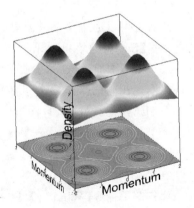

图 2-93　带有投影平面的 3D 图

上述代码创建了名为 data 的 wave，用于模拟类似电子态密度的分布。执行菜单命令【Windows】|【New】|【3D Plots】|【Surface Plot】，打开 3D 图形绘制对话框，按照图 2-94 设置。

在【Surface】里选择 data，然后按【OK】按钮，得到图 2-95。

图 2-95 也可以在数据浏览器中直接右击 data，在弹出的快捷菜单里选择【Gizmo Plot】绘制。

使图 2-95 处于选择状态，执行【Gizmo】|【Axis Range】菜单命令，在弹出的对话框里设置坐标轴范围。这里设置 z 的最小值为 -1，其他保持不变，此时数据显示在坐标系 z 方向靠上的部分，如图 2-96 所示。

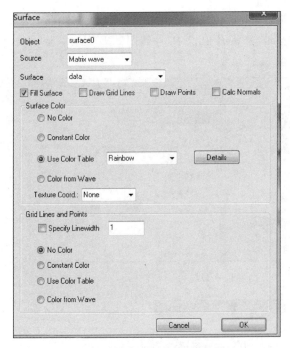

图 2-94 3D 图形绘制对话框的设置

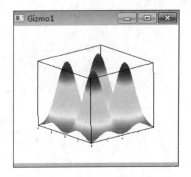

图 2-95 3D Surface(曲面)图

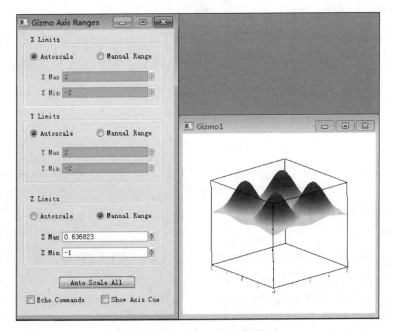

图 2-96 设置 3D 图的坐标范围

图的颜色不太正常,是由于颜色表默认第一个颜色对应刚设置的-1这个数值。将它改成正确的值就可以了,这里可设为 0。双击图 2-96 的绘图区域(或者在【Gizmo Info】中双击 surface0），在弹出的外观设置对话框里，单击【Surface Color】里【Details】按钮，在弹出的对话框里设置选中【First Color at】复选框，并将其值设为 0，如图 2-97 所示，显示效果如图 2-98 所示。

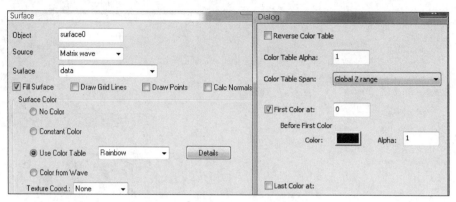

图 2-97　3D 图颜色方案设置

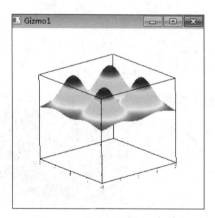

图 2-98　修改颜色后的 3D 图

执行菜单命令【Gizmo】|【Append Contours】，打开如图 2-99 所示的对话框，按图设置，然后单击【Append Contour】按钮，给曲面添加 Contour 投影平面。

关闭刚打开的对话框【Gizmo Contours】，在【Gizmo Info】窗口中，双击 axes0 对象，在弹出的对话框里设置 X0、Y0 和 Z0 坐标信息分别为 Momentum、Momentum、Density，X0 Axis 和 Y0 Axis 的【Center】值均设置为 −0.5，Z0 Axis 的【Tilt】值设置为 0，注意一定要选中【Draw Axis Label】复选框，如图 2-100 所示。

最终效果就是本文前面提到的图 2-93。利用同样的办法也可以将 Contour 换成 Image，方法完全一样。

当一个 3D 图形处于当前选择状态时，菜单栏里会出现一个【Gizmo】菜单。【Gizmo】菜单包含一些对 3D 图形操作的基本命令，如向当前窗口添加新的 3D 图、设置坐标轴范围等。【Gizmo】菜单里有一个【3D Slicer】的菜单项，可以打开一个简单的 3D 数据处理面板，通过

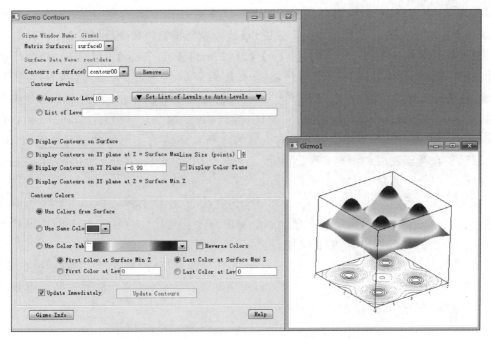

图 2-99　给 3D 图添加 Contour 投影平面

图 2-100　3D 图坐标轴标签设置

此面板可以向当前窗口添加一个切面 Image，Image 可以是垂直 x 方向切取，也可以是垂直 y 方向或者 z 方向切取，并且能自由拖动面板上的滑块以显示不同位置的切面。面板上各功能按钮描述得非常清楚，使用起来非常方便[①]。

　　和其他的对话框一样，这里所有的操作也都最终被转换为相应的命令行。读者可以先

---

　　①　前面的曲面二维投影和 3D Slicer 并非 Igor 的内置功能。在 Igor 6.37 及以前版本中该功能其实是通过 Igor 附带的程序包实现的。在 Igor Pro7 之后版本中，这部分功能被移出 Gizmo 菜单。读者如果需要只要包含对应的程序文件即可。Include < All Gixzma Procedures >就可以包含此程序。

利用菜单及对话框创建好相应的 3D 图，然后按 Ctrl＋Y 组合键保存自动生成脚本（Recreation Macro）查看这些命令行。熟练以后，可以直接使用命令行创建 3D 图形。

通过执行菜单命令【Windows】|【New】|【3D Plots】|【3D Help】可以打开 3D 图绘制的帮助文件，里面有对 Igor 下 3D 图形绘制及其机理的详细介绍。通过执行菜单命令【Gizmo】|【Gizmo Help】也可以打开同样的帮助文件。3D 图形绘制主要有 7 个命令和 1 个函数：AppendToGizmo、ExportGizmo、GetGizmo、GizmoMenu、ModifyGizmo、NewGizmo、RemoveFromGizmo、GizmoInfo。通过查询这些命令及函数的使用帮助也可以获取 3D 图形的帮助信息及其使用和设置方法。在命令行输入 DisplayHelpTopic "Gizmo Reference"可以打开这些命令的帮助文档。

在 Igor 7 以后版本中，Gizmo 3D 绘图成为内置功能，操作上和一维图、二维图绘制也较为接近，功能也更加完善，但是基本概念和绘制思路没有变化。一般而言，Igor 7 以后版本对 3D 作图支持更好，如果对 3D 图要求较高，建议采用最新版本。

3D 图形的绘制和显示还涉及其他一些概念，如坐标系统、投影、视角、变换、环境、光线、阴影、透明度、材质等，Igor 支持这些特性，但使用起来较为复杂，完全掌握这些设置技巧需要对 OpenGL 3D 图形显示有较为深刻的理解。

2.6　输出图片

Igor 可以输出高质量、高分辨率的图片，这些图片可用于印刷或者作为文章的插图。输出图片的方法很简单，保持待输出的图片位于最顶层，选择【File】|【Save Graphics】菜单命令打开图片保存对话框，如图 2-101 所示。

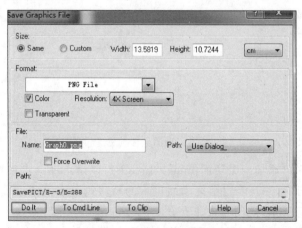

图 2-101　图片保存对话框

在对话框中可以选择保存图片格式，如 EPS、PNG、JPEG 等，根据需要选择合适的格式。【Resolution】表示图片的分辨率，数值越大生成的图片尺寸越大，图片的存储空间也越大。可根据需要选择合适的尺寸，其他选择默认设置即可。

第 3 章

数 据 拟 合

数据拟合利用已知公式或者模型与实验数据进行对比,以获取最佳参数值或者可描述数据的模型。数据拟合是实验数据处理的一项重要内容,很多的测量值都是通过拟合参数得到的。通过数据拟合还可以获取实验数据的演化趋势,验证理论的正确性。数据拟合可以排除主观因素,保证测量结果的客观性,甚至找出直觉无法发现的客观规律。

3.1 拟合概述

3.1.1 拟合的基本原理和步骤

拟合通过数学公式或者数学模型,寻找一条最吻合数据的理论曲线,待测量值一般为某个参数,如 $a_1, a_2, \cdots$,数据是 $y, x_1, x_2, \cdots$,理论上 y 是 $(x_1, x_2, \cdots)$ 的函数,且函数形式已知(理论或者是经验公式),则应有 $y = f(a_1, a_2, \cdots, x_1, x_2, \cdots)$,其中 a_i 是拟合参数。最简单的,如线性函数 $y = ax_1 + b$,a 和 b 就是拟合参数,y 和 x_1 是测量值。数据拟合就是寻找最佳的参数值以使得 $f(a_1, a_2, \cdots, x_1, x_2, \cdots)$ 与测量数据最吻合,依据一般是最小二乘原理,即使下式最小:

$$\sum_i \frac{(y_i - y)^2}{\sigma_i^2}$$

y_i 表示 y 的第 i 个测量值,σ_i^2 表示测量值 y_i 的标准方差,其倒数可描述数据点在拟合中的权值。σ_i^2 取相等值,对应于等精度测量。如果能得到每一个数据点的标准方差,则可以在拟合中指定,这会使拟合结果更加准确。

拟合更本质的描述是利用已有信息(测量数据)去估计未知信息(拟合参数)的最可能分布,拟合参数值一般是所得分布的期望值。

完成拟合一般包括 4 个步骤。

(1) 构建数学公式或者数学模型;

(2) 指定拟合参数,并给出初始值;

(3) 调用拟合操作命令完成拟合;

(4) 通过拟合参数给出有意义的结果。

利用 Igor 可以非常方便地对一维数据、二维数据、多维数据、XY 型数据、XYZ 型数据等进行拟合，并给出详细的结果，包括拟合参数值、拟合误差、残差（拟合模型与真实数据之差）等。对于一维数据，还能根据置信水平给出拟合结果的分布区间。

3.1.2 基本拟合

命令 CurveFit、FuncFit 和 FuncFitMD 用于数据拟合。CurveFit 使用 Igor 内置的数学模型进行常见的、简单的数据拟合。FuncFit 使用用户自定义公式或者数学模型进行任意复杂的数据拟合。对于 CurveFit 能完成的拟合，FuncFit 都可以完成。FuncFitMD 是 FuncFit 的多变量版本，用来对多变量数学模型或者公式进行拟合。

Igor 提供了从简单到复杂的拟合操作，以适应不同的数据拟合环境。根据使用的复杂性可分为 3 个层次。

（1）利用菜单【Quick Fit】进行拟合。

（2）利用【Curve Fitting】对话框进行拟合。

（3）调用拟合命令结合自定义函数进行拟合。

1. 利用【Quick Fit】拟合

显示要拟合的曲线，在曲线上右击，在弹出的快捷菜单中选择【Quick Fit】命令并选择合适的数学公式，就可以完成一次拟合。Igor 会自动调用 CurveFit 命令完成拟合过程。下面用一个实例进行介绍。

首先创建一个要拟合的 wave：

```
Make/O/N = 100 trialwave;
Setscale/I x, - 1,3,trialwave;
trialwave = exp( - 0.1 * x) + gnoise(0.02);
Display trialwave;
ModifyGraph mode = 3;
```

上面创建了一个长度为 100 的 wave，并取名为 trialwave，设置该 wave 的 x 坐标为 $-1\sim3$，然后调用数学函数 exp 给 trialwave 赋值。为了模拟实验数据的随机性，利用随机函数 gnoise 叠加了一个标准方差为 0.02 的随机数值，然后在 Graph 窗口中显示这个 wave，如图 3-1 所示。

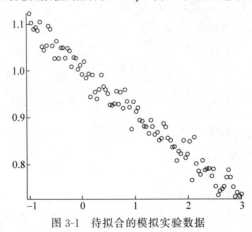

图 3-1 待拟合的模拟实验数据

在上述曲线上右击，在弹出的快捷菜单中选择【Quick Fit】命令并选择 exp 公式就可以完成拟合，结果如图 3-2 所示。

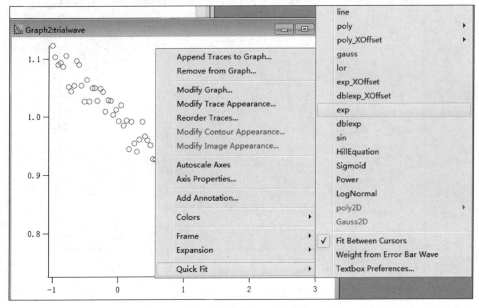

(a) 选择快捷菜单的命令和函数

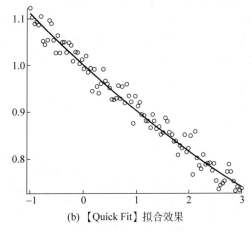

(b) 【Quick Fit】拟合效果

图 3-2　利用【Quick Fit】拟合曲线示例

图 3-2 中光滑实线就是拟合结果曲线。同时在命令行窗口也会输出一系列的信息，这些信息就是拟合的输出结果。

2. 利用数据拟合对话框自定义拟合

Igor 提供了一个数据拟合对话框以完成更加复杂的数据拟合。执行菜单命令【Analysis】|【Curve Fitting】打开数据拟合对话框，通过面板可以选择或设定要拟合的数据、拟合函数、拟合数据的范围、初始参数、拟合输出结果等。对于本例，在拟合数据对话框中【Function】(函数类

型)选择 exp,【Y data】(数据)选择 trialwave,其他的全部选择默认设置就可以了,如图 3-3 所示。

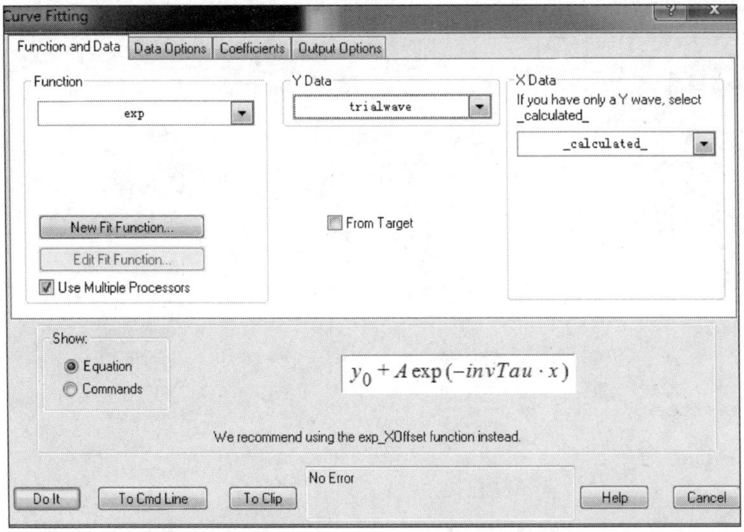

图 3-3　利用数据拟合对话框对数据进行拟合

关于拟合对话框的详细介绍和使用请参看 3.1.4 节和 3.1.5 节。

3.利用拟合命令进行拟合

在命令行窗口或者程序中调用 CurveFit 或 FuncFit 命令,也可以完成数据拟合,这种方法对使用者的要求较高,要求使用者不但熟悉拟合的过程和机制,还要求掌握编程方法。需要说明的是,前面【Quick Fit】和数据拟合对话框最后其实都调用了 CurveFit 或者 FuncFit 这两个命令。特别是自定义拟合对话框本质上就是 FuncFit 命令的图形用户界面。

使用拟合命令进行拟合的一般步骤如下。

（1）创建一个自定义函数。

```
Function fitfun(coef,x):Fitfunc
    wave coef
    variable x
    <Exressions>
End
```

（2）创建一个 wave,存放初始参数值。

```
Make/O coef = {a1,a2,a3,…}
```

（3）调用拟合命令,将自定义函数和初始参数传递给 CurveFit 或者 FuncFit。

```
Funcfit fitfun,coef,ydata/D
```

（4）拟合的结果就是 coef 中参数的值。coef 在开始拟合时提供初始参数,在拟合过程中存放拟合结果。

初学者可先利用拟合对话框拟合。Igor 会自动生成相应的拟合函数和正确的拟合命令。这样在完成拟合的同时,也可以学习和掌握编写程序拟合数据的技巧和方法。

拟合分为单次拟合和批量拟合。单次拟合指一次只对一个 wave 拟合,批量拟合指一次对多个 wave 进行拟合。批量拟合需要多次重复调用拟合命令,因此快速拟合和利用数据拟合对话框进行拟合一般适用于单次拟合,利用命令行结合编程技术适用于批量拟合。

3.1.3 快速拟合及结果查看

本节以快速拟合为例,介绍拟合过程中的一些细节及如何查看拟合结果。将下面的命令行复制到命令行窗口并按 Enter 键执行。

```
Make/O LorF
SetScale/I x, − 10,10,LorF
SetRandomSeed 0.5
LorF = 1/(x ∗ x + 1) + gnoise(0.05)
Display LorF
ModifyGraph mode = 3, marker = 8
```

上面利用 Make 命令创建了一个名为 LorF 的 wave,由于没有指定长度,wave 长度取默认值 128。随后调用 x 函数给 LorF 赋值,赋值公式为洛伦兹函数。为了模拟实验数据抖动的特点,给每一个数据点加上一个标准方差为 0.05 的高斯随机噪声。SetRandomSeed 命令用于设置随机数种子,这样可以保证每次产生的随机数是一样的。命令执行后的结果如图 3-4 所示。

这里解释一下洛伦兹函数的含义。洛伦兹函数是一类非常重要的函数,它的形式如下:

$$f(x) = \frac{b}{(x-a)^2 + b^2}$$

洛伦兹函数具有很好的性质,如当 b 趋于无穷小时洛伦兹函数就转换为 δ 函数,即

$$\delta(x-a) = \lim_{b \to 0} \frac{b}{(x-a)^2 + b^2}$$

在光电子能谱数据中,经常用洛伦兹函数对动量分布曲线(Momentum Distribution Curve,MDC)进行拟合,以获取准粒子的动量和寿命等信息。这是因为描述准粒子态密度分布的谱函数很多情况下可以用洛伦兹函数描述。

在图 3-4 中右击执行命令【Quick Fit】并选择 lor 函数,拟合结果如图 3-5 所示。

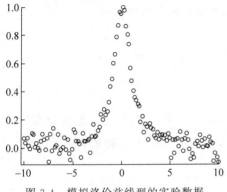

图 3-4 模拟洛伦兹线型的实验数据

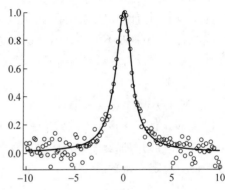

图 3-5 利用 lor 函数对实验数据拟合

一条光滑的曲线自动显示在原来的数据之上，可以看到光滑的曲线描述了数据点的演化趋势。Igor 将拟合的结果保存在当前目录下，同时在命令行窗口中输出相应的拟合信息，如图 3-6 所示。

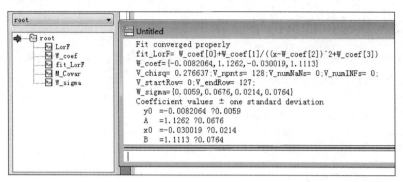

图 3-6　拟合的结果

图 3-6 左边数据浏览器窗口中，除了最初创建的 LorF 之外，又出现了 4 个新的 wave，这些新的 wave 由 Igor 自动创建，它们存放了拟合的结果。

（1）W_coef。

W_coef 保存了拟合的参数。在本例中，采用洛伦兹函数进行拟合，洛伦兹拟合函数的表达式为

$$y = K_0 + \frac{K_1}{(x - K_2)^2 + K_3}$$

W_coef 里按照顺序保存了这 4 个参数的拟合结果，如 W_coef[0]保存了 $K0$ 的数值。双击打开 W_coef 就能查看拟合的结果，在程序里可以直接访问 W_coef 来使用拟合结果。W_coef 是 Igor 默认创建的用来保存拟合参数的 wave。如果在拟合前手动创建了参数 wave，并指定给拟合命令，则拟合的参数保存在该 wave 中。

（2）fit_LorF。

fit_Lorf 是根据拟合参数和被拟合数据的 x 坐标计算出来的，就是图 3-5 中光滑曲线对应的 wave。前面"fit"是系统自动加上去的，表示拟合曲线。可以在拟合命令中自定义拟合曲线的名字，但一般不需要。fit_LorF 的默认长度是 200，长度也可以在拟合过程中自定义。如果被拟合数据显示在当前窗口，那么拟合曲线一般都会自动添加到当前窗口，以方便查看拟合效果。

（3）M_Covar。

M_Covar 保存了拟合参数的方差，叫作协方差矩阵。测量存在误差，被测数据存在误差，通过拟合得到的拟合参数自然也是有误差的，协方差矩阵描述了拟合参数方差的大小。协方差的一般定义如下：

$$s(\overline{x}, \overline{y}) = \frac{1}{n(n-1)} \sum_{i=1}^{n} (x_i - \overline{x})(y_i - \overline{y})$$

上式中的 x_i 和 y_i 就相当于上面的拟合参数。由于洛伦兹拟合函数有 4 个参数，所以协方差一共有 16(4×4)个值，排成一个 4×4 的矩阵，其中对角元就是对应拟合参数的标准方差，开平方后就是拟合参数的标准偏差，如图 3-7 所示。这个值可以用来描述参数的误差或不确定度。

Table3:W_coef,M_Covar,W_sigma

R0 -0.00820639

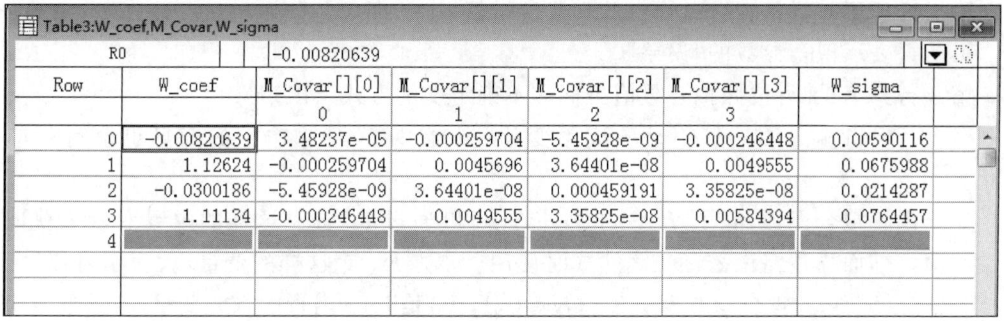

Row	W_coef	M_Covar[][0]	M_Covar[][1]	M_Covar[][2]	M_Covar[][3]	W_sigma
		0	1	2	3	
0	-0.00820639	3.48237e-05	-0.000259704	-5.45928e-09	-0.000246448	0.00590116
1	1.12624	-0.000259704	0.0045696	3.64401e-08	0.0049555	0.0675988
2	-0.0300186	-5.45928e-09	3.64401e-08	0.000459191	3.35825e-08	0.0214287
3	1.11134	-0.000246448	0.0049555	3.35825e-08	0.00584394	0.0764457
4						

图 3-7 协方差矩阵

(4) W_sigma。

W_sigma 保存了每个拟合参数的“误差”，如果没有指定置信水平(默认 68.3%，分布为高斯分布)，W_sigma 保存了每个拟合参数的标准偏差。W_sigma 数值上等于 M_Covar 对角元数值的算术平方根。

除了将拟合结果保存成 wave 之外，Igor 还在历史命令行窗口输出拟合的结果，如图 3-8 所示。

```
Untitled
•ModifyGraph mode=3,marker=8
•CurveFit/M=2/W=0 lor, LorF/D
  Fit converged properly
  fit_LorF= W_coef[0]+W_coef[1]/((x-W_coef[2])^2+W_coef[3])
  W_coef={-0.0082064,1.1262,-0.030019,1.1113}
  V_chisq= 0.276637;V_npnts= 128;V_numNaNs= 0;V_numINFs= 0;
  V_startRow= 0;V_endRow= 127;
  W_sigma={0.0059,0.0676,0.0214,0.0764}
  Coefficient values ± one standard deviation
    y0  =-0.0082064 ?0.0059
    A   =1.1262 ?0.0676
    x0  =-0.030019 ?0.0214
    B   =1.1113 ?0.0764
•Edit root:M_Covar
•Edit/K=0 'W_sigma';DelayUpdate
•print 0.00590116*0.00590116
curvefit
```


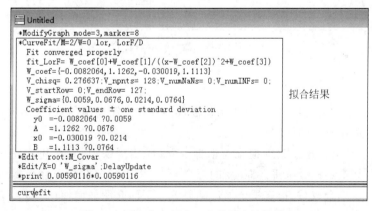

图 3-8 历史命令行窗口中的拟合结果信息

第 1 行 CurveFit/M=2/W=0 lor，LorF/D 表示执行快速拟合时，Igor 实际执行的命令。标记/M=2 表示生成协方差矩阵。/W=0 表示不显示拟合过程窗口，不设置此参数，在拟合过程中会出现一个显示拟合过程窗口，通过该窗口可以观察拟合过程或者终止拟合。lor 参数表示使用 lor 函数进行拟合。lor 是系统内定义的拟合函数模型。LorF 参数给出被拟合的实验数据。标记/D 表示自动生成拟合曲线，就是上面的 fit_LorF。

第 2 行给出拟合收敛的情况，Fit converged properly 表示正常收敛。

第 3 行是拟合采用的公式。在这里可以看到拟合参数 W_coef 每一项在拟合函数中的位置和含义。

第 4 行表示拟合参数的结果，就是 W_coef 的大小。

第 5 行和第 6 行是拟合过程中的一些变量值。

第 7 行表示拟合参数的"误差"。

第 8 行到第 12 行按照拟合数值±标准不确定度的方式给出结果。

命令行窗口输出的信息不是一成不变的，拟合参数不同，输出的信息也会有相应的变化。

对于内置拟合函数，除了 W_coef 之外，还可以通过 K_0、K_1 这样的内置变量来获取拟合参数值。前面描述洛伦兹函数表达式时使用了 K_0、K_1 等这样的变量，就表示可以用 K_0 和 K_1 等去获取它的拟合参数值。$K_N (N = 0, 1, \cdots)$ 是 Igor 内置的系统变量，不需要定义就可以直接访问。在快速拟合时，Igor 使用 K_N 作为拟合参数的初始值（Igor 自动猜测初始值，不需要手动设置），并将拟合结果也保存到 K_N 中。可以在命令行窗口中输入 print K0 来进行验证，如图 3-9 所示。使用这一特性，可以在编写程序时提高效率。

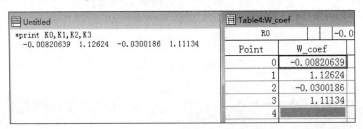

图 3-9　利用系统内置变量查看拟合结果

3.1.4　自定义拟合

快速拟合方便迅速，但是由于不能调整输入参数和定制输出信息，能够拟合的函数类型也很有限，所以存在较大的局限性。

Igor 提供了一个自定义数据拟合对话框，不仅能实现快速拟合，还能完成快速拟合不能完成的操作，如指定拟合范围、添加新的拟合函数、手动指定拟合初始参数、指定拟合参数的限制范围、设定拟合权重、指定拟合输出结果等。下面介绍如何使用自定义数据拟合对话框来拟合数据。

执行菜单命令【Analysis】|【Curve Fitting】打开数据拟合窗口，如图 3-10 所示。

仍然使用 3.1.3 节创建的例子（没有创建该例子的读者请参看 3.1.3 节），在图 3-10 的【Function and Data】选项卡中的【Function】下拉列表中选择 lor 函数，【Y Data】下拉列表中选择 LorF，其他选项不变，单击【Do It】按钮，如图 3-11 所示。

拟合过程中，会看到图 3-12 所示的数据拟合过程窗口。

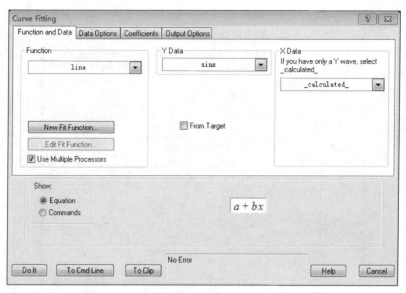

图 3-10 自定义拟合数据对话框

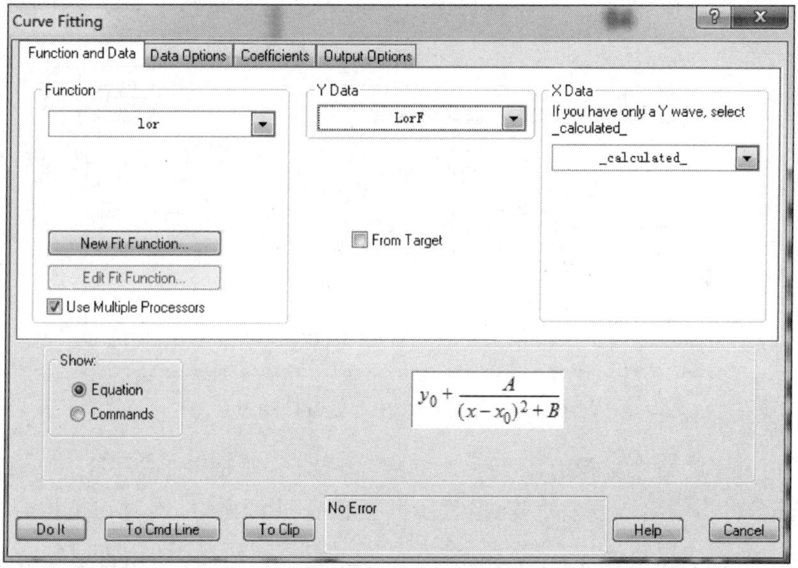

图 3-11 自定义拟合数据对话框进行简单拟合

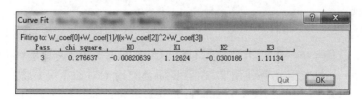

图 3-12 拟合过程窗口

该窗口显示了拟合过程中每一次循环时 K_N 的大小及 chi_square 值的大小（chi_square 值类似于最小二乘平方差和），单击【OK】按钮查看拟合结果，结果如图 3-13 所示。

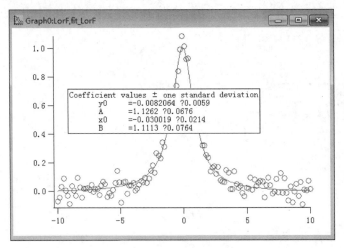

图 3-13　自定义数据拟合结果

和快速拟合结果比较，拟合曲线窗口中多了一个显示拟合结果的文本框图注。历史命令行窗口中的显示内容也发生了一些变化，如图 3-14 所示。

```
*TextBox/K/N=CF_LorF
*CurveFit/NTHR=0/TBOX=768 lor  LorF /D
 Fit converged properly
 fit_LorF= W_coef[0]+W_coef[1]/((x-W_coef[2])^2+W_coef[3])
 W_coef={-0.0082064,1.1262,-0.030019,1.1113}
 V_chisq= 0.276637;V_npnts= 128;V_numNaNs= 0;V_numINFs= 0;
 V_startRow= 0;V_endRow= 127;
 W_sigma={0.0059,0.0676,0.0214,0.0764}
 Coefficient values ± one standard deviation
   y0  =-0.0082064 ?0.0059
   A   =1.1262 ?0.0676
   x0  =-0.030019 ?0.0214
   B   =1.1113 ?0.0764
```

图 3-14　拟合结果在历史窗口的显示

CurveFit 调用的命令里没有了 M＝2 和 W＝0 标记，而是多了 NTHR＝0 和 TBOX＝0 标记，这里表示将不输出协方差矩阵，但显示数据拟合过程窗口，同时在被拟合曲线窗口上添加一个文本框图注以输出拟合信息。读者可以试着将前面例子生成的 M_Covar 删掉（如果存在），再执行上述拟合过程，会发现 M_Covar 确实没有生成。

3.1.5　数据拟合对话框详解

自定义数据拟合对话框是使用 Igor 进行数据拟合的主要窗口，也是 Igor 重要且常用的图形用户界面之一。即使是熟练使用者，在很多场合利用此对话框完成数据拟合仍然是最有效率的方式。因此，读者应该熟练地掌握自定义数据拟合对话框的使用。

数据拟合对话框一共有 4 个选项卡，每个选项卡详细地设定拟合过程中一个环节。根据被拟合数据的不同（如是一维数据还是二维数据），每个选项卡显示的内容会有所区别。

1.【Function and Data】选项卡

设定用来拟合的数学公式，指定要拟合的数据及其 x 坐标，如图 3-15 所示。

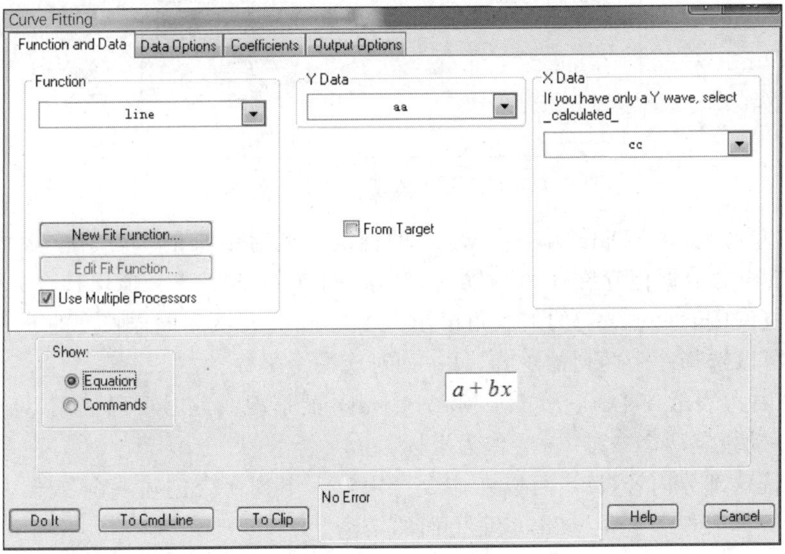

图 3-15 【Function and Data】选项卡

【Function】下拉列表框列出了拟合函数，包括内置函数和自定义函数。注意，一般只有使用了 FitFunc 关键字的函数才会出现在这里（参看 5.2.6 节）。【Function】下拉列表框打开后可能如图 3-16 所示。

Show Multivariate Functions 表示列出二维拟合函数，Show Old-Style Functions 用来显示旧风格的拟合函数。所谓的 Old-Style Function 表示没有用 FitFunc 关键字指定的 Function。

【Y Data】列出当前目录下待拟合的数据。如果【From Target】复选框被选中，则【Y Data】只列出当前 Table 或是 Graph 中显示的数据。如果【Function】下列列表框中选中多维拟合函数，【Y Data】还会显示当前目录下的多维数据。

【X Data】设置拟合过程中使用的 x 坐标。如果使用待拟合 wave 本身的 x 坐标属性，可以使用 _calculated_默认选项。如果拟合的 x 坐标存放于单独的 wave 中，则可以手动指定该 wave。注意，存放 x 坐标的 wave 长度必须和要拟合的 wave 长度相等。

如果【Function】下拉列表框中选择了多维拟合

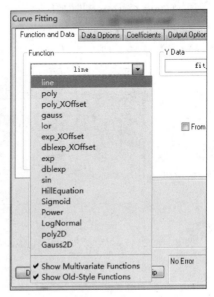

图 3-16 拟合函数列表

函数，根据【Y Data】的不同，【X Data】选项区域会变成如图 3-17 所示的形式。

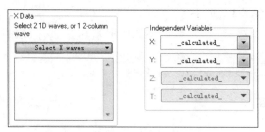

图 3-17　多维数据拟合坐标选取

图 3-17 左边表示 Y Data 为一维 wave 的情况。此时多维的拟合对象必然是 XYZ 型 wave，即要拟合的数据保存在一个一维 wave 中，对应的 x 值和 y 值保存在另外两个一维 wave 中。按【Select X waves】的下三角按钮为 Y Data 选择两个同样长度的 wave 作为 x 和 y 坐标。也可以选择一个两列的矩阵，每一列对应一个坐标。

图 3-17 右边表示 Y Data 为二维 Matrix wave 的情况。此时可以使用 wave 自身坐标属性，或者手动指定两个一维 wave 作为坐标。

为了验证这部分内容，读者可以在命令行中输入下列命令创建一个二维 wave，然后在【Y Data】下拉列表框中选中 w2d，验证上面的结论。

Make/O/N = (200,200) w2d

【Show】选项区域有【Equation】和【Commands】两个复选框，前者表示显示公式，后者表示显示命令行。

【New Fit Function】按钮可以自定义拟合函数，关于该部分内容在 3.2.2 节介绍。

2.【Data Options】选项卡

设定对拟合数据的限制，如指定拟合的范围、指定每一个参与拟合数据点的权重、指定哪些数据点不参与拟合等，如图 3-18 所示。

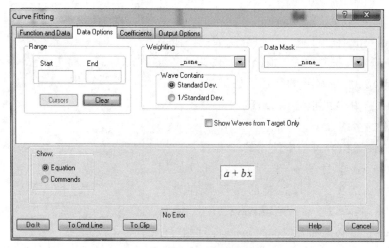

图 3-18　【Data Options】选项卡

【Range】选项区域指定拟合的数据范围。【Start】指定起始位置，【End】指定终止位置，这里的位置指数据点顺序。如果拟合的范围为从第 100～第 200 个数据点，则可以将【Start】设置为 100，【End】设置为 200。在【Show】选项区域中选中【Commands】，观察对应的命令行形式，如图 3-19 所示，从中可以看到 LorF[100,200] 限定了要拟合的数据范围。

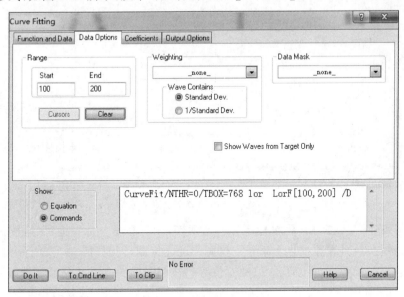

图 3-19　设置数据的拟合范围

单击【Do It】按钮进行拟合，可以发现只对曲线的指定范围进行了拟合，如图 3-20 所示。

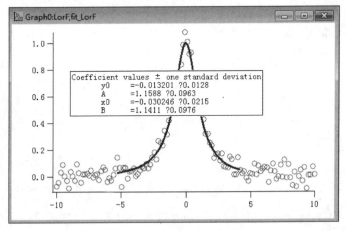

图 3-20　指定数据的拟合范围

注意：如果显示结果和本书不一样，可用下面命令行进行设置。

ModifyGraph lsize(fit_LorF) = 2, rgb(fit_LorF) = (0,0,65280)

通过光标（cursor）可以指定拟合范围，本例中，保证 LorF 曲线为显示状态，按 Ctrl＋I

组合键，窗口下方出现一个光标工具，如图 3-21 所示。

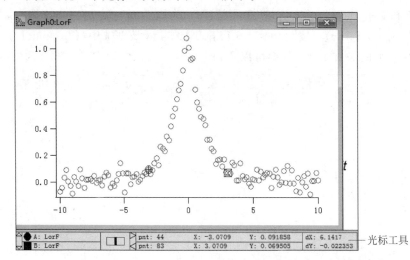

图 3-21　在显示的数据上附着光标

⊕A用来设置 A 光标[①]。将鼠标指针移动到⊕A上并按下鼠标左键，保持按住状态拖动光标到某一数据点，可在数据点上附着一个圆形的光标圈，同时⊕A对应的行会出现关于该数据点的信息，包括数据点位置、x 值和 y 值等。按照同样的方法可设置 B 光标。最终效果如图 3-21 所示，此时光标 A 和 B 全部变黑，表示被使用。

当光标附着在数据点上以后，【Range】中【Cursors】按钮处于可用状态（否则是灰色不可用状态），按下【Cursors】按钮就可以自动填写当前光标对应的数据点位置。注意，这里填写的不是光标所处位置的数据序号，而是光标函数 pcsr。在拟合命令执行时，Igor 会根据该函数获取数据的序号位置，如图 3-22 所示。

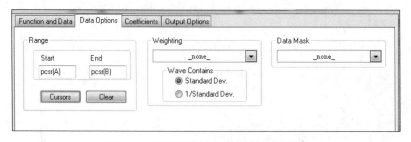

图 3-22　使用光标指定数据的拟合范围

如果被拟合的 Y Data 是一个多维数据（小于或等于四维），则拟合范围除了可以指定 x 坐标范围之外，还可以指定其他维度的坐标范围，方法完全一样。

【Weighing】用于指定拟合数据点的权重。根据误差理论，每一个测量值都可以用一个标准偏差来描述误差大小，标准偏差大小取决于测量仪器、测量方法、测量环境和测量者。

---

①　在 Igor 7 以后版本中，光标数量增加到 6 个，能够获取的信息更加丰富，光标的外观设计也更加美观。

一般测量误差并不容易得到，如果根据测量模型或者仪器说明可以得到测量值的误差，那么在拟合时就可以提供给拟合函数。测量误差大的数据点在拟合中的权重应该较小。方法是将每一个数据点的测量误差保存在一个 wave 中，并在【Weighting】下拉列表框中选择该 wave。如果不提供 Weighting wave，Igor 默认每一个数据点的测量误差都是相同的。

【Wave Contains】选项表示提供的 Weighting wave 里包含的数据是标准偏差还是标准偏差的倒数，这与 Igor 的历史有关，读者不必深究，按照实际情况设置即可。

【Data Mask】用于设置 Y Data 中哪些数据参与拟合，哪些数据不参与拟合。Mask 有掩码的意思。在【Data Mask】下拉列表框中选择一个掩码 wave，该 wave 的长度和被拟合的 wave 相同，如果掩码 wave 取值为 1，表示对应位置数据点将参与拟合，若掩码 wave 取值为 0，表示不参与拟合。如果测量的数据中存在个别坏点，可以将该点对应位置的 Mask wave 中数据值设置为 0，这样就可以将坏点排除在拟合之外。

3.【Coefficients】选项卡

设置拟合参数初始值，如图 3-23 所示。【Coefficient Wave】下拉列表框选择拟合参数 wave：选择_default_表示默认，此时 Igor 会自动创建一个名为 W_coef 的 wave 存放拟合参数；选择_New Wave_表示使用自定义的 wave 来保存拟合参数，新 wave 的名字由下面的【New Wave Name】文本框输入指定。Igor 会根据指定的名字自动创建一个新的 wave。

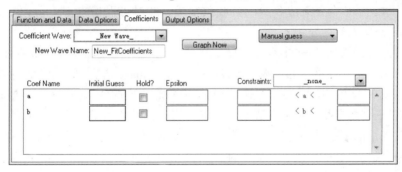

图 3-23　拟合初始参数设置

【Auto guess】下拉列表框选择拟合参数初始值的设置方法。此下拉列表框只有当拟合函数是内置函数时才出现。Auto guess 表示自动设定初始参数值，Manual guess 表示手动指定拟合参数初始值，Only guess 表示只猜测初始参数值，并不拟合。图 3-23 中，该菜单选择了 Manual guess 选项。

【Coef Name】列出当前拟合参数的名称，【Initial Guess】设置初始值，【Hold?】设置在拟合的过程中是否保持该拟合参数值不变。

【Epsilon】对于系统内置拟合函数不可用。拟合函数为自定义拟合函数时，Epsilon 表示迭代时参数变化步长的参考值。

【Constraints】设置是否对拟合参数进行限制，Manual guess 即手动指定初始参数模式下有效。如可以设置拟合参数的拟合范围为 2＜a＜3。

注意，当【Function and Data】选项卡中选择的是自定义函数时，【Coefficients】选项卡中的【Manual guess】下拉列表框会被【Epsilon Wave】下拉列表框取代，如图 3-24 所示。

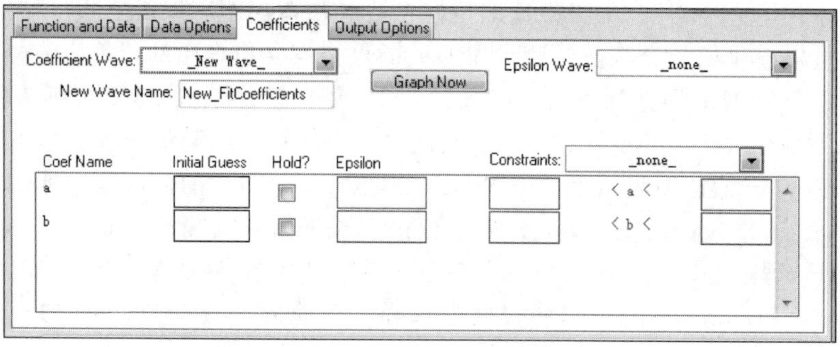

图 3-24　Coefficients 选项卡

【Epsilon Wave】下拉列表中 wave 存放上面提到的 Epsilon 值。注意，如果指定一个已经存在的 wave 作为 Epsilon wave，该 wave 必须和参数 wave 的长度相等。指定一个新名字时，如果该名字对应的 wave 不存在，Igor 会自动创建 wave，但用户必须在下面的【Epsilon】列提供相应的取值。

在拟合过程中，每一次迭代如何调整拟合参数步长由 Igor 自动指定，这在大多数情况下是满足需要的，但是对于特殊的拟合情况，如采用默认步长会使两次计算值相差过小，对应差分值几乎相等，拟合会无法收敛或者收敛很慢。此时可以通过 Epsilon 值来手动指定步长。这需要一些先验的知识。

指定拟合参数的初始值非常重要。Igor 在拟合时，实际上是将拟合参数看作一个 N 维向量，N 是拟合参数的个数。每一次迭代过程的 chi_square 值相当于 N 维空间的一个点上的值，这些值在 N 维空间构成了一个曲面，曲面谷底对应的 N 维向量就是要拟合的参数值。拟合的过程就是寻找一条通往谷底的路径。有时即使拟合收敛了，也不代表是最佳拟合，因为收敛点可能不是最深的谷底，而是最深谷底旁边那个比较深的谷底。换句话说，拟合达到收敛是最佳拟合的必要不充分条件。当使用自定义函数拟合时，必须准确指定初始参数。这是和使用系统内置函数区别的地方，其他设置都一样。

4. 【Output Options】选项卡

指定拟合输出哪些量或者 wave，设置对话框如图 3-25 所示。拟合输出的内容主要有拟合参数 wave、残差 wave、拟合参数误差 wave、拟合参数方差和协方差、拟合曲线、拟合曲线的统计性质（误差和拟合数据点的误差）和对拟合过程的控制等。其中，拟合参数 wave 和拟合参数误差 wave 是默认输出，其他的可以选择输出或是不输出。

【Destination】下拉列表框指定拟合曲线：_auto_表示默认值，此时会自动创建一个 wave，名字为被拟合 wave 的名字加"fit_"前缀；选择_New Wave_并在其后的【New Wave Name】文本框输入新的名字，则 Igor 将使用该名字作为拟合曲线 wave 的名字；也可以手动指定一个已经存在的 wave 作为拟合输出曲线，如果该 wave 已经存在，将会被覆盖；选择_none_，表示不输出拟合曲线。

请读者注意区分拟合曲线和拟合参数 wave 的区别，拟合曲线是利用拟合参数并使用被拟合数据的 x 坐标计算出来的曲线。

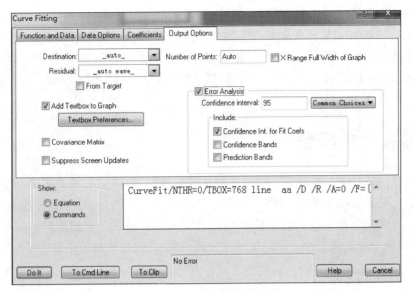

图 3-25　拟合输出设置

默认拟合曲线 wave 的长度为 200，可以在【Number of Points】文本框里修改。选中【X Range Full Width of Graph】复选框表示使用当前 Graph 的 x 坐标范围作为拟合输出曲线的 x 坐标范围。

【Residual】表示输出残差。残差 wave 等于被拟合数据减去拟合曲线值。如果选择_none_表示不生成，否则生成残差 wave。【Residual】设置和上面的【Destination】下拉列表框完全一样。注意，_auto trace_表示将残差添加到 Graph 窗口，_auto wave_表示只创建不添加。

【Add Textbox To Graph】表示向图中添加一个文本图注以说明拟合的基本信息，可以单击下面的【Textbox Preferences】按钮来设置要输出的信息。

【Covariance Matrix】复选框表示输出协方差矩阵。

【Error Analysis】选项区域用以设置拟合参数误差的输出方式。

【Confidence interval】指定置信水平，也可以通过后面的【Common Choices】下拉列表框选择通常用到的置信水平。置信水平表示拟合参数值的可信程度，置信水平越高，拟合参数也越可信，但置信区间也越大。如果不指定，表示置信水平是 68.3%。这里假定误差分布满足高斯分布，误差值取实验标准偏差。

【Confidence Int. for Fit Coefs】复选框表示计算拟合参数置信区间，Igor 根据置信水平计算出置信区间，如果取置信水平为 68.3，该值就等于标准偏差，也即 W_sigma 里输出的数值，否则会比该数值大一些，如置信概率是 95%，置信区间大概是 W_sigma 的 2 倍。置信区间结果保存在名为 W_ParamConfidenceInterval 的 wave 里，其中最后一个数据代表置信概率。

【Confidence Bands】复选框表示计算置信曲线，置信曲线有两条，拟合曲线落在置信曲线所限定的范围内的概率是置信概率设定的数值。

【Prediction Bands】复选框表示计算预测曲线，同样包括两条曲线，表示每一个拟合的数据点落在该曲线限定范围内的概率是置信水平设定的概率。读者注意仔细体会 Confidence Bands 和 Prediction Bands 的区别，前者表示"平均值"的误差，后者表示"单个值"的误差，后者误差一般要比前者大。

3.2 拟合公式模型

拟合就是使用特定的数学公式或者模型去匹配数据，以确定公式或者模型中的待定参数。故拟合之前必须清楚地了解拟合公式或者模型的基本信息，并将它传递给拟合命令。Igor 中的拟合公式包括系统内置公式和用户自定义拟合公式。使用用户自定义拟合公式时，需要创建一个特定格式的函数以描述该公式，并指定拟合的初始参数。

3.2.1 内置拟合公式

在曲线 Graph 中右击，从弹出的快捷菜单中选择【Quick Fit】时，Igor 会列出所有内置的拟合公式。3.1.5 节介绍的数据拟合对话框在选择函数时，也会列出所有的内置公式。

执行菜单命令【Analysis】|【Curve Fitting】打开数据拟合窗口，在【Function and Data】选项卡中单击【Function】下拉列表框可以查看 Igor 内置的拟合函数类型，选择某个具体的拟合函数，还可以查看拟合函数的具体形式，如图 3-26 所示（注意，在显示此对话框前，当前数据文件夹下需要有一个能被拟合的数据，否则【Curve Fitting】菜单命令不可用）。

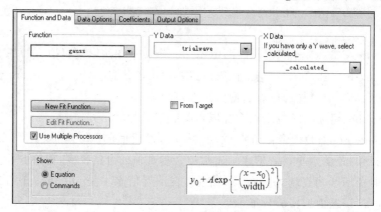

图 3-26 查看内置拟合函数

【Show】选项区域选中【Equation】单选按钮，可以看到对应函数的具体形式，如这里 gauss 函数的数学表达式，其拟合参数分别为 y_0、A、x_0、width，自变量为 x。

查看内置拟合函数更为方便的方法是查看 Igor 的帮助文档。在命令行窗口输入 CurveFit，右击 CurveFit 并在弹出的快捷菜单里选择【Help for CurveFit】，就可以调出关于 CurveFit 命令的所有帮助内容，分别如图 3-27 和图 3-28 所示。

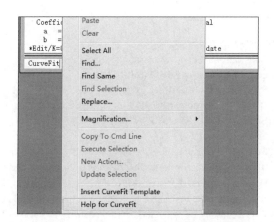

图 3-27　获取 CurveFit 帮助文档的操作

CurveFit [flags] *fitType*, [kwCWave=*coefWaveName* ,] *waveName* [flag parameters]

The CurveFit operation fits one of several built-in functions to your data (for user-defined fits, see the FuncFit operation). When fitting with CurveFit and built-in fit functions, automatic initial guesses will provide a good starting point in most cases.

The results of the fit are returned in a wave, by default W_coef. In addition, the results are put into the system variables K0, K1 ... K*n* but the use of the system variables is limited and considered obsolete.

You can specify your own wave for the coefficient wave instead of W_coef using the kwCWave keyword.

Virtually all waves specified to the CurveFit operation can be a sub-range of a larger wave using the same sub-range syntax as the Display operation uses for graphing. See **Wave Subrange Details** below.

See Curve Fitting for detailed information including the use of the Curve Fit dialog.

CurveFit operation parameters are grouped in the following categories: flags, fit type, parameters (kwCWave=*coefWaveName* and *waveName*), and flag parameters. The sections below correspond to these categories. Note that flags must precede the fit type and flag parameters must follow *waveName* .

Flags

/B=*pointsPerCycle*　　　　　Used when *type* is sin; *pointsPerCycle* is the estimated number of data points per sine wave cycle. This helps provide initial guesses for the fit. You may need to try a few

图 3-28　CurveFit 帮助文档的内容

　　上面是 CurveFit 命令的详细介绍和使用说明。读者在熟练掌握数据拟合对话框的操作以后应多阅读这里的帮助信息。将帮助文档向下拉动可以看到更多内容,如图 3-29 所示。

　　图 3-29 完整地描述了系统内置拟合公式的基本形式。注意每一个内置拟合公式都使用 KN 作为拟合参数变量。KN 是 Igor 内置的系统变量,换句话说可以通过设置 KN 来指定初始值,也可以直接访问 KN 来取出拟合参数值。KN 中的序号 N 对应了拟合参数 wave 中每个参数的位置(从 0 开始计数)。KN 还有一个作用:在拟合过程中限定某个参数的范围时,需要提供一个字符串形式的表达式,在表达式中利用 KN 表示第(N+1)个拟合参数。

　　系统内置拟合公式(包括二元拟合公式)一共有 16 个,限于篇幅,这里不一一赘述,读者可以通过帮助查看每个函数的具体表达形式及其含义。

Fit Types

fitType is one of the built-in curve fit function types:

gauss	Gaussian peak: $y = K0+K1*exp(-((x-K2)/K3)^2)$.
lor	Lorentzian peak: $y = K0+K1/((x-K2)^2+K3)$.
exp	Exponential: $y = K0+K1*exp(-K2*x)$.
dblexp	Double exponential: $y = K0+K1*exp(-K2*x)+K3*exp(-K4*x)$.
sin	Sinusoid: $y = K0+K1*sin(K2*x+K3)$.
line	Line: $y = K0+K1*x$.
poly *n*	Polynomial: $y = K0+K1*x+K2*x^2+...$
	n is from 3 to 20. *n* is the number of terms or the degree plus one.
poly_XOffset *n*	Polynomial: $y = K0+K1*(x-x0)+K2*(x-x0)^2+...$
	n is from 3 to 20. *n* is the number of terms or the degree plus one.
	x0 is a constant; by default it is set to the minimum X value involved in the fit. Inclusion of x0 prevents problems with floating-point roundoff errors when you have large values of X in your data set.
hillequation	Hill's Equation: $K0+(K1-K0)*(x^{K2}/(1+(x^{K2}+K3^{K2})))$
	This is a sigmoidal function. Note that X values must be greater than 0.
sigmoid	$y = K0+K1/(1+exp(-(x-K2)/K3))$.
power	Power law: $K0+K1*x^{K2}$. Note that X values must be greater than 0.
lognormal	Log normal: $K0+K1*exp(-(ln(x/K2)/K3)^2)$. X values must be greater than 0.
gauss2D	Two-dimensional gaussian:
	$K0+K1*exp((-1/(2*(1-K6^2)))*(((x-K2)/K3)^2 + ((y-K4)/K5)^2 - (2*K6*(x-K2)*(y-K4)/(K3*K5))))$.

图 3-29　CurveFit 帮助文档中内置拟合公式的说明

3.2.2　普通自定义拟合函数

　　系统内置公式在绝大多数情况下并不能满足需求，这时就需要自定义拟合函数。自定义拟合函数是由用户定义的函数，包括两类：在 Igor 编程环境下按照一定格式定义的函数，利用 XOP 扩展包定义的函数。

　　拟合过程中，拟合命令会自动调用用户自定义函数来完成拟合。

　　由用户定义但被系统调用，这样的函数叫作回调函数。Igor 里回调函数的例子非常多，如后面讲到的图形用户界面程序设计，每一个控件一般都有一个回调函数。一些命令，如 IntegrateODE、FindRoots 等，也都需要指定一个回调函数。

　　自定义拟合函数需要满足一定的格式，最方便的方法是通过数据拟合对话框来创建。下面通过一个例子来介绍如何创建自定义拟合函数。执行菜单命令【Analysis】|【Curve Fitting】打开数据拟合对话框。如果【Curve Fitting】命令是灰色的，可在命令行窗口输入下面的命令：

```
Make w
```

创建一个名为 w 的 wave，不进行任何操作，此时 Igor 检测到当前目录下存在能被拟合的 wave，就会将【Curve Fitting】命令置于可选状态，表示可以进行数据拟合操作。

　　在打开的数据拟合窗口（见图 3-30）中，单击【Function and Data】选项卡中的【New Fit

Function】按钮,弹出如图 3-31 所示的窗口。

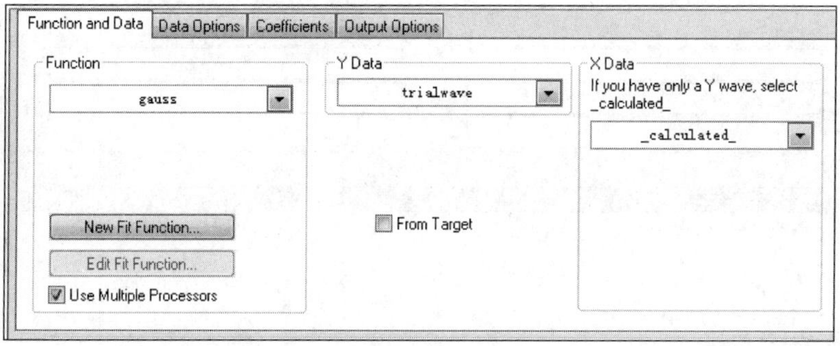

图 3-30 创建新的自定义拟合函数

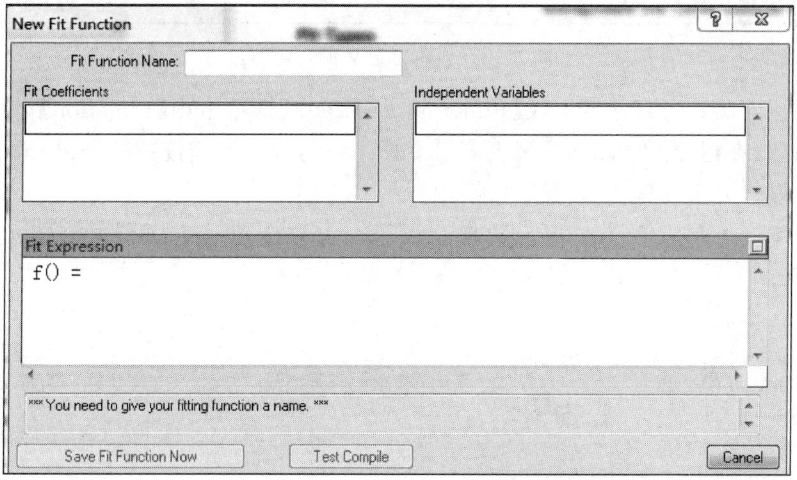

图 3-31 自定义拟合函数设计对话框

在【Fit Function Name】文本框中输入自定义拟合函数的名字;在【Fit Coefficients】文本框中输入拟合参数名字,可以是任意合法字符或字符组合;在【Independent Variables】文本框中输入自变量名字,一般可以输入 x、y 等,数量没有限制;在【Fit Expression】文本框中输入函数表达式,如图 3-32 所示。

这里创建了一个名为 fsqure 的函数,拟合参数为 a、b、c,自变量为 x,表达式为
$$f(x) = a*x*x + b*x + c$$
其中,a、b、c 分别代表对应拟合参数 wave 中的第 1 个、第 2 个和第 3 个数据,如拟合参数 wave 取默认值 W_coef,则 W_coef[0]$=a$,W_coef[1]$=b$,W_coef[2]$=c$。注意,要使用 Igor 支持的标准运算符连接每一个量,如 $a*x$ 不能写成 ax,否则会报错。

单击【Test Compile】按钮可以编译并检测输入的函数是否正确,单击【Save Fit Function Now】按钮保存自定义函数。保存以后就可以使用 fsqure 对数据进行拟合了,此时【Function】下拉列表框中会自动列出 fsqure 以供选择。

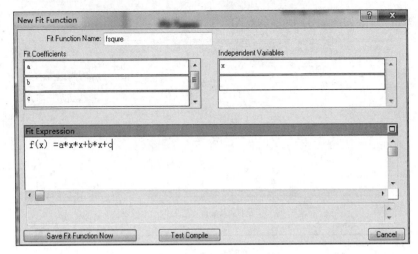

图 3-32　创建自定义拟合函数

自定义拟合函数可以修改。在【Function and Data】选项卡中【Function】下拉列表框选择自定义函数（在这里为 fsqure），然后单击【Edit Fit Function】按钮就可以修改，修改窗口和创建窗口操作完全一样。

下面来举一个利用 fsqure 拟合数据的例子。首先创建一个用来拟合的实验数据，如图 3-33 所示。

```
Make/O/N = 200 trialdata
SetScale/P x, - 2,0.02,trialdata
SetRandomSeed 0.5
trialdata = x * x - 2 * x - 1 + gnoise(0.2)
Display trialdata
ModifyGraph mode = 3,marker = 8,rgb = (0,0,65280)
```

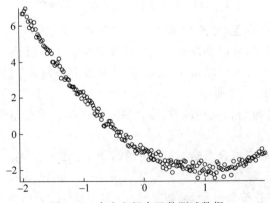

图 3-33　自定义拟合函数测试数据

打开数据拟合窗口，在【Function and Data】选项卡中，单击【Function】下拉列表框选择 fsqure，【Y Data】中选中 trialdata，切换到【Coefficients】选项卡，设定 a、b、c 的初始值分别为 1、-2、-1，其他选项保持不变，单击【Do It】按钮，设置窗口如图 3-34 所示。拟合结果如

图 3-35 所示。

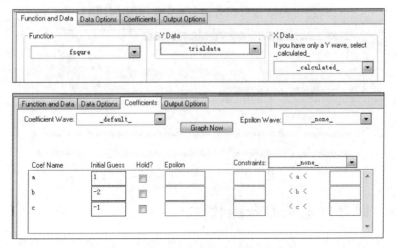

图 3-34　使用自定义拟合函数进行拟合

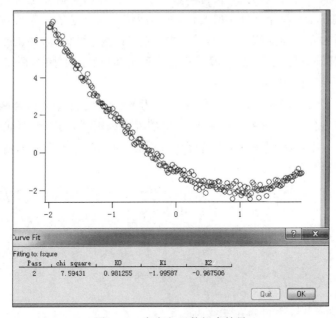

图 3-35　自定义函数拟合结果

图 3-35 下方的拟合过程窗口表示一共经过两次迭代就完成了拟合，K0 代表 a，K1 代表 b，K2 代表 c，可以看到拟合结果是符合预期的。单击【OK】按钮完成拟合。观察图 3-36 所示的历史命令行窗口，可以看到 Igor 利用对话框的设置自动生成对 FuncFit 命令的调用代码。后面是拟合的结果。

当使用自定义函数拟合时，Igor 调用 FuncFit 命令进行拟合。在使用自定义函数拟合时必须指定初始参数，在拟合时如果没有在【Coefficients】选项卡中专门指定【Coefficient Wave】，

Igor 将自动创建一个名为 W_Coef 的 wave，用户需要指定初始值，不指定初始参数将无法拟合。由于快速拟合不需要指定初始参数值，所以快速拟合无法使用自定义函数。

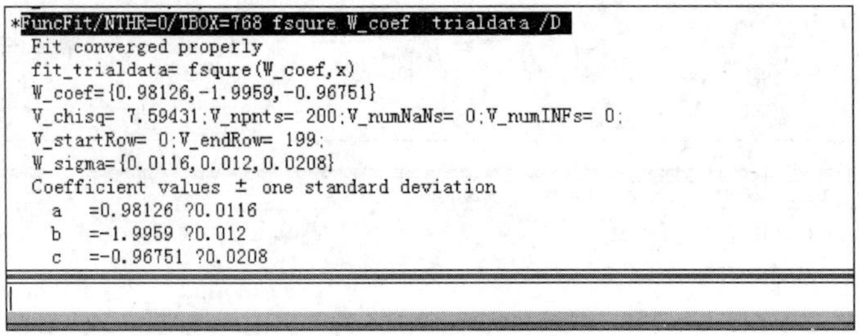

```
*FuncFit/NTHR=0/TBOX=768 fsqure W_coef  trialdata /D
  Fit converged properly
  fit_trialdata= fsqure(W_coef,x)
  W_coef={0.98126,-1.9959,-0.96751}
  V_chisq= 7.59431;V_npnts= 200;V_numNaNs= 0;V_numINFs= 0;
  V_startRow= 0;V_endRow= 199;
  W_sigma={0.0116,0.012,0.0208}
  Coefficient values ± one standard deviation
    a  =0.98126 ?0.0116
    b  =-1.9959 ?0.012
    c  =-0.96751 ?0.0208
```

图 3-36　自定义拟合输出信息

3.2.3　保存自定义拟合函数

系统内置拟合函数可以反复使用，自定义拟合函数则存在一些限制。自定义函数一般作为实验文件的一部分保存在当前实验文件里，以后只要打开该实验文件就可以使用该自定义拟合函数。如果打开的是一个新的实验文件，就不能使用该自定义拟合函数。要想在所有的实验文件中使用同样的自定义拟合函数，需要将自定义函数单独保存，并在需要时加载进来。

自定义函数其实就是 Igor 程序，因此其创建和保存与程序的操作是完全一样的。关于程序设计的详细介绍请读者参看第 5 章。

在 3.2.2 节中，通过数据拟合窗口创建了名为 fsqure 的自定义拟合函数，Igor 将该拟合函数保存在程序窗口中。程序窗口是 Igor 中的程序编辑器，用于编写代码。按下 Ctrl+M 快捷键或者执行菜单命令【Windows】|【Procedure Windows】|【Procedure Window】，都会打开内置程序窗口，如图 3-37 所示。

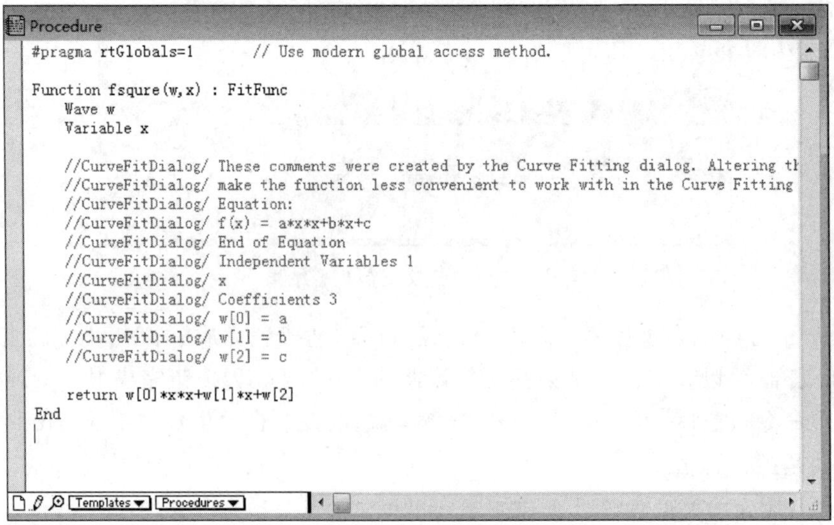

```
#pragma rtGlobals=1        // Use modern global access method.

Function fsqure(w,x) : FitFunc
    Wave w
    Variable x

    //CurveFitDialog/ These comments were created by the Curve Fitting dialog. Altering th
    //CurveFitDialog/ make the function less convenient to work with in the Curve Fitting
    //CurveFitDialog/ Equation:
    //CurveFitDialog/ f(x) = a*x*x+b*x+c
    //CurveFitDialog/ End of Equation
    //CurveFitDialog/ Independent Variables 1
    //CurveFitDialog/ x
    //CurveFitDialog/ Coefficients 3
    //CurveFitDialog/ w[0] = a
    //CurveFitDialog/ w[1] = b
    //CurveFitDialog/ w[2] = c

    return w[0]*x*x+w[1]*x+w[2]
End
```

图 3-37　内置程序窗口

刚才创建的自定义拟合函数就保存在该程序窗口中。可以直接在该窗口中修改自定义拟合函数,也可以在该窗口中(实际上任何一个程序窗口都可以)按照上面的格式创建新的自定义函数,效果与在数据拟合对话框中创建自定义拟合函数是一样的。

为了重复使用自定义拟合函数,需要将该程序文件单独保存。执行菜单命令【File】|【Save Procedure Copy】,在弹出的"另存为"对话框中选择合适的目录,命名保存即可,如图 3-38 所示。当需要使用该程序文件中的自定义拟合函数时,就将该文件加载进来,最简单的方法是直接将程序文件拖入 Igor,也可以利用【Open file】菜单命令将其打开。注意,程序文件要编译后才能使用。

图 3-38　保存自定义拟合函数程序文件

3.2.4　自定义拟合函数的格式

图 3-39 所示为自定义拟合函数 fsqure 的完整代码。

```
Function fsqure(w,x) : FitFunc
    Wave w
    Variable x

    //CurveFitDialog/ These comments were created by the Curve Fitting dialog. Altering them will
    //CurveFitDialog/ make the function less convenient to work with in the Curve Fitting dialog.
    //CurveFitDialog/ Equation:
    //CurveFitDialog/ f(x) = a*x*x+b*x+c
    //CurveFitDialog/ End of Equation
    //CurveFitDialog/ Independent Variables 1
    //CurveFitDialog/ x
    //CurveFitDialog/ Coefficients 3
    //CurveFitDialog/ w[0] = a
    //CurveFitDialog/ w[1] = b
    //CurveFitDialog/ w[2] = c

    Return w[0]*x*x+w[1]*x+w[2]
End
```

图 3-39　自定义拟合函数 fsqure 的代码

这个函数通过自定义拟合数据对话框创建，其格式相当规范，可作为自定义拟合函数的标准范本。

Function 是函数定义关键词，后面为函数名，圆括号里为函数参数，冒号后面是 FitFunc 关键字，表示该函数能被用来进行数据拟合。FitFunc 可以省略，Igor 将省略了 FitFunc 关键字的自定义拟合函数称为旧风格拟合函数，旧风格拟合函数默认不显示在数据拟合对话框的【Function】下拉列表里。只有在【Function】下拉列表中选择【Show Old Style Function】才显示旧风格拟合函数。这是 Igor 为了兼容以前版本下的程序设计而做出的设定，为规范起见，建议读者一律加上 FitFunc 关键字。

拟合函数里的参数类型不是随意的，必须满足特定格式，如这里第一个参数是一个 wave，第二个参数是一个数值变量。后续还会出现其他的参数类型格式，但是并不多，只有有限的几类。因此，并非任意的函数都可以当作拟合函数。

w 参数引用拟合参数 wave，x 表示自变量。Return 返回函数值。

只要按照这种格式定义函数，Igor 都会识别为拟合函数并显示在数据拟合对话框拟合公式函数的位置。读者可以试着输入如下代码：

```
Function f(w,x):FitFunc
    Wave w
    Variable x
End
```

这是一个空函数，没有任何执行代码，但是在数据拟合对话框【Function】下拉列表中会出现该函数，如图 3-40 所示。

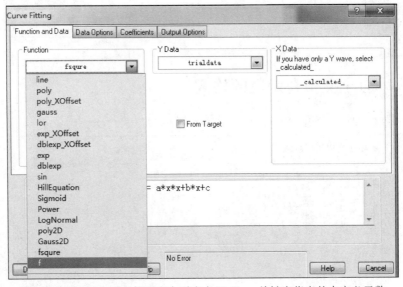

图 3-40　【Function】下拉列表会列出由 FitFunc 关键字指定的自定义函数

如果是二维拟合函数，除了自变量 x 之外，还有一个自变量（如 y），则可能的自定义拟合函数格式如下：

```
Function f(w,x,y):FitFunc
    Wave w
    Variable x
    Variable y
    // 函数的主体代码
End
```

在后面还会看到其他的格式,但是基本格式不变,都是参数形式的变化。

通过数据拟合对话框创建的自定义函数被自动添加了一系列的注释。注释以"//"开头,这是 Igor 里程序注释的方式。注意,这些注释是有意义的,Igor 会通过这些注释解析出拟合参数和数学公式并显示在数据拟合窗口,这就是当在数据窗口中选择自定义拟合函数时能看到拟合参数为 a、b、c,并能看到输入的拟合公式的原因。如果没有这些注释,Igor 会将拟合参数显示为 w_0,w_1,…。读者可以将注释部分删掉,然后再打开数据拟合窗口,并选择拟合函数为 fsqure,然后切换到【Coefficients】选项卡,查看拟合参数名称变化,如图 3-41 所示。

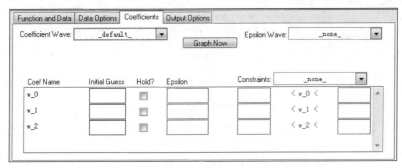

图 3-41　删掉规范注释后自定义拟合函数参数名称的变化

Igor 里有一个函数 ProcedureText 可以返回函数体,利用该函数结合字符串分析技术,能够方便地获取函数的参数类型信息,这会给程序设计带来极大的灵活性。Igor 可能就是利用了这一技术来获取自定义函数信息的。

当直接在程序窗口中手动输入自定义拟合函数时,应该像自动创建的拟合公式函数一样,注释清楚拟合参数 wave 中每一项的含义,这样对后续的拟合和程序调试以及以后的程序阅读、修改和使用都是很有裨益的。

3.3　拟合命令详解

前面介绍了使用对话框及命令行方式调用拟合命令进行拟合的过程和基本技巧。本节更为详细地介绍这几个命令的使用。

3.3.1　拟合命令参数详解

CurveFit、FuncFit(FuncFitMD)是 Igor 里较为复杂的命令之一,具有大量的参数。这 3 个命令的参数绝大多数都是一样的,唯一不同的是 CurveFit 只能使用系统内置数学公式

进行拟合，而 FuncFit 没有这个限制。下面介绍 CurveFit 的参数格式及其含义，如果未加说明，这些参数对于 FuncFit(FuncFitMD)含义完全相同。这些参数大多数不需要记忆，只要了解其含义，在使用的时候能查询其格式并正确使用就可以了。在 Igor 软件中右击 CurveFit 命令，在弹出的快捷菜单中选择【Help for CurveFit】命令，或是在帮助浏览器【Command Help】选项卡下（菜单【Help】|【Command Help】）都可以查找到关于 CurveFit 的详细说明，如图 3-42 所示。

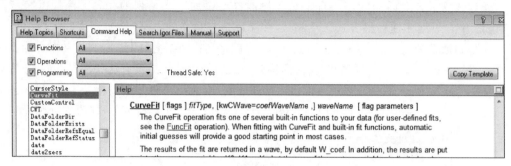

图 3-42　帮助浏览器关于 CurveFit 的内容

CurveFit 的调用格式如下（关于 Igor 中命令的格式说明请参看 1.2.11 节）：

```
CurveFit [flags] fitType, [kwCWave = coefWaveName ,] waveName [flag parameters]
```

其中，CurveFit 是命令名，方括号中的参数为可选参数。最简单的 CurveFit 调用方法如下：

```
CurveFit fitType wavename
```

1. flags

flags 是拟合控制标记，格式为"/"加标记符。CurveFit 可以使用的全部标记说明如下。

（1）/B＝pointsPerCycle，当拟合公式为内置拟合函数 sin 时，用该标记指定每一个周期的数据点数（估计值，大概即可）。不是常用标记，FuncFit 不可用。

（2）/C，对拟合参数指定限制范围时，使用该标记会生成一个 $M \times N$ 的矩阵和一个长度为 M 的一维 wave，分别自动命名为 M_FitConstraints 和 W_FitConstraints。M 是限制表达式的个数，N 是拟合参数个数。当使用/C 标记时，必须在拟合命令行的最后指定一个/C 标记参数，如/C＝T_constraintwave。

（3）/G，使用保存在 K0,K1,…,KN 中的数值作为拟合初始值。KN 为 Igor 系统内置变量，N 表示拟合参数的顺序，如果通过 kwCWave 关键字专门指定了拟合参数 wave，则初始参数从拟合参数 wave 中读取。/G 标记只对 CurveFit 有意义。下面举一个例子。

```
Make/O/N = 20 trialdata
SetScale/I x,0,10,trialdata
SetRandomSeed 0.5
trialdata = exp( - 4 * (x - 5)^2)
Display trialdata
ModifyGraph mode = 3,marker = 8
Variable V_FitOptions = 8      //设置此变量可以输出拟合过程的详细信息
```

```
CurveFit gauss trialdata
Edit M_iterates
```

Variable V_FitOptions＝8 创建了一个名为 V_FitOptions 的变量，Igor 侦测到此变量存在且值为 8 时会将每次拟合的拟合参数值保存到一个命名为 M_iterates 的矩阵里，这里设置此变量用以观察有/G 标记和没有/G 标记时的区别。运行结果如图 3-43 所示。

Row	M_Iterates[][] 0	M_Iterates[][] 1	M_Iterates[][] 2	M_Iterates[][] 3	M_Iterates[][] 4
0	3.78351e-44	0.758048	4.73684	0.631579	0
1	-0.00199196	0.767071	5.06439	0.667515	0.0555715
2	0.00139612	0.937308	4.975	0.492701	0.00892516
3	1.61543e-05	0.997462	5.00122	0.501718	1.17752e-05
4	7.70812e-08	0.999978	4.99999	0.500006	5.92185e-10
5	-1.12321e-11	1	5	0.5	5.1406e-19
6	-1.21432e-11	1	5	0.5	1.73528e-20
7	-1.21432e-11	1	5	0.5	1.73528e-20
8					

图 3-43　没有/G 标记时迭代过程的参数值变化

从图 3-43 所示的表中可以看出每次迭代时拟合参数的取值。最后一列是 chi_square。在命令行中输入以下指令：

```
K0 = 1;K1 = 2;K2 = 3;K3 = 4
CurveFit/G gauss trialdata
```

再观察 M_Iterates，发现拟合参数初始值为刚刚设置的数值，如图 3-44 所示。

Row	M_Iterates[][] 0	M_Iterates[][] 1	M_Iterates[][] 2	M_Iterates[][] 3	M_Iterates[][] 4
0	1	2	3	4	0
1	-0.153895	0.287988	3.36362	4.18588	1.01904
2	-0.11396	0.29463	5.69113	3.81634	0.823213
3	-0.11396	0.29463	5.69113	3.81634	1.6386
4	-0.11396	0.29463	5.69113	3.81634	1.61803
5	-0.11396	0.29463	5.69113	3.81634	1.42603
6	0.0955605	0.184142	4.75068	0.125329	0.815911
7	0.0955605	0.184142	4.75068	0.125329	2.00687
8	0.0955605	0.184142	4.75068	0.125329	1.89965
9	0.0955605	0.184142	4.75068	0.125329	1.8326
10	0.0955605	0.184142	4.75068	0.125329	1.4074
11	0.0931914	0.221746	4.63474	1.17583	0.691456
12	0.0622188	0.339778	5.34365	0.791507	0.516872
13	0.0622188	0.339778	5.34365	0.791507	0.583316
14	0.0410565	0.466493	4.87354	0.828233	0.275882
15	0.0100123	0.786798	5.12913	0.414917	0.18931
16	0.00293831	0.972468	4.98414	0.518787	0.00196813
17	3.61758e-07	0.997096	5.00093	0.501011	9.19667e-06
18	3.061e-09	0.99999	5	0.500002	1.86962e-10
19	-1.71438e-11	1	5	0.5	1.03982e-19
20	-1.21433e-11	1	5	0.5	1.73528e-20

图 3-44　使用/G 标记时迭代过程的参数值变化

由于设定的拟合参数初始值偏离期望值太远，因此迭代次数变多。/G 标记提供了一种不需要创建拟合参数 wave 而指定拟合参数的方法。注意对于一些不需要迭代直接通过统计公式计算拟合结果的函数，如线性函数和多项式拟合，并不会产生 M_iterates，因为根本就没有迭代过程。

（4）/H="hhh…"，表示拟合过程中某些参数是否限制为常量，$h=1$ 代表常量，$h=0$ 代表正常拟合，如/H="100"表示 K0 在拟合过程中保持不变，K1 和 K2 正常迭代以寻找最佳值。

（5）/K={constants}，用来设置内置拟合函数的常量。在一些系统内置拟合函数里包含常量，如 exp_Xoffset，表达式如下：

$$y = y_0 + A e^{-\frac{x-x_0}{\tau}}$$

上式表示一个指数衰减模型，τ 是衰减常数，x_0 是一个常量，一般需要拟合 τ 而保持 x_0 不变，此时就可以通过指定/K 标记来指定 x_0 的大小。看下面的例子：

```
Make/O/N = 200 trialdata
SetScale/I x 0,5,trialdata
SetRandomSeed 0.5
trialdata = exp( - (x - 2)/2) + gnoise(0.1)      // y₀ = 0,A = 1,x₀ = 2,τ = 2
Display trialdata
ModifyGraph mode = 3,marker = 8
CurveFit/TBOX = 768 exp_Xoffset trialdata /D
```

拟合结果如图 3-45 所示。

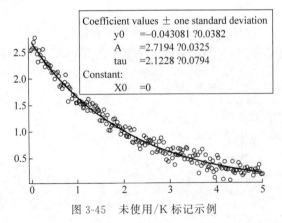

图 3-45   未使用/K 标记示例

从图可以看到，y_0 和 τ 与预期符合，而 A 却相差很大，这是因为没有指定 x_0，Igor 自动将该值设定为 0（注意输出文本信息最后一行是 X0＝0）。现在加上/K 标记：

```
CurveFit/K = {2} /TBOX = 768 exp_Xoffset trialdata /D
```

执行结果如图 3-46 所示，与预期的拟合结果完全吻合。

（6）/L=destlen，设置自动生成的拟合曲线 wave 的数据点个数。

（7）/M=doMat，设置是否生成协方差矩阵，$M=0$ 不生成，$M=1$ 生成 n 个一维 wave，每个 wave 命名为 CM_Kn，$M=2$ 生成一个 $n \times n$ 的协方差矩阵，矩阵命名为 M_Covar，这

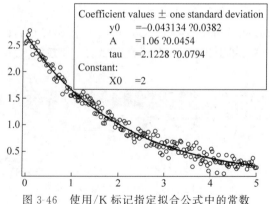

图 3-46　使用/K 标记指定拟合公式中的常数

里 n 为拟合参数个数。CM_Kn 实际上就是 M_Covar 的第 n 列，因此如果想输出协方差矩阵，建议使用 $M=2$ 参数。协方差矩阵对角元对应拟合参数的标准方差。

（8）/N=dontUpdate，拟合的过程中是否实时更新。如果不设置/N 标记，每次迭代的结果都会更新（如果被拟合的数据处于显示状态）。更新显示会增加程序运行时间。设置/N=1 或者直接使用/N 标记能禁止实时更新，提高拟合速度。

（9）/NTHR = nthreads，指定独立线程的个数，Igor 支持多处理器，一般设置为/NTHR=0，则 Igor 自动将线程个数设置为 CPU 处理器个数，多线程可以提高拟合速度。

（10）/O，用来产生拟合参数的初始值，并不真正完成拟合。

（11）/ODR=fitMethod，用来指定 Igor 在拟合时的迭代算法，/ODR=0 或者不设置/ODR 标记表示采用默认的 Levenberg-Marquardt 算法，/ODR=1 表示使用改进后的 Levenberg-Marquardt 算法，/ODR=2 表示算法同时能计算自变量的误差，用于当自变量也存在误差时的拟合场合，/ODR=3 表示对隐函数进行拟合，如对椭圆方程进行拟合，隐函数拟合请参看 3.4.1 节。一般使用/ODR=0 就够了。

（12）/Q[=Quite]，如果设置/Q=1 或者直接使用/Q 标记，会禁止 Igor 将拟合结果输出到历史命令行窗口。在程序中对数据进行批量拟合时应该使用/Q 标记以避免在历史命令行窗口输出信息。

（13）/TBOX=textboxSpec，设置一个可以添加到被拟合曲线窗口的文本框图注，该文本框包含拟合的结果信息，这些信息由 textboxSpec 指定。在数据拟合窗口【Output Options】选项卡中，单击【Add Textbox to Graph】复选框下边的【Textbox Preferences】可以详细定制输出信息，Igor 会将这些设置转换为/TBOX=textboxSpec 并作为 CurveFit 的标记。textboxSpec 是一个比特字段，设置为 1 时输出相应信息，设置为 0 时不输出，如表 3-1 所示。

表 3-1　textboxSpec 比特字段含义

1/0	1/0	1/0	1/0	1/0	1/0	1/0	1/0	1/0	1/0
拟合参数误差	拟合参数大小	X Wave 名字	Y Wave 名字和图标	拟合曲线名字和图标	拟合函数名字	拟合算法类型	时间	日期	标题

如 1100000000＝768 表示输出拟合参数大小及拟合误差。

（14）/W＝wait，设置在拟合中是否显示过程窗口，该窗口包含【OK】和【Quit】按钮，在拟合进行时可以按【Quit】按钮退出拟合，在拟合完成后需要按【OK】按钮退出拟合，如图 3-47 所示。

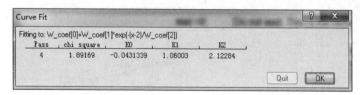

图 3-47　拟合过程窗口

/W＝1，显示拟合过程窗口，需要按【OK】按钮退出，在命令行窗口中执行 CurveFit 命令时如果不指定/W 标记则默认为/W＝1。

/W＝0，显示拟合过程窗口，但不需要按【OK】按钮，拟合完成后自行退出。在程序中执行 CurveFit 时如果不指定/W 标记则默认为/W＝0。

/W＝2，禁止显示拟合过程窗口。在函数或者程序中，在编写代码循环调用 CurveFit 完成批量数据拟合时应该设置/W＝2，禁止该窗口出现，这样可以大幅提高拟合速度。

（15）/X 标记，设置在计算拟合曲线时 x 坐标的取值为当前曲线显示的整个 x 坐标区域，当需要通过拟合模型外推数据时很有用。有时也可以用来将拟合曲线"限定"在某一个 x 坐标范围。仍以上面的 trialdata 为例，在命令行窗口中输入以下命令：

```
SetAxis left 0,4
SetAxis bottom - 1,8
```

上面的命令扩大了 trialdata 曲线图的坐标范围，注意 trialdata 本身的 x 坐标没有任何变化，如图 3-48 所示。

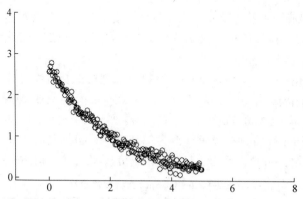

图 3-48　扩大了坐标取值范围的 trialdata 曲线

然后利用/X 标记对 trialdata 进行拟合，如图 3-49 所示。

```
Curvefit/X/TBOX = 896 exp_Xoffset trialdata /D
```

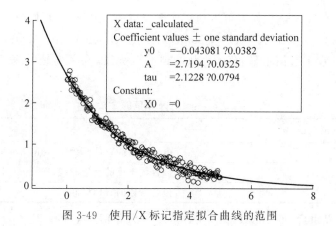

图 3-49　使用/X 标记指定拟合曲线的范围

　　与没带/X 标记的结果进行对比,可发现拟合曲线被"外推了"。同样,如果缩小坐标轴区域,此时曲线可能仅有一部分被显示,拟合曲线也仅包含该部分区域对应的 x 坐标,请读者自己尝试。

2. fitType

　　用来指定拟合的函数。拟合函数不能省略。当使用 CurveFit 进行拟合时,拟合函数类型是内置函数名,当使用 FuncFit 进行拟合时,拟合函数类型是自定义函数名。

3. kwCWave

　　kwCWave＝coefWaveName,用来指定拟合参数 wave。对于 CurveFit,可以不指定拟合参数 wave,Igor 会自动创建。手动指定拟合参数 wave 之前必须先创建该 wave,wave 长度等于要拟合的参数个数,并且赋初始参数值。对于 FuncFit,必须手动指定拟合参数 wave,指定方法和 CurveFit 完全一样,但不需要 kwCWave 关键字。

4. waveName

　　waveName 指被拟合 wave 的名字。可以在 wave 名字后使用括号来设置拟合的范围,如 waveName(x1,x2)表示拟合范围从 x1 到 x2,waveName[p1,p2]表示拟合范围从 p1 位置点到 p2 位置点。这里 x1 表示坐标值,p1 表示位置次序(从 0 开始算)。

5. flag parameters

　　标记参数在 waveName 后边,主要用来设置输入输出的各项信息,包括指定输入输出 wave 的名字。

　　(1)/A,若计算了残差曲线,是否将残差曲线添加到显示窗口,/A＝1 添加,/A＝0 不添加,其中/A＝1 是默认选项。

　　(2)/C＝constraintSpec,指定保存了对拟合参数限制信息的 wave 名字。详细内容可参看 3.3.3 节。

　　(3)/D[＝destwaveName],用以指定拟合曲线。如/D＝mydest,则输出拟合曲线名为 mydest,注意该曲线必须事先存在,且长度和被拟合曲线相等。如果仅使用/D 标记参数,不指定 wave 名字,则生成默认拟合曲线。默认拟合曲线以"fit_"开头,其后是被拟合 wave

的名字,长度默认为200,这个长度可以通过前面介绍的/L标记进行修改。

（4）/F={confLevel, confType [, confStyleKey [, waveName…]]},详细设定误差输出信息,confLevel设定置信水平,范围为从0到1。confType设定要计算的误差项,各取值的含义如表3-2所示。

表 3-2　confType 取值的含义

confType	含　义
1	拟合曲线的置信曲线(Confidence bands),两条
2	拟合数据点的置信曲线(Prediction bands),两条
4	拟合参数的置信区间

confType可以组合,如confType=7代表3种误差信息全部输出。

confStyleKey可取Contour和ErrorBar,表示按照轮廓还是误差棒的方式显示误差信息,前提是被拟合曲线被显示在当前窗口。

waveName用来指定存放输出误差结果的wave名字,该wave必须提前创建且和被拟合数据具有相同的长度,不指定将按照默认名字创建,长度默认为200,可以由/L标记重新设定。关于/F标记参数请看下面的例子,结果如图3-50所示。

```
Make/O/N = 20 trialdata
SetScale/I x,0,2,trialdata
SetRandomSeed 0.5
trialdata = exp( - x) + gnoise(0.1)
Display trialdata
ModifyGraph mode = 3, marker = 8
```

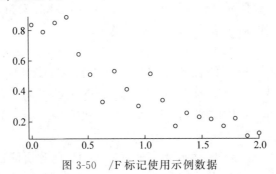

图 3-50　/F 标记使用示例数据

设置置信概率为0.95,输出拟合数据点误差信息和拟合参数置信区间,输出方式为ErrorBar,使用默认的误差输出曲线名字,拟合命令如下,结果如图3-51所示。

```
Curvefit/TBOX = 768 exp trialdata /D/F = {0.95,6,ErrorBar}
```

请读者注意观察输出的拟合参数误差信息和W_sigma中信息的区别。

（5）/I[=weightType]和/W=wghtwaveName参数配合使用,/W=wghtwaveName设置拟合过程中Y Data数据点的权重,wghtwaveName是权重wave的名字,必须和Y Data具有相同的长度。权重wave里存放的是标准偏差还是标准偏差的倒数,则由/I[=weightType]参

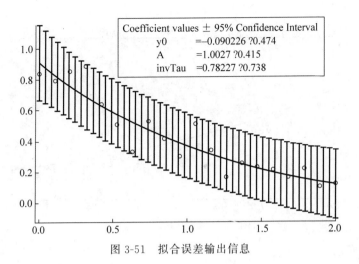

图 3-51 拟合误差输出信息

数指定,/I＝1 表示存放的是标准偏差,/I＝0 表示存放的是标准偏差的倒数,其中/I＝0 是默认情况。

（6）/M＝maskWaveName,指定掩码 wave,详见介绍数据拟合窗口时【Data and Options】选项卡的说明。

（7）/R[＝residwaveName],指定残差 wave,如果不指定 residwaveName,即只用/R 参数,Igor 创建默认残差 wave,名字为"Res_"前缀加 Y Data wave 名字,如果指定 residwaveName,则使用 residwaveName 作为残差 wave,此时要求 residwaveName 和 Y Data Wave 具有相同的长度。如果 Y Data 处于被显示状态,则残差 Wave 会被添加到当前显示窗口。残差可以用来查看拟合的好坏,如果残差相对于 0 值呈随机对称分布,说明拟合函数是正确的,否则说明拟合函数选择不正确。下面来举个例子。

```
Make/O/N = 200 trialdata
SetScale/I x, 0, 2, trialdata
SetRandomSeed 0.5
trialdata = 2 * exp( - x) + gnoise(0.3)
Display trialdata
ModifyGraph mode = 3, marker = 8
```

先用 exp 指数函数拟合,并指定生成残差 wave。这里采用在命令行窗口输入拟合命令的方式,请读者自己尝试使用数据拟合窗口完成相同的操作。在命令行窗口输入以下命令:

```
Curvefit/W = 0 exp trialdata /D/R
```

拟合结果如图 3-52 所示。

注意,在窗口的上方出现了一条新的曲线,该曲线就是残差曲线。为了容易比较,Igor 创建了一个新的坐标轴"Res_Left",并自动设置了新坐标轴和原来坐标轴(Left)的显示范围。可以看到残差曲线关于 0 值成对称随机分布的状态。

下面使用 Line 函数拟合上述数据:

```
CurveFit/W = 0 Line trialdata /D/R
```

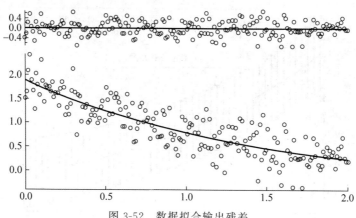

图 3-52　数据拟合输出残差

结果如图 3-53 所示。

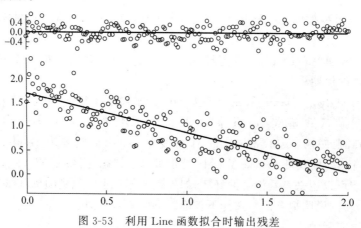

图 3-53　利用 Line 函数拟合时输出残差

当用 Line 函数拟合时，残差曲线的首末端略微上翘，说明 Line 并不是很好的拟合模型。上面的例子也说明了并不能总是通过数据分析找到真正的规律（公式），只能尽可能合理地近似、逼近真正的规律（公式）。

（8）/X＝xwaveName，拟合时 x 坐标由该 wave 提供，该 wave 必须具有和 Y Data 相同的数据点个数。如果不指定，Igor 将根据 Y Data 的 x 坐标属性自动计算 x 坐标。

（9）/X＝{xwave1，xwave2}，当使用多维拟合函数时，xwave1 提供 x 坐标 xwave2 提供 y 坐标。xwave1 和 xwave2 数据点数等于相应二维数据的行数和列数。

（10）/Y＝ywaveName，和/X＝xwaveName 含义相同，指定 y 坐标的 wave。

（11）/NWOK，当传递给 CurveFit 的某些参数 wave 可能是 null wave（即 wave 不存在），如果存在此参数，CurveFit 会忽略该错误。在批量拟合，并且知道某些情况下可以忽略因 wave 不存在而导致的错误时，为了不中断程序的执行，可以使用此参数。/NWOK 参数应在所有的参数之后，即 CurveFit 命令行最后。

3.3.2　常用拟合命令选项

CurveFit 或是 FuncFit 的拟合参数非常多,但很多参数都不是必需的。最简单的拟合操作命令仅需要 2 个参数:一个是拟合函数类型,一个是拟合数据,这种简单的情况适用于绝大多数场合。一般而言对于普通的拟合,仅仅掌握几个关键的参数就够了,为了方便使用,将这些参数列出如下。

- /W,控制是否显示拟合过程对话框;
- /NTHR,设置为 0 自动使用多线程;
- /Q,设置是否向历史命令行窗口输出信息;
- /D,自动生成拟合曲线;
- /R,自动生成残差曲线;
- /X={…},指定 x 坐标。

利用 Igor 会自动生成相应命令行的特性,可先通过数据拟合对话框完成拟合操作,然后单击【To Cmd Line】按钮,或者在数据拟合窗口中选择 Command Line,就可以看到 Igor 自动生成的对 CurveFit 或 FuncFit 的调用格式以及相应的参数设置。这是初学者学习数据拟合程序设计的最好途径。

3.3.3　限定拟合参数范围

有两种情况需要对拟合参数的范围进行限制:一种情况是,通过先验知识和经验,知道拟合参数应该落在某个范围,如果落在其他范围,尽管数学上是合理的,但是不符合实际意义;另一种情况是,拟合过程可能存在多条通向收敛的路径,需要指定符合实际情况的收敛路径。

拟合的过程实际上是求极值的过程。图 3-54 所示的曲线存在两个极小谷底,显然只有 B 才是真正的极小谷底。如果初始参数设置到了 A 所在的谷底附近,拟合算法搜索极小路径时就会将 A 误认为是极小谷底,而导致错误,如果将拟合参数限制到 B 谷底附近,就能避免错误发生。

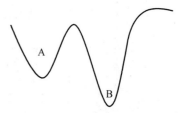

图 3-54　拟合过程收敛示意图

前面介绍了通过数据拟合窗口【Coefficients】选项卡对参数拟合范围进行限制。本节介绍通过/C 标记参数(注意不是/C 标记)来详细设定更为复杂的参数限制表达式。简单起见,仍然通过数据拟合窗口开始操作。首先创建实验数据,如图 3-55 所示。

```
Make/O/N = 200 data1
SetScale/I x,0,2 * pi,data1
SetRandomSeed 0.5
data1 = 2 * sin(x) + gnoise(0.2)
Display data1
ModifyGraph mode = 3, marker = 8
```

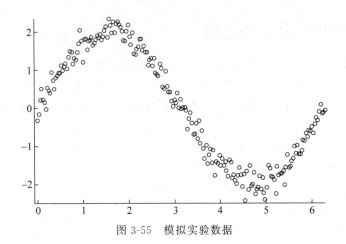

图 3-55　模拟实验数据

执行菜单命令【Analysis】|【Curve Fitting】，打开数据拟合对话框，如图 3-56 所示进行设置。

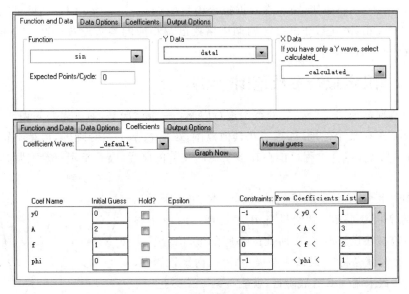

图 3-56　自定义数据拟合对话框设置

注意，对于本例并不需要指定任何参数范围，也不需要指定参数初始值，使用最简单的 Quick Fit 即可。本例仅仅是帮助读者更好地理解参数限制的格式和方法。

在【Coefficients】选项卡中保证【Commands】单选按钮选中，这时可以看到 Igor 生成的命令行，将鼠标光标置于命令行文本框，按 Ctrl＋A 组合键选中所有命令行，按 Ctrl＋C 组合键进行复制，单击数据拟合窗口的【Cancel】按钮，然后按 Ctrl＋M 组合键打开新程序窗口，按下 Ctrl＋V 组合键将命令行粘贴到程序窗口，如图 3-57 所示。

再将该命令复制到命令行窗口，按 Enter 键执行即可完成拟合。请读者查看历史命令行窗口，查看拟合限制是否发生作用。

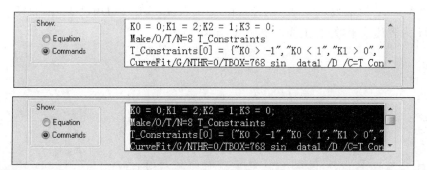

图 3-57 拟合对话框自动生成的对拟合参数进行限制的命令行

可以看到对拟合参数进行限制包括以下 3 个步骤。

(1) 创建一个名为 T_Constraints 的文本 wave。

(2) 对 T_Constraints 进行赋值,每个数据点包含一个字符串,该字符串描述了对参数的限制。

(3) 在 CurveFit 中将/C 标记参数指定为 T_Constraints(/C＝T_Constraints),以限制参数拟合范围。

参数的限制内容保存在一个文本 wave 里,该文本 wave 每一个数据点存放一条用字符串描述的表达式,描述了对参数的一个限制。文本 wave 的长度等于限制表达式的个数。限制表达式里使用 KN 和大小比较运算符号对参数拟合范围进行限定,其中 KN 表示拟合参数 wave 中的第 $N+1$ 个拟合参数。一个标准的限制表达式如下:

$$C0 * K0 + C1 * K1 + C2 * K2 + \cdots \leqslant D$$

通过上面的分析,可以创建更为复杂的限制,如

$$K1 + K2 > 3$$

$$K3/5 < 2 * K1$$

只需将该表达式作为字符串赋值给一个文本 wave,然后将文本 wave 设定为/C 标记的参数即可。

表达式中的 KN 的幂次最大为 1,也就是说表达式只能是 KN 的线性表达式,如下面的表达式是错误的:

$$K1 * K1 < 2$$

Igor 在使用参数限制 wave 时,会将参数 wave 转换为下面的矩阵:

$$CK < D$$

其中，C 是 $M \times N$ 的常数矩阵，$\boldsymbol{K} = (K0, K1, \cdots, KN)^{\mathrm{T}}$，$\boldsymbol{D} = (D0, D1, \cdots, DM)^{\mathrm{T}}$，$N$ 为参数个数，M 为表达式个数，如上面的例子，C 矩阵如下：

$$\begin{bmatrix} -1 & 0 & 0 & 0 \\ 1 & 0 & 0 & 0 \\ 0 & -1 & 0 & 0 \\ 0 & 1 & 0 & 0 \\ 0 & 0 & -1 & 0 \\ 0 & 0 & 1 & 0 \\ 0 & 0 & 0 & -1 \\ 0 & 0 & 0 & 1 \end{bmatrix}$$

K 矢量如下：

$$\boldsymbol{K} = (K0, K1, K2, K3)^{\mathrm{T}}$$

D 矢量如下：

$$\boldsymbol{D} = (1, 1, 0, 3, 0, 2, 1, 1)^{\mathrm{T}}$$

如果查看 C 矩阵和 D 矢量，可以在 CurveFit 中使用/C 标记：

CurveFit/C/G/NTHR = 0/TBOX = 768 sin data1 /D /C = T_Constraints

生成的 C 矩阵和 D 矢量分别存放在 M_FitConstraint 和 W_FitConstraintwave 里，在命令行窗口输入下面的命令，可看到如图 3-58 所示的参数拟合限制矩阵具体内容。

Edit M_FitConstraint,W_FitConstraintwave

	M_FitConstrain	M_FitConstrain	M_FitConstrain	M_FitConstrain	W_FitConstrain
	0	1	2	3	
0	-1	0	0	0	1
1	1	0	0	0	1
2	0	-1	0	0	0
3	0	1	0	0	3
4	0	0	-1	0	0
5	0	0	1	0	2
6	0	0	0	-1	1
7	0	0	0	1	1
8					

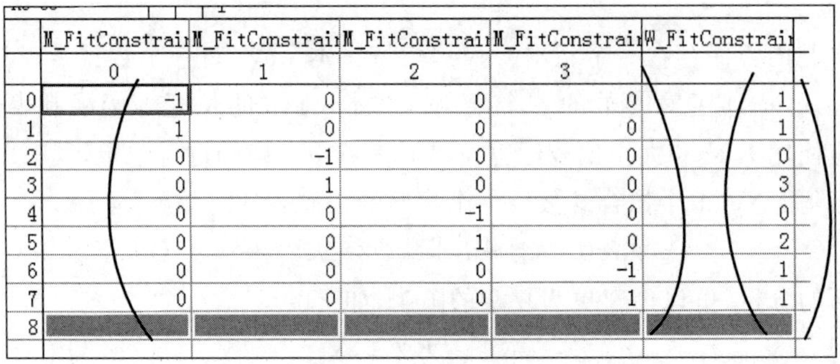

图 3-58　参数拟合限制矩阵

/C＝ T _ Constraints 的 形 式 不 能 用 于 多 线 程 程 序 设 计，此 时 可 以 使 用/C＝{constrainMatrix, constrainVector} 的形式。constrainMatrix 和 constrainVector 就是上面的 C 矩阵和 D 矢量。

最后提醒读者注意，如果拟合函数是线性函数，如 line 或多项式时，参数限制不会发生任何作用，也不会输出上面的矩阵，因为线性函数 line 或多项式拟合时，Igor 是直接依据公式进行计算的，并没有迭代过程。

3.4　高级拟合技巧

本节介绍在 Igor 中进行数据拟合的一些高级技巧。

3.4.1　隐函数拟合

前面都是关于显函数拟合的例子。所谓显函数,就是指函数可以写成如下形式:

$$y = f(x_1, x_2, x_3, \cdots)$$

因变量 y 和自变量 x 的关系是明确的。和显函数不同,隐函数并没有给出 y 随 x 变化的具体表达式,而是 y 和 x 满足的关系,如下:

$$f(y, x_1, x_2, x_3, \cdots) = 0$$

由于隐函数没有形如 $y = f(x_1, x_2, x_3, \cdots)$ 的具体表达形式,所以不能用通常的方法对隐函数进行拟合。隐函数和显函数还有一个显著的不同,那就是 x 和 y 处于同等位置,都有测量误差,而对于显函数,通常假定 x 没有误差,误差仅来源于 y(这是一种合理的假设)。FuncFit 命令可以使用隐函数对数据进行拟合。相应的拟合函数为

$$z = f(y, x_1, x_2, x_3, \cdots)$$

拟合的过程就是调整 $f(y, x_1, x_2, x_3, \cdots)$ 中的参数值及 y 与 x,使得实验数据与 $z = 0$ 对应的理论值之间的"差距"最小。如果 x、y 和参数值为最佳值,函数应该返回 0 值。如果隐函数取 $f(y, x_1, x_2, x_3, \cdots) = 0$ 的形式,可以直接使用 $z = f(y, x_1, x_2, x_3, \cdots)$ 作为拟合函数;如果隐函数取 $f(y, x_1, x_2, x_3, \cdots) = c$,拟合函数应该取 $z = f(y, x_1, x_2, x_3, \cdots) - c$;如果隐函数取 $f(y, x_1, x_2, x_3, \cdots) = g(y, x_1, x_2, x_3)$,拟合函数应该取 $z = f(y, x_1, x_2, x_3, \cdots) - g(y, x_1, x_2, x_3, \cdots)$。

下面来看具体的例子。假设数据满足的模型如下:

$$\frac{x^2}{a^2} + \frac{y^2}{b^2} = 1$$

这是一个椭圆方程。首先创建拟合函数。按 Ctrl + M 组合键,将下面的代码输入程序窗口:

```
Function FitEllipse(w,x,y):FitFunc
    Wave w
    Variable x
    Variable y
    //w[0] = a
    //w[1] = b
    //w[2] = x0
    //w[3] = y0
    //equition:x^2/a^2 + y^/b^2 = 1
    Return (x - w[2])^2/w[0]^2 + (y - w[3])^2/w[1]^2 - 1
End
```

注意函数最后的返回值表达式里减去了 1。

接下来创建实验数据。使用参数方程创建一个半长轴为 3，半短轴为 2，中心点位于 (2,1) 的椭圆曲线：

```
Make/O/N = 20 theta,ellipseX,ellipseY
theta = 2 * pi/20 * p
ellipseX = 2 * cos(theta) + 2
ellipseY = 3 * sin(theta) + 1
```

显示该椭圆曲线：

```
Display ellipseY vs ellipseX
ModifyGraph mode = 3, marker = 8
ModifyGraph width = {perUnit,72,bottom},height = {perUnit,72,left}
ModifyGraph width = {perUnit,72,bottom},height = {perUnit,72,left}
```

给数据添加"误差"：

```
SetRandomSeed 0.5
ellipseX += gnoise(.3)
ellipseY += gnoise(.3)
```

模拟数据如图 3-59 所示。

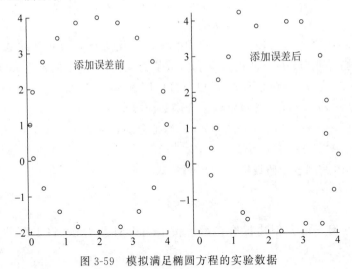

图 3-59　模拟满足椭圆方程的实验数据

创建拟合参数 wave，调用 FuncFit 进行拟合：

```
Duplicate/O ellipseY, ellipseYFit, ellipseXFit
Make/D/O ellipseCoefs = {3,2,1,2} // a, b, x0, y0
FuncFit/ODR = 3 FitEllipse, ellipseCoefs /X = { ellipseX, ellipseY}/XD = { ellipseXFit,
ellipseYFit}
```

拟合结果分别保存在 ellipseXFit、ellipseYFit、ellipseCoefs 中，ellipseXFit 保存拟合的 x 值，ellipseYFit 保存拟合的 y 值，ellipseCoefs 保存拟合的参数。相比较于普通拟合，隐函数拟合没有给出拟合曲线 wave，这是因为根据拟合参数计算拟合曲线需要求解方程 $f(y, x_1, x_2, x_3, \cdots) = 0$，而求解方程并不是一件容易的事情。

为了拟合隐函数,使用了标记/ODR＝3,并使用/XD＝{ellipseXFit,ellipseYFit}指定保存拟合结果的 wave,注意/XD＝{ellipseXFit,ellipseYFit}必须在/ODR 非 0 时使用,其含义很好理解,就是 xwave destination 的缩写。

由于没有根据拟合参数计算拟合曲线 wave,自然也没有光滑的拟合曲线添加到被拟合曲线上面。读者可以尝试将拟合得到的 ellipseXFit、ellipseYFit 添加到当前曲线图中,如图 3-60 所示。

AppendToGraph ellipseYFit vs ellipseXFit

可以看到曲线并不光滑,甚至都不是闭合曲线。如果要根据拟合结果添加一条光滑的拟合曲线,可以采用下面的变通方法,效果如图 3-61 所示。

```
Make/O/N = (100,100) ellipseContour
SetScale/I x − 3,4.5,ellipseContour
SetScale/I y − 3, 5, ellipseContour
ellipseContour = FitEllipse(ellipseCoefs, x, y)
AppendMatrixContour ellipseContour
ModifyContour ellipseContour labels = 0,autoLevels = { ∗ , ∗ ,0},moreLevels = 0,moreLevels = {0}
ModifyContour ellipseContour rgbLines = (0,0,0)
```

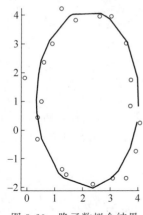

图 3-60 隐函数拟合结果

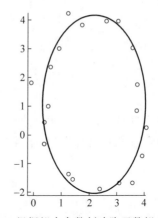

图 3-61 根据拟合参数创建隐函数拟合 wave

先创建一个二维 wave ellipseContour,然后调用 FitEllipse 对该 wave 赋值,接着在原椭圆曲线图上以 Contour 方式添加该二维 wave,并设置只显示 $z＝0$ 的 Contour,这样就模拟了一条光滑的拟合曲线。在给 ellipseContour 赋值时调用了 FitEllipse 函数并使用了 ellipseCoefs 和 x、y 参数,这里 FitEllipse 的作用是一个普通的函数,请读者仔细体会这种方法。关于 Contour 图的绘制参看 2.4.3 节。

3.4.2 复杂自定义拟合函数

前面提到的自定义拟合函数很简单,本质上就是一个公式的描述:以拟合参数 wave 中的数值作为系数,利用公式计算函数值,然后返回该函数值。实际上,拟合函数作为函数,在函数内容上并没有特别限制。理论上,可以在函数体内进行任何操作,比如创建 wave,设置 wave 坐标,进行数据变换,可以包括流程控制语句,甚至可以包括拟合操作。来看下面的例子,数据如图 3-62 所示。

```
Make/O/N = 20 data1
SetScale/I x, - 2,2,data1
SetRandomSeed 0.5
data1 = abs(x) + gnoise(0.1)
Display data1
ModifyGraph mode = 3,marker = 8
```

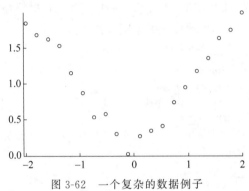

图 3-62　一个复杂的数据例子

上面的命令创建了一个数据 data1,数学模型为

$$y = \begin{cases} x, & x > 0 \\ -x, & x < 0 \end{cases}$$

这不是一个简单函数,即无法用常见的数学公式来描述它(其实还是可以使用 abs 函数来描述它),当拟合这样的数据时,拟合函数要比前面介绍的拟合函数复杂一些,例如:

```
Function myfit(w,x):FitFunc
    Wave w
    Variable x
    If(x > = 0)
     Return w[0] + w[1] * x
    Endif
    If(x < 0)
     Return w[2] - w[3] * x
    Endif
End
```

这里使用了 if 条件执行语句,来描述不同函数段的行为。

然后执行下面的拟合命令,拟合效果如图 3-63 所示。

```
Make/O/N = 4 co
co = {0,1,0,1}
FuncFit/W = 0/NTHR = 0 myfit,co,data1 /D
```

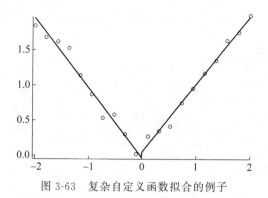

图 3-63　复杂自定义函数拟合的例子

3.4.3　all at once 拟合

一般拟合函数只返回一个数值。这在绝大多数情况下完全满足使用的要求。如果在拟合函数中包含某些操作如卷积、微分或者积分时，只返回一个数值就不合适：或者运算效率极低、耗时极长以致无法拟合，或者拟合过程根本无法收敛。

数据中包含卷积的例子很普遍，如在考虑测量仪器分辨率带来的影响时，一般认为测量数据是真实数据与仪器分辨率单位响应函数的卷积。拟合数据时，如果仅仅使用理论上推测的数学公式，不考虑卷积因素，就可能给拟合带来很大的误差。而在拟合函数中考虑卷积后，只返回一个数值是不行的，因为卷积后整个数据都变了，只返回一个值无法反映这种情况。此时可以使用 all at once 拟合技巧。all at once 表示一次返回一个 wave（整个数据），而不是一个数。使用这种方法，拟合函数的定义和普通拟合函数稍稍不同：

```
Function myfitfunc(pw, yw, xw):FitFunc
    Wave pw, yw, xw
    yw = < expression involving pw and xw >
End
```

命令中，pw 表示拟合参数 wave，yw 表示返回 wave，xw 表示 x 坐标 wave，xw 可以通过/X 标记参数手动指定，如果不指定，则使用被拟合数据的 x 坐标。

all at once 拟合函数没有显式的 return 语句，Igor 会将 yw 整体作为返回值。因此在编写 all at once 拟合函数时，不需要 return 语句。

yw 和 xw 语句由 Igor 自动创建，在拟合完成后将自动删除。在拟合函数中要绝对避免对 yw 和 xw 进行 Make 或者 Redimension 等会改变它们的操作，否则会导致错误。

如果需要对 yw 插值或者外推，可以利用下面的技巧：

```
duplicate yw tmp
< do interpolation or extrapolation work >
yw = tmp(x)
```

all at once 拟合函数必须从程序窗口中手动输入，无法通过数据拟合窗口中的新建函数命令创建。

下面来看一个 all at once 拟合函数的例子，模拟数据如图 3-64 所示。

```
Make/O/N = 200 data1
SetScale/I x, – 2, 2, data1
SetRandomSeed 0.5
data1 = 1/(x * x + 0.04) + gnoise(0.8)
Display data1
ModifyGraph mode = 3, marker = 8
```

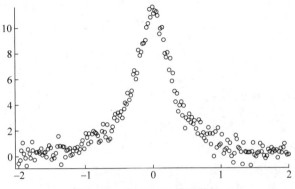

图 3-64　all at once 模拟数据

图 3-64 模拟了一个半高宽为 0.2 的满足洛伦兹型分布的实验数据 data1。下面创建一个高斯分布函数来表示仪器的分辨率，并通过与 data1 卷积模拟真正测量得到的实验数据。为方便起见，将下面的代码写入程序文件里，在命令行窗口输入 proc1() 执行，如图 3-65 所示。

```
Proc proc1()
    Make/O/N = 101 gsfun
    SetScale/I x, – 0.5, 0.5, gsfun
    Variable width = 0.2/2/ln(2)
    gsfun = exp( – x * x/width^2)
    Variable v = sum(gsfun, – inf, inf)
    gsfun = gsfun/v
    Duplicate/O data1 data2
    Convolve/A gsfun data1
    Appendtograph data2
End
```

```
Procedure
#pragma rtGlobals=1        // Use modern global access method.
Proc proc1()
    Make/O/N=101 gsfun
    Setscale/I x,-0.5,0.5,gsfun
    Variable width=0.2/2/ln(2)
    Gsfun=exp(-x*x/width^2)
    Variable v=sum(gsfun,-inf,inf)
    Gsfun=gsfun/v
    Duplicate/O data1 data2
    Convolve/A gsfun data1
    appendtograph data2
end
```

图 3-65　对图 3-64 数据进行卷积的程序代码

这里,仪器分辨率假定为 0.2。在卷积之前,对 data1 进行了复制备份(此时 data2 表示卷积前原始数据),因为卷积操作会改变 data1。可以看到,由于仪器分辨率的影响,峰的宽度(data1)相比原始数据(data2)变大了,如图 3-66 所示。

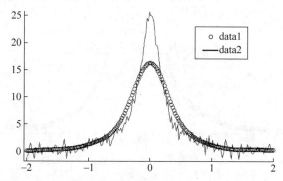

图 3-66　仪器分辨率会使数据展宽,data1 的峰宽变大了

现在,data1 才是"真正"的实验测量结果,数据拟合需要消除 data1 中卷积分量的影响,获取真正的信息。

接下来,创建拟合函数,按 Ctrl+M 组合键,输入以下代码:

```
Function myfunc(pw,yw,xw):FitFunc
    Wave pw,yw,xw
    Wave w = gsfun
    yw = pw[0] + pw[1]/((xw - pw[2])^2 + pw[3]^2)
    Convolve/A w yw
End
```

在上面的拟合函数中,通过 Wave w=gsfun 声明了一个名为 w 的 wave,该 wave 指向当前目录下的 gsfun,就是刚刚创建的模拟仪器分辨率的高斯函数。

本例中,在对 yw 赋值后进行 Convolve 卷积操作,卷积以后的结果直接保存在 yw 里并返回。

在命令行窗口中输入以下命令,进行拟合,拟合的结果如图 3-67 所示。

```
Make/O/N = 4 co
co = {0,10,0,0.2}
FuncFit/W = 0/NTHR = 0 myfunc co data1 /D
```

这里,co 是拟合参数 wave,co[3]代表拟合宽度,K3=0.215(即 co[3]=0.215),与预期符合。为了验证拟合结果,执行以下命令:

```
Duplicate/O data2 data3
data3 = co[0] + co[1]/((x - co[2])^2 + co[3]^2)
Display data2
ModifyGraph mode = 3, marker = 8
AppendtoGraph data3
Legend/C/N = text0/A = MC
```

结果如图 3-68 所示。

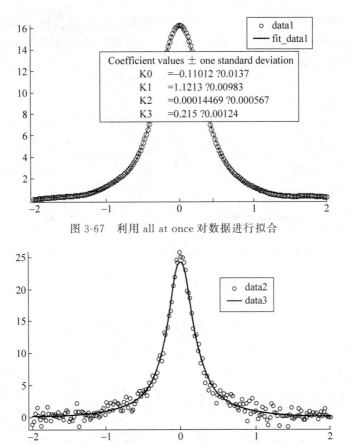

图 3-67　利用 all at once 对数据进行拟合

图 3-68　all at once 拟合曲线和原始数据

data2 是原始数据，data3 是根据拟合参数计算的数据，即拟合曲线 wave。因为在拟合函数中先使用 co 参数计算 yw，然后才进行卷积，因此 co 中拟合参数的数值应该和创建data1 时使用的数值是吻合的，亦即 data3 应该与 data2 相吻合。图 3-68 显示吻合程度非常良好，证明拟合消除了卷积的影响。

3.4.4　使用结构体类型变量参数的拟合函数

在拟合过程中，有时希望传递给拟合函数一些参数，这些参数在拟合的过程中保持不变，作用相当于常数，或者是一个有特殊作用的 wave。在前面 CurveFit 拟合命令参数的介绍中，提到可以用/H="hhh…"的方式来指定拟合参数 wave 中保持恒定不变的参数，也可以通过全局变量的方式来传递这样的参数。但是上述两种方法都有局限性，前者不能传递复杂的参数，后者会降低函数的通用性。使用结构体类型变量作为参数可以克服这些困难。

FuncFit 和 CurveFit 绝大多数参数都是相同的，但是有一些标记参数为 FuncFit 所特有，如/STRC=s 标记参数，该标记参数为 FuncFit 指定一个结构体类型变量，FuncFit 在调用拟合函数时将通过此变量向拟合函数传递参数信息。

使用结构体类型变量作为参数的自定义拟合函数创建流程如下。

（1）创建一个拟合函数和 FuncFit 都能访问到的结构体类型，一般在程序文件开头创建；

（2）创建拟合函数，该拟合函数使用上面创建的结构体类型变量作为参数；

（3）在调用 FuncFit 前，声明结构体类型的一个实例，并初始化实例；

（4）将该实例指定为/STRC 的参数。

拟合函数使用的结构体类型变量具有特定的格式要求：前面的几个成员为预留成员，后面的成员可以自由定义。

```
//普通拟合函数结构体类型
Structure myBasicFitStruct
    Wave coefw
    Variable x
    …
EndStructure
//all at once 拟合函数结构类型
Structure myAllAtOnceFitStruct
    Wave coefw
    Wave yw
    Wave xw
    …
EndStructure
```

Structure 为关键字，myBasicFitStruct 为结构体类型名字。第一个结构体类型用于普通拟合函数，成员 coefw 是拟合参数 wave，成员 x 是自变量。第二个结构体类型用于 all at once 拟合函数，成员 coefw 是拟合参数 wave，成员 yw 表示返回 wave，成员 xw 表示自变量 wave。

注意，FuncFit 在调用拟合函数时，会自动使用这些成员，因此在实例化变量时这几个成员不需要赋值。也因为如此，变量前面 2 个成员（all at once 为前面 3 个成员）的格式不能变动（但是名字可以自由定义）。后面的成员可以自行设置，拟合中需要传递的额外参数可以通过后面的成员来传递，这些额外参数在拟合的过程中不发生变化（当然特意修改是另外一回事）。

使用结构体变量作为参数，自定义拟合函数的定义形式简单而统一：

```
Function myfitfunc(s):Fitfunc
    struct mystruct &s //mystruct 为预先定义的结构体类型
    <do something>
End
```

下面看一个例子，首先创建模拟实验数据：

```
Make/D/O/N = 100 expData,expDataX
expDataX = enoise(0.5) + 100.5
expData = 1.5 + 2 * exp( - (expDataX - 100)/0.2) + gnoise(.05)
Display expData vs expDataX
```

```
ModifyGraph mode = 3, marker = 8
```

模拟实验数据如图 3-69 所示。

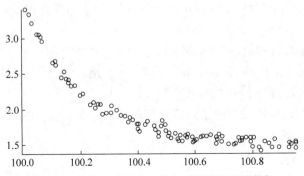

图 3-69   结构体类型变量拟合函数模拟实验数据

接下来，按 Ctrl＋M 组合键，在程序窗口中输入以下代码：

```
// 定义结构体类型
Structure expFitStruct
    Wave coefw          // 拟合参数 wave
    Variable x          // x 坐标
    Variable x0         // 常数参量
EndStructure

// 拟合函数
Function fitExpUsingStruct(s) : FitFunc
    Struct expFitStruct &s
    return s.coefw[0] + s.coefw[1] * exp( - (s.x - s.x0)/s.coefw[2])
End

// 工作函数,此函数调用上面定义的拟合函数
Function expStructFitDriver(pw, yw, xw, xOff)
    Wave pw             //拟合参数 wave
    Wave yw             //待拟合数据
    Wave xw             //x 坐标
    Variable xOff
    Variable doODR
    STRUCT expFitStruct fs
    fs.x0 = xOff
    FuncFit fitExpUsingStruct, pw, yw /X = xw /D /STRC = fs
    print pw
    Wave W_sigma
    print W_sigma
End
```

FuncFit 中用标记/STRC＝fs 将结构体类型变量传递给拟合命令。在声明了结构体类型 expFitStruct 的实例 fs 后，只对 fs 中成员 x0 进行了赋值，参数 coefw 和坐标 x 由系统自动赋值给 fs 相应的成员。

最后，创建一个拟合参数 wave，完成拟合：

```
Make/D/O expStructCoefs = {1.5, 2, .2}
expStructFitDriver(expStructCoefs, expData, expDataX, 100)
```

拟合结果如图 3-70 所示。

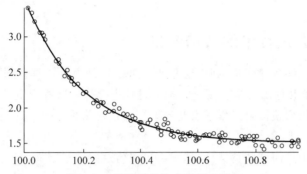

图 3-70 使用结构体变量拟合结果

结构体类型变量用于自定义拟合函数的其他说明：

（1）WMFitInfoStruct 成员。WMFitInfoStruct 是 Igor 内置的一个结构体类型，用来存放拟合过程中产生的信息，添加此成员，可以对拟合过程进行控制或者获取关于拟合的一些信息。包含 WMFitInfoStruct 成员的结构体类型例子如下：

```
Structure expFitStruct
    Wave coefw                  // 拟合参数 wave,必须
    Variable x                  // x 值,必须
    STRUCT WMFitInfoStruct fi   // WMFitInfoStruct 结构成员,可选
    Variable x0                 // 常量,可选
EndStructure
```

表 3-3 给出了 WMFitInfoStruct 结构类型成员的含义说明。

表 3-3 WMFitInfoStruct 结构体类型成员的含义说明

成 员	描 述
char IterStarted	如果是第一次迭代,取值不为 0
char DoingDestWave	创建自动生成 wave,取值不为 0
char StopNow	非 0 立即结束迭代过程
Int32 IterNumber	当前迭代次数
Int32 ParamPerturbed	影响迭代方向的拟合参数

（2）如果拟合函数涉及多个自变量，结构体类型形式如下：

```
//普通拟合函数:
Structure My2DFitStruct
    Wave coefw
    Variable x[2]       //2 个自变量
    ...
EndStructure
//all at once 拟合函数:
Structure My2DAllAtOnceFitStruct
```

```
        Wave coefw
        Wave yw
        Wave xw[2]              //2 个自变量
        …
    EndStructure
```

3.4.5　拟合过程中的特殊变量

拟合过程中有一些特殊变量,利用这些变量可以控制拟合过程。根据变量的作用效果分为两类:输入变量和输出变量。Igor 在拟合过程中会检查这些变量是否存在,如果存在,则根据这些变量的值调整拟合过程或者将这些变量设定为指定值。这些变量需要用户手动创建。

如果是在程序中访问这些特殊变量,那么可以将这些变量定义为局域的,否则应该定义为全局的。

下面介绍几个常用的输入和输出变量。

(1) V_FitOptions:输入变量,这是一个比特变量,有 4 位,用于控制拟合过程的行为,各比特位含义如表 3-4 所示。

表 3-4　V_FitOptions 含义及其说明

比　特　位	3	2	1	0
含义	拟合参数每次迭代的结果保存到一个矩阵里	禁止显示拟合过程窗口,相当于/W=0 标记	使用绝对值而非平方差	根据 x 坐标轴范围计算拟合曲线,相当于/X 标记

在调用 FuncFit 之前,执行命令 variable V_FitOptions=8(1000),就可以输出拟合参数的中间迭代过程信息。

(2) V_FitTol:输入变量,指定收敛条件。默认条件下,当前后两次迭代的 chi_square相对变化小于 0.001,Igor 就认为达到收敛条件而停止拟合,可以通过 V_FitTol 指定收敛条件。注意,收敛条件的范围是 0.00001~0.1,超出这个范围无效。

(3) V_FitErrors:输入/输出变量,控制或者输出拟合过程中的错误信息。这也是一个比特变量,一共有 5 位,各比特位含义如表 3-5 所示。

表 3-5　V_FitErrors 含义及其说明

比　特　位	说　　明
0	任何错误发生,此位置1
1	发生奇异错误置1,如拟合发散
2	内存溢出错误置1
3	拟合函数返回 NAN 或者 INF 置1
4	拟合函数要求停止
5	重入调用,比如上一次拟合还没完成又开始下一次拟合

可以设置比特位为 0 来禁止拟合发生错误而退出。如果是批量拟合,则应该在每一次拟合之前都设置该比特位为 0,因为一旦发生错误,比特位 0 就会被置为 1。

(4) V_FitMaxIters:指定最大的迭代次数。Igor 默认的迭代次数为 40,不设置 V_FitMaxIters 时即使没有达到收敛条件,在迭代 40 次后拟合过程也会结束,利用 V_FitMaxIters 可以突破这个限制。

3.4.6　多峰拟合

本节介绍一个关于拟合函数的编程技巧——任意多个峰值自动拟合。在实验数据处理中,经常需要通过洛伦兹线型对峰值进行拟合。通常峰的个数是固定的,这种情况比较简单,有几个峰就用几个洛伦兹函数分段拟合或者直接用几个洛伦兹函数的和进行整体拟合。但有时峰的个数并不确定,在编写程序处理这样的问题时,就需要在程序中专门区分是一个峰还是多个峰的情况,并针对每一种情况编写程序。虽然理论上这样做可行,但效率是非常低的。

下面创建一个能对任意多个峰进行拟合的函数,该拟合函数不需要预先指定峰的个数:

```
Function FitManyGaussian(w, x) : FitFunc
    WAVE w
    Variable x
    Variable returnValue = w[0]
    Variable i
    Variable numPeaks = floor((numpnts(w) − 1)/3)
    Variable cfi
    for (i = 0; i < numPeaks; i += 1)
        cfi = 3 * i + 1
        returnValue += w[cfi] * exp( − ((x − w[cfi + 1])/w[cfi + 2])^2)
    endfor
    return returnValue
End
```

上面的程序使用 w 作为拟合参数,如果是 1 个峰,则 wave 长度为 4,如果是 2 个峰,则 wave 长度为 7,如果是 n 个峰,则 wave 长度为 $4+3\times(n-1)$,后面的峰是 3 个参数而不是 4 个参数是因为它们共用了一个背底参数(不能分别设置,否则会导致线性依赖错误)。w 可以在拟合之前根据实验数据指定。拟合函数首先判断 w 的长度,然后计算出峰的个数,最后使用 for 循环计算每个峰的贡献并返回所有峰的和。

拟合函数可以包括任何内容,而不仅仅是一些数学公式。在设计自定义拟合函数时,应该根据问题的特点和拟合的基本原理,灵活地编写自定义拟合函数,而不限于只描述一个公式。

3.4.7　拟合的几个例子

下面举几个简单的例子,读者可以按照步骤操作,熟悉本章介绍的相关内容。

1. 示例 1

创建一个线性 wave，wave 名为 line1，数据如图 3-71 所示。

```
Make/O/N = 200 line1;
Setscale/I x, 0, 10, line1;
line1 = x + enoise(0.1);
Display line1;
ModifyGraph marker = 16;
```

执行菜单命令【Analysis】|【Curve Fitting】打开拟合对话框，全部采用默认设置，注意在【Output Options】选项卡中【Add Textbox to graph】复选框保持选中状态，单击【Do It】按钮，结果如图 3-72 所示。

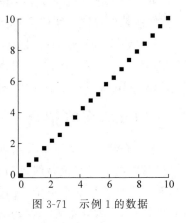

图 3-71　示例 1 的数据

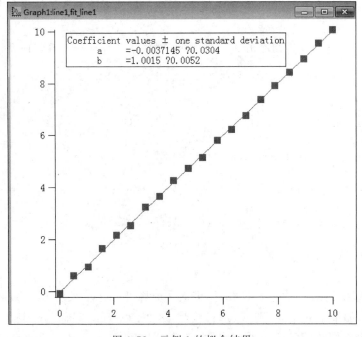

图 3-72　示例 1 的拟合结果

拟合的结果可以通过 3 个地方查看：

（1）当前显示窗口。由于在【Output Options】选项卡里选择了向当前显示窗口添加拟合信息，所以 a 和 b 参数及其大小被添加到当前显示窗口。利用拟合参数计算的拟合曲线也被添加到了当前显示窗口。

（2）命令行窗口。可以在命令行窗口中看到如图 3-73 所示的信息。

（3）数据浏览器，如图 3-74 所示。所有的拟合结果都被保存在当前目录下面，W_coef 保存了拟合的参数结果，fit_line1 是拟合的曲线，W_sigma 保存了拟合参数的标准偏差。

```
fit_line1= W_coef[0]+W_coef[1]*x
W_coef={-0.0037145,1.0015}
V_chisq= 0.0895939;V_npnts= 20;V_numNaNs= 0;V_numINFs= 0;
V_startRow= 0;V_endRow= 19;V_q= 1;V_Rab= -0.85485;V_Pr= 0.999758;
V_r2= 0.999515;
W_sigma={0.0304,0.0052}
Coefficient values ± one standard deviation
  a  =-0.0037145 ?0.0304
  b  =1.0015 ?0.0052
```

图 3-73　命令行窗口里的拟合输出信息

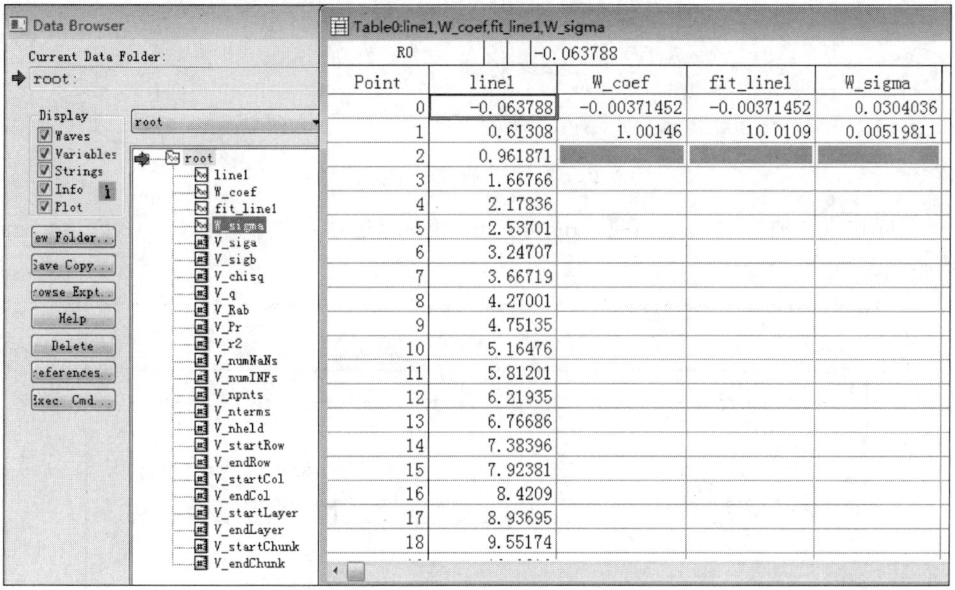

Point	line1	W_coef	fit_line1	W_sigma
0	-0.063788	-0.00371452	-0.00371452	0.0304036
1	0.61308	1.00146	10.0109	0.00519811
2	0.961871			
3	1.66766			
4	2.17836			
5	2.53701			
6	3.24707			
7	3.66719			
8	4.27001			
9	4.75135			
10	5.16476			
11	5.81201			
12	6.21935			
13	6.76686			
14	7.38396			
15	7.92381			
16	8.4209			
17	8.93695			
18	9.55174			

图 3-74　在数据浏览器里查看拟合结果

2．示例 2

上面的拟合全部采用默认设置,拟合曲线的命名方式是在原来 wave 名字前加 fit_ 前缀。如果自定义拟合曲线的名字,可以在【Output Options】选项卡中【Destination】下拉列表框选择_New Wave_,并在后面输入 wave 的名字,比如输入"myfit",单击【Do It】按钮。这时,拟合的曲线将被命名为 myfit,其他的不变。注意,这种情况下拟合曲线没有被默认添加到 Graph 里,需要手动添加。

3．示例 3

在本例中要拟合的数据来源于牛顿环测量透镜曲率半径实验,使用自定义函数,直接拟合求取曲率半径的大小。

（1）首先按照图 3-75 所示输入数据。

根据实验原理 $d_m^2 = 4\lambda Rm + c$（d_m^2 表示直径的平方,m 表示环数）,可以知道直径平方和环数是线性关系。因此可以利用线性函数拟合来求取曲率半径 R。

（2）输入如下命令:

```
Display newtonring vs ringnum;
ModifyGraph mode = 3, marker = 16;
```

Table0:newtonring,ringnum

R10

Point	newtonring	ringnum
0	49.4772	23
1	47.5548	22
2	45.3468	21
3	43.3096	20
4	41.3578	19
5	38.9126	18
6	37.0637	17
7	34.9636	16
8	32.9706	15
9	30.9025	14
10		

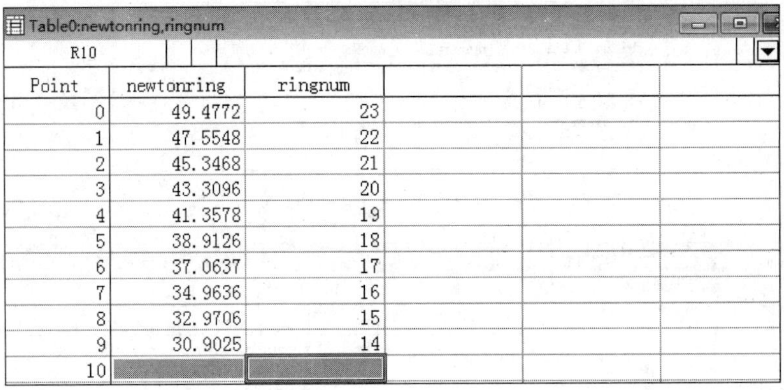

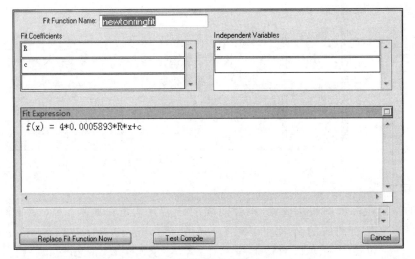

图 3-75　利用 Table 输入实验数据

（3）打开拟合曲线对话框，在【Function and Data】选项卡里单击【New Fit Function】按钮，按照图 3-76 所示输入。

图 3-76　创建自定义拟合函数 newtonringfit

（4）单击【Save Fit Function Now】按钮。

（5）注意拟合模型【Function】下拉列表中选中新创建的拟合函数 newtonringfit。Y Data 和 X Data 选择如图 3-77 所示。

（6）切换到【Coefficients】选项卡，设定 R 和 c 的大概初始值，如图 3-78 所示。

（7）可以单击【Graph Now】查看初始估计值是否合理，当选择图 3-78 所示的初始估计值时对应的估计曲线如图 3-79 所示。

（8）从图 3-79 可以看出是一个"较好的"初始估计值。输出选项【Output Options】可以选择默认项，确认【Destination】下拉列表框选择的是_auto_，单击【Do It】按钮，结果如图 3-80 所示。可以看到拟合的曲率半径的大小为 880.24mm，标准偏差为 5.07mm。

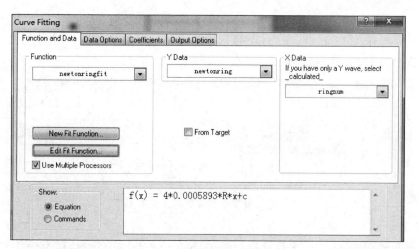

图 3-77 选择自定义函数

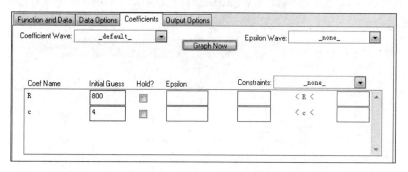

图 3-78 估计初始参数

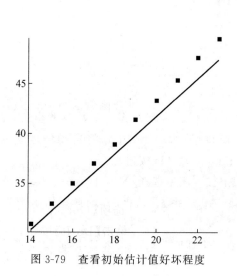

图 3-79 查看初始估计值好坏程度

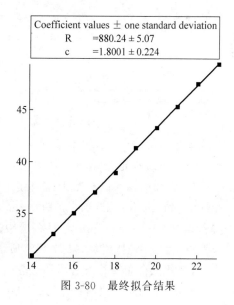

图 3-80 最终拟合结果

（9）打开 W_Coef 和 W_Sigma 查看拟合参数及其标准偏差。默认显示数字位数为 6 位，可以右击 wave，在【Significant digits】下拉列表框中将数字位数设置为较大数字，此时显示的精度会提高，如图 3-81 所示。

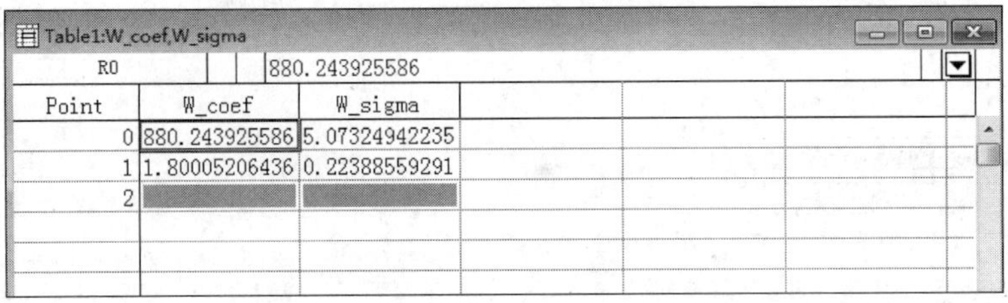

Point	W_coef	W_sigma		
0	880.243925586	5.07324942235		
1	1.80005206436	0.22388559291		
2				

图 3-81　查看拟合参数及其标准偏差

4. 示例 4

如果不想使用默认 wave 来保存拟合结果，则可以进行如下设置，以示例 3 中的数据为例，拟合函数仍然是自定义的函数 newtonringfit，在【Coefficients】选项卡中进行如图 3-82 所示的设置。

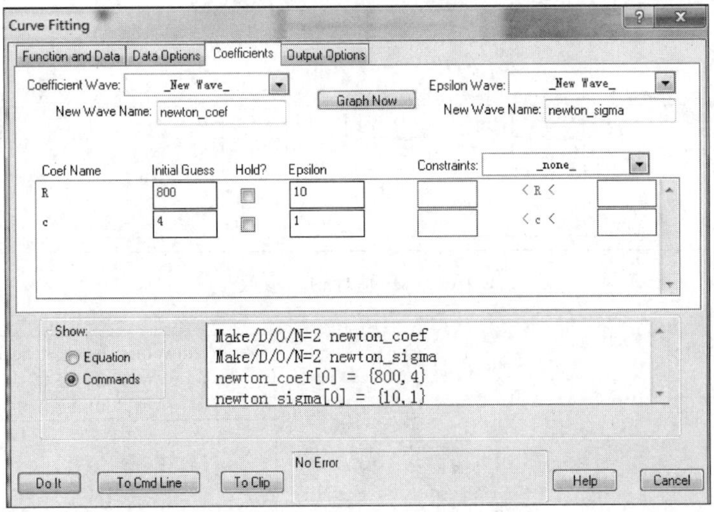

图 3-82　【Coefficients】选项卡设置

在这里指定 newton_coef 保存拟合结果，newton_sigma 保存拟合参数参考步长，注意这两个 wave 必须指定初始值。从下方的命令窗口里可以看到 Igor 将自动创建这两个 wave 并利用上面的输入值初始化（需要选中【Commands】单选按钮）。

在【Output Options】选项卡的【Destination】下拉列表中选择_New Wave_，【New Wave Name】文本框中输入 newtonring_fit，选中【Error Analysis】复选框，并选择置信水平为 95（95%）。单击【Do It】按钮，结果如 3-83 所示。

注意，默认拟合曲线并没有添加进去，需要通过添加曲线的方式添加，添加曲线时 x 轴选择 ringnum（即和原始数据一样的 x 坐标 wave）。

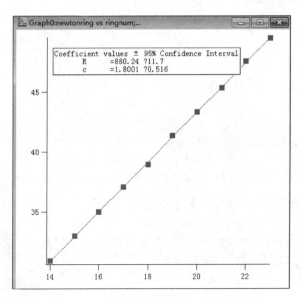

图 3-83　设置置信水平的拟合结果

在数据浏览器里可以双击查看拟合结果 wave，如图 3-84 所示。

Point	newton_coef	newton_sigma	newtonring_fit	
0	880.244	10	49.523	
1	1.80005	1	47.4481	
2			45.3732	
3			43.2983	
4			41.2234	
5			39.1484	
6			37.0735	
7			34.9986	
8			32.9237	
9			30.8488	
10				

图 3-84　拟合结果的 wave

5．示例 5

前面讲的都是线性拟合，接下来看一个非线性拟合的例子，仍然使用自定义函数拟合。在利用电桥测量电阻时，电阻 Rx 与温度 T 的关系如表 3-6 所示。

表 3-6　电阻随温度的变化表

$T/℃$	20.7	28.2	31.4	37.0	41.2	46.8	51.2
Rx/Ω	3040	2181	1914	1519	1280	1030	870

通过表格输入数据，如图 3-85 所示。

在命令行输入以下命令显示数据：

```
Display resistance vs temperature
```

Unused					▼
Point	temperature	resistance			
0	20.7	3040			
1	28.2	2181			
2	31.4	1914			
3	37	1519			
4	41.2	1280			
5	46.8	1030			
6	51.2	870			
7					

图 3-85 通过表格输入数据并将名字改为 temperature 和 resistance

根据实验原理知道电阻和温度的关系满足 $R = Ae^{B/T}$ 的关系，因为 Igor 没有提供这样的内置函数，所以需要自定义函数，如图 3-86 所示。

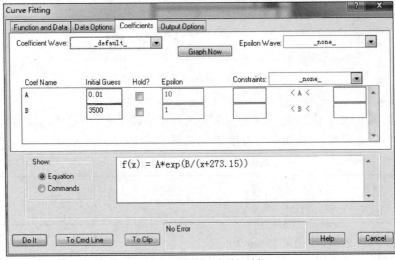

(a) 创建自定义拟合函数

(b) 设置拟合参数初始值

图 3-86 创建自定义拟合函数并设置初始参数值

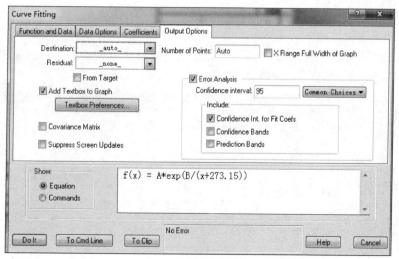

(c) 设置输出信息

图 3-86　（续）

最后拟合结果如图 3-87 所示。

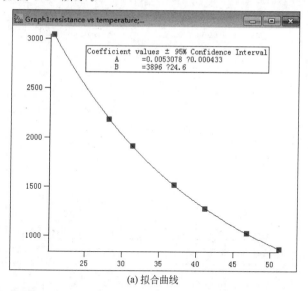

(a) 拟合曲线

(b) 拟合输出信息

图 3-87　电阻随温度变化实验数据拟合结果

6. 示例6

给拟合结果添加误差。

以示例5的拟合数据为例，在【Error Analysis】选项区域选中【Prediction Bands】复选框，单击【Do It】按钮，如图 3-88 所示。

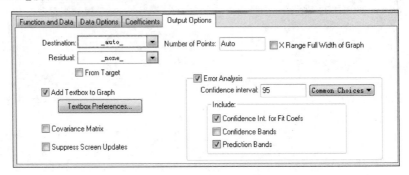

图 3-88　给拟合结果添加误差

拟合结果如图 3-89 所示。

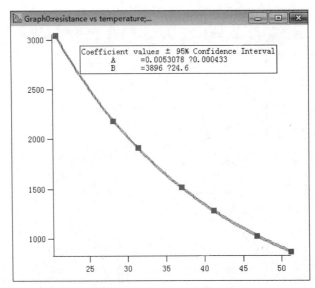

图 3-89　带有误差的拟合结果

可以看到在原来的拟合结果上面又添加了两条曲线——UP_resistance 和 LP_resistance，这两条曲线代表了数据的误差范围（95％置信概率）。由于 3 条曲线几乎重合，可见拟合是可信的。

第 4 章

数 据 处 理

本章主要介绍利用 Igor 进行数值模拟、坐标转换、插值、微分、积分、排序、统计、数据抽取、数据变换等。

Igor 提供了相当多的命令和函数对数据进行数学运算和处理。绝大多数的操作都可以通过 Igor 提供的菜单(主要是【Analysis】菜单)来完成,但更有效的方法是编写程序。

4.1 插值

从已有数据获取数据时需要插值,坐标变换时需要插值,数据运算时需要插值,非均匀数据均匀化时需要插值。熟练地掌握插值方法和插值的基本技巧,可使数据处理过程事半功倍。

4.1.1 基本插值方法

Igor 提供了从简单到复杂的插值方法,可以满足不同使用环境下的插值需求。

1. 通过 wave 名字和坐标插值

在命令行窗口输入下列命令,执行的结果如图 4-1 所示。

```
Make/O/N = 100 w
SetScale/I x,0,2 * pi,w
w = sin(x)
Print w(0.1),sin(0.1)
```

```
*Print w(0.1),sin(0.1)
  0.0997859  0.0998334
```

图 4-1　通过 wave 名字和
坐标插值

这里使用 wave 的性质来获取插值:$w(x)$ 获取 $x=0.1$ 处的插值。注意,这种插值方法是线性插值,为了看出这一点,上面比较了 $w(0.1)$ 和 $\sin(0.1)$ 的区别,图 4-2 更清楚地说明了使用 wave 名字插值的基本原理。

如果 wave 是二维 wave,那么可以使用 $w(x1)(y1)$ 来获取 $(x1,y1)$ 处的线性插值。注意:w 必须是 Matrix 型 wave。

这种方法虽然简单,却很容易被忽视,应该注意使用这种方法。只要运用得当,会显著提高程序设计效率,降低问题复杂性。如这样的应用场景:有一个一维数据 w1,将 w1 在 x0 点对称,然后再将对称后的数据与 w1 相加,要求相加时坐标值要对齐。

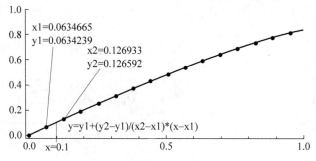

图 4-2　使用 wave(x)插值，插值方法为线性插值

这样的对称化操作在数据处理中非常常见。如果用普通的方法，用一个循环去做，则既要考虑数据点的问题，还要考虑坐标与数据点对应的关系，实现起来是比较烦琐的。利用上面的插值方法，这个问题解决起来就简单多了，而且非常直观自然：

```
Duplicate w1 wdest
SetScale/I x,x1,x2,wdest
wdest = w1(x) + w1(2 * x0 − x)
```

2. interp 函数

对 XY 型数据插值，格式为

interp(x, xwavename, ywavename)

返回 ywavename 在 x 处的插值，x 坐标由 xwavename 指定。关于此函数详细用法请看 4.1.2 节。下面举一个例子，结果如图 4-3 所示。

```
Make/O data = {3,2,5,3,1,5,8,9}
Make/O xw = {1,2.1,3,3.9,5,5.8,7,8}
Print interp(2,xw,data)
```

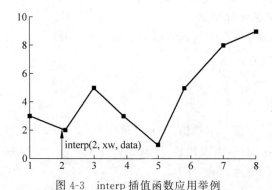

图 4-3　interp 插值函数应用举例

3. Interpolate2 命令

interp 函数每次只能返回一个插值，而 Interpolate2 可得到整个插值后的 wave。如果 x 坐标由一个 wave 指定，Interpolate2 在插值之前会对 x 坐标 wave 排序。Interpolate2 除了具有插值功能外，还具有"滤除噪声"获得光滑曲线的功能。这点和 interp 函数不一样，

interp 函数只是线性插值,多次调用并不会获得光滑曲线。

Interpolate2 的调用格式和说明如下:

Interpolate2 [/T = t /A = a /E = e /F = f /I[= i] /J = j /N = n /S = s /SWAV = stdDevWave /X = xDestName /Y = yDestName /Z = z] [xWave ,] yWave

(1) /T＝t,指定插值算法。t＝1 采用 linear 算法,t＝2 采用 cubic spline 算法,t＝3 采用 smoothing spline 算法。

(2) /A＝a,当使用 cubit spline 算法寻找光滑曲线时,使用/A＝a 指定节点的个数,节点处数值等于其附近数据的平均值,如图 4-4 所示。

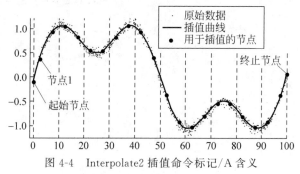

图 4-4　Interpolate2 插值命令标记/A 含义

(3) /E＝e,在使用 cubic spline 算法时,e＝1 比较一阶导数,e＝2 比较二阶导数。

(4) /F＝f,在使用 smoothing spline 算法时,f 表示光滑因子,f＝0 忽略光滑,此时 smoothing spline 算法相当于 cubic spline,f 不等于 0 对曲线进行光滑操作。

(5) /I＝i,设定在哪些 x 点进行插值。默认($i＝0$)根据被插值曲线 ydata 的 x 坐标均匀插值。如果使用了/X＝xDestName,则插值点 x 坐标保存到 xDestName 里。$i＝1$,很少用;$i＝2$,被插值 x 坐标均匀分布在一个对数坐标里;$i＝3$,指定一个新的 wave,该 wave 里存放 x 坐标,Interpolate2 将对这些 x 坐标进行插值。

(6) /J＝j,指定开始节点和结尾节点的生成方式。参看图 4-4,Igor 生成了 20 个节点,这 20 个节点的值等于周围数据的平均值,但不包括起始节点 Start Node 和终止节点 End Node,因为起始节点之前没有数据,终止节点之后没有数据,这样两个节点不能按照中间节点的方式来确定。$j＝0$ 表示去掉起始节点和终止节点,此时插值曲线会缩短,$j＝1$ 表示利用三次曲线外推开始节点和结尾节点的数值,$j＝2$ 表示直接使用曲线开头和结尾的数值作为该节点值。

(7) /N＝n,指定生成插值曲线的长度。

(8) /S＝s,指定 ydata 的标准偏差。只适用于 smoothing spline 算法。

(9) /SWAV＝stdDevWave,指定一个 wave,存放 ydata 的标准偏差。如果/S 和 /SWAV 都没有指定,Interpolate2 默认 ydata 的标准偏差为 $0.05×ydata$。/S 和/SWAV 与/F＝f 参数配合使用,其含义如下:

$$\sum_{i=0}^{n}\left(\frac{g(x_i)-y_i}{\sigma_i}\right)^2 \leqslant S$$

一般取/F＝1，如果标准偏差估计准确，那么/F＝1就是最佳的。因此在插值中，可以根据插值情况调整/S（即标准偏差）的大小来获得良好的插值结果。

（10）/X＝xDestName，指定生成插值曲线 x 坐标 wave 的名字，可以不指定。

（11）/y＝yDestName，指定生成插值曲线的名字，可以不指定。

来看下面的例子，数据如图 4-5 所示。

```
Make/O/N = 10 xData, yData                    // 创建数据
xData = p; yData = 3 + 4 * xData + gnoise(2)  // 利用随机函数模拟数据
Display yData vs xData                         // 绘制图
Modify mode = 2, lsize = 3                     // 设置曲线显示模式为点模式
```

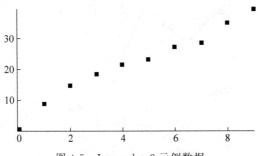

图 4-5　Interpolate2 示例数据

这是一对 XY 型 wave，这里对它插值获得一个长度为 200 并且平滑均匀分布的 wave ydata_CS，插值算法选 cubic spline，即三次样条曲线，插值命令如下，结果如图 4-6 所示。

```
Interpolate2/N = 200/T = 2/E = 2/Y = ydata_CS xData, ydata
AppendToGraph yData_CS; Modify rgb(yData_CS) = (0,0,65535)
```

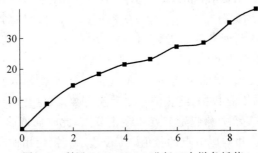

图 4-6　利用 Interpolate2 进行三次样条插值

方块为 ydata 数据点，实线即为插值后曲线。

下面介绍另一个示例：

```
Redimension/N = 500 xData, yData
xData = p/50; yData = 10 * sin(xData) + gnoise(1.0)
Modify lsize(yData) = 1
```

数据虽然抖动厉害，但总体来说满足正弦分布，如图 4-7 所示。

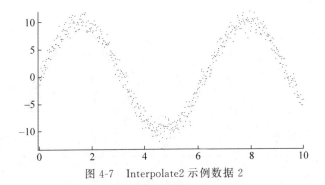

图 4-7 Interpolate2 示例数据 2

执行下面的插值命令,插值结果如图 4-8 所示。

```
Interpolate2/N = 200/T = 2/E = 2/Y = ydata_CS xdata, ydata
AppendToGraph yData_CS; Modify rgb(yData_CS) = (0,0,65535)
```

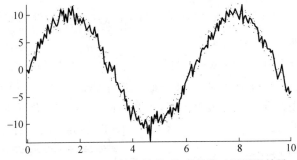

图 4-8 Interpolate2 插值结果,注意插值时无平滑效果

从上面的例子看到,当采用 cubic spline 方法插值时,算法会尝试通过所有数据点,这使得插值曲线看起来很不光滑。如果希望插值后是一条光滑曲线,需要设置/T=3,即使用 smoothing spline 算法,同时使用/F 和/S 参数。下面用菜单来完成这个操作。执行菜单命令【Analysis】|【Interpolate】,按图 4-9 进行设置,插值效果如图 4-10 所示。

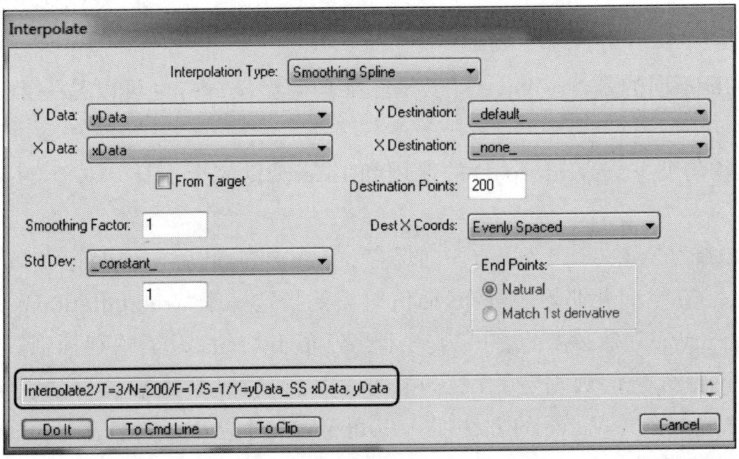

图 4-9 利用 Interpolate2 插值得到平滑曲线设置(注意对 Interpolate2 的调用)

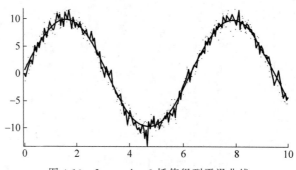

图 4-10　Interpolate2 插值得到平滑曲线

实线就是插值以后的光滑曲线。还可以用 cubic spline 方法来插值产生光滑曲线，但需要通过/A 标记指定节点个数，请读者自己练习。

4. Interp2D 函数

Interp2D 是一个二维插值函数，返回坐标（xValue，yValue）处的插值，使用格式为

Interp2D(srcWaveName,xValue, yValue),

srcWaveName 为均匀型二维 wave，即 x 坐标和 y 坐标均匀分布（matrix）。Interp2D 不具有外推功能，也不支持对复数二维 wave 进行插值。如果（xValue，yValue）超过 srcWaveName 的 x 坐标和 y 坐标最大范围，函数返回 NaN 值。看下面的例子，相应命令的执行结果如图 4-11 所示。

```
*Print interp2D(ydata,0.1,0.2), 0.1*0.1+0.2*0.2
  0.050199  0.05
```

图 4-11　命令执行结果

```
Make/N = (100,100)/O ydata
SetScale/I x, − 1,1,ydata
SetScale/I y, − 1,1,ydata
ydata = x * x + y * y
Print interp2D(ydata,0.1,0.2), 0.1 * 0.1 + 0.2 * 0.2
```

5. Interp3D 函数

Interp3D 是一个三维插值函数，返回（xValue，yValue，zValue）处的插值，使用格式为

Interp3D(srcWave, x, y, z [, triangulationWave]),

和 Interp2D 不同的是，srcWave 可以是三维均匀型 wave，也可以是一个 $N \times 4$ 的二维 wave。

对于三维均匀型 wave，Interp3D 的使用和 Interp2D 完全一样。对于 $N \times 4$ 型的 wave 则稍微复杂些。

$N \times 4$ 的二维 wave 共有 4 列，前 3 列保存 x、y、z 值，最后一列保存 $f(x, y, z)$。一般情况下，(x, y, z) 在空间并非均匀分布，插值时需要指定一个"triangulationWave"。

triangulationWave 是必需的。因为坐标点分布不均匀，为了顺利插值，插值算法需要确定插值点周围最邻近的数据点。triangulationWave 就是帮助插值算法获取这些最邻近点的。获取 triangulationWave 的方法叫作三角剖分，对应命令是 Triangulate3D。关于三角剖分的进一步介绍请参看 4.1.2 节。

triangulationWave 确定了插值的区域,如果插值点落在该区域之外,将返回 NaN。例如:

```
Make/O/N = (10,20,30) ddd = gnoise(10)
PrInt Interp3D(ddd,1,0,0)
Make/O/N = (10,4) ddd = gnoise(10)
Triangulate3D/OUT = 1 ddd
Print Interp3D(ddd,1,0,0,M_3DVertexList)
```

6. Interp3DPath 命令

Interp3DPath 为 Interp3D 函数的命令版本,使用格式为

```
Interp3DPath 3dWave tripletPathWave
```

其中,$3dWave$ 是待插值均匀型三维 wave,tripletPathWave 是一个 $N \times 3$ 的 wave,3 列分别存放 x、y 和 z 坐标,插值结果存放在一个名为 W_Interpolated 的一维 wave 里。Interp3DPath 相当于对 Interp3d 函数的连续调用,但是执行效率更高。

Interp2D 和 Interp3D 以及利用 wave 名字插值都是非常有效的插值方法,必须熟练掌握。前面举了一个对称操作的例子。这里再举一个例子,假设一个 wave 需要坐标变换,变换矩阵为 M,若原始数据为 ydata,则坐标变换后的 wave 可以表示为

```
ydata_new = Interp2D(ydata,M⁻¹(x,y))
```

其中,M^{-1} 表示 M 的逆矩阵。这里 $M^{-1}(x,y)$ 表示利用 M^{-1} 获取变换后的坐标 (x',y'),亦 $M^{-1}(x,y) = (x',y')$。

4.1.2 插值与均匀数据

根据采样或者获取方式的不同,数据有均匀数据(waveform)和非均匀数据之分。均匀采样的数据,测量的实验数据随时间或其他变量是均匀分布的。如果是一维数据,均匀指 x 坐标间隔是均匀的,即每两个数据点之间的 x 间隔是一样的。如果是二维数据,则 x 坐标间隔和 y 坐标间隔是均匀的。如果是三维数据,x 坐标、y 坐标和 z 坐标都是均匀间隔的。坐标均匀间隔的数据又称为网格数据。均匀数据无论是在数据分析还是呈现时都非常方便。如从均匀分布的数据抽取数据(即插值)时,由于能很容易地确定插值点周围坐标点的信息,插值算法可以很容易地实现,一般可以采用标准的插值算法,如双线性插值,插值速度非常快。积分、微分及傅里叶变换等也需要均匀数据。

现实中很多数据在测量时很难做到均匀分布,如测量电阻随温度的变化,温度间隔就是非均匀的。另外一种情况是,测量时数据是均匀分布的,但在处理数据时需要进行坐标变换,而变换以后的坐标则不是均匀的,ARPES 能谱数据为强度随角度的分布 I(theta,phi),其中 theta 和 phi 是均匀分布的,但在将 theta 和 phi 转换为动量 kx 和 ky 后,动量就不再均匀分布了。

在绘制和处理非均匀分布的数据时会用到散点图的概念,即在每个"散落的"坐标点处绘制一个数据点。虽然 Igor 可以对散点图数据进行分析和处理,但更多时候需要将非均匀

数据转换为均匀数据。

4.1.1 节介绍的 Interpolate2 命令实际上就是通过插值的方法将不均匀的数据转换为均匀分布的数据。一般而言,插值是将非均匀数据转换为均匀数据的基本方法。下面分别介绍不同类型数据的均匀化技巧。

1. 一维数据的均匀化

一维数据的均匀化相对来说较为简单,对原 XY 数据进行均匀抽样即可,参看图 4-12 的图示说明。

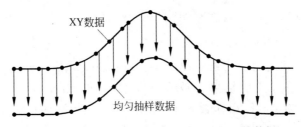

图 4-12　将非均匀一维数据插值为均匀一维数据

每个箭头都表示一个新的插值。注意观察插值以后的新数据和原 XY 数据的关系。

interp 函数和 Interpolate2 命令可以完成该插值操作。看下面的例子,首先创建一个不均匀分布的数据,如图 4-13 所示。

```
Make/O/N = 100 xData = .01 * x + gnoise(.01)
Make/O/N = 100 yData = 1.5 + 5 * exp( - ((xData - .5)/.1)^2)
Display yData vs xData
```

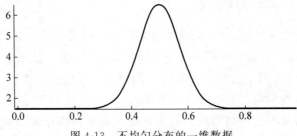

图 4-13　不均匀分布的一维数据

这里创建了一个 XY 型的高斯型数据 yData,x 坐标存放在 xData 中。xData 除了不均匀之外,在某些地方都不是单调的。将图窗口局部放大(按下鼠标左键,拖动选择一个区域,右击选择 Expand 命令),可观察到图 4-14 所示现象。

如果使用 interp 函数均匀化数据,则在插值之前,需要先对 xData 和 yData 排序,使 xData 单调递增:

```
Sort xData,xData,yData
```

Sort 是排序命令,详细介绍请参看 4.2.6 节。注意,yData 也要进行排序,以保持数据和坐标的对应关系不变,结果如图 4-15 所示。

然后使用 interp 将上面的 XY 数据转换为分布均匀的数据:

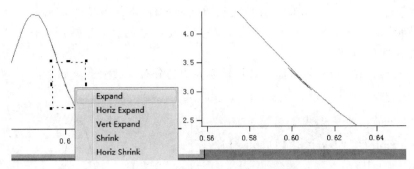

图 4-14　图 4-13 所示数据 x 坐标不均匀且不单调

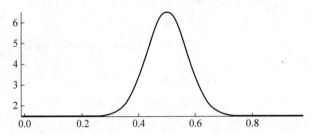

图 4-15　对图 4-13 数据对 x 坐标进行排序以后的结果

```
Duplicate/O yData, wData
SetScale/I x 0, 1, wData
wData = interp(x, xData, yData)
AppendToGraph wData
```

Duplicate 命令复制 yData 为 wData，SetScale 命令设置 wData 的坐标，interp 函数使用 x、xData、yData 作为参数进行插值，并赋值给 wData。其具体过程：取出 wData 中的每一个 x 坐标，利用 x 坐标对 xData 和 yData 插值，将返回的插值结果赋值给 wData 中对应的数据点。AppendToGraph 将 wData 添加到图形窗口。wData 就是插值以后均匀分布的数据。

interp 函数的使用方法介绍如下：

```
interp(x1, xwaveName, ywaveName)
```

interp 函数有 3 个参数，其中 $x1$ 是变量，xwavename 和 ywavename 是两个 wave，函数的含义非常简单：返回 $x1$ 处 XY 型曲线的插值，该曲线的 x 坐标由 xwavename 指定，值由 ywavename 指定，如图 4-16 所示。

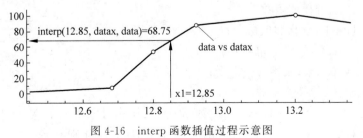

图 4-16　interp 函数插值过程示意图

从图 4-16 可以看出，interp 插值是线性插值，即插值点函数值为前后两个数据点的线性平均。因此，前面对 xData 和 yData 的排序操作是必要的。如果数据中存在 NaN 数据，interp 亦将返回 NaN 值。

利用 Interpolate2 命令将上面的数据转换为均匀分布的数据命令如下：

```
Interpolate2/T = 2/N = 200/E = 2/Y = yData_CS xData, yData
```

注意，在当前目录下生成了名为 yData_CS 的 wave，右击该 wave 选择【Display】命令，结果如图 4-17 所示。

除了 interp 和 Interpolate2 之外，Loess 命令也可以将非均匀数据转换为均匀数据。请看 4.1.4 节。

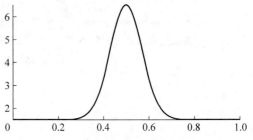

图 4-17　Interpolate2 插值均匀化数据

2. 多维数据的均匀化

这里的多维数据指二维数据和三维数据。多维数据的均匀化同样可以通过插值来实现。与一维插值相比较，二维或者三维插值实现起来要困难很多，以至于很难有一个普遍有效的方法，往往是具体问题具体分析。

二维插值相当于二自变量插值。对于多自变量的函数插值，在数学上比单自变量要复杂很多，目前有一些成熟的算法，如重心插值法（barycentric linear）、克里金法（Kriging）、双线性法（bilinear）等。不管是何种算法，都需要确定插值点周围已知坐标点的信息，不同的算法确定和使用周围已知坐标点的方式也不同。

很显然，确定插值点周围邻近数据点是插值的关键，实现途径之一是三角剖分：通过在坐标空间对散点数据进行 Delaunay 三角剖分，然后使用三角剖分的结果进行插值。所谓的 Delaunay 三角剖分就是对原始数据的坐标点进行排序，然后用一系列的三角形将所有坐标点连接起来，三角形的顶点就是坐标点，这个过程中除了顶点之外，任意三角形的外接圆不包含任意坐标点。三维散点数据三角剖分和二维数据完全类似，只是三角形换为了四面体。

4.1.1 节简单介绍了 Interp2D 和 Interp3D 这两个分别用于二维和三维插值的函数。这两个函数一般要求源数据为均匀数据，如果源数据是散点数据，那么这两个函数就无能为力了。不过 Interp3D 较为特殊，它除了支持从均匀数据中插值之外，还支持散点数据插值。但一般而言，只用这两个函数是不够的。

二维数据均匀化，需要综合用到下面的命令或者函数（但不限于）。

- Interp3D，三维插值函数；
- Interpolate3D，三维插值命令；
- Triangulate3D，创建三角剖分命令；
- Imageinterpolate，二维插值命令；
- Contourz，二维插值函数。

Triangulate3D 命令进行 Delaunay 三角剖分，其操作对象是一个 $N \times M$ 的矩阵，N 为行数，M（$M \geqslant 3$）为列数，但有效的只有前 3 列：这 3 列分别存放 x、y 和 z 坐标值。

Triangulate3D 有一个可选参数 out，一般设置 out＝1，表示生成的结果将用于 Interp3D 插值，生成的 wave 名为 M_3DVertexList。这个命令一般很少单独使用，经常与 Interp3D 结合使用。

　　角分辨光电子能谱（ARPES）实验经常需要测量动量空间任意一点（kx，ky）的电子分布信息，即测量数据均匀分布在一个动量平面上。但一般的电子分析探测仪器一次只能测量动量空间一条线上的电子分布信息，只有通过不断的扫描才能获取整个面的信息，即由线构成面。这里由线构成面的过程实际上就是一个非均匀数据网格化的过程，可以通过 Triangulate3D 和 Interp3D 来完成。具体方法如下：

```
Make/n = (tot,4) a3ddata
Make/N = (n1,n2,n3) new3d
//设置 new3d x,y 和 z 坐标

//通过循环获得 x0,y0,z0
//循环开始
TransformXYZ (x1,y1,z1,x0,y0,z0)        //x1、y1、z1 为源数据坐标,x0、y0、z0 为转换后坐标
a3ddata[i][0] = x0
a3ddata[i][1] = y0
a3ddata[i][2] = z0
a3ddata[i][3] = v //v 表示(x0,y0,z0)处的测量值
i = i + 1
//循环结束
Triangulate3D a3ddata
Wave M_3DVertexList
new3d = Interp3D(srcwave,x,y,z, M_3DVertexList)
```

a3ddata 一共有 4 列，前 3 列存放测量数据的坐标点，最后一列存放测量值，数据来源于每一张谱。TransformXYZ 函数用于将角度换算为动量。转换的过程中，原来的数据坐标是均匀的，转换过来的数据坐标为 $(x0,y0,z0)$，坐标已经不再均匀分布了。new3d 表示要生成的坐标分布均匀的 3D 数据，每一个坐标点的数据通过对 a3ddata 插值来实现。注意，在代码中用 $x1$ 而不用 x，原因是 x 是 igor 的一个内部函数，在最后一行调用 Interp3D 函数插值时就使用了 x、y 和 z 函数来获取 new3d 网格点的坐标值。注意：本例中程序是伪代码。

　　从上面的例子中可以看到利用 Interp3D 函数和 Triangulate3D 命令，三维散点数据网格化似乎非常简单，几十行代码就能完成转换。但事实远非如此，这是因为 Triangulate3D 的算法复杂度为 $O(3)$，当源数据比较大时，需要的内存将急剧增加，以至于根本无法完成运算，如 tot＝100，即 100 个数据，此时需要的内存大约为 $100 \times 100 \times 100 \times 8/1000/1000 = 0.8$MB，若 tot＝1000，则需要内存约为 800MB，若 tot＝10000，则需要内存约为 800GB，可见当数据量变大时根本无法完成计算。而 tot 大于 10000 的情况非常普遍，如一张标准的 ARPES 谱约包含 $300 \times 300 = 90000$ 个数据点，在这种情况下，如果采用上面的方法，想要对一张谱进行网格化都不可能了。

　　ImageInterpolate 是一个二维插值命令，对二维数据进行各种插值操作。此命令较为复杂，包含多个标记，其中与散点数据网格化有关的标记包括/PTW、/STW、/S、Vornori、 srcWave。其中，/PTW 用于指定一个 Delaunay 三角剖分 wave，/STW 用于创建一个 Delaunay 三角剖分 wave，/S＝⟨x0,dx,xn,y0,dy,yn⟩用于指定要生成的结果的 x 和 y 坐标网格，Vornori 表示利用 Vornori 多边形将散点数据网格化，srcWave 为原始数据。Vornori 在计算机图形学里表示泰森多边形，其含义是给定一个平面点集，对于任意的点，对应的泰森多边形为到该点距离比其他点的距离都近的平面点的集合，所有这样的集合就构成了 Vornori 图。Vornori 图和 Delaunay 是对偶图，所以这里其实还是要做三角剖分。关于 Vornori 图更详细的信息请查阅相关书籍或资料。如果有一些平面上的散点数据，对应的坐标为$(x0,y0)$，想通过这些$(x0,y0)$上的数据重新插值获取均匀分布的坐标$(x1,y1)$上的数据，则可以按照如下方法：

首先和上面 Interp3D 的例子一样，创建一个 $N×3$ 的矩阵 myTripletWave，第 1 列存放 $x0$，第 2 列存放 $y0$，第 3 列存放$(x0,y0)$处对应的测量值。然后按照下面的代码调用 ImageInterpolate：

```
ImageInterpolate/S = { - 3,0.01,1, - 2,0.01,2} Voronoi myTripletWave
```

其中，S 指定插值的 x 和 y 坐标网格的范围。ImageInterpolate 首先计算 Delaunay 三角形，然后根据计算结果插值，如果没有利用/Dest 参数指定存放结果的 wave，则存放于 M_InterpolatedImage。如果要多次插值，而每次插值对应的 Delaunay 三角剖分是一样的，则在后面的插值可以直接使用前面的三角剖分结果。例如，在 ARPES 中获取等能面时，对于不同的能量，动量空间坐标是一样的，因此 Delaunay 三角剖分也完全相同，此时可以使用前面能量的 Delaunay 计算结果，将大大节省运算时间。通过/STW 参数可以使 ImageInterpolate 创建源数据坐标的三角剖分，并将结果存放于一个名为 W_TriangulationData 的 wave 中：

```
ImageInterpolate/STW/S = {0,1,0,1,1,1} Voronoi myTripletWave
```

注意，/S 参数 $x0$ 和 xn 相等，$y0$ 和 yn 相等。后面的插值可以直接使用 W_TriangulationData，方法如下：

```
ImageInterpolate/PTW = W_TriangulationData/S = { - 3,0.02,1, - 2,0.02,2} Voronoi my1DZWave
```

其中，使用/PTW 指定上一步生成的 W_TriangulationData 作为三角剖分 wave。此时源数据不再是 myTripletWave，而是一个一维 wave，里面存放了源数据里对应的测量值：

```
My1DZWave= myTripletWave[2][p]
```

ContourZ 也用于将二维散点图插值为均匀数据，这里的二维散点图源数据是 XYZ 数据，且 XYZ 数据以 Contour 的方式显示在一个 Graph 上。所谓 XYZ 数据是指 3 个一维数据，一个存放 x 坐标，另一个存放 y 坐标，第三个存放 z 坐标。ContourZ 的使用非常简单，首先将要网格化的数据对应的坐标值和测量值用 3 个一维数据来表示，然后显示为等高线图，最后调用 ContourZ 命令。

ContourZ 的参数如下：

```
ContourZ(graphNameStr, contourNameStr, instance, x, y)
```

其中，graphNameStr 表示 Contour 图窗口，可以为空字符串，表示当前窗口；contourNameStr 表示 XYZ 数据中 Zwave 的名字。Instance 一般设为 0。x 和 y 表示要获取插值的坐标。Contourz 返回(x, y)处的插值结果。

看下面的例子：

```
// 创建 XYZ 数据(XYZ triplet wave)
Make/O/N = 50 wx,wy,wz
wx = enoise(2)                                    // x = -2~2
wy = enoise(2)                                    // y = -2~2
wz = exp( -(wx[p]*wx[p] + wy[p]*wy[p]))           // 高斯型数据,z = 0~1
// ContourZ 函数执行之前需要将数据显示为 Contour 图
Display; AppendXYZContour wz vs {wx,wy};DelayUpdate
ModifyContour wz autoLevels = {*,*,0}
ModifyContour wz xymarkers = 1                    // 显示数据点的(x,y)坐标
// 下面的命令设置在使用 ContourZ 插值时,对于"域外"的数据点,返回 NaN
ModifyContour wz nullValue = NaN
// 利用 ContourZ 函数将非均匀分布数据转换为均匀分布的网格数据
Make/O/N = (30,30) matrix
SetScale/I x, -2, 2, "", matrix
SetScale/I y, -2, 2, "", matrix
matrix = ContourZ("","wz",0,x,y)
AppendImage matrix
```

ContourZ 和 ImageInterpolate 基本类似，也是先计算 Delaunay 三角剖分，然后再插值，不同的是 ContourZ 必须先将待插值数据显示为 Contour 图。

上面介绍的所有方法，包括二维插值和三维插值，都涉及三角剖分。三角剖分是一个相当耗时的运算过程，当数据点比较多时，需要的时间将明显增加，有时会达到几分钟。这在某些实时性要求高的场合是不能容忍的。这是容易理解的，三角剖分基本上能处理任何情况下散点数据的网格化，具有很高的通用性，高通用性的代价必然是部分性能的损失。

在实际情况中，数据本身往往具有一定的规律，在数据处理的过程中应该注意一般性和特殊性结合的原则，具体问题具体分析，而不是机械地调用上面的函数和命令，灵活应用才能取得事半功倍的效果。这要求数据分析者对测量过程和数据本身具有较为深刻的认识和掌握。

4.1.3　逆插值

插值解决了通过自变量 x 来获得因变量 y 的方法，逆插值刚好相反，是通过 y 来获取 x。给定 y 值，相当于给定一条 y 值对应的水平线，求取 x 值的过程则转换为求取该水平线与数据曲线交点的问题，因此逆插值也称为水平检测（level detection）。

根据 y wave 性质的不同，逆插值可以分为两类：

1. 单调变化的数据曲线

曲线单调变化，通过 y 值来获取 x 值相对简单：因为只有一个 x 值与 y 值对应。函数 BinarySearch 和 BinarySearchInterp 可完成逆插值操作（Binary 表示二分法）。

BinarySearch 的调用格式如下：

```
BinarySearch(waveName,val)
```

其中，*waveName* 表示要逆插值的 wave，val 表示寻找 x 值的 y 值。BinarySearch 返回一个整数 p，使得 val 刚好落在 waveName[p] 和 waveName[$p+1$] 之间。如果调用失败，则返回一个负数，-1 表示 val 位于 waveName[0] 之前，-2 表示位于 waveName[$N-1$] 之后（N 是数据长度），-3 表示 wave 中没有该数据。看下面的例子，输入以下命令，执行结果如图 4-18 所示，结果为 1（data[1]<3<data[2]）。

```
Make/O data = {1, 2, 3.3, 4.9}        // 单调递增
Print BinarySearch(data,3)
```

BinarySearch 返回的是 y 值对应的数据点次序位置，如果返回 y 值处对应的 x 坐标值，则需要使用 BinarySearchInterp 函数。BinarySearchInterp 的调用格式如下：

```
BinarySearchInterp(waveName,val)
```

其参数含义和 BinarySearch 完全一样，只是当 val 值不在 waveName 范围时返回 NaN 值。看下面的例子，输入以下命令，执行结果如图 4-19 所示。

```
Make/O data = {1, 2, 3.3, 4.9}        // 单调递增
Print BinarySearchInterp(data,3)
Print data[1.76923]
```

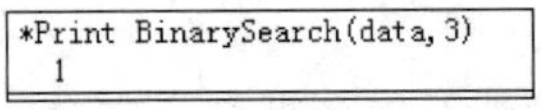

图 4-18　命令执行结果一

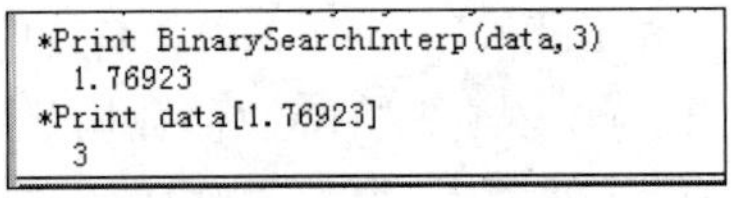

图 4-19　命令执行结果二

其实对于单调变化的曲线，也可直接利用 interp 函数进行逆插值，方法是将 y 和 x 互换，如获取数据 w 中值为 y0 时的 x 坐标 x0，对应代码如下：

```
Duplicate w,w1
w1 = leftx(w) + deltax(w) * p
variable x0 = interp(y0,w,w1)
```

2. 非单调变化的曲线

非单调变化曲线（甚至是 XY 型曲线），情况要复杂一些，因为一个 y 值可能对应多个 x 值。FindLevel 和 FindLevels 这两个命令可完成这种类型数据的逆插值操作，二者的区别在于返回 x 值的个数不同，前者返回一个，后者返回多个。

FindLevel 的计算过程：从指定的 $x=$ startX 开始，寻找曲线和指定的 y 水平线的第一个交点，到 $x=$ endX 结束寻找，然后将结果保存在 V_Flag、V_LevelX 和 V_rising 3 个自动创建的变量里，这 3 个变量在程序中可以直接使用而无须创建（实际上由编译器自动创建）。对于噪声特别大的数据，在插值之前，可以选择是否对曲线进行平滑操作。关于 FindLevel 的工作原理及输出结果参看图 4-20 和表 4-1。

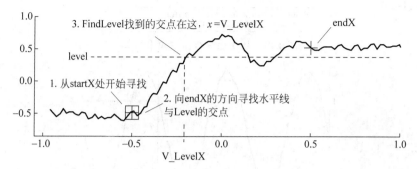

图 4-20 FindLevel 逆插值原理示意图

表 4-1 FindLevel 输出信息

变 量	取 值	含 义
V_Flag	0	找到交点
	1	没有找到交点
V_LevelX	插值或者是数据点次序	交点 x 坐标值
V_rising	0	交点位于曲线下降处
	1	交点位于曲线上升处

FindLevel 命令的使用格式如下：

FindLevel [/B = box /EDGE = e /P/Q/R = (startX, endX)] waveName, level

（1）/B＝box，设置滑行平均窗口大小（设置以后，将对窗口内所有数据平均后作为当前数据点值，以平滑曲线），默认为 1，表示不用平滑操作。

（2）/EDGE＝e，e＝1 表示寻找曲线上升处的交点，e＝2 表示寻找曲线下降处的交点，e＝0 表示默认，不考虑曲线上升或是下降。

（3）/P，返回交点处对应的数据点位置次序。

（4）/Q，不在历史命令行窗口输出信息。

（5）/R＝(startX, EndX)，/R＝[startP, endP]，指定查找的 x 范围。

来看下面的例子，输入下面命令，历史命令行窗口输出结果如图 4-21 所示，FindLevel 逆插值结果图如图 4-22 所示。

```
Make/O/N = 100 data1
SetScale/P x,0,0.01,data1
data1 = 2 * sin(2 * pi * 3 * x) + gnoise(0.1)
Display data1
FindLevel/B = 5/R = (0.6,0.8) data1,1
Make/O/N = 2 ylevel
SetScale/I x,0,1,ylevel
ylevel = 1
Make/N = 2/O xcross_x,xcross_y = { - 2,2}
xcross_x = V_LevelX
AppendToGraph ylevel
AppendToGraph xcross_y vs xcross_x
```

```
*Findlevel/B=5/R=(0.6,0.8) data1,1
  V_Flag= 0; V_LevelX= 0.693624; V_rising= 1;
```

图 4-21　历史命令行窗口输出结果

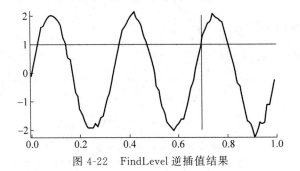

图 4-22　FindLevel 逆插值结果

FindLevels 和 FindLevel 完全类似，不同的是返回多个交点处对应的 x 坐标值。FindLevels 命令使用的格式如下：

FindLevels [/B = box /D = destWaveName /DEST = destWaveName /EDGE = e /M = minWidthX /N = maxLevels /P/Q /R = (startX, endX)]waveName, level

同 FindLevel 相比较，多了 3 个标记参数：

（1）/DEST＝destWaveName 或/D＝destWaveName 指定一个 wave 存放多个交点的 x 值，如果不指定，则存放在默认创建的 W_FindLevels 里。

（2）/M＝minWidthX，交点之间的最小间隔必须大于 minWidthX。

（3）/N＝maxLevels，寻找的交点数小于 maxLevels。

以上面的数据为例，输入下面的命令，结果如图 4-23 和图 4-24 所示。

```
FindLevels/B = 5 data1,1
Edit W_FindLevels
```

Point	W_FindLevels
0	0.0280597
1	0.139927
2	0.360038
3	0.470355
4	0.693624
5	0.802545
6	

（R0　0.0280597）

```
*findlevels/B=5 data1,1
  V_Flag= 1; V_LevelsFound= 6;
```

图 4-23　命令执行结果　　　　图 4-24　Findlevels 逆插值结果

一共寻找到了 6 个交点，每个交点对应的 x 坐标都存放在默认创建的 W_FindLevels 中。其中第 5 个交点就是前面 FindLevel 寻找到的交点 x 值。

4.1.4　曲线平滑

曲线平滑指找一条平滑的曲线来描述存在噪声的数据。通过曲线平滑可以从含有噪声的数据中观察演化趋势。

数据拟合方法可认为是一种寻找平滑曲线的方法。但并不是任何时候都可以找到描述数据的精确数学模型，所以通过拟合寻找光滑曲线具有很大的限制。

本节介绍两个用于平滑数据的命令 Smooth 和 Loess。这两个命令可以对任意含噪声的数据进行处理，获取平滑的数据。

1. Smooth 命令

Smooth 命令本质上相当于一个低通滤波器，通过滤掉数据的高频分量，获取平滑数据。具体做法：对数据做加权平均，即将数据点用其周围数据点的加权平均来代替。Smooth 使用的算法有高斯平滑（Gaussian）、滑行矩形窗平滑（sliding average）、多项式平滑（polynomial）和实时中位数平滑（running median）。

Smooth 命令的使用方法如下：

```
Smooth [ /B[ = b ] /DIM = d /E = endEffect /F[ = f ] /M = threshold /MPCT = percentile /R = replacement /S = sgOrder ] num, waveName [,waveName ]...
```

可以看到绝大多数参数为可选参数，平滑以后的结果直接保存在原 wave 之中。最简单的对 smooth 的使用方式为

```
Smooth num, wavename
```

上式表示使用高斯平滑，num 表示平滑次数。

（1）/B[$=b$]，此标记表明 Smooth 将使用滑行矩形框法平滑数据，参数 num 表示矩形框的宽度。如果指定 b 的大小，则表示滤波的次数，即以 num 宽度的矩形框对数据反复求 b 次平均。处于矩形框内的数据取相同权值（1/num），矩形框外的数据取权值 0。看下面的例子，结果如图 4-25 所示。

```
Make/O data = {1,2,4,3,6,5,7}
Duplicate/O data data1
Display data
Smooth/B 3,data1
AppendToGraph data1
ModifyGraph mode(data) = 3,marker(data) = 19
Edit data,data1
```

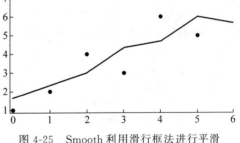

图 4-25　Smooth 利用滑行框法进行平滑

实线就是平滑以后的曲线，在这里取矩形框的宽度为 3，平均的次数为 1。图 4-26 给出了平滑后和平滑前的数据比较。

从图 4-26 可以看出 $data1[n] = (data[n-1] + data[n] + data[n+1])/3$（注意数据开始和末尾并不满足这个公式，参看后面的/E 标记）。

（2）/DIM$=d$，这个标记指明如果 waveName 具有多个维度时对哪个维度进行平滑，$d=0$ 沿行方向进行平滑（x 坐标变化方向），$d=1$ 沿列方向进行平滑（y 坐标变化方向）。

（3）/E$=$endEffect，这个标记表明如何处理数据的首末端特殊情况。

Point	data	data1		
0	1	1.66667		
1	2	2.33333		
2	4	3		
3	3	4.33333		
4	6	4.66667		
5	5	6		
6	7	5.66667		
7				

图 4-26　平滑后和平滑前的数据比较

- endEffect＝0：默认设置。使用 $w[i]$ 代替 $w[-i]$，使用 $w[n-i]$ 代替 $w[n+i]$（反射法）。
- endEffect＝1：使用 $w[n-i]$ 代替 $w[-i]$，$w[i]$ 代替 $w[n+i]$，反之亦然（周期法）。
- endEffect＝2：使用 0 代替缺失数据。
- endEffect＝3：使用 $w[0]$ 代替 $w[-i]$，使用 $w[n]$ 代替 $w[n+i]$。

（4）/F［＝f］，选择平滑的方式。$f＝0$ 选择滑行框，精度高，但是速度慢，这是默认情况。$f＝1$ 选择高斯平滑，速度快。

（5）/M＝threshold，表示使用实时中位数平滑算法。/M 标记指定一个阈值，只有当前数据点数值与中位数相比超过阈值时才会被中位数取代或者是被/R 标记指定的值取代，此时 num 表示计算中位数的窗口宽度。例如当前数据值为 10，中位数为 2，阈值为 5，没有使用/R 标记，则该点数据被替换为 2（10＞2＋5），如果阈值为 9，则该点数据仍然为 10（10＜2＋9）。threadhold＝0 表示始终用中位数代替，threadhold＝NaN 表示只用中位数代替数据中是 NaN 的数据。使用/M 标记可以消除数据中的"空缺"（NaN 型数据），使数据变得完整。看下面的例子，结果如图 4-27 所示。

```
Make/O/N = 100 data = enoise(1)>.9 ? NaN : sin(x/8)   // 存在空白(个别点没有数据)
Duplicate/O data, dataMedian
Smooth/M = (NaN) 5, dataMedian                         // 将空白点用"中位数平滑"计算的数据代替
Display dataMedian, data; ModifyGraph rgb(data) = (0,0,65535); Legend
ModifyGraph offset(data) = {0,1}
```

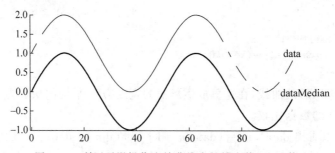

图 4-27　利用平滑操作去掉曲线中的缺失值（NaN 值）

在对 data 进行赋值时使用了 enoise 函数，当 enoise（1）大于 0.9 时赋给 data 以 NaN 值，此时 data 中存在约 10％的 NaN 数据，即空缺数据。dataMedian 为将 NaN 值替换为中位数后的结果。

（6）/MPCT＝percentile，当使用实时中位数方法时，指定 p 百分位，此时，平滑值将取为平滑窗口中 p 百分位处的值，如 percentile＝25 表示在平滑数据窗口中，如果将该窗口内的所有数据排序，则平滑值取位置处于 25％处的数值，如果 25％处不是整数，则通过插值确定。percentile＝50 时就是中位数，percentile＝0 时取最小值，percentile＝100 时取最大值。

（7）/R＝replacement，配合/M 标记使用，含义参看/M 标记。

（8）/S＝sgOrder，表明使用 Savitzky-Golay 平滑算法，sgOrder 必须取 2 或 4。

Smooth 不使用任何参数时，使用高斯平滑，num 表示平滑次数，这是 Smooth 常用的方法。Smooth 参数比较多，不同的参数对应的算法并不相同，平滑效果也存在差别，在实际中可通过试验寻找合适的参数设置。

2. Loess 命令

Loess 除了平滑操作之外，兼具回归分析的功能，它利用低阶多项式在局部对数据进行拟合，以获取平滑曲线。因为平滑数据是通过拟合得到的，因此可以给出平滑曲线的置信水平。Loess 可理解为非参数化的数据拟合。

Loess 使用一个窗口函数来获取局部的数据（权值函数），下面的公式给出了 Loess 平滑操作的数学模型（线性回归平滑）：

$$\chi^2 = \sum_i w(x - x_i; h)(a + bx_i - y_i)^2$$

从上式可以看出，Loess 可以理解为分段回归分析，分段通过权值函数 $w(x - x_i; h)$ 实现。由于涉及回归分析，相较于 Smooth，其计算量要大很多。Loess 支持常数、线性和二次线性回归，命令格式如下：

```
Loess [/CONF = {confInt, ciPlusWaveName [,ciMinusWaveName]} /DEST = destWaveName /DFCT[ =
{destFactorWaveName1 [,destFactorWaveName...]}] /E = extrapolate /N = neighbors /ORD = order
/PASS = passes /R = robust /SMTH = sf /TIME = secs /V = verbose /Z = z ] srcWave = srcWaveName
[, factors = factorWaveName1 [, factorWaveName2...]]
```

Loess 绝大多数标记和参数都是可选的，最简单的 Loess 命令为

```
Loess sorWave = srcWaveName
```

表示使用二次回归对 srcWaveName 进行平滑，平滑结果保存在原数据中，回归分析时使用的 x 坐标为 srcWaveName 的 x 坐标。

下面介绍 Loess 命令的标记及其参数的含义。

（1）factors，可选，表示 srcWaveName 的坐标，相当于/X＝{…}，之所以取名为 factors 是历史原因，读者不必深究。但注意只能使用 factors＝…的标记参数格式，不能使用/X＝{…}。

（2）/CONF＝{confInt，ciPlusWaveName [,ciMinusWaveName]}，此标记控制是否输出误差曲线，confInt 指定置信水平（0～1），ciPlusWaveName 和 ciMinusWaveName 对应 confInt 置信水平的上下误差曲线，如果这两个曲线不存在，Loess 将会自动创建。

（3）/DEST＝destWaveName，指定平滑结果输出曲线，如果不指定，则将平滑结果保存在原始数据中，即改写原始数据，否则将输出结果保存在 destWaveName 中。如果 destWaveName 不存在，则创建该 wave。如果 destWaveName 存在且使用/DFCT 标记，则

回归分析时的 x 坐标为 destWaveName 的 x 坐标，否则使用原始数据的 x 坐标。

（4）/DFCT[={destFactorWaveName1 [,destFactorWaveName2⋯]}]，指定用于计算平滑值的 x 坐标。注意，destFactorWaveName 的数目必须和 factors 标记参数指定的 wave 数目一致，但是他们的数据长度可以不同。如果使用/DEST = destWaveName 且 destWaveName 存在，destFactorWaveName 的长度必须和/DEST=destWaveName 指定的 wave 长度一致。如果只使用/DFCT 标记表示使用 destWaveName 的 x 坐标，即回归平滑值 x 坐标为 destWaveName 坐标（而非源数据 x 坐标）。

注意/DFCT 和 factors 的区别，前者表示要在哪些坐标点获取平滑值，是输出结果；后者表示原始数据的坐标值，Loess 会使用该坐标值来进行平滑运算，是输入参数。

（5）/E=extrapolate，extrapolate 非 0 表示外推，为 0 表示内插。

（6）/N=neighbors，指定平滑窗口（窗口内的数据参与平滑），$neighbors$ 应为奇数，如果指定为偶数则会被自动加 1，默认是 $0.5 \times numpnts(srcWaveName)$，并且约化到不小于它的最近奇数。

（7）/NORM[=norm]，如果所有不同维度的坐标表示相同的含义，如都表示长度，设置 norm=0，如果不同维度坐标表示不同含义，如 x 表示长度，y 表示温度，则设置 norm=1。norm=1 为默认设置。

（8）/ORD=order，设置回归拟合方法，order=0 为常数拟合，order=1 为线性拟合，order=2 为二次拟合（默认设置）。

（9）/PASS=passes，设置局部回归拟合的迭代次数，默认为不超过 4 次。

（10）/R[=robust]，robust 非 0 使用不同的权重函数，设置为 0 使用下面默认的权重函数：

$$W_i = \left(1 - \left|\frac{(x - x_i)}{\max_q (x - x_i)}\right|^3\right)^3$$

（11）/SMTH=sf，另外一个指定平滑窗口宽度的标记，$0 \leqslant sf \leqslant 1$，默认 sf=0.5。neighbors=1+floor(sf×numpnts(srcWaveName))。注意，/SMTH 和/N 标记不能同时出现。

（12）/TIME=secs，设置超时时间，达到设置时间后将会输出警告信息或者退出平滑操作。

（13）/V[=verbose]，比特变量，设置 Loess 命令在历史命令行窗口的输出信息。

- verbose=0：（默认）不输出任何信息。
- verbose=1：输出拟合信息。
- verbose=2：输出调试诊断信息。
- verbose=4：超时后退出命令。

（14）/Z[=z]，设置 z 为非 0 禁止 Loess 命令输出错误信息。在程序中可以通过 V_flag 来查看是否产生错误。

Loess 命令需要消耗非常大的内存，特别是使用/CONF 标记时，内存消耗更大，长度为 10000 的数据将消耗 2GB 左右内存。读者应该根据数据情况，合理选择 Smooth 或者 Loess 命令来获得平滑曲线。

下面来看 Loess 命令的几个例子。

（1）示例 1：使用源数据 x 坐标，创建名为 smoothed 的 wave，将平滑结果输出到该

wave 里,如图 4-28 所示。

```
Make/O/N = 200 wv = 2 * sin(x/8) + gnoise(1)
KillWaves/Z smoothed      // 如果该 wave 存在,就删除掉
Loess/DEST = smoothed/N = 50 srcWave = wv
Display wv; ModifyGraph mode = 3, marker = 19
AppendtoGraph smoothed; ModifyGraph rgb(smoothed) = (0,0,65535)
```

(2) 示例 2:创建名为 out 的 wave,将输出结果保存到该 wave 里,并使用 out 的 x 坐标,如图 4-29 所示。

```
Make/O/N = 100 short = 2 * cos(x/4) + gnoise(1)
Make/O/N = 300 out; SetScale/I x, 0, 99, "" out
Loess/DEST = out/DFCT/N = 30 srcWave = short
Display short; ModifyGraph mode = 3, marker = 19
AppendtoGraph out
ModifyGraph rgb(out) = (0,0,65535), mode(out) = 2, lsize(out) = 2
```

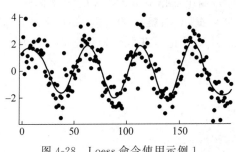

图 4-28 Loess 命令使用示例 1

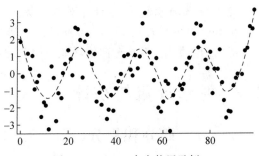

图 4-29 Loess 命令使用示例 2

(3) 示例 3:名为 NOx 的 wave 保存待平滑的数据值,名为 EquivRatio 的 wave 保存对应的 x 坐标值,使用 Loess 命令获得平滑拟合曲线,将结果保存在一个 x 坐标均匀分布的名为 fittedNOx 的 wave 里,并计算置信概率为 0.99 的误差曲线,分别保存在名为 cp 和 cm 的 wave 里,结果如图 4-30 所示。

```
// NOx
Make/O/D NOx = {4.818, 2.849, 3.275, 4.691, 4.255, 5.064, 2.118, 4.602, 2.286, 0.97, 3.965,
5.344, 3.834, 1.99, 5.199, 5.283, 3.752, 0.537, 1.64, 5.055, 4.937, 1.561};

// X wave (注意坐标值大小并没有排序)
Make/O/D EquivRatio = {0.831, 1.045, 1.021, 0.97, 0.825, 0.891, 0.71, 0.801, 1.074, 1.148,
1, 0.928, 0.767, 0.701, 0.807, 0.902, 0.997, 1.224, 1.089, 0.973, 0.98, 0.665};

Make/O/D/N = 100 fittedNOx
WaveStats/Q EquivRatio
SetScale/I x, V_Min, V_max, "", fittedNOx
Loess/CONF = {0.99, cp, cm}/DEST = fittedNOx/DFCT/SMTH = (2/3) srcWave = NOx, factors =
{EquivRatio}//拟合时的自变量由 EquivRatio 指定,在 fittedNOx 的 x 坐标处计算平滑值,结果保存在
//fittedNOx 里
Display NOx vs EquivRatio; ModifyGraph mode = 3, marker = 19
AppendtoGraph fittedNOx, cp, cm      // 添加平滑拟合曲线和置信区间
```

```
ModifyGraph rgb(fittedNOx) = (0,0,65535)
ModifyGraph mode(fittedNOx) = 2,lsize(fittedNOx) = 2
```

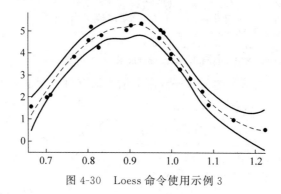

图 4-30　Loess 命令使用示例 3

上面的命令中，用 factors 指定待平滑的数据的坐标来源于 EquivRatio，而非 NOx 本身。/DFCT 没有参数，表示计算平滑数据时 x 坐标是输出数据 fittedNOx 的 x 坐标。

从本例中还可看到 Loess 命令可以平滑 XY 型数据，具有插值的功能。而 Smooth 只能平滑均匀型数据，不具有插值功能。因此利用 Loess 命令也是获取均匀数据的一种方法。

4.2　数值计算与统计

4.2.1　微分和积分

Differentiate 命令对指定 wave 进行微分操作，Integrate 命令对指定 wave 进行积分操作，Integrate1D 函数对指定函数进行数值积分运算。

1. 微分

微分操作如下：

```
Differentiate ywave
```

微分的结果存放于 ywave 本身。可以通过参数指定一个 wave 来存放微分结果。看下面的例子：

```
Function calgauss(inx)
    variable inx
    Return gauss(inx,0,1)
End
Make/N = 200/O pDistribution
SetScale/I x, - 20,20,pDistribution
pDistribution = Integrate1D(calgauss, - 100,x,0)
Duplicate/O pDistribution fDistribution
Differentiate fDistribution
```

calgauss 函数返回一个高斯分布 $N(0,1)$ 在 x 处的值。pDistribution 通过 Integrate1D 函数计算随机变量小于 $x0$ 的分布概率，即 pDistribution$(x0) = P\{x < x0\}$（关于 Integrate1D，后面会介绍）。对 pDistribution 进行微分运算，即为概率密度分布函数，在这里就是原来的高斯函数，结果如图 4-31 所示。

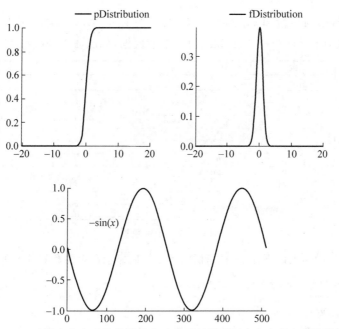

图 4-31 对概率分布函数曲线微分后就可以得到概率密度分布函数曲线

Differentiate 的完整命令如下：

```
Differentiate [/DIM = d /EP = e /METH = m /P ][typeFlags ] yWaveA [/X = xWaveA ] [/D = destWaveA
][, yWaveB [/X = xWaveB ][/D = destWaveB ][, ...]]
```

标记参数虽然较多，但都是可选的。Differentiate 可以同时对多个数据进行微分。下面解释 Differentiate 标记参数的含义：

（1）/DIM＝d，指定对哪个坐标方向进行微分（相当于偏微分）。如果是多维 wave，则 $d＝0$ 表示沿 x 方向微分（行方向，$\partial/\partial x$），$d＝1$ 表示沿 y 方向微分（列方向，$\partial/\partial y$），$d＝2$ 表示沿 z 方向（层方向，$\partial/\partial z$），$d＝3$ 表示沿 t 方向（块方向，$\partial/\partial t$）。

（2）/EP＝e，指定对首末数据点的处理方法，EP＝0 表示对首末数据点使用近似值，EP＝1 表示删除首末数据点对应微分值。在数值计算中，微分运算是使用差分来近似的，首末数据点相较于中间数据点由于其位置不同，需要特殊处理。

（3）/METH＝m，指定微分方法，$m＝0$ 表示中间微分，$m＝1$ 表示前向微分，$m＝2$ 表示后向微分。

（4）/P，指定使用数据点次序作为 dx，即 d$x＝1$。

typeFlags 是类似于/D /B /C 等描述 wave 数据类型的标记，用于指定生成微分 wave 的数据类型。

（1）/X＝xWaveA，指定 x 坐标，如果指定/X＝xWaveA，Differentiate 将使用 xWave 作为 x 坐标计算微分值，否则默认使用 yWaveA 的 x 坐标。

（2）/D＝destWaveA，指定要生成微分 wave 的名字，否则生成结果直接存放在 yWaveA 中，即改写被微分数据。

ywaveB 及后面的参数和 ywaveA 含义一样，表示对 ywaveB 做微分。

再看下面的例子：打开一个 Table，输入以下数据，如图 4-32 所示。

Point	wave0			
0	1			
1	4			
2	9			
3	16			
4	25			
5	36			
6	49			
7	64			
8	81			
9				

图 4-32　示例数据

在命令行窗口中输入以下命令，执行后的各结果值显示在表格和 Graph 中，如图 4-33 所示。

```
Differentiate/METH = 0 wave0 /D = w1
Differentiate/METH = 1 wave0 /D = w2
Differentiate/METH = 2 wave0 /D = w3
AppendToTable w1,w2,w3
Display w1,w2,w3
ModifyGraph mode = 4,marker(w1) = 8,marker(w2) = 5,rgb(w2) = (0,0,0),marker(w3) = 6
ModifyGraph rgb(w3) = (0,0,65280)
Legend/C/N = text0/A = MC
```

Point	wave0	w1	w2	w3
0	1	3	3	3
1	4	4	5	3
2	9	6	7	5
3	16	8	9	7
4	25	10	11	9
5	36	12	13	11
6	49	14	15	13
7	64	16	17	15
8	81	17	17	17
9				

(a) 微分结果内容

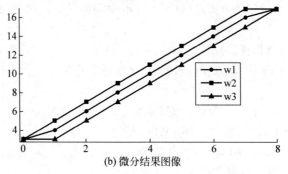

(b) 微分结果图像

图 4-33　/METH 标记对微分结果的影响对比

w1 是中间差分结果(/METH＝0),w2 是前向差分(/METH＝1),w3 是后向差分(/METH＝2),可以看到三者之间的差异:

(1) 中间差分:$y[n]＝(y[n+1]-y[n-1])/(2\mathrm{d}x)$。

(2) 前向差分:$y[n]＝(y[n+1]-y[n])/\mathrm{d}x$。

(3) 后向差分:$y[n]＝(y[n]-y[n-1])/\mathrm{d}x$。

2. 积分

积分是微分的逆操作。

既可以对一个 wave 进行积分操作,也可以对一个抽象的函数求取积分。对 wave 进行积分操作使用 Integrate 命令,效果相当于累积积分,如

```
Integrate ywave
```

对 ywave 进行积分操作,结果存放于 ywave 本身,和 Differentiate 一样可以利用/D 参数指定一个新的 wave 用于存放结果:

$$\mathrm{ywave}(x) = \int_{x\min}^{x} \mathrm{ywave}(t)\mathrm{d}t$$

积分命令和微分命令参数标记除了/METH 外含义完全一样。积分命令中,/METH＝m 表示矩形积分($m＝0$)、梯形积分($m＝1$)和积分值(矩形积分)保存在下一个数据点而非当前数据点($m＝2$)。

看下面的例子,结果如图 4-34 所示。

```
Make/O/N = 200 data1
SetScale/I x, 0, 2 * pi, data1
data1 = sin(x)
Integrate data1 /D = inte_data1
Duplicate/O data1 data2
data2 = 1 - cos(x)
Display inte_data1, data2
ModifyGraph mode(inte_data1) = 3, marker(inte_data1) = 8, rgb(data2) = (0, 0, 0)
ModifyGraph lsize(data2) = 2
```

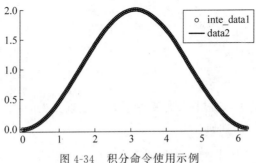

图 4-34　积分命令使用示例

上面的例子中,data1＝$\sin(x)$,其$(0, x)$范围上的积分值应该等于$\cos(0)-\cos(x)＝1-\cos(x)$,为了比较,这里创建了 data2,并直接赋值为 $1-\cos(x)$。inte_data1 是对 data1 积分后的结果,可以看到和 data2 是一致的,如图 4-34 所示。

使用 Integrate1D 函数可以对抽象函数计算积分。抽象函数是一个数学函数。

使用 Integrate1D 之前，需要先创建一个函数，用于描述抽象函数，返回函数值。Integrate1D 函数的完整调用格式如下：

```
Integrate1D UserFunctionName, min_x, max_x[, options[, count ]]
```

其中，UserFunctionName 为待积函数，min_x 和 max_x 表示积分范围，options 为算法类型：

option＝0：梯形算法（默认），option＝1：Romberg integration 算法，option＝2：高斯求积算法。

有时高斯求积速度快一些（本书并没有深究这些算法的内在机理，读者如果感兴趣可以查阅相关书籍），下面举一个抽象积分的例子。

狄拉克函数 δ 常用于表示质点、点电荷等的密度分布，在物理学中应用广泛。δ 函数定义如下：

$$\delta(x) = \begin{cases} \infty, x = 0 \\ 0, x \neq 0 \end{cases}$$

$$\int_{-\infty}^{\infty} \delta(x) \mathrm{d}x = 1$$

狄拉克函数没有具体的表达式，但可以用下面的函数来获取：

$$\delta(x) = \frac{1}{\pi} \lim_{a \to 0} \frac{a}{a^2 + x^2}$$

将下面的代码输入程序窗口：

```
Function diracfun(inX)
    variable inX
    nvar/Z a
    variable a1 = 0.00001
    if(nvar_exists(a))
        a1 = a
    endif
    Return 1/pi * a1/(a1 * a1 + inX * inX)
End
variable a = 0.000001
Print diracfun(0.001), diracfun(0)
Print Integrate1D(diracfun, - 20, 20, 2)
```

可以发现积分值为 1。这里，通过控制外部变量 a 来逼近真正的狄拉克函数。

狄拉克函数具有如下的性质：

$$\int_{-\infty}^{\infty} f(x) \delta(x - x0) \mathrm{d}x = f(x0)$$

现在来证明这一点。在上面程序的基础上再输入下面的程序：

```
Function inte_f(x0)
    variable x0
```

```
        Return (2 * x0 * x0 - 3 * x0 + 1) * diracfun(x0 - 2)
End

a = 0.0000001
Print Integrate1D(inte_f, - 20,20,2)
```

上面的代码通过 δ 函数计算函数 $f(x)=2x^2-3x+1$ 在 $x=2$ 处的值（真实值等于 3）。可以看到结果和 3 非常接近，a 越小，越逼近 3。

4.2.2 wave 统计信息

有时需要知道数据的统计信息，如所有数据和、平均值、标准偏差、数据点个数、数据曲线包围的面积、最小值和最大值等。数据的这些信息因为经常使用，Igor 提供了一些函数和命令用于完成这些计算。表 4-2 列出了常见的函数和命令。

表 4-2 获取 wave 统计信息的函数和命令

名 字	类 型	参数类型	含 义
leftx(w)	函数	wave	返回第一个数据点 x 坐标
deltax(w)	函数	wave	返回 x 坐标间隔
rightx(w)	函数	wave	返回末一个数据点 x 坐标
WaveStats	命令	—	获取 wave 的统计值
mean(w,[$x1,x2$])	函数	wave,variable	返回 wave 指定范围数据的平均值
variance(w,[$x1,x2$])	函数	wave,variable	返回 wave 指定范围数据的方差
WaveMin(w)	函数	wave	返回一个 wave 的最小值
WaveMax(w)	函数	wave	返回一个 wave 的最大值
area(w,[$x1,x2$])	函数	wave,variable	返回 wave 指定范围数据曲线包围面积
sum(w,[$x1,x2$])	函数	wave,variable	返回 wave 指定范围数据的和
faverage(w,[$x1,x2$])	函数	wave,variable	返回平均值：area/$\|x1-x2\|$
areaxy(wx,wy,[$x1,x2$])	函数	wave,variable	返回面积，x 坐标由 wx 指定
faverageXY(wx,wy,[$x1,x2$])	函数	wave,variable	返回平均值：areaxy/$\|x1-x2\|$

Wavestats 命令可以实现表 4-2 中绝大多数函数的功能，用法为

```
WaveStats /Q [/R = (startX, endX )]/Z waveName
```

命令执行后会自动创建一系列变量，保存统计结果，这些变量如表 4-3 所示。

表 4-3 WaveStats 命令输出变量及其含义（部分）

变 量 名	含 义
V_npnts	数据点个数
V_numNans	NaN 数据个数
V_numiNFs	无穷大数据个数
V_avg	平均值
V_sum	和
V_sdev	标准偏差

变 量 名	含　　义
V_sem	平均值标准偏差
V_minloc	最小值 x 坐标
V_min	最小值
V_maxloc	最大值 x 坐标
V_max	最大值

命令执行后会默认向历史窗口输出上面的统计信息，使用/Q 标记可禁止输出。/R 标记及其参数指定用于获取统计信息的 x 坐标范围。菜单命令【Analysis】|【Wave Stats】就是对 WaveStats 命令的调用。看下面的例子：

```
Make/O/N = 200 data
Data = x
WaveStats data
```

命令执行后结果如图 4-35 所示。

```
*WaveStats data
  V_npnts= 200; V_numNaNs= 0; V_numINFs= 0; V_avg= 99.5;
  V_Sum= 19900; V_sdev= 57.8792; V_sem= 4.09268; V_rms= 115.037;
  V_adev= 50; V_skew= 0; V_kurt= -1.21801; V_minloc= 0;
  V_maxloc= 199; V_min= 0; V_max= 199; V_minRowLoc= 0;
  V_maxRowLoc= 199; V_startRow= 0; V_endRow= 199;
```

图 4-35　WaveStats 命令执行结果

下面来看一个在程序中使用 WaveStats 命令获取平均值的例子。按 Ctrl＋M 组合键，打开程序窗口，输入下面的程序代码，然后在命令行窗口输入 fun1()，并按 Enter 键执行，运行结果如图 4-36 所示。

```
Function fun1()
    wave w = data      //data 为上面例子创建的数据
    WaveStats/Q w
    Print V_avg
End
```

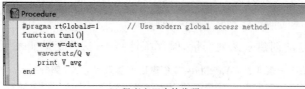

```
Procedure
#pragma rtGlobals=1         // Use modern global access method.
function fun1()|
    wave w=data
    wavestats/Q w
    print V_avg
end
```

(a) 程序窗口中的代码

```
*fun1()
  99.5
```

(b) 命令运行结果

图 4-36　在程序中使用 WaveStats 命令，利用/Q 标记禁止打印输出信息

如果只需要计算某个特征统计值，可以使用表 4-2 列出的专门的函数，要比利用 WaveStats 命令更有效。

表 4-2 中所有的函数使用都很简单，w 表示数据名字，$x1$ 和 $x2$ 分别表示起始 x 坐标和终止 x 坐标，并且都是可选参数，如果不设置则表示整个数据范围。确定 $x1$ 和 $x2$ 有时不太容易，因为很多情况下并不知道 wave 的最小坐标和最大坐标值，此时可以使用函数 leftx（wavename）和 rightx（wavename）来分别获取最小和最大的 x 坐标值，也可以直接使用一inf 和 inf 来表示整个数据范围。inf 是 Igor 的内置数据类型，表示无穷大。

WaveStats 命令、mean 和 sum 函数仅使用 x 坐标限定范围，运算过程中并不使用 x 坐标，如果 x 坐标不是刚好对应某一数据点位置，WaveStats、mean 和 sum 会自动近似到最近的数据点。而 area 和 faverage 函数要使用 x 坐标进行计算（面积必然和 x 有关），如果 $x1$ 和 $x2$ 不是刚好对应某一数据点，还会在 $x1$ 和 $x2$ 处进行插值，可参看图 4-37。

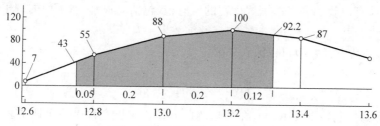

图 4-37　面积计算函数会使用到 x 坐标

下面的代码演示这些函数和命令的区别：

```
WaveStats/R = (12.75,13.32) wave        //Wave 可参看图 4-37
V_avg                                   // = (55 + 88 + 100 + 87)/4 = 82.5
sum(wave,12.75,13.32)                   // = 55 + 88 + 100 + 87 = 330
mean(wave,12.75,13.32)                  // = (55 + 88 + 100 + 87)/4 = 82.5
area(wave,12.75,13.32)                  // = 0.05 · (43 + 55) / 2   第 1 个梯形
                                        // + 0.20 · (55 + 88) / 2   第 2 个梯形
                                        // + 0.20 · (88 + 100) / 2   第 3 个梯形
                                        // + 0.12 · (100 + 92.2) / 2  第 4 个梯形
                                        // = 47.082
faverage(wave,12.75,13.32)              // = area(wave,12.75,13.32) / (13.32 - 12.75)
                                        // = 47.082/0.57 = 82.6
```

areaXY 和 faverageXY 用来对 XY 型数据计算平均值和面积，除此之外，使用方法和 area 与 faverage 完全一样。

计算面积时会考虑数据的 x 坐标，因此面积计算本质上也是一种积分运算，和 Integrate 命令作用一样。

当程序设计中需要用到 wave 的统计类信息，如求和、平均值、极大值和极小值等问题时，应该使用这些函数，而不是自己编写函数，这会提高程序的运行效率。

4.2.3　求解数值方程

Igor 中绝大多数命令和函数操作对象都是 wave。除此之外还有一些函数和命令，用于处理抽象函数，比如方程求根，求解微分方程，计算积分，寻找最大值最小值等。Integrate1D 函数就是一个处理抽象函数的例子。

本节介绍数值方程的求解方法。解方程可用于数据映射、坐标变换等场合。

方程求解实际上是寻找一个矢量 $\boldsymbol{X}=(x_1,x_2,\cdots,x_n)$，使 $f(x_1,x_2,\cdots,x_n)=0$。在求解前需要编写函数给出 $f(x_1,x_2,\cdots,x_n)$ 的具体形式（多项式方程可不需要函数）。

根据 $f(x_1,x_2,\cdots,x_n)$ 形式的不同可将数值方程求解的问题分为 3 类：多项式求解、一元方程求解、多元方程求解。求解的过程是先编写函数给出方程的具体形式（如系数或者方程表达式），然后调用 FindRoots 命令求解方程。

1. 多项式求解

多项式方程的求解过程比较简单，只需要先将系数保存在一个 wave 中，然后作为 FindRoots 的标记参数即可。

FindRoots 可以找到一个多项式方程的所有根（包括复根）。看下面的例子：

$$x^4 - 3.75x^2 - 1.25x + 1.5 = 0$$

由于上面的多项式方程左边可以因式分解：

$$(x+1)(x-2)(x+1.5)(x-0.5)=0$$

因此可以很容易地看到方程有 4 个根：-1、2、-1.5、0.5。

下面来看如何利用 FindRoots 命令求解此方程。这里方程是一个四次多项式，创建一个 wave 存放多项式的系数：

```
Make/D/O polycoef = {1.5, - 1.25, - 3.75, 0, 1}
```

其中，第一个数据点表示常数项，第二个数据点表示一次项系数，以此类推。调用 FindRoots 求解，结果如图 4-38 所示。

```
FindRoots/P = polycoef
Edit w_polyroots
```

	W_polyRoots.d.real	W_polyRoots.d.imag	
0	0.5	0	
1	−1	0	
2	−1.5	0	
3	2	0	
4			

图 4-38　多项式方程求解

方程的根保存在一个叫作 W_polyRoots 的 wave 里，可以看到结果和预期吻合。注意，因为本例中 4 个根全部为实数，所以 W_polyRoots 中的解的虚部都为 0。

2. 一元方程求解

一元方程只指包含一个变量的方程，上面提到的多项式方程本质上也属于一元方程。与多项式方程相比，一元方程没有普适的解法。Igor 利用 Brent 算法对一些一元方程求解，但是解的正确性需要小心甄别。

不像多项式方程只需提供一个保存各项系数的 wave，对于一般的一元方程，需要定义一个函数来描述方程表达式：

```
Function myFunc(w,x)
    Wave w
    Variable x
    Return < an expression >
End
```

w 存放方程左边表达式里的常数系数，x 表示变量。尖括号表示任何可能的数学表达式。如果方程的形式为 $y=a+b \cdot \sin(c \cdot (x-x_0))$，则上面的函数具体内容如下：

```
Function mySinc(w, x)
    //w[0]:a
    //w[1]:b
    //w[2]:c
    //w[3]:x0
    Wave w
    Variable x
    Return w[0] + w[1] * sinc(w[2] * (x - w[3]))
End
```

确保上面的代码已经输入程序窗口。执行下面的代码：

```
Make/D/O SincCoefs = {0, 1, 2, .5}
Make/D/O SincWave
SetScale/I x − 10,10,SincWave
SincWave = mySinc(SincCoefs, x)
Display SincWave
ModifyGraph zero(left) = 1
ModifyGraph minor(bottom) = 1
```

上面的代码创建了一个名为 SincWave 的 wave 来存放函数 $a+b \cdot \sin(c \cdot (x-x_0))$ 的函数值，各项系数保存在 SincCoefs 里，然后调用 mySinc 函数对 SincWave 赋值，最后显示 SincWave，如图 4-39 所示。

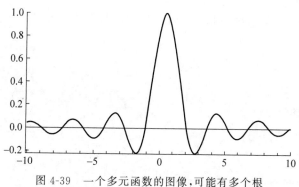

图 4-39　一个多元函数的图像，可能有多个根

显然，$y=a+b \cdot \sin(c \cdot (x-x_0))$ 存在多个零点，也即方程 $a+b \cdot \sin(c \cdot (x-x_0))=0$ 存在多个根。由于根的个数不确定，所以在调用 FindRoots 之前必须指定根所在的范围。通过图 4-39 可以看到 $x \in [1,3]$ 时存在一个根，这个根可以按照下面的方法来求：

```
FindRoots/L = 1/H = 3 mySinc, SincCoefs
```

其中，mySinc 就是前面定义的函数，SincCoefs 是方程表达式中的系数 wave。结果如图 4-40 所示。

```
*FindRoots/L=1/H=3 mySinc, SincCoefs
    Possible root found at 2.0708
    Y value there is -1.46076e-09
```

图 4-40　指定根的范围，利用 FindRoots 求解一元方程

在这里看到除了输出根之外，还输出该根对应的 y 值，这个值理论上等于 0。这里看到的 Y value 是一个非常小的数，说明根是可信的。

注意，并不是总是需要通过/L 和/H 标记刚好将根包括在其中，也可以使/L 和/H 标记包含一个极值（前提是包含根在内），此时 FindRoots 会自动利用该极值与/L 和/H 参数构成两个新的 x 范围，得到两个根。通过图 4-39，可以发现 $x \in [0,5]$ 时存在 2 个根，并且存在一个极小值，于是

```
FindRoots/L = 0/H = 5 mySinc, SincCoefs
```

结果如图 4-41 所示。

还可以不指定 x 范围，此时 FindRoots 命令默认 x 的范围为 $[0,1]$，如果此范围没有找到，则自动跳到 $[1,2]$，直到找到第一个根为止（或者返回错误），如图 4-42 所示。

```
FindRoots mySinc, SincCoefs
```

```
*FindRoots/L=0/H=5 mySinc, SincCoefs
    Looking for two roots...

    Results for first root:
    Possible root found at 2.0708
    Y value there is -2.99483e-11

    Results for second root:
    Possible root found at 3.64159
    Y value there is 3.4303e-11
```

图 4-41　/L 和/H 包含过零点极值，FindRoots 返回两个根

```
*FindRoots mySinc, SincCoefs
    Possible root found at 2.0708
    Y value there is 2.74839e-13
```

图 4-42　FindRoots 不指定 x 范围求解

3. 多元方程求解

和一元方程一样，需要提供多元方程表达式的函数形式。有几个未知变量，就需要提供几个函数，如下：

```
Function myFunc1(w, x1, x2)
    Wave w
    Variable x1, x2
    Return <an expression>
End
Function myFunc2(w, x1, x2)
    Wave w
    Variable x1, x2
    Return <an expression>
End
```

上面表示有两个未知变量，因此函数的个数是两个。如方程的表达式为 $f1 = w[0] * \sin((x-3)/w[1]) * \cos(y/w[2])$，$f2 = w[0] * \cos(x/w[1]) * \tan((y+5)/w[2])$，则上面函数的具体形式如下：

```
Function myf1(w, xx, yy)
```

```
    Wave w
    Variable xx,yy
    Return w[0] * sin(xx/w[1]) * cos(yy/w[2])
End
Function myf2(w, xx, yy)
    Wave w
    Variable xx,yy
    Return w[0] * cos(xx/w[1]) * tan(yy/w[2])
End
```

执行下面的代码：

```
Make/D/O params2D = {1,5,4}
FindRoots myf1,params2D, myf2,params2D
```

求解结果如图 4-43 所示。

多元方程的求解远比一元方程复杂，没有通用的方法。Igor 里使用的算法是先将对应方程的每个函数取平方，然后再求和，则解必然存在于和的极小值处，因此可以通过寻找极小值的办法来获取方程的解。显然，极小值并不是解的充要条件，因此 FindRoots 并不是总能返回有意义的结果。所以在求解多元方程之前一般都需要对多元方程解的情况有所了解，然后通过/X 标记指定初始的 x 出发点，通过对应的 y 值来判断解的好坏。下面指定 x 的初始出发点为 $(7.7, 6.3)$，这样可以获取方程的另外一对解，如图 4-44 所示。

```
FindRoots/X = {7.7,6.3} myf1,params2D, myf2,params2D
```

```
*Findroots myf1,params2D, myf2,params2D
  Root found after 4 function evaluations.
W_Root={0,0}
  Function values at root:
W_YatRoot={0,0}
```

```
*FindRoots/X={7.7,6.3} myf1,params2D, myf2,params2D
  Root found after 47 function evaluations.
W_Root={-1.10711e-14, 12.5664}
  Function values at root:
W_YatRoot={2.21422e-15,-1.89882e-15}
```

图 4-43　利用 FindRoots 求解多元方程　　　图 4-44　对于多元方程，一般需要给定解的初始范围

4. FindRoots 命令总结

最后，将 FindRoots 的命令总结如下：

```
FindRoots [/H = highBracket    /L = lowBracket ] [/I = maxIters ] [/Q] [/T = tol ] [/X = startXSpec ]
funcspec, pWave [, funcspec, pwave [, ...]]
```

```
FindRoots /P = PolyCoefsWave
```

（1）funcspec，描述方程表达式的函数。

（2）pwave，存放方程表达式中常系数的 wave。

（3）/H 和/L，设定根的范围。

（4）/I＝maxIers，设定算法迭代循环的次数，默认不超过 100 次。

（5）/Q，禁止向历史命令行窗口输出信息。

（6）/T＝tol，设定收敛条件。

（7）/X＝$\{x1, x2, \cdots\}$，多元方程指定搜寻解时的初始出发点，如果是 wave，则解保存在 wave 中。

FindRoots /P＝PolyCoefsWave 表示求解多项式方程。

除了向历史命令行窗口输出解的信息之外，FindRoots 还将求解结果存放在自动创建的变量之中，详细说明如表 4-4 所示。

表 4-4　FindRoots 方程输出信息

名　　　称	方 程 类 型	变 量 类 型	值	含　　　义
V_flag	全部	数值变量	0	成功
			非 0	失败（请读者查阅在线帮助了解详细信息）
V_numRoots	一元	数值变量	1 或者 2	解的数量
V_Root	一元	数值变量		解
V_YatRoot	一元	数值变量		解处对应的函数值
V_Root2	一元	数值变量		解
V_YatRoot2	一元	数值变量		解处对应的函数值
W_Root	多元	wave		存放解的 wave
W_YatRoot	多元	wave		存放解对应函数值的 wave
W_polyRoots	多元	wave		存放多项式方程解的 wave

5. 多元方程求解技巧

现在讨论利用 FindRoots 来求解多元方程的技巧。通常有多少个未知变量，就需要定义多少个函数，当未知变量比较多时，这种方法显得非常笨拙、没有效率。这时可以使用"all in one function"技巧，即一次返回 N 个值的函数来提高效率。函数定义方式如下：

```
Function myCombinedFunc(w, xW, yW)
    Wave w, xW, yW
    yW[0] = f1(w[…][0], xW[0], xW[1],…, xW[N-1])
    yW[1] = f2(w[…][1], xW[0], xW[1],…, xW[N-1])
    …
    yW[N-1] = fN(w[…][N-1], xW[0], xW[1],…, xW[N-1])
End
```

其中，未知量存放在 xW 中，xW 的长度等于未知量的个数，yW 用来存放返回的 y 值。w 存放方程表达式常系数，这里 w 是一个 $(M \times N)$ 的矩阵，M 表示多元方程中每个方程中系数最多的那个方程的系数个数，N 表示方程的个数。此时 FindRoots 的使用方法如下：

```
Make/N = (M, N) paramWave
<填充参数>
Make/N = (N) guessWave
guessWave = {x₀, x₁, … , x_{N-1}}
FindRoots /X = guessWave myCombinedFunc, paramWave
```

下面来看一个三元方程的例子：

$$\begin{cases} x + y + z - 6 = 0 \\ 2x - y + 3z - 9 = 0 \\ x + 2y - x - 2 = 0 \end{cases}$$

系数矩阵为

$$w = \begin{pmatrix} 1 & 1 & 1 & -6 \\ 2 & -1 & 3 & -9 \\ 1 & 2 & -1 & -2 \end{pmatrix}$$

函数如下：

```
Function myf3(w,xw,yw)
    Wave w,xw,yw
    yw[0] = w[0][0] * xw[0] + w[1][0] * xw[1] + w[2][0] * xw[2] + w[3][0]
    yw[1] = w[0][1] * xw[0] + w[1][1] * xw[1] + w[2][1] * xw[2] + w[3][1]
    yw[2] = w[0][2] * xw[0] + w[1][2] * xw[1] + w[2][2] * xw[2] + w[3][2]
End
```

创建参数 wave：

```
Make/O/N = (4,3) pw = {{1,1,1, - 6},{2, - 1,3, - 9},{1,2, - 1, - 2}}
```

创建初始解 wave：

```
Make/N = 3 guesswave = {0,0,0}
```

解方程：

```
FindRoots/X = guesswave myf3,pw
Edit guesswave
```

结果如图 4-45。

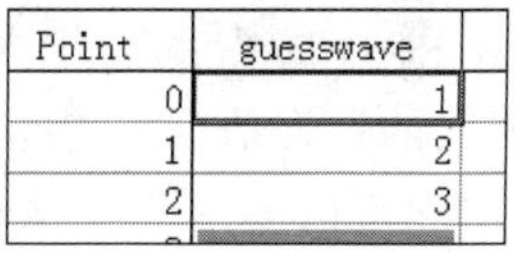

Point	guesswave
0	1
1	2
2	3

图 4-45　all in one function 在多元方程求解中的应用

最后，请注意 FindRoots 和 FindLevel 的区别，前者是已知函数求解，后者是已知 wave 求曲线和水平线交点。

4.2.4　微分方程求解

复杂的数据拟合、数据分析和模拟都需要求解微分方程。微分方程的求解有很多成熟有效的算法可以直接采用，在 Igor 下可以直接利用编程实现这些算法，但更简单、更有效的办法是利用 IntegrateODE 命令。IntegrateODE 命令支持多种经典算法，如五阶龙格-库塔法、Bulirsch-Stoer 算法等，能根据求解的精度自动调整自变量步长以节约时间提高效率。IntegrateODE 可以求解一阶普通微分方程（组）或是可以转换为一阶普通微分方程（组）的微分方程。一阶普通微分方程一般形式如下：

$$\frac{\mathrm{d}y}{\mathrm{d}x} = -f(x,y)$$

使用 IntegrateODE 求解微分方程的步骤：首先，在程序窗口输入自定义函数，自定义函数描述了微分方程的具体形式（IntegratedODE 将在微分方程的求解过程中调用此函数）；然后，调用 IntegrateODE 命令求解微分方程。

首先来看自定义函数的格式：

```
Function D(pw, xx, yw, dydx)
    Wave pw          // 参数 wave
```

```
        Variable xx         //x 值
        Wave yw             //y 值 wave,其长度等于微分方程的个数
        Wave dydx           //dy[i]/dx
        dydx[0] = < expression for one derivative >
        dydx[1] = < expression for next derivative >
        < etc.>
        Return 0
    End
```

其中,各项含义说明如下。

（1）pw 是一个参数 wave,存放微分方程中的系数和常数。在调用 IntegrateODE 之前需创建参数 wave 并传递给 pw 参数。

（2）xx 表示自变量,IntegrateODE 将在该点计算微分 dy/dx 的值。xx 由 IntegrateODE 自动根据输入 wave 或者标记参数的设定传递给函数。

（3）yw 是一个存放因变量的 wave,存放当前对应于 xx 的解。yw 的长度和微分方程的个数相同。yw 由 IntegrateODE 自动传给函数。

（4）dydx 长度和 yw 相同,用于保存 dy/dx 的值,IntegrateODE 利用这些值计算下一个 xx 的解。dydx 由 IntegrateODE 自动传递给函数。

yw 和 dydx 由系统自动创建,不能执行删除调整长度等操作。

函数的返回值为 0,表示正常返回,如果返回值非 0,IntegrateODE 会认为碰到错误而退出,因此可以通过让函数返回非 0 值来有条件地终止求解过程。

上面的函数形式是固定的,不能随意修改,但是变量或者 wave 的名字可以自由定义。只要在执行 IntegrateODE 时指定正确的参数,函数由 IntegrateODE 自动调用,用户不需要做任何干涉。

为了更好地理解上面的函数以及 IntegrateODE 的使用,图 4-46 给出了求解过程中解的结构信息。调用 IntegrateODE 之前,如果微分方程的个数是 4,需要指定 4 个存放解的 wave,每个 wave 对应一个微分方程,每一行都保存对应微分方程当前 x 值的解。还需指定一个 X wave 来存放需要计算解的 x 值,如图 4-46 所示。

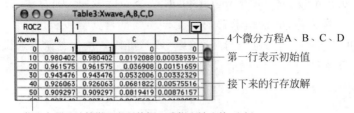

图 4-46　微分方程的求解过程

实际中使用一个二维 wave,行指定要求解的 x 坐标,列表示方程的个数,如图 4-47 所示。

注意,第一行的值必须预先指定,求解方程时作为初始值。IntegrateODE 将以该值作为初始值并调用自定义函数顺次迭代计算后续的 x 坐标处的解。

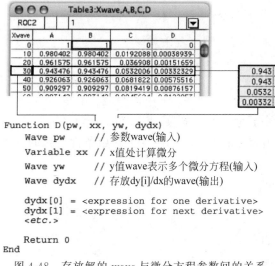

图 4-47　利用二维 wave 存放解,列等于微分方程个数

在指定了存放解的 wave 之后,IntegrateODE 在求解下一个 x 坐标处的解时,会将该 wave 当前 x 坐标对应的行传给自定义函数中的 yw,用于计算微分值,如图 4-48 所示。

```
Function D(pw, xx, yw, dydx)
    Wave pw        // 参数wave(输入)
    Variable xx    // x值处计算微分
    Wave yw        // y值wave表示多个微分方程(输入)
    Wave dydx      // 存放dy[i]/dx的wave(输出)

    dydx[0] = <expression for one derivative>
    dydx[1] = <expression for next derivative>
    <etc.>

    Return 0
End
```

图 4-48　存放解的 wave 与微分方程参数间的关系

注意,上面的描述和理解只是理论上的,实际可能并非如此。原因是 IntegrateODE 会根据精度自动调整 x 的步长,也就是说在指定的两个 x 值之间,IntegrateODE 可能会自动计算很多 x 值处的解以保证计算精度,而只是在指定的 x 值处返回解并赋给存放解的 wave,因此并不是说每一次函数调用都是传递了解 wave 中的某一行,而有可能传递的是解 wave 中根本不存在的中间结果。

上面反复提到了输出解的 x 坐标问题,也即 IntegrateODE 的输出结果问题。x 坐标指定在哪儿计算微分方程的解,也即解的 x 坐标。有 3 种方法指定 x 坐标:通过 SetScale 命令手动设定解 wave 的 x 坐标,Igor 根据 wave 的 x 坐标返回对应的解;通过/X＝xwave 标记指定一个 wave 以存放 x 坐标;由 IntegrateODE 自动计算 x 坐标(自由运行模式,free-run mode)。除了自由运行模式之外,执行计算时使用的 x 步长都可能异于在调用时给定的步长。

看一个简单的例子,假设微分方程的形式如下:

$$\frac{\mathrm{d}y}{\mathrm{d}x} = -ay$$

这是一个很简单的微分方程，很容易求得其解析解为

$$y = Ce^{-ax}$$

首先创建自定义函数以计算微分值，按 Ctrl＋M 组合键，在程序窗口中输入以下内容：

```
Function FirstOrder(pw, xx, yw, dydx)
    Wave pw                      // pw[0] 存放 a
    Variable xx                  // 本例没有使用
    Wave yw                      // 只有一个元素，因为只有一个微分方程
    Wave dydx                    // 只有一个元素，因为只有一个微分方程
    dydx[0] = - pw[0] * yw[0]    // 只有一个表达式
    Return 0
End
```

在命令行窗口输入以下命令：

```
Make/D/O/N = 101 YY              // 存放解
YY[0] = 10                       // 初始条件 y0 = 10
Display YY                       // 显示解
Make/D/O PP = {0.05}             // 设置参数为 a = 0.05
IntegrateODE FirstOrder, PP, YY
```

其中，IntegrateODE 命令后面有 3 个参数：FirstOrder 为自定义函数，用于计算微分值，PP 作为参数 wave，YY 作为解 wave，YY[0] 保存了初始条件。解的结果如图 4-49 所示，与预期符合。

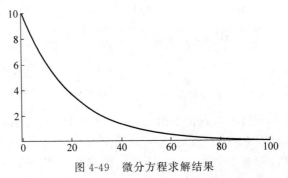

图 4-49　微分方程求解结果

上面使用了 YY wave 中的 x 坐标作为解 wave 的 x 坐标。由于 YY wave 的坐标为从 0 到 100（默认 x 坐标范围等于数据点位置次序），因此解的 x 坐标也是从 0～100。如果想输出 x 从 0～300 的结果，可以采用如下代码，结果如图 4-50 所示。

```
SetScale/P x 0,3,YY       //x 坐标从 0 开始，间隔为 3
IntegrateODE FirstOrder, PP, YY
```

还可以使用/X 标记来达到相同的目的：

```
IntegrateODE/X = {0,3} FirstOrder, PP, YY
```

其中，/X＝{0,3}表示 x 从 0 开始，每隔 3 计算一个解。不过请读者注意上面的方式计算出来的解，其 x 坐标可能不再对应解 wave 自己的 x 坐标。因此更好的方法是采用下面的办法：

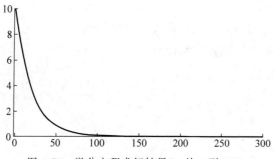

图 4-50 微分方程求解结果(x 从 0 到 300)

```
Make/D/O/N = 101 XX
XX  =  exp(p/20)
Display YY vs XX
ModifyGraph mode = 2
IntegrateODE/X = XX FirstOrder, PP, YY
```

这里创建了一个与解 YY 具有相同长度的 XX 来存放 x 坐标,并通过 exp 函数指定 XX 每个元素的值,由于 exp 函数的特性,XX 取值小时,分布密度要大一些,取值大时,分布密度要小一些,因此最终求解的结果看起来并不是均匀的。这在有时候是需要的,如在数据变化比较剧烈时希望 x 坐标分布密一些,而在数据变化平缓时又希望 x 坐标分布稀疏一些,如图 4-51 所示。

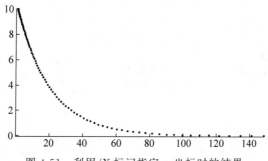

图 4-51 利用/X 标记指定 x 坐标时的结果

再来看一个微分方程组的例子。蔡氏电路是能模拟混沌现象的一个最简单的电路。蔡氏电路用包含 3 个微分方程的方程组来描述:

$$\begin{cases} \dfrac{\mathrm{d}y_1}{\mathrm{d}t} = \dfrac{1}{C_1 R_0}(y_2 - y_1) - \dfrac{g(y_1)}{C_1} \\[2mm] \dfrac{\mathrm{d}y_2}{\mathrm{d}t} = \dfrac{1}{C_2}y_3 - \dfrac{1}{C_1 R_0}(y_2 - y_1) \\[2mm] \dfrac{\mathrm{d}y_3}{\mathrm{d}t} = -\dfrac{1}{L}y_2 \end{cases}$$

其中,$C_1 = 10\mathrm{nF}$,$C_2 = 100\mathrm{nF}$,$L = 18\mathrm{mH}$,R_0 为可调电阻,y_1 和 y_2 表示 R_0 两端的电压,y_3 表示流过电感 L 的电流,$g(y_1)$ 表示非线性电阻的伏安特性,在本例中 $g(y_1) =$

$-0.409091y_1-0.174235(|y_1+1.9565|-|y_1-1.9565|)$。当 R_0 取一定值的时候，系统进入混沌。下面利用 IntegrateODE 来模拟这一物理现象。

首先创建自定义函数计算各方程微分值：

```
Function chaosfun(pw, tt, yw, dydt)
    Wave pw
    Variable tt
    Wave yw
    Wave dydt
    Variable gv1
    gv1 = ( - 0.409091 * yw[0] - 0.174235 * (abs(yw[0] + 1.9565) - abs(yw[0] - 1.9565)))/1000

    //pw[0]:1/C1
    //pw[1]:R0
    //pw[2]:1/C2
    //pw[3]:1/L
    dydt[0] = pw[0]/pw[1] * (yw[1] - yw[0]) - pw[0] * gv1
    dydt[1] = pw[2] * yw[2] - pw[2]/pw[1] * (yw[1] - yw[0])
    dydt[2] = - pw[3] * yw[1]
    Return 0
End
```

创建参数 wave：

```
Make/O coef = {100000000,1856,10000000,55.556}        //分别为 1/C1, R0, 1/C2, 1/L
```

创建解 wave，并设置 x 坐标：

```
Make/N = (20000,3) iuu
SetScale/P x,0,0.001,iuu            //采样频率 1kHz
iuu[0][0] = 1                       //设置初始值
iuu[0][1] = 0
iuu[0][2] = 0
Display iuu[][1] vs iuu[][0]
ModifyGraph mode = 2,rgb = (0,0,0)
```

调用 integrateODE 求解：

```
Integrateode chaosfun,coef,iuu
```

结果如图 4-52 所示。

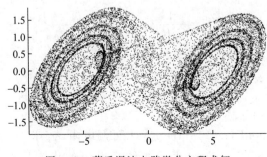

图 4-52　蔡氏混沌电路微分方程求解

这就是"混沌"现象。修改 R_0 值,并重新求解:

```
Coef[1] = 1970
Integrateode chaosfun,coef,iuu
```

这就是"倍周期"现象,如图 4-53 所示。

再来看一个高阶微分方程的例子。一个带有阻尼的受迫振动,其位移 y 随时间 t 变化所满足的微分方程为

$$\frac{\mathrm{d}^2 y}{\mathrm{d}t^2} + 2\lambda\,\frac{\mathrm{d}y}{\mathrm{d}t} + \omega^2 y = F(t)$$

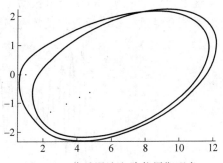

图 4-53 蔡氏混沌电路倍周期现象

这是一个二阶微分方程。IntegrateODE 只能解一阶普通微分方程,因此在求解之前需要将该二阶微分方程转换为一阶微分方程组。求解更高阶微分方程的方法完全类似。对本例,引入新变量:

$$\nu = \frac{\mathrm{d}y}{\mathrm{d}t}$$

则

$$\frac{\mathrm{d}^2 y}{\mathrm{d}t^2} = \frac{\mathrm{d}\nu}{\mathrm{d}t}$$

于是得到和原微分方程等价的普通一阶微分方程组:

$$\begin{cases} \dfrac{\mathrm{d}\nu}{\mathrm{d}t} = -2\lambda\nu - \omega^2 y + F(t) \\[2mm] \dfrac{\mathrm{d}y}{\mathrm{d}t} = \nu \end{cases}$$

这样就可以直接使用 IntegrateODE 命令求解。按 Ctrl＋M 组合键,打开程序窗口输入自定义函数:

```
Function Harmonic(pw, tt, yy, dydt)
    Wave pw            // pw[0] = λ, pw[1] = ω        // pw[2] = F, pw[3] = F frequency
    Variable tt
    Wave yy            // yy[0] = v, yy[1] = y
    Wave dydt
    Variable Force = pw[2] * sin(pw[3] * tt)         // 正弦驱动力
    dydt[0] = -2 * pw[0] * yy[0] - pw[1] * pw[1] * yy[1] + Force
    dydt[1] = yy[0]
    Return 0
End
```

输入以下命令求解微分方程并显示位移随时间变化的关系:

```
Make/D/O/N = (300,2) HarmonicOsc
SetDimLabel 1,0,Velocity,HarmonicOsc
SetDimLabel 1,1,Displacement,HarmonicOsc
HarmonicOsc[0][%Velocity] = 5          // 初始速度
HarmonicOsc[0][%Displacement] = 0      // 初始位移
```

```
Make/D/O HarmPW = {.01,.5,.1,.45}        // 阻尼、固有频率、驱动力幅度、驱动力频率
Display HarmonicOsc[][ % Displacement]
IntegrateODE Harmonic, HarmPW, HarmonicOsc
```

这里计算了从 0～300s 受迫振动位移随时间变化的关系。由于阻尼远比固有频率小，所以系统会经过很多次反复震荡才逐渐趋于稳定，如图 4-54 所示。

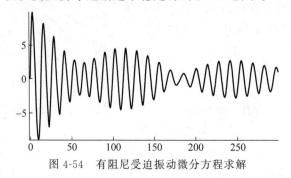

图 4-54　有阻尼受迫振动微分方程求解

在指定解的 x 坐标时有一种模式叫自由运行模式（free-run mode）。在自由运行模式下，IntegrateODE 在保证精度的前提下使用最大限度的 x 步长，因此可以大大节约运算量。在自由运行模式下，IntegrateODE 事先并不知道会计算多少个解，也不知道每一个解的 x 坐标是多少，解和对应的 x 坐标完全依赖于 IntegrateODE 运行的实时情况，因此需要提供一个足够大的 wave 来存放解的结果，提供一个足够大的 wave 来存放对应的 x 坐标。以前面的 $\mathrm{d}y/\mathrm{d}x = -ay$ 微分方程为例：

```
Make/D/O/N = 1000 FreeRunY
FreeRunY = NaN
FreeRunY[0] = 10           // 初始条件 y0 = 10

Make/O/D/N = 1000 FreeRunX
FreeRunX = NaN
FreeRunX[0] = 0            //初始值 y0 对应的 x 坐标

Display FreeRunY vs FreeRunX
ModifyGraph mode = 3, marker = 19
```

上面创建了 FreeRunY 存放解，FreeRunX 存放每一个解对应的 x 坐标，在运行过程中，IntegrateODE 会自动填充这两个 wave，两个 wave 的长度预先取一个"较大值"1000，在计算结束后可根据实际情况进行截断。给每一个 wave 赋值 NaN，NaN 是 Igor 中的一种数据类型，当 wave 取值为 NaN 时，不会在图上显示，图 4-55 显示了解的初始状态。

创建参数 wave，并使用 IntegrateODE 进行求解（注意前面 FirstOrder 函数存在）：

```
Make/D/O PP = {0.05}
IntegrateODE/M = 1/X = FreeRunX/XRUN = {1,100} FirstOrder, PP, FreeRunY
```

这里使用/X 标记指定存放 x 坐标的 wave 为 FreeRunX，利用/XRUN 标记指定初始步长为 1，最大的 x 坐标为 100，当解的 x 坐标大于 100 时停止求解。注意，IntegrateODE 会自动根据精度调整步长，这里给出的步长只是初始步长，求解结果如图 4-56 所示。

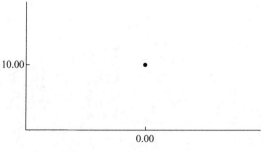

图 4-55 解的初始状态

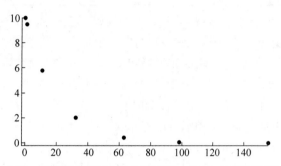

图 4-56 /XRUN 标记可以自动确定 x 坐标,提高运算速度

可以看到在自由运行模式下,x 坐标从 $0\sim100$,在满足相同精度的前提下,数据的个数只有 7 个,因此计算速度大大提高。输入下面的命令调整 FreeRunY 和 FreeRunX 的长度:

Redimension/N = (V_ODETotalSteps + 1) FreeRunY, FreeRunX

其中,V_ODETotalSteps 是 IntegrateODE 自动创建的一个变量,表示 IntegrateODE 迭代计算的总步数。

IntegrateODE 一般是比较耗时的,如果需要人为终止 IntegrateODE 的运行,有 3 种方法:按下 Igor 左下角的【abort】按钮;自定义微分方程函数返回非 0 值;使用/STOP = {stopwave,mode}标记。第 1 种方法非常浅显,这里不做介绍。第 2 种方法前面已经介绍过,下面来看第 3 种方法。

使用/STOP 标记首先需要创建一个 $4\times M$ 大小的二维 wave 作为/STOP 的第一个参数,其中 M 为微分方程的个数。如微分方程的个数为 4,则对应的 wave 可能如图 4-57 所示。

Row	ChemKin_Stop[][0]	ChemKin_Stop[][1]	ChemKin_Stop[][2]	ChemKin_Stop[][3]
0	0	0	-1	1
1	0	0	0.15	0.4
2	0	0	-1	0
3	0	0	0	0

图 4-57 stop wave 的一个例子

每一列对应一个微分方程,每一列中的数值指明终止 IntegrateODE 的条件,如表 4-5 所示。

表 4-5　stop wave 数值取值含义（注意行数为 0 开始计算）

行　　数	取　　值	含　　义
0	0	忽略条件
	1	当解大于第 1 行指定的值时终止
	−1	当解小于第 1 行指定的值时终止
1	任意值	IntegrateODE 终止时解的大小
2	0	忽略条件
	1	当解的微分值大于第 3 行指定的值时终止
	−1	当解的微分值小于第 3 行指定的值时终止
3	任意值	IntegrateODE 终止时解的微分值大小

/STOP 标记的第 2 个参数 mode 表示“与”和“或”，当 mode＝0 时表示“或”，即上面只要有一个条件满足就退出，mode＝1 是表示“与”，即上面所有的条件满足时才退出。

与第 2 种方法比较，第 3 种方法更简单，但是局限性也很明显，如果要设定解不能超过某个范围，这种方法就无能为力了。此时第 2 种方法更合适，可以在自定义函数内部检查 yw 值的情况，只要 yw 不满足相应条件就返回非 0 终止 IntegrateODE 继续执行。但是需要注意，IntegrateODE 使用的步长和设定的步长不一样（free-run mode 除外），因此对自定义函数的调用要比预计的更“频繁”，在自定义函数中设置的条件在每次调用时都会被检测，其中有些检测所对应的只是求解过程的中间过程，并不是最终结果，这点在编写程序时必须注意，避免出错。

让 IntegrateODE 自动终止执行在某些情况下是必要的，比如系统存在不连续性，当解达到某一个值时微分值会发散，如果此时继续求解就会出错。这时让 IntegrateODE 终止执行，跳过不连续点后再恢复执行，就可以正确求解存在不连续性的系统。为了不影响已经求得的解，IntegrateODE 恢复运行时不从初始条件开始，而是从上一次结束的地方开始，此时可以使用/R＝[$n1,n2$]标记：

```
IntegrateOD/R = [n1,n2]…
```

其中，$n1$ 表示从解 wave 第 $n1$ 个点开始接着计算，一直计算到第 $n2$ 个点。此时，IntegrateODE 会使用第 $n1$ 个点处对应的值作为新的初始条件。可以利用 V_ODEStepCompleted 来获取上一次 IntegrateODE 终止时已经完成的解的个数。以上面的受迫振动为例：

```
Redimension/N = (500,2) HarmonicOsc
Display HarmonicOsc[][ % Displacement]
IntegrateODE/M = 1/R = [,300] Harmonic, HarmPW, HarmonicOsc
```

其中，/R＝[,300]表示从第 0 个解计算到第 300 个解，到第 300 个解时 IntegrateODE 退出，如图 4-58 所示。

```
IntegrateODE/M = 1/R = [300,400] Harmonic, HarmPW, HarmonicOsc
```

/R＝[300,400]表示 IntegrateODE 恢复运行，并从已经求解的 wave 第 300 个点开始计算，到 400 个点时停止，如图 4-59 所示。

```
IntegrateODE/M = 1/R = [400,500] Harmonic, HarmPW, HarmonicOsc
```

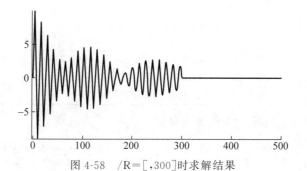

图 4-58 /R=[,300]时求解结果

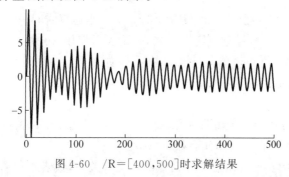

图 4-59 /R=[300,400]时求解结果

/R=[300,400]表示 IntegrateODE 恢复运行,并从已经求解的 wave 第 300 个点开始计算,到 400 个点时停止,结果如图 4-60 所示。

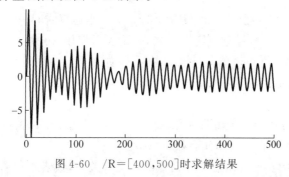

图 4-60 /R=[400,500]时求解结果

IntegrateODE 在执行过程中会自动创建一系列变量,在命令行窗口中这些变量被创建为全局变量,在函数中被创建为局域变量。这些变量可以不需要声明而直接使用。表 4-6 列出了这些变量及其含义。

表 4-6 IntegrateODE 输出变量及其含义

变 量	取 值	含 义
V_flag	0	成功执行(/Q 标记使用时有效)
	非 0	出错(错误代码详见帮助文件)
V_ODEStepCompleted	整数	解的个数
V_ODEStepSize	任意值	上次求解时的步长

续表

变　量	取　值	含　义
V_ODETotalSteps	整数	求解总步数。free-run 模式时和 V_ODEStepCompleted 相等
V_ODEMinStep	任意值	求解时使用的最小的步长
V_ODEFunctionCalls	整数	对自定义函数调用的次数

最后给出 IntegrateODE 详细的命令格式：

IntegrateODE [/E = eps /F = errMethod /M = m /Q = quiet /R = (startX, endX) /S = waveName /STOP = {stopWave, mode} /U = u /X = xvaluespec /XRUN = {dx0, Xmax} /CVOP = {solver, jacobian, extendedErrors}] derivFunc, cwaveName, ywaveSpec

绝大多数的标记参数及其含义前面都已经做过详细介绍，下面对个别标记参数做一些补充。

（1）/E＝eps，指定计算的精度，默认为 10^{-6}，可以通过/E＝eps 更改。eps 的取值会影响迭代计算步长，eps 越小，步长越小、精度越高。

（2）/F＝errMethod，误差的处理方法，比较复杂，除非十分必要，一般可以忽略此标记。

（3）/M＝m，选择 IntegrateODE 使用的算法。/M＝0，使用五阶龙格-库塔算法；/M＝1，使用 Bulirsch-Stoer 算法；/M＝2，使用 Adams-Moulton 算法；/M＝3，使用 BDF 算法。针对特定的问题，不同的算法在效率和精度方面会有所区别，特殊的问题可能必须使用某种算法。读者如果对各种算法感兴趣，可以试着选择不同的算法。

（4）/S＝waveName，和/F＝errMethod 配合使用，同样可以忽略不计。

（5）/U＝u，如果求解 wave 处于显示状态，此标记表示每完成 u 个数据点求解更新显示一次，由于数据显示比较耗时，所以设置大的 u 会减小运算时间。

（6）/X＝xvaluespec，此标记有两种形式，一是表示使用 xvaluespec 中的值作为求解的 x 坐标，xvaluespec 中的值必须单调递增或者递减，如果是自由运行模式则作为输出 wave，解的 x 坐标将输出到 xvaluespec 中。第二个形式是/X＝$\{x0, deltaX\}$，表示 x 的坐标起始值为 x0，间隔为 deltaX。

（7）/Q＝quiet，取/Q＝1 或者只使用/Q 表示不向历史命令行窗口输出任何信息，在函数中调用 IntegrateODE 时请使用此参数。

标记/E、/F 和/S 与 IntegrateODE 命令的精度有关，读者可以查询 Igor 帮助文档获取详细信息。

4.2.5　直方图

直方图常用来统计事件发生的频次或者分布的规律，如学生考试成绩的分布、服务器响应时间的分布等。直方图先按照一定规律指定好特定宽度的"箱子"，然后分别计算落在每个"箱子"里的数据点个数。看下面的例子。

一次考试测验，成绩分布如下：

0　15　18　23　30　31　35　40　41　43　45　47　50　51　52　58　60　63　67
69　70　71　73　75　77　79　80　81　83　89　90　92　95　98　100　100

将成绩划分为 5 个等级(箱子)A+、A、B、C、D,统计落在每一个等级里面的学生人数,其中D∈[0,25),C∈[25,50),B∈[50,75),A∈[75,100),A+∈[100,100]。对于这样一个不复杂的例子,可以直接通过手工计数的办法得到下面的结果:

A+：2

A：11

B：11

C：8

D：4

创建两个 wave 分别存放统计信息和等级信息,并显示:

```
Make/N = 4/O scorewithgrade = {2,11,11,8,4}
Make/T/N = 4/O gradeinfo = {"A + ","A","B","C","D"}
Display scorewithgrade vs gradeinfo
SetAxis left 0,12
```

可以看到成绩分布的基本情况如图 4-61 所示。

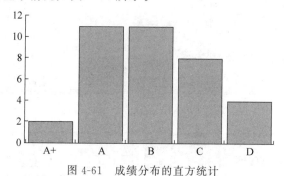

图 4-61　成绩分布的直方统计

手工进行直方统计的效率非常低,实际中可以使用 Histogram 命令生成直方图。在命令行窗口输入以下命令,创建一个名为 score 的 wave,里面存放测试成绩:

```
Make/O score = {0,15,18,23,30,31,35,40,41,43,45,47,50,51,52,58,60,63,67,69,70,71,73,75,
77,79,80,81,83, 89,90,92,95,98,100,100}
```

执行菜单命令【Analysis】|【Histogram】,在打开的对话框按照图 4-62 所示进行设置:在【Destination Bins】中选择【Manually Set Bins】(手动设置)单选按钮,设置【Number of Bins】为 5,对应 5 个等级,【Bin Start】设置为 0,【Bin Width】设置为 25,对应每一个等级的覆盖的范围,最后单击【Do It】按钮执行。

命令执行后会在当前数据目录下生成了一个名为 score_Hist 的 wave,该 wave 里保存了落在每一个等级内的成绩个数,如图 4-63 所示。

从图 4-63 中可以看到,Hostogram 命令的结果和前面手动统计的结果完全一致,对应条形图如图 4-64 所示。由于 Score_Hist 的 x 坐标会被自动设置为{0,15,50,75,100}。所以不同等级的次序颠倒了。执行下面的命令,即可得到和图 4-61 一样的结果。

```
Reverse score_Hist
Display score_hist vs gradeinfo
```

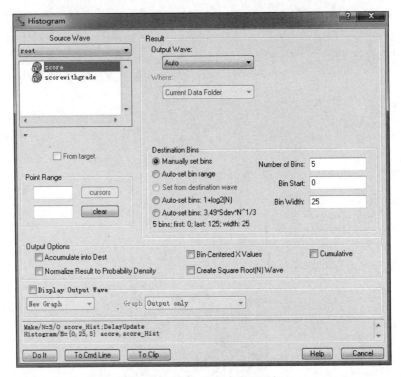

图 4-62　Histogram 命令对话框

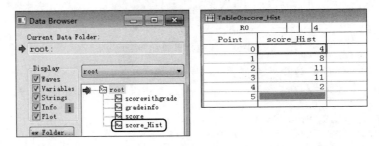

图 4-63　Hostogram 将结果保存在一个 wave 中，wave 名字由原 wave 名字加上"_Hist"组成

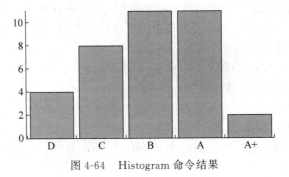

图 4-64　Histogram 命令结果

执行菜单命令【Analysis】|【Histogram】,打开的对话框是 Histogram 命令的设置界面,对话框会将设置转换为对 Histogram 命令的调用。下面介绍 Histogram 命令的使用方法:

Histogram [/A/B = {binStart, binWidth, numBins}/B = mode /P/R = (startX, endX) /C/N/P/R = (startX,endX)/R = [startP,endP]/W = weightWave] srcWaveName, destWaveName

其中,srcWaveName 表示源数据,destWaveName 表示输出 wave。destWaveName 必须存在,不存在则需要在执行 Histogram 命令之前创建。

(1) /A 标记,表示加和模式,将统计结果加在 destWaveName 的已有数据上,而非改写。

(2) /B 标记,重要标记,有两种形式:

- /B={binStart,binWidth,numBins},binStart 表示"箱子"的最小值,binWitdh 表示"箱子"宽度,numBins 表示"箱子"总数目,如/B={0,25,5}表示对所有大于 0 的数出现的次数进行统计,每个 bin 的宽度为 25,一共有 5 个 bin。

- /B=mode,由 Histogram 自动指定 Bin 信息。**Mode=1**,自动根据 srcWaveName 数据范围设置 binStart,根据 srcWaveName 数据范围和 destWaveName 长度设置 bin 宽度。**Mode=2**,利用 destWaveName 的 x 坐标来设定 bin 信息,此时 binStart=leftx (destWaveName), binWidth = dimdelta (destWaveName, 0), numBins = dimsize(destWaveName, 0)。**Mode = 3**,设置 numBins = 1 + log2 (N), N 为 srcWaveName 的数据长度,binStart 和 binWidht 根据 srcWaveName 的数据范围自动设定,如果 destWaveName 数据长度和 numBins 不等,则会被调整为相等。**Mode=4**,设置 binWidth=$3.49 \times \sigma \times N^{-1/3}$,numBins 和 binStart 根据 srcWaveName 自动设置,destWaveName 的长度可能会被重新调整。这里 σ 表示数据的标准偏差。

(3) /C,设置 destWaveName 的 x 坐标,使得数据点对应每个 bin 的中心。没有/C 标记,数据点默认落在每个 bin 的左边位置。此标记在对 histogram 数据进行拟合时是需要设置的,因为拟合需要考虑 x 坐标。请读者查看图 4-65 的解释理解 Histogram 命令数据及其与 x 坐标的关系。

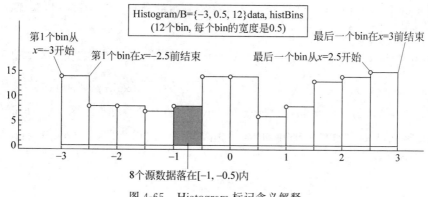

图 4-65　Histogram 标记含义解释

（4）/CUM，表示累加模式，即后面一个 bin 的统计数据为前面所有 bin 统计数据之和，对应于概率累加分布。

（5）/N，产生一个二次方根 wave，该 wave 的长度和 destWaveName 长度相等，每个数据点的值为 destWaveName 对应数据点的二次方根。由于统计频次满足二项分布，所以该 wave 存放了统计结果的标准偏差。

（6）/P，归一化每一个 bin 里的统计个数，同时设置 x 坐标使得数据点位于 bin 中心（相当于/C 标记），此时 destWaveName 相当于概率密度函数。

（7）/R＝(startX,endX),/R＝[startP,endP]指定 srcWaveName 的统计范围，圆括号指定 x 坐标起始值和终止值，方括号指定数据点次序范围。

下面来看一个更为具体的例子：

```
Make/N = 1024 noise = gnoise(1)                    // 模拟原始数据
Make hist                                          // 创建存放直方统计输出数据的 wave
Histogram/B = { - 3, (3 -  - 3)/100, 100} noise, hist   // 进行直方统计
Display hist; Modify mode(hist) = 1
```

上面的代码创建了一个名为 noise 的 wave，noise 里数据由 gnoise(1)函数生成，gnoise(1)产生标准偏差为 1 的满足高斯分布的随机数据。因此，如果对 noise 里的数据分布进行统计，统计结果应当满足高斯分布，且标准偏差等于 1，如图 4-66 所示。

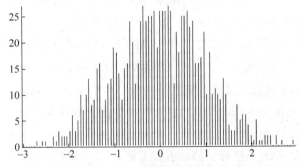

图 4-66　满足高斯分布的随机数的直方统计

从图 4-66 可以看到，统计结果 hist 具有高斯分布的外形。为了进一步验证，可以利用高斯函数对 hist 做一个拟合：

```
SetScale/P x leftx(hist) + deltax(hist)/2, deltax(hist),hist   //如果使用了/C 标记,可省略这
                                                               //一步
CurveFit gauss hist /D                            // 对 Histogram 结果利用 Gauss 函数进行拟合
```

其中，第一行代码是为了使得 hist 数据点位于 bin 中心。拟合结果如图 4-67 所示。

可以看到 width＝1.4749，利用 $2\sigma^2 = \text{width}^2$，得 $\sigma = \text{width}/\sqrt{2} \approx 1.4749/1.414 = 1.04$，与 gnoise(1)中的 1 是一致的。

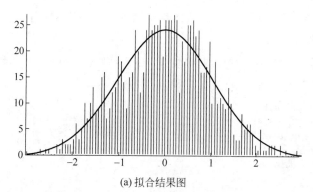

(a) 拟合结果图

```
*CurveFit gauss hist /D // curve fit to histogram
 Fit converged properly
 fit_hist= W_coef[0]+W_coef[1]*exp(-((x-W_coef[2])/W_coef[3])^2)
 W_coef={-0.49442, 24.668, 0.037702, 1.4749}
 V_chisq= 926.271;V_npnts= 100;V_numNaNs= 0;V_numINFs= 0;
 V_startRow= 0;V_endRow= 99;
 W_sigma={0.881, 0.954, 0.0335, 0.084}
 Coefficient values ± one standard deviation
  y0      =-0.49442 ?0.881
  A       =24.668 ?0.954
  x0      =0.037702 ?0.0335
  width   =1.4749 ?0.084
```

(b) 命令行历史窗口的输出结果

图 4-67 对直方图生成的数据进行拟合

4.2.6 排序

排序是常见的数据操作。Igor 中很多命令都要求数据单调变化,因此在分析之前需要对数据进行排序操作。另外当数据量非常大时,利用排序命令按照某一特征对数据进行排序,可大大降低数据的复杂性,提高分析效率。如在 ARPES 数据处理中,利用多张单次测量的谱拼合成一张总谱时,如果先按照测量条件(如角度)进行排序,则在随后的计算中会简单很多。

在普通的编程语言或是脚本语言中,排序往往都是很重要的内容,除了一般意义上的按照数据量大小对其分布顺序重新进行调整之外,往往都支持所谓的比较器(比较函数),根据比较器定义的比较算法对数据进行各种复杂排序。Igor 中通过参照 wave(SortkeyWave)来实现这一特性。

Sort 命令可用于排序,其使用方法非常简单:

Sort [/A /DIML /C /R] sortKeyWaves, sortedWaveName [, sortedWaveName]…

其中,sortKeyWaves 是一个 wave,Sort 命令将根据该 wave 中的数据对 sortedWaveName 进行排序。

(1) /A 标记,表示如果 sortKeyWaves 中包含有"字母 + 数字"这样的数据时,如"wave10"、"wave9",则将"wave9"排在"wave10"前边,不用/A 标记则将"wave10"排在"wave9"的前边。

(2) /DIML,同时移动"行标",即连同行的名称一起排序。

（3）/C，是否区分大小写，使用/C 表示区分大小写，否则不区分。

（4）/R，从大到小排序。

Sort 命令会根据 sortKeyWave 重新排序 sortedWaveName，sortKeyWave 本身不发生变化。看下面的例子：

```
Make/O data = {1,2,3,4,5}
Make/O sortkey = {2,1,3,4,5}
Duplicate/O data data1
Sort sortkey data
Edit data sortkey data1
```

结果如图 4-68 所示。

Table1:data,sortkey,data1

Point	data	sortkey	data1
0	2	2	1
1	1	1	2
2	3	3	3
3	4	4	4
4	5	5	5
5			

图 4-68　Sort 命令执行结果

在排序的过程中，Sort 命令会根据 sortkey 中的排序结果重新调整待排序的数据的分布顺序，但注意 sortkey 本身是不变的。

sortKeyWave 和 sortedWaveName 可以是同一个 wave，此时就是自身排序，看下面的例子：

```
Make/O data = {3,5,1,2,7,4}
Duplicate/O data data1
Sort data data
Edit data data1
```

结果如图 4-69 所示，可以看到 data 中的数据进行了重新排序。

Table1:data,data1

Point	data	data1
0	1	3
1	2	5
2	3	1
3	4	2
4	5	7
5	7	4
6		

图 4-69　利用 Sort 命令对自身排序，data1 表示排序之前的数据

sortKeyWave 可以有多个。存在多个 sortKeyWave 时，将优先使用排在前面的 sortKeyWave，如果第一个不能确定顺序，再使用第二个，以此类推。如果所有的

sortKeyWave 都不能确定顺序,那么最终的排序结果是不确定的。多个 sortKeyWave 相当于多重条件排序。看下面的例子:

```
Make/O data = {1,2,3,4,5}
Make/O sortkey = {7,6,3,3,8}
Duplicate/O data data1      //data1 存放排序前结果
Sort sortkey data
Edit data1 sortkey data
```

结果如图 4-70 所示。

Table2:data1,sortkey,data

Point	data1	sortkey	data
0	1	7	4
1	2	6	3
2	3	3	2
3	4	3	1
4	5	8	5
5			

图 4-70 如果 sortkey 中包含相同的数字,最终排序结果则无法预测

图 4-70 中,sortkey 中包含两个相同的数"3",这两个数对应的 data1 中的数据的排序(3 和 4)将无法预测,为了获得明确的排序结果,还需要一个 sortKeyWave,看下面的例子:

```
Make/O data = {1,2,3,4,5}
Make/O sortkey1 = {7,6,3,3,8}
Make/O sortkey2 = {1,1,1,2,1}
Duplicate/O data data1
Sort {sortkey1,sortkey2} data
Edit data1 sortkey1 sortkey2 data
```

结果如图 4-71 所示。

Table1:data1,sortkey1,sortkey2,data

Point	data1	sortkey1	sortkey2	data
0	1	7	1	3
1	2	6	1	4
2	3	3	1	2
3	4	3	2	1
4	5	8	1	5
5				

图 4-71 利用多个 sortkey 对数据进行排序

Sort 命令根据 sortkey1 对 data 进行排序,当 sortkey1 中包含相同的数字时,就根据 sortkey2 中相同位置的数字大小进行排序。

注意,sortkey 也可以是字符型 wave,此时将根据字符串的大小进行排序。

Sort 命令不支持自定义排序算法。不过,由于 Igor 编程是面向过程的,不涉及对象之

间的排序比较，所以 Sort 命令基本上可以胜任 Igor 中任何的数据比较工作。

4.3　数学变换

本节介绍常见的数据变换操作，包括傅里叶变换、希尔伯特变换（克莱默-克朗尼格变换）、卷积和相关运算。

4.3.1　傅里叶变换

Igor 中完成傅里叶变换的命令是：FFT 和 IFFT，分别指傅里叶变换和逆傅里叶变换。FFT 通过快速傅里叶变换（fast Fourier transform）算法计算离散傅里叶变换（discrete Fourier transform，DFT）。傅里叶变换可以将数据由时域变换到频域或者由频域变换到时域（正空间和倒空间）。

Igor 使用了素因子分解法进行快速傅里叶变换，因此对原始数据的长度除了必须是偶数外没有限制。数据进行了 FFT 或 IFFT 后，不仅内容会发生变化，长度一般也会发生变化。

对于数据为实数且长度为 N（N 必须为偶数）的 wave，在执行 FFT 后，结果为复数，长度为 $N/2+1$。FFT 结果仅包括频率大于 0 的一侧，频率为负的一侧因为和频率为正的一侧完全对称而没有给出。如果数据是复数，在执行 FFT 后，数据的类型和长度都不发生变化。

对于 IFFT，源数据类型一般为复数。数据点个数如果是偶数 N，则变换后结果数据类型为实数，长度为 $2(N-1)$。

有一个特例，如果数据的长度刚好等于 2^n，FFT 和 IFFT 都不改变数据长度，这主要是为了和以前的版本兼容。

来看下面的例子：

```
Make /O/N = 120 data
SetScale/P x 0,0.001,"s",data
data = cos(100 * pi * x)
Display data
Print dimsize(data,0)
FFT data
Print dimsize(data,0)
```

```
*Print dimsize(data, 0)
  120
*Fft data
*Print dimsize(data, 0)
  61
```

结果如图 4-72 所示。

从图 4-72 可以看到原始数据长度为 120，经过变换后数据长度变为 61。

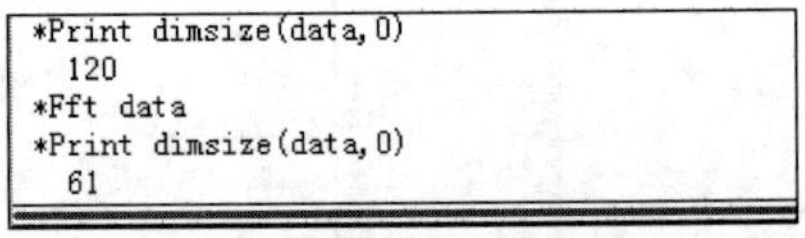

图 4-72　快速傅里叶变换后，数据的
　　　　　长度变为原来的一半加 1

傅里叶变换将数据从时域变到频域或者从频域变换到时域，数据的坐标也会跟着改变。如源数据的 x 坐标类型是时间（s）、频率（Hz）、长度（m）或是波矢（m^{-1}），则变换后坐标会自动变换为相应的"共轭"坐标：时间对应频率，长度对应波矢。FFT 和 IFFT 会自动设置输出数据的 x 坐标。如果坐标为时间、频率、长度或者波矢（可通过在 SetScale 命令中指定坐标的单位来设置），FFT 和 IFFT 能识别这些坐标类型，并自动给输出数据指定合适的单位。

如果是其他坐标类型,则不能识别(但坐标数值是正常的)。FFT 以后 x 坐标的间隔取值为

$$\Delta_{\text{FFT}} = \frac{1}{N \cdot \Delta_{\text{original}}}$$

这里 N 是源数据长度,$1/\Delta_{\text{original}}$ 表示采样频率。如果原始数据类型是实数,则变换后的 x 坐标的最小值为 0,最大值为

$$x_{N/2} = \frac{N}{2} \cdot \Delta_{\text{FFT}} = \frac{N}{2} \cdot \frac{1}{N \cdot \Delta_{\text{original}}} = \frac{1}{2 \cdot \Delta_{\text{original}}} = \text{奈奎斯特频率}$$

如果源数据数据类型是复数,则变换后的 x 坐标的最大值为 $x_{N/2} - \Delta_{\text{FFT}}$,最小值为 $-x_{N/2}$。

IFFT 对坐标的设置刚好和 FFT 相反,只是 IFFT 总是将第一个数据点的 x 坐标设置为 0,即变换后 x 的最小坐标始终是 0。来看下面的例子:

```
Make /O/N = 120 data
SetScale/P x 0,0.001,"s",data
data = cos(100 * pi * x)        //f = 100π/2π = 50Hz
Display data
```

结果如图 4-73 所示。

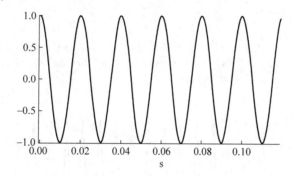

图 4-73　频率为 50Hz 的简谐波

图 4-73 创建了一个实数类型的数据,模拟简谐波,频率为 50Hz。从图 4-73 可以看到,横坐标为时间,单位是 s。利用 FFT 对 data 进行傅里叶变换,结果如图 4-74 所示。

FFT data

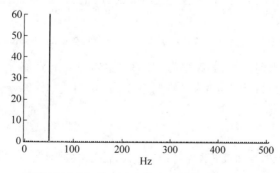

图 4-74　对简谐波进行傅里叶变换,只有频率为 50Hz 处值不为 0

可以看到横坐标自动变为频率，单位是 Hz。除了在 $x=50\text{Hz}$ 之外，其他的数据点值都为 0，与预期符合。执行下面的命令，结果如图 4-75 所示。

```
*print deltax(data)
 8.33333
```

图 4-75　傅里叶变换频域坐标间隔

    Print deltax(data)

$\Delta_{\text{FFT}}=8.33333\text{Hz}$，与 $\Delta_{\text{FFT}}=1/(120*0.001)=8.33333$ 吻合。

读者必须清楚这里介绍的内容并不表示傅里叶变换必须如此，而是一种规定。为了正确地利用傅里叶变换解决实际问题，读者需要了解这些细节。

对于实数类型的源数据，傅里叶变换后只保留频率为正的部分，因为频率为负的部分和频率为正的部分完全对称。如果要将 FFT 的结果和数学上的傅里叶变换结果相比较，则必须考虑频率为负的部分的贡献，因此正的频率处的值的 2 倍才和数学上的傅里叶变换吻合。注意 waveFFT[0] 不需要 2 倍，因为 waveFFT[0] 代表傅里叶变换中的直流分量，其对称项就是本身。还有一个特例是奈奎斯特频率处的值也不需要 2 倍。将 FFT 后的结果除以源数据长度 N，再考虑这些因素，所得结果就和数学上傅里叶变换结果完全吻合。来看下面的例子：

```
Make/O/N = 128 wave0
SetScale/P x 0,1e − 3,"s",wave0        // 采样间隔为 1ms,奈奎斯特频率为 500Hz
wave0 = 1 − cos(2 * Pi * 125 * x)      // 信号频率为 125Hz,振幅为 −1,直流分量为 1
Display wave0;ModifyGraph zero(left) = 3
```

结果如图 4-76 所示。

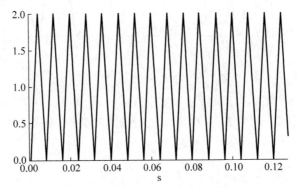

图 4-76　频率为 125Hz,采样间隔为 1ms,奈奎斯特频率为 500Hz 的周期信号

图 4-76 表示一个周期信号，其频率为 125Hz，振幅为 −1，直流分量为 1，wave0 是对该周期信号的采样，采样间隔为 1ms，奈奎斯特频率为 500Hz。对 wave0 进行傅里叶变换，结果如图 4-77 所示。

    FFT wave0

可以看到频率 $f=0\text{Hz}$ 处 FFT 计算值为 128，除以数据长度 128 后等于 1，与"1"的直流分量吻合。在频率 $f=125\text{Hz}$ 处，计算值为 −64，除以 128 后等于 −0.5，是预期的幅度

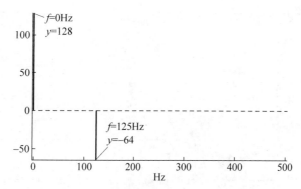

图 4-77　图 4-76 中周期采样信号的傅里叶变换

"−1"的 1/2，考虑−125Hz 处的贡献，要得到"真正的"傅里叶变换值，需要将−0.5 乘以 2，即为−1，与"−1"的幅度值吻合。在程序中，可以使用下面的表达式从 FFT 结果中获取和数学上的傅里叶变换一致的结果：

$$\mathrm{FourierTransformAmplitude}(0) = \frac{1}{N} \cdot \mathrm{real}(\mathrm{r2polar}(\mathrm{wave}_{\mathrm{FFT}}(0)))$$

$$\mathrm{FourierTransformAmplitude}(f) = \frac{2}{N} \cdot \mathrm{real}(\mathrm{r2polar}(\mathrm{wave}_{\mathrm{FFT}}(f)))$$

$$\mathrm{FourierTransformAmplitude}(f_{\mathrm{Nyquist}}) = \frac{1}{N} \cdot \mathrm{real}(\mathrm{r2polar}(\mathrm{wave}_{\mathrm{FFT}}(f_{\mathrm{Nyquist}})))$$

其中，r2polar 函数将一个复数由直角坐标系变换到极坐标系，如 r2polar(cmplx(1,1))＝(1.41421,0.785398)。

　　注意，上面的变换只是帮助理解 FFT 在 Igor 中的结果，并不表示要在执行 IFFT 之前需要对数据进行这些幅度变化的操作。对上面的 wave0 执行 IFFT 将逆变换到原来随时间变化的数据。

　　如果源数据某一频率分量对应频率值不是 Δ_{FFT} 的整数倍，此时振幅将会被分配到两个最近的频率值上面，这点和数学上的傅里叶变换不同。前面的例子里，wave0 表示一个周期性震荡的采样，该周期性信号只包含一个频率分量，为 125Hz，而 $\Delta_{\mathrm{FFT}} = \frac{1}{0.001}/128, 125/\Delta_{\mathrm{FFT}} = 16$，因此 125Hz 在变换以后的频率轴上第 16 个数据处，因为是 Δ_{FFT} 的整数倍，所以全部的振幅都集中在该数据点处。

　　现在将该周期信号的频率改成 150Hz，容易计算出 150Hz 在频率轴上对应第 19.2 个数据点，即不是 Δ_{FFT} 的整数倍：

```
Make/O/N = 128 wave0
SetScale/P x 0,1e − 3,"s",wave0            // 采样间隔 = 1ms,奈奎斯特频率 = 500Hz
wave0 = 1 − cos(2 * Pi * 150 * x)          // 信号频率 = 150Hz,振幅 = −1
Display wave0;ModifyGraph zero(left) = 3
FFT wave0
```

结果如图 4-78 所示。

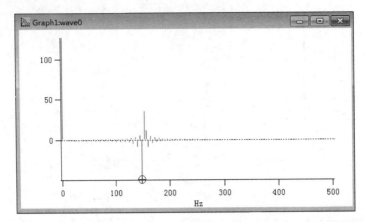

图 4-78　当信号频率不等于频域坐标间隔的整数倍时，振幅会被分配到相邻的整数频率上

　　如果当前源数据处于显示状态，且显示模式是 Line between points，执行 FFT 后，显示模式会自动被改为 Stick to zero 模式，请读者参看上面的例子。IFFT 刚好相反。傅里叶变换后，Graph 中显示的是复数 wave。复数 wave 显示为曲线时，如果选择实部和虚部都显示，则实部和虚部在坐标方向有 Δ/2 的平移，Δ 表示坐标间隔。

　　源数据的数据点数不同，FFT 和 IFFT 消耗的时间差别非常大。当数据接近 2 的指数幂时，所用时间最少。对于数据量巨大且对时间有要求时，应该通过一些方法调整源数据的长度，可在不影响计算结果的同时大幅提高运算速度。图 4-79 是计算时间与数据长度的关系图。

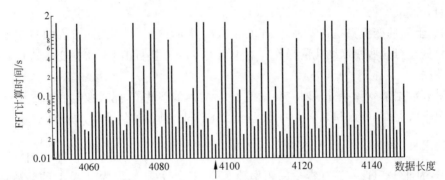

图 4-79　数据长度不同，FFT 所需时间不同。数据长度接近 2 的指数幂时速度显著提高

最后来介绍 FFT 命令（IFFT 完全类似）的使用方法。

FFT /RP = [startPoint, endPoint] /RX = (startX, endX) /PAD = {dim1 [, dim2, dim3, dim4]} /Z [/ COLS/HCC/HCS/ROWS/REAL/MAG/MAGS/OUT = mode] /WINF = windowKind /DEST = destWave srcWave

FFT 最简单的使用方法是命令后直接跟源数据，此时转换结果直接保存在源数据中，在绝大多数场合就够了。如果不满足需求，可以使用下面的可选标记。

（1）/RP＝[startPoint, endPoint]和/RX＝(startX, endX)，指定 FFT 的范围。

（2）/PAD＝{dim1 [, dim2, dim3, dim4]}，扩充源数据的长度，新扩充的数据点值被

设置为 0,原来已有的数据值不变。如果数据量非常大可以通过设置此标记将数据长度设置为 2^n,以提高运算速度。

（3）/DEST,指定输出的 wave,如果 wave 不存在将创建该 wave。

（4）/COLS、/ROWS 标记,在计算二维 wave 的傅里叶变换时指定对每一列或者每一行来计算傅里叶变换。此时必须使用/DEST 标记。

（5）/HCS、/HCC,计算超复数变换。

（6）/REAL、/MAG、/MAGS,指定输出实部、模、模的平方。

（7）/OUT＝mode,指定输出的模式,如表 4-7 所示。

表 4-7　FFT /OUT 标记含义

mode	含　　义
1	输出复数,默认
2	输出复数实部
3	输出复数的模
4	输出模的平方
5	输出相角
6	输出调整后的模的值,即除了直流分量之外其他的值乘以 2
7	输出调整后的模的平方

（8）/WINF,指定窗口函数,见 4.3.2 节。

（9）/Z,在对复数数据做傅里叶变换时,禁止对结果进行旋转。不使用/Z 标记时,FFT 会将结果旋转（即将序列末尾的数据依次移到开头）$N/2$ 次,以使得数据的中心 x 坐标为 0,使用/Z 标记总是将第一个数据点的 x 坐标设置为 0。

4.3.2　傅里叶变换窗

FFT 假设源数据总是周期性的,这种周期性指:将源数据作为周期单元首尾连接拓延,不会出现不连续的情况,整体看起来仍然是周期的。来看下面的例子,如图 4-80 所示。

```
Make/O/N = 128 cosWave
SetScale/P,x,0,0.001,cosWave
cosWave = cos(2 * pi * 125 * x)
Display cosWave
ModifyGraph mode = 4,marker = 8
```

如果将上述数据首尾连接,可以看到仍然是周期性的。或者说,如果将末尾的几个数据依次轮换移到开头,数据会吻合得很好,周期性不被破坏。输入下面的命令:

```
Rotate 3,cosWave      // 将末尾的数据依次移到开头
SetAxis bottom - 0.005,0.01
```

查看结果如图 4-81 所示。

Rotate 命令将 cosWave 末尾的 3 个数据依次移动到 cosWave 开头,并顺次出现在 $x=$ -3、-2 和 -1 的位置,可以看到没有任何的不连续性。正因为如此,FFT 会给出完全符合

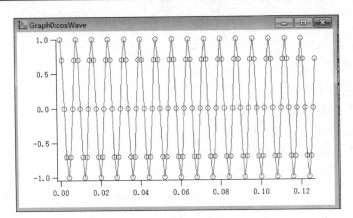

图 4-80　周期性源数据

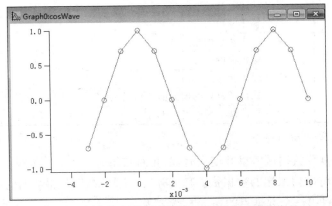

图 4-81　周期性源数据，周期拓延后并不破坏周期性

预期的结果，即只在频率 $f = 125\,\mathrm{Hz}$ 处不为 0，其他频率值的地方都为 0，如图 4-82 所示。

```
Make/O/N = 128 cosWave
SetScale/P x,0,0.001,cosWave
cosWave = cos(2 * pi * 125 * x)
Display cosWave
FFT cosWave
```

下面来看一个非周期性源数据的例子：

```
Make/O/N = 128 cosWave
SetScale/P x,0,0.001,cosWave          //采样间隔 1ms
cosWave = cos(2 * pi * x * 137)        //频率为 137Hz
Display cosWave
ModifyGraph mode = 4,marker = 8
```

结果如图 4-83 所示。

如果将上述数据首尾连接，就会出现不连续性，周期被破坏。利用 Rotate 命令将数据末尾的数据轮换移到数据开头，可以明显地看到这一点，输入下面的命令：

```
Rotate 3,cosWave
SetAxis bottom − 0.005,0.01
```

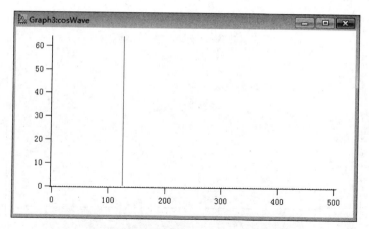

图 4-82　周期性的源数据,FFT 能量没有任何泄漏

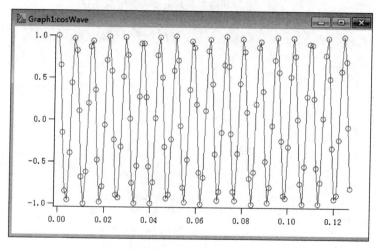

图 4-83　非周期性源数据

结果如图 4-84 所示。

再执行傅里叶变换:

```
Make/O/N = 128 cosWave            //恢复被 Rotate 命令修改的数据
SetScale/P x,0,0.001,cosWave       //采样间隔 1ms,恢复坐标
cosWave = cos(2 * pi * x * 137)    //频率为 137Hz
Display cosWave
FFt cosWave
SetAxis/A
ModifyGraph cmplxMode = 3
```

结果如图 4-85 所示。

从图 4-85 中可以看到,这种不连续性导致了振幅的"泄漏",原来集中在 $f = 137\text{Hz}$ 的能量展宽分布到一个频率范围之内。

变换窗(window function)的概念正是为了避免这种泄漏而提出的。通过将源数据与

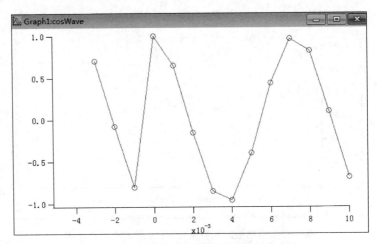

图 4-84　非周期数据拓延后不再具有周期性

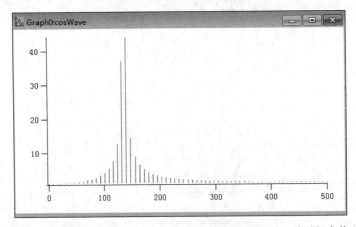

图 4-85　非周期性的数据在 FFT 后，振幅被展宽分配到一系列频率值上

一个特定的窗口相乘，该窗口会使得数据首尾值逐渐衰减为 0，从而避免首尾连接时的不连续性。汉宁窗（Hanning window）是常见的一种变换窗口，如图 4-86 所示。

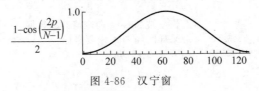

图 4-86　汉宁窗

通过 Hanning 命令来将汉宁窗应用到数据上（相当于进行汉宁窗滤波）。看下面的例子：

```
Make/O/N = 128 cosWave
SetScale/P x,0,0.001,cosWave        //采样间隔 1ms
cosWave = cos(2 * pi * x * 137)      //频率为 137Hz
Display cosWave
Hanning cosWave
```

结果如图 4-87 所示。

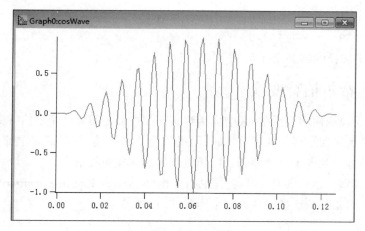

图 4-87 对非周期性数据进行汉宁窗滤波

和前面一样这里仍然创建了 cosWave,然后应用汉宁窗：利用汉宁窗函数作为因子乘以源数据。可以看到首尾数据都衰减为 0,此时再将该数据首尾相接,就不会出现明显的不连续性。对上述数据执行傅里叶变换：

```
FFT cosWave
SetAxis/A
ModifyGraph cmplxMode = 3
```

结果如图 4-88 所示,与图 4-85 相比,泄漏明显减少。

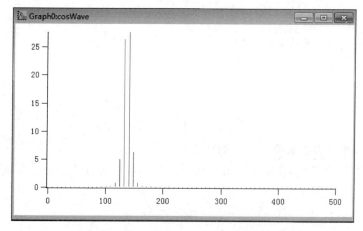

图 4-88 利用变换窗可以显著减少振幅泄漏

4.3.1 节讲述傅里叶变换时,提到 FFT 有一个/WINF 的标记参数,该标记参数就是用来指定各种窗函数的,因此上面的例子可直接将标记/WINF 设置为 Hanning,效果一样：

```
Make/O/N = 128 cosWave
SetScale/P x,0,0.001,cosWave        //采样间隔 1ms
cosWave = cos(2 * pi * x * 137)     //频率为 137Hz
```

```
Display cosWave
FFT/WINF = Hanning cosWave
Display W_FFT
ModifyGraph mode = 4, marker = 8, cmplxMode = 3
```

注意，此时 FFT 转换的结果保存在 W_FFT 里面。

4.3.3　希尔伯特变换

对于一个无源线性响应系统，其响应函数实部和虚部之间通过希尔伯特变换联系起来。在物理中，满足因果性原理的物理量，如果用复数函数来描述，其实部和虚部满足希尔伯特变换。例如，角分辨光电子能谱中的自能函数就满足这样的关系。

光学数据处理中常见的克莱默-克拉尼格变换（Kramers-Kroning transform），即 KK 变换，在形式上和希尔伯特变换一样。一个函数 $f(x)$ 的希尔伯特变换定义为

$$f_H(x) = \frac{1}{\pi} \int_{-\infty}^{+\infty} \frac{f(t)}{t-x} dt$$

这里积分指柯西主值积分。注意到希尔伯特变换可以看成 $\frac{1}{\pi}\frac{1}{x}$ 和 $f(x)$ 的卷积，即

$$f_H(x) = \left(\frac{1}{\pi}\frac{1}{x}\right) \otimes f(x)$$

根据傅里叶变换的性质，有

$$\mathrm{FFT}(f_H(x)) = \mathrm{FFT}\left(\frac{1}{\pi}\frac{1}{x}\right) \cdot \mathrm{FFT}(f(x))$$

而

$$\mathrm{FFT}\left(\frac{1}{\pi}\frac{1}{x}\right) = -\mathrm{i} \cdot \mathrm{sign}(x)$$

其中，

$$\mathrm{sign}(x) = \begin{cases} -1, & x < 0 \\ 0, & x = 0 \\ 1, & x > 0 \end{cases}$$

因此可以通过傅里叶变换来完成希尔伯特变换。

Igor 提供了一个名为 HilbertTransform 的命令，可以进行希尔伯特变换。命令的使用方法如下：

```
HilbertTransform [ /Z][/O][/DEST = destWave ]  srcWave
```

其中，srcWave 是源数据，/Z 表示表示忽略错误，/O 表示覆盖源数据，/DEST 表示指定转换后的 wave。

下面来看一个希尔伯特变换的例子：

```
Make/O/N = 512 cosWave = cos(2 * pi * x * 2/512)
HilbertTransform/Dest = hCosWave cosWave
Display cosWave, hCosWave
```

```
ModifyGraph mode = 4
ModifyGraph marker(hCosWave) = 8
ModifyGraph mskip = 10
```

结果如图 4-89 所示，圆圈连接的线表示源数据，十字连接的线表示变换后的结果。

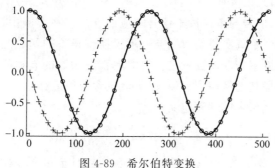

图 4-89　希尔伯特变换

在数学上可以证明，$\cos x$ 的希尔伯特变换就是 $-\sin x$。读者可以输入下面命令验证这个结论：

```
Duplicate/O coswave sinwave
sinwave = - sin(2 * pi * x * 2/512)
Display sinwave, hcoswave
```

下面通过傅里叶变换来实现希尔伯特变换，仍然以上面的数据为例：

```
Make/O/N = 512 cosWave = cos(2 * pi * x * 2/512)
FFT/DEST = fftcoswave cosWave
Duplicate/O fftcoswave wave1
wave1 = - cmplx(0,1) * cmplx(sign(x),0)
fftcoswave = fftcoswave * wave1
IFFT/DEST = wave2 fftcoswave
Display wave2
```

结果如图 4-90 所示。

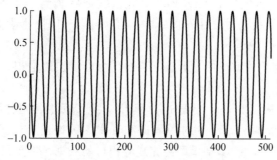

图 4-90　利用 FFT 实现 Hilbert 变换

可以看到利用傅里叶变换得到的结果和 HilbertTransform 的结果完全一样。

最后提醒读者注意两点：对于不满足周期性条件的数据，希尔伯特变换也会存在所谓的"泄漏"；希尔伯特变换得到的是源数据的共轭量，即如果源数据是实部，那么变换结果是虚部，反之亦然。

4.3.4 卷积

卷积是一种经常用到的数据分析手段。在信号处理领域里，一个线性时不变系统对输入信号的响应等于输入信号与单位冲击信号响应的卷积。在实验中，测量仪器的精度会影响到测量结果，效果相当于真实原始数据与表示仪器分辨率的函数之间的卷积。概率理论中，两个随机变量和的概率密度函数就是各自概率密度函数的卷积。Igor 里很多的操作都涉及卷积运算，如前面提到的插值、数据平滑等就包含卷积运算。

在数学上，两个一元函数的卷积定义为

$$f \otimes g = \int_{-\infty}^{\infty} f(X - x) g(x) \, \mathrm{d}x$$

Igor 利用命令 Convolve 计算数据的数值卷积。通过菜单命令【Analysis】|【Convolve】打开卷积操作对话框，可以对一个或者多个 wave 执行卷积操作。对话框会将设置转换为对 Convolve 命令的调用。接下来详细介绍卷积操作的含义及 Convolve 命令的使用方式。

数值卷积中有线性卷积和圆周卷积的概念区分。数值计算中，卷积定义式如下：

$$\mathrm{destwaveout}[p] = \sum_{m=0}^{N-1} \mathrm{destwavein}[m] \cdot \mathrm{srcwave}[p - m]$$

其中，N 是两个输入数据中长度较长的那个 wave 的数据个数，求和从 0 到 $N-1$。对于 srcwave，当数据点位置 $p-m$ 超出范围（$p-m<0$ 或者 $p-m>N-1$）时，线性卷积用 0 来代替这些数据，圆周卷积则在超出范围后使用下（上）一周期的数据，相当于将输入数据周期性排列。对于 destwavein，计算规则一样。

一般而言，线性卷积和圆周卷积的结果是不同的，但是二者也有关系，在一定条件下可以相互转换。线性卷积会改变输入数据的长度，如果输入信号数据的长度为 $N1$，卷积函数的数据长度为 $N2$，则输出数据的总长度等于 $N1+N2-1$。圆周卷积不会改变数据的长度，输出长度等于 $N1$。在数学上可以证明，在输入数据后面至少补 $N2-1$ 个 0，然后再做圆周卷积，其结果和对原数据做线性卷积一样。因为可以利用快速傅里叶变换，圆周卷积在数值计算上更容易处理。

由于两个函数的卷积的傅里叶变换等于各自傅里叶变换的乘积。所以可利用快速傅里叶变换来完成卷积运算。

实际上，Convolve 内部算法正是通过傅里叶变换实现的：先将源数据延长到 $N1+N2-1$，多出来的数据置 0，然后分别对源数据和卷积核数据进行傅里叶变换，再将变换结果相乘，最后调用逆傅里叶变换，结果即为完成卷积后的数据。如果是线性卷积或者圆周卷积，为最终数据。如果是非因果卷积，则对数据进行平移操作以消除"滞后"影响（详细说明请参看后面非因果卷积）。

来看下面的例子：

```
Make/O data1 = {1,3,2,5,7}          //N1 = 5
```

```
Make/O srcdata = {2,5,3}                 //N2 = 3
Duplicate/O data1 data2,data3
Convolve srcdata data1
Convolve/C srcdata data2
Redimension/N = 7 data3                  //N1 + N2 - 1
Convolve/C srcdata data3
Edit data1 data2 data3
```

本例创建了 3 个一样的模拟数据 data1、data2 和 data3，对 data1 直接进行线性卷积，对 data2 进行圆周卷积，对 data3 先调整数据长度，在后面添加 $N2-1$ 个 0，然后执行圆周卷积，结果如图 4-91 所示。

Table1:data1,data2,data3

R0 | 2

Point	data1	data2	data3
0	2	52	2
1	11	32	11
2	22	22	22
3	29	29	29
4	45	45	45
5	50		50
6	21		21
7			

图 4-91　线性卷积和圆周卷积的关系

可以发现，线性卷积结果(data1)和圆周卷积结果(data2)不一样，而对源数据添加一定数量的 0 后，线性卷积和圆周卷积结果就完全一样了。

下面来看 Convolve 的使用方法。

```
Convolve [/A/C] srcWaveName, destWaveName [, destWaveName ]...
```

其中，srcWaveName 表示卷积核，destWaveName 表示被卷积数据，可以有多个被卷积数据。

/A 标记表示非因果卷积(acausal convolution)，/C 表示圆周卷积，没有标记表示使用线性卷积，卷积的结果直接保存在 destWaveName 中。

上面的命令中，标记/A 表示非因果卷积。因果是数字信号领域的概念，表示某个时刻的信号只依赖于该时刻之前的信号，即满足因果关系。满足因果关系的系统单位冲击响应函数第一个数据点表示 $t=0$ 时刻的响应。非因果卷积应用于不满足因果关系的系统，此时单位冲击响应函数最中间的数据点表示 $t=0$ 时刻的响应。为了更好地理解这 3 种算法的区别，请读者观察图 4-92。

图 4-92(a)表示因果线性卷积，卷积函数(即单位冲击响应函数)是一个衰减函数，模拟真实实验系统的滞后效应。一个阶跃型信号通过该系统后变成先逐渐增大然后逐渐减小的信号(滞后效应)。由于滞后，$t=0$ 时刻输出信号并不是最大值，经过一定时间信号才变到最大。线性卷积一般用于线性时不变响应系统。

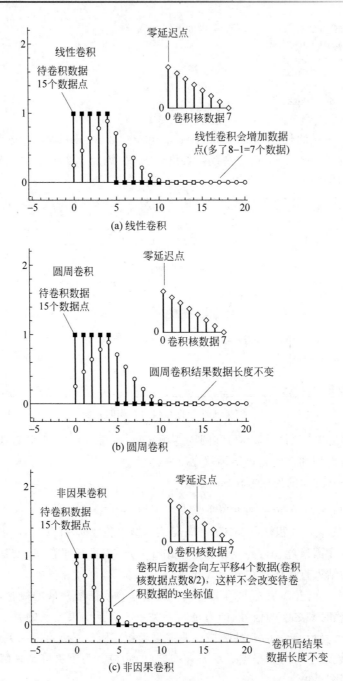

图 4-92　因果(线性和圆周)卷积与非因果卷积的区别

　　图 4-92(b)表示因果圆周卷积。和线性卷积比较,圆周卷积的数据长度不变。圆周卷积一般用于数据周期变化时的情况。

　　图 4-92(c)表示非因果卷积,其结果相当于将线性卷积的结果向左平移 $N2/2$($N2$ 表示

卷积核的数据个数),并且以源数据个数为参考,超出范围的全部截掉。由于此时卷积核第一个数据点不表示 $t=0$ 时刻的响应,所以被称为非因果卷积。

仪器系统分辨率对数据的影响一般可用一个关于 0 点对称的高斯函数来表示,高斯函数的中点表示单位冲击函数的 0 时响应,显然被卷积数据"某一时刻"的值即依赖于该时刻之前($t<0$)的值,也依赖于该时刻之后($t>0$)的值,即满足非因果关系,应该使用非因果卷积。

Convolve 计算过程并不涉及被卷积函数的 x 坐标,但是线性卷积会改变 x 坐标,这是因为线性卷积会改变数据的长度,x 坐标最大值会变大(x 坐标间隔不变)。非因果卷积不会改变结果的 x 坐标。

下面来看一个利用卷积来模拟仪器分辨率影响的例子:

```
Make/O/N = 100 gsfun
Make/O/N = 100 f1,f2
SetScale/I x, - 0.2,0.2,gsfun
SetScale/I x, - 0.8,0.2,f1,f2
gsfun = exp( - x * x/2/0.0001)
K1 = sum(gsfun, - inf, inf)
gsfun = gsfun/K1          //归一化
f1 = 1/(exp(11670 * x/30) + 1)
f2 = 1/(exp(11670 * x/30) + 1)
Convolve gsfun,f1
Convolve/A gsfun,f2
Display f1
Display f2
```

其中,gsfun 表示仪器的分辨率,这里假定仪器的分辨率用标准偏差来表示,为了不改变被卷积函数的值的数量级,对高斯函数进行了归一化。$f1$ 和 $f2$ 表示被卷积函数(在物理上 $f1$ 和 $f2$ 这样的形式表示费米狄拉克分布函数),结果如图 4-93 所示。

图 4-93(a)表示线性卷积,数据的长度发生变化,由 100 变为 199,x 坐标最大值变为原来的 2 倍,数据在 x 坐标轴发生了平移。这是不合理的,某一个 x 点的数据虽然展宽了(表示仪器分辨率的影响),但是其 x 坐标位置不应该发生变化。这是因果卷积的必然结果。这里没有用因果圆周卷积,因为很显然,原始数据不满足周期性条件。

图 4-93(b)表示非因果卷积,可以看到非因果卷积与预期较为吻合。

图 4-93(b)起始部分与真实数据不符合,这是无法避免的,因为数据的长度总是有限的,而理论上要求数据的长度是无限的。但有一个技巧可以改善这个问题:先将源数据适当延长,然后执行卷积运算,最后利用插值得到指定 x 范围内的结果。

最后来验证线性卷积和因果卷积的关系。以上面的数据为例:

```
Make/O/N = 100 f3
SetScale/I x, - 0.8,0.2,f3
f3 = f1[p + 50]
Display f3
```

$f3$ 如图 4-94 所示。

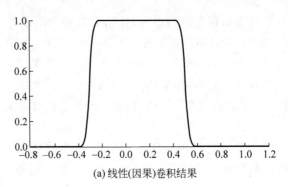

(a) 线性(因果)卷积结果

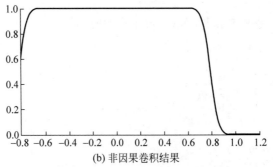

(b) 非因果卷积结果

图 4-93　仪器分辨率对测量数据的影响

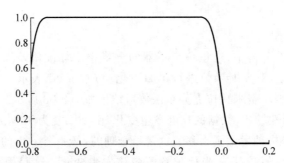

图 4-94　将因果线性卷积的结果向左移动一定数据点，其结果就等于非因果卷积

这里 $f3$ 表示将线性卷积的结果 $f1$ 向左平移 50 个数据点（100/2），并截掉前 50 个和最后 50 个数据。表达式 $f3 = f1[p + 50]$ 完成这个操作。

4.3.5　相关

相关用来计算两个序列（或一个序列与自身）的相似度。比如存在时间延迟的两个数据，可以通过计算相关来得到时间延迟的大小：以时间作为横坐标，在延迟位置处达到最大值。广义地来讲，只要两组数据存在相似性，都可以通过相关来定量描述这种特性。数学上，相关定义为

$$\text{correlation}(f,g) = \int_{-\infty}^{\infty} f(x+X)g(x)\mathrm{d}x$$

可以看到相关和卷积是很类似的,相当于将其中一个函数的 x 坐标翻转后再做卷积。相关的数值定义如下:

$$\text{destwaveout}[p] = \sum_{m=0}^{N-1} \text{srcwave}[m] \cdot \text{destwavein}[m+p]$$

N 是两个序列长度中较大的那一个。Correlate 命令可以完成相关计算。Correlate 命令的使用格式如下:

```
Correlate [/AUTO/C/NODC] srcWaveName, destWaveName [, destWaveName ]...
```

其中,srcWaveName 和 destWaveName 表示两个要计算相关的序列,二者可以是同一个序列,计算结果直接覆盖保存在 destWaveName 中。

相关计算会改变数据的长度,如果 srcwaveName 的长度等于 $N1$,destwaveName 的长度等于 $N2$,则结果数据长度为 $N1+N2-1$。

在计算过程中,如果位置序号(index)m 或者 $m+p$ 超出了对应数据的长度范围,则用 0 来代替,这类似于线性卷积。如果使用了 /C 标记,则表示圆周相关,和圆周卷积的含义一样,超出范围时自动使用数据下一个周期对应位置处的值(数据会被周期拓延)。如果确信数据是周期数据,则应该使用此标记。注意,/C 标记不能和后面的 /AUTO 标记混合使用。

Correlate 会影响结果的 x 坐标,如果 destwavein 的 x 坐标最小值为 xmin,间隔为 $x$del,最大值为 $x$max,则结果的 x 坐标最小值变为 $x$min$-(N1-1)*x$del,$x$del 不变,$x$max 也不变。如果使用了 /AUTO 标记,且两序列长度相等时,则将结果数据的中点 x 坐标设置为 0,但 $x$del 不变。这是合理的,因为中点的数据刚好对应了两个 wave 之间的延迟为 0 时的相关值。

使用 /AUTO 标记,可以直接从计算结果的 x 坐标看出两个序列之间的"延迟信息"。/AUTO 标记还有一个作用是将结果都除以 $x=0$ 处对应的值,因此 $x=0$ 处的值将严格等于 1。注意:如果两个序列的长度不相等,则 /AUTO 标记没有效果。来看下面的例子:

```
Make/O/N = 100 gs1,gs2
SetScale/I x, - 0.3,0.3,gs1,gs2
gs1 = exp( - (x - 0.1)^2/0.01)
gs2 = exp( - (x + 0.1)^2/0.01)          //比 gs1 延迟 - 0.2s
Display gs1
AppendToGraph gs2
ModifyGraph rgb(gs2) = (0,0,65280)
Legend/C/N = text0/A = MC
```

创建两个高斯序列 gs1 和 gs2,这两个序列之间的延迟为 $-0.2(-0.1-0.1)$,如图 4-95 所示。

计算两个序列的相关,结果如图 4-96 所示。

```
Duplicate/O gs2 gs3
Display gs2
Correlate gs1 gs2
```

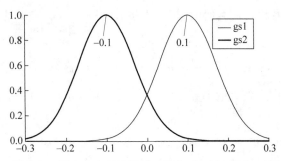

图 4-95　两个存在相关性的时间序列，时间延迟 0.2s

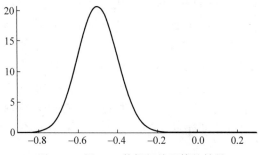

图 4-96　图 4-95 数据相关运算的结果

从图 4-96 可以看到，计算以后的数据长度和 x 坐标都发生了变化，为了验证上面关于输出结果长度及坐标值的分析，输入下面的命令：

```
Print leftx(gs2),numpnts(gs2)
```

可以看到，数据长度变为 199，x 坐标最小值变为 -0.9，输入下面的命令（见图 4-97 和图 4-98）：

```
Print - 0.3 - deltax(gs2) * 99       //gs1 的长度为 100
```

```
*print leftx(gs2),numpnts(gs2)
 -0.9  199
```

```
*print -0.3-deltax(gs2)*99
 -0.9
```

图 4-97　输出 gs2 的最小 x 坐标和　　　图 4-98　验证相关运算后 x 坐标
　　　　　数据长度　　　　　　　　　　　　　　　最小值与 gs2 原坐标的关系

x 的最小值和上面的分析完全吻合。

前面已经提到，gs1 和 gs2 的延迟为 -0.2，这表示 $x=-0.2$ 处的计算结果应该是一个极大值，从图 4-96 中显然看不出这一点。这时就需要使用 /AUTO 标记，结果如图 4-99 所示。

```
Duplicate/O gs3 gs2      // 恢复 gs2
Correlate/auto gs1 gs2
```

可以看到结果在 $x=-0.2$ 处为最大值，与预期完全吻合。

/AUTO 标记强制将数据中点的 x 设置为 0，表示 x 坐标以两数据"对齐"时作为参考 0 点，由于 gs1 和 gs2 的 x 坐标范围完全相同，所以 x 坐标直接给出了延迟的正确结果。如果 gs1 和 gs2 的 x 坐标范围不同，/AUTO 标记并不能总是给出有意义的结果。读者可以

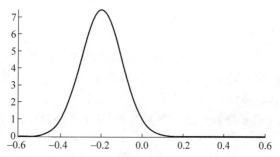

图 4-99　Correlate 命令的/AUTO 标记可以将 0 延迟处的 x 坐标设置为 0

自己验证该结论。如果数据序列长度不等，x 坐标没有明确的意义，使用者需要根据问题的实际性来确定坐标的含义，正如这里的/AUTO 标记一样。

　　/NODC 标记表示在计算相关前减去序列的平均值，DC 表示序列中的直流分量，即平均值。此时相当于计算没有归一化的"延迟协方差"，$p = 0$ 时对应的值就是统计学中的协方差（没有归一化）。其表达式如下：

$$\text{destwaveout}[p] = \sum_{m=0}^{N-1} (\text{srcwave}[m] - X1) \cdot (\text{destwavein}[m+p] - X2)$$

其中，$X1$ 和 $X2$ 分别表示两个序列的算术平均值。

4.4　图像分析

　　图像处理包括图像格式变换、颜色变换、灰度图调整、空间变换、数学变换（傅里叶变换、卷积、小波变换等）、形态变换等，目的通常有：提高图像对比度，突出细节和分析图像，获取某些参数值等。本节主要讨论提高灰度图像对比度相关的内容。

　　在实验中得到的二维数据可以用灰度图来描述，如角分辨光电子能谱中色散关系和等能面本质上都是一个灰度图。同一幅灰度图上，数据之间的大小差异可能非常大，这会导致一部分比较小的数据被大数据甚至是背景所掩盖。此时需要对数据锐化，以提高对比度，突出细节。

　　提高图像对比度的方法非常多，简单的如在空间对数据点实施某些变换，复杂一点的如重新调整像素点的分布等。本书第 2 章绘图操作中关于 Image 外观的 Color Table 的设置也是增强图像显示的一种方法，但这种方法并不对数据做任何变换，仅仅是改变数据的显示效果。从这里也可以看出，图像分析的效果具有很大的主观性，本质上是通过调整数据的内容或者外观，充分利用人类的视觉特性（或者其他感觉特性，如果用耳朵感受数据，那么就是听觉特性），最大限度地放大差异，方便观察。

　　图像分析是一个复杂的话题，详细的讨论超出了本书的范畴。本节仅介绍通过对空间数据点实施变换和直方图均衡化技术增强数据显示效果等一些技术方法。读者如果需要全面了解图像分析技术可以参阅相关专业书籍。

4.4.1　Lookup Table 方法

灰度图将不同大小的数据显示为不同的颜色，数据到颜色表的映射关系一般为线性或者对数。可以改变这种映射关系，从而改变数据的显示外观，突出或者弱化数据的细节特征，这就是 Lookup Table 方法。

Lookup Table 在空间域对图像进行局域变换，基本思路是将原像素值按照一定的规律变换为新值，如下：

$$Y = f(X)$$

其中，X 表示原图像的像素值（或者数值大小），f 表示变换规则。Igor 用 Lookup Table 的概念表示 f。Lookup Table 是一个一维 wave，其横坐标相当于 X，数据相当于 Y。

如果对图像做反色变换，可以定义一个 Lookup Table 如下：

```
Make/O/N = 256 reverse_LUK = 255 − x
```

于是对图像做反转可以如下操作：

```
Duplicate/O MRI R_MRI      //MRI 是一个二维图像 wave，数值范围为[0,225]
R_MRI = reverse_LUK[R_MRI]
Newimage MRI
Newimage M_MRI
```

结果如图 4-100 所示。

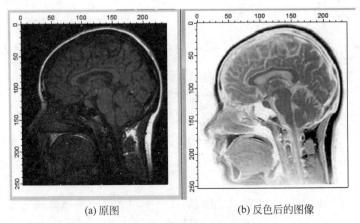

(a) 原图　　　　　　　　　(b) 反色后的图像

图 4-100　图像反色显示

MRI 是一幅假色图，像素值存放在一个二维 wave 里，最小值为 0，最大值为 255。变换 wave reverse_LUK 横坐标正好是 0～255，如果像素值为 $q1$，则变换后的像素值为 reverse_LUK$[q1]$＝$255-q1$，相当于将图像反色显示。

上面的方法直接通过 Lookup Table 修改原 wave，但这并不是必需的。可以在 ModifyGraph 中指定 Lookup Table 来改变图像的显示方式，源数据并没有任何改变。推荐使用这种方法。

在 ModifyGraph 中指定反色变换对应的 Lookup Table 时,要求 Lookup Table 的值域为 [0,1],即上面 Lookup Table 的定义应改为下面的表达式:

```
Make/O/N = 256 reverse_LUK = 1 − x/255
```

然后执行命令:

```
ModifyImage MRI ctabAutoscale = 0, lookup = reverse_LUK
```

结果如图 4-101 所示,效果完全一样。

上面的操作也可以通过菜单命令【Graph】|【Modify Graph Appearance】设定【Lookup Table】来实现,请读者自己尝试。

数据、Lookup Table 和最终颜色的映射关系为:数据大小线性映射到 Lookup Table 的 x 坐标,通过该 x 坐标得到 Lookup Table 中函数值,函数值再线性映射到颜色表得到颜色。

可以改变 Lookup Table 的形状,实现其他的调整效果。如 Gama 曲线对应的 Lookup Table 可定义如下:

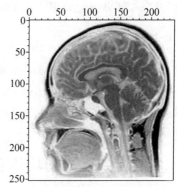

图 4-101　在 Image 外观设置中选择 Lookup Table 进行反色

```
Variable Gamma
Make/O/N = 100 contY, contX
contX = p/99
contY = contX^(1/Gamma)        //contY 是 Lookup Table
```

还可以创建一个可以手动改变形状的 Lookup Table,实时观察图像对应的变化:

```
Make/O/N = 3 userX, userY
userX = x/2
userY = x/2
make/O/N = 1000 luk_w
SetScale/I x, 0, 1, luk_w
Display userY vs userX
GraphWaveEdit /M userY
```

GraphWaveEdit /M 命令可以手动修改 userY 的长度和大小。将光标移动到图上,光标会变成一个带有十字的小正方形,将光标置于曲线任意位置,单击并拖动鼠标即可改变曲线形状,如图 4-102 所示。

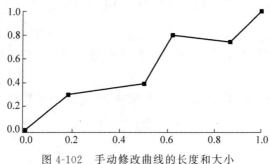

图 4-102　手动修改曲线的长度和大小

userY 和 userX 保存了 Lookup Table 的形状，但是数据点较少，这里利用插值算法重新均匀取样，并保存在 luk_w 中。luk_w 就是最终的 Lookup Table：

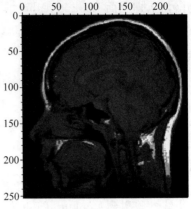

```
luk_w = userY(BinarySearchInterp(userX, x))
```

显示 Image，在外观设置对话框中将 lookup wave 指定为 luk_w，结果可能如图 4-103 所示。

```
Newimage MRI
ModifyImage MRI ctabAutoscale = 0,lookup = luk_w
```

读者可以反复调整 userY 曲线，并执行 luk_w = userY(BinarySearchInterp(userX，x))命令来观察图像对比度的变化。可以通过程序设计使这一过程完全自动化。

图 4-103　利用自定义 Lookup Table 调整图像外观显示

4.4.2　直方图均衡化

直方图均衡化的核心观点是重新调整像素点的分布使得所有的像素点的分布尽可能均匀化（而不是集中在某个区域），以使所有的颜色都能被充分利用，从而达到增强图像对比度的目的。在这里就是要寻找如下一个映射：

$$Y = T(X)$$

使得 Y 为均匀分布。直方图正是这样的一种映射。下面来证明这个事实。

首先定义像素点的概率密度分布函数：

$$p(x) = \frac{n_x}{n}$$

其中，x 是第某个像素值，n_x 是图像中等于该值的像素的个数，n 是图像总像素数。

定义累积直方分布函数（comulative histogram distribution function，CDF）：

$$\mathrm{CDF}(p(x)) = \sum_{x=0}^{X} \frac{n_x}{n} = \int_0^X p(x)\mathrm{d}x$$

定义随机变量 Y：

$$Y = (L-1)\int_0^X p(x)\mathrm{d}x = T(X)$$

则 Y 满足均匀分布。

L 一般等于 256，因为对于一个 RGB 图的一层，像素的存放长度为 1 字节。下面证明 Y 的分布是均匀分布。

将 Y 的概率密度分布函数记为 $p_y(y)$，X 的概率密度分布函数记为 $p_x(x)$，根据定义有

$$\int_0^Y p_y(y)\mathrm{d}y = \int_0^X p(x)\mathrm{d}x$$

两边对 Y 求导数，有

$$p_y(Y) = \frac{\mathrm{d}}{\mathrm{d}Y}\int_0^X p(x)\,\mathrm{d}x = \frac{\mathrm{d}}{\mathrm{d}Y}\int_0^{T^{-1}(Y)} p(x)\,\mathrm{d}x$$

其中，T^{-1} 为 T 的逆算符。由于

$$\frac{\mathrm{d}}{\mathrm{d}Y}\int_0^{T^{-1}(Y)} p(x)\,\mathrm{d}x = p(T^{-1}(Y))\frac{\mathrm{d}}{\mathrm{d}Y}(T^{-1}(Y)) = p(X)\frac{\mathrm{d}}{\mathrm{d}Y}(T^{-1}(Y))$$

而

$$X = T^{-1}(Y)$$

于是

$$\frac{\mathrm{d}}{\mathrm{d}Y}(T^{-1}(Y)) = \frac{\mathrm{d}X}{\mathrm{d}Y}$$

而

$$Y = T(X)$$

$$\frac{\mathrm{d}Y}{\mathrm{d}X} = T'(X)$$

于是

$$\frac{\mathrm{d}X}{\mathrm{d}Y} = \frac{1}{T'(X)} = \frac{1}{(L-1)p(X)}$$

于是

$$p_y(Y) = \frac{1}{L-1}$$

即经过变换后 Y 服从均匀分布。

可以利用上面公式直接对原图像进行变换就能实现直方图均衡化，但并不需要这么做。Igor 提供了 ImageHistModification 命令完成上述操作。ImageHistModification 的使用非常简单，假设要处理的二维 wave 名为 MRI，则命令如下，结果如图 4-104 所示。

```
Newimage MRI
ImageHistModification/W MRI
NewImage M_ImageHistEq
```

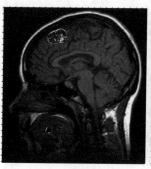 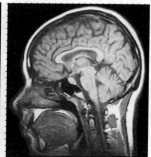

(a) 原图   (b) 处理后的图像

图 4-104 直方图均衡化后的结果

图 4-104(a)是处理前的结果,图 4-104(b)是处理后的结果,可以看到(a)中一些比较暗的地方经过处理后变亮了,细节对比度得到了增强。注意 ImageHistModification 将结果保存到 M_ImageHistEq 里。执行下面的命令查看变换前后 MRI 的像素分布直方统计图:

```
ImageHistogram MRI
Duplicate W_ImageHist ori_hist
ImageHistogram M_ImageHistEq
Duplicate W_ImageHist after_hist
Display ori_hist
ModifyGraph axisEnab(left) = {0,0.4}
AppendToGraph/L = L1 after_hist
ModifyGraph axisEnab(L1) = {0.6,1}, freePos(L1) = {0,bottom}
ModifyGraph rgb(after_hist) = (0,0,0)
Legend/C/N = text0/F = 0/A = MC
```

结果如图 4-105 所示。

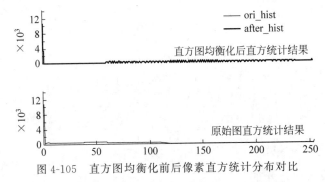

图 4-105　直方图均衡化前后像素直方统计分布对比

ImageHistogram 计算二维 wave 的直方统计分布图,默认箱子数为 256,箱子宽度根据箱子数和二维 wave 的数据最大值和最小值由命令自动设定。计算结果保存在 W_ImageHist 里面。从图 4-105 可以看出,原图的像素主要分布在 0～125,因此看起来整体比较暗,经过直方图均衡化后均匀分布到了整个颜色范围之内,因此对比度得到提高,图像看起来也更亮了。

如果图像的直方图分布存在巨大的空间差异,整体运用直方图均衡化效果反倒会变差。此时可利用局域直方图均衡化技术来提高图像的对比度。局域直方图均衡化的思想是将原图划分为不同的区域,对每个区域分别做直方图均衡化,最后通过插值将所有的区域组合在一起构成一幅完整的图像。看下面的例子:

```
ImageHistModification MRI
Duplicate/O M_ImageHistEq, globalHist
NewImage globalHist
ImageTransform/N = {2,7} padImage MRI
ImageHistModification/A/C = 10/H = 2/V = 2 M_paddedImage
NewImage M_ImageHistEq
```

结果如图 4-106 所示。

图 4-106(a)是没有局域化的结果,图 4-106(b)是局域化后的结果,可以看到局域化的效果更好。局域直方图均衡化又叫作自适应直方图均衡化(adaptive histogram equalization),/A 标

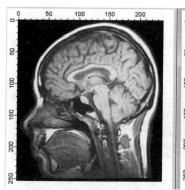
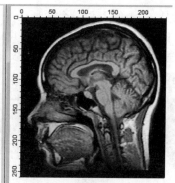

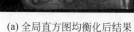

(a) 全局直方图均衡化后结果　　　　(b) 局域直方图均衡化后结果

图 4-106　全局和局域直方图均衡化对比

记表示使用局域化，/C 设定阈值为 10，大于 10 的像素值将均匀分布，/H 设定水平方向分为多少个区域，/V 设定垂直方向分为多少个区域。为了能将源数据正好按照/H 和/V 标记参数分割，这里使用了 ImageTransform 命令将源数据沿行和列分别延长 2 和 7 个数据点。

需要说明的是，还可以利用/R 标记指定 ImageHistoModification 作用的区域，/R 标记参数是一个二维掩码 wave，只有值为 1 的部分对应的区域会受到影响。生成掩码 wave 的命令是 ImageGenerateROIMask，生成的掩码 wave 为 M_ROIMask。生成掩码 wave 之前，需要先在目标图像上指定生成掩码 wave 的区域，看下面的例子。

保持图像 M_PaddedImage 位于最顶端，按 Ctrl＋T 组合键，左侧会出现一个绘图工具条，如图 4-107 所示。

按住 Alt 键的同时，光标移动到 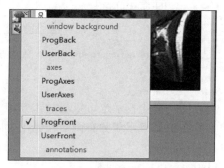 上面并单击，在出现的下拉菜单中选择 ProgFront 命令，如图 4-108 所示[①]。

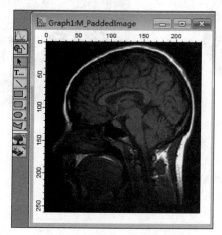

图 4-107　图像 M_PaddedImage　　　　　图 4-108　选择 ProgFront 命令

① Igor 7 及以后版本中，在"树形"图标下方有一个"图层"图标，可对图层进行选择，无须按下 Alt 键。

选择椭圆工具，在图像上画一个圆形区域，如图 4-109 所示。

双击该圆形区域，在弹出的【Modify Oval】对话框中选择坐标系为图像坐标系，设置【Fill Mode】（填充模式）为 No Fill，单击【Do It】按钮，如图 4-110 所示。

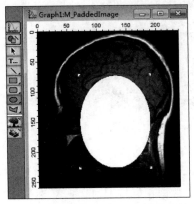

图 4-109　在图像上画一个图形区域

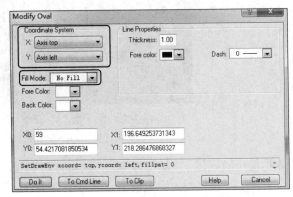

图 4-110　设置【Modify Oval】对话框

执行 ImageGenerateROIMask/E＝1/I＝0 M_PaddedImage 命令。在当前目录下出现一个名为 M_ROIMask 的二维 wave，如图 4-111 所示。

执行 ImageHistModification/R＝M_ROIMask/H＝2/V＝2 M_paddedImage 命令，结果如图 4-112 所示。可以看到只有椭圆标注的区域发生了变化。

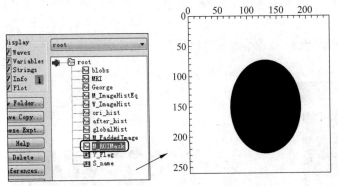

图 4-111　ImageGenerateROIMask 生成的掩码 wave

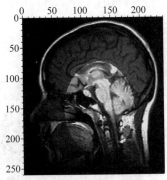

图 4-112　对指定区域进行局域
直方图均衡化

直方图均衡化技术也可以通过 4.5.1 节的 Lookup Table 技术实现，只需创建一个原图像像素分布的概率累积分布函数作为 Lookup Table 即可，代码如下：

```
Make/O/N = 999 contY
Histogram/B = 1 w,contY
InsertPoints 0,1,contY
Integrate contY
contY = contY/contY[999]
```

其中，w 是图像 wave。Histogram 直方统计命令获取像素的分布，保存在 contY 中。

InsertPoints 在 contY 开头插入一个数据点，并赋值为 0。Integrate 对 contY 积分，获取累积分布。前面 Insertpoints 命令保证了积分从 0 开始。contY/contY[999]将 contY 归一化到[0,1]，显然 contY 就是累积概率分布函数 wave。

4.5　随机数生成

在实验数据处理中，经常会有这样的情况：给定分布类型和参数，生成满足该分布的随机数值。如利用蒙特卡洛法估计测量数据的不确定度时，就需要使用随机数生成器来传递分布。本书中大量的例子都用到了示例数据，创建这些数据就利用了随机数生成器。

Igor 具有强大的统计分析功能，提供了大量函数和命令，用于分布计算、参数估计、假设检验、回归分析等。其中仅伪随机数生成器就有 12 种，可以生成满足常见分布要求的随机数，如二项分布随机数、均匀分布随机数、高斯分布随机数、洛伦兹分布随机数等。在生成随机数时，可以通过设置随机数生成种子，生成可重复的随机数。

本节主要介绍均匀分布随机数和高斯分布随机数生成函数。

1. 均匀分布随机数生成函数 enoise

enoise(num,[RNG])生成一个满足均匀分布的随机数。随机数分布范围为[−num，num]。RNG 为可选参数，指明 enoise 函数采用的算法，取值 1 或者 2，算法不同，生成的随机数性能和周期有所差别。

enoise 采用的随机数种子由启动 Igor 时的系统时钟值决定，因此生成的随机数几乎是完全随机的。如果要生成重复的随机数，可以使用 SetRandomSeed 设置随机数种子。

看下面的例子：

```
Make/O/N = 10000 noisedata = enoise(1)
Make/O/N = 50 pdis
Histogram/B = 1 noisedata,pdis
Integrate pdis
pdis/ = pdis[49]
Differentiate pdis
Display pdis
ModifyGraph mode = 1
```

结果如图 4-113 所示。

这里，利用 enoise 函数生成 10000 个随机数，随机数的范围被限制在[−1,1]。为了验证随机数是否满足均匀分布，利用 Histogram 直方统计命令统计随机数出现的频率，并且将统计结果放在 pdis 里。pdis 长度为 50，则 Histogram 会自动将统计区间划分为 50 个"箱子"，然后对落在每一个箱子里的随机数进行计数。此时 pdis 里存放的是随机数出现的频率。Integrate 命令将 pdis 转换为累积频率分布，然后再除以 pdis[49]进行归一化，此时 pdis 就是累积概率分布函数。再用 Different 命令求取导数，即为概率密度分布函数。

显然，图 4-113 所示概率密度分布函数值恒定，且大小等于 0.5，与期望值"0.5"吻合。

2. 高斯分布随机数生成函数 gnoise

gnoise(num,[RNG])生成一个满足高斯分布的随机数。随机数的标准偏差为 num。

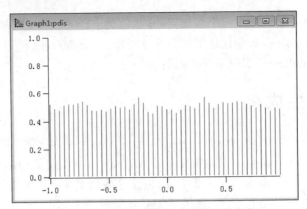

图 4-113　enoise 函数生成的随机数分布

可选参数 RNG 和 enoise 中 RNG 相同。高斯分布随机数由均匀分布随机数通过 Box-Muller 算法转换而来，因此 RNG 含义完全相同。

下面看一个生成满足高斯分布的随机数例子。将上面代码的 enoise 换成 gnoise，其他的保持不变：

```
Make/O/N = 10000 noisedata = gnoise(1)
Make/O/N = 50 pdis
Histogram/B = 1 noisedata, pdis
Integrate pdis
pdis/ = pdis[49]
Differentiate pdis
Display pdis
ModifyGraph mode = 1
CurveFit/M = 2/W = 0 gauss, pdis/D
```

结果如图 4-114 所示。

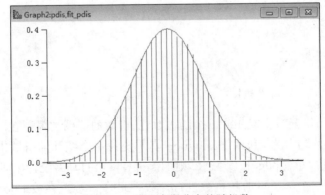

图 4-114　满足高斯分布的随机数

最后一行代码利用 Curvefit 命令对 pdis 进行拟合，拟合函数正是高斯函数。可以看到随机数的分布函数满足高斯分布。输入下面的命令查看该分布的标准偏差：

```
Print k3/sqrt(2)
```

结果为 0.997279，与期望值"1"完全一致。

第 5 章

程 序 设 计

使用菜单及对话框可以完成一般的数据处理工作,如果仅限于此,使用 Igor 的水平是比较低的,Igor 强大的数据处理能力远远没有发挥出来。Igor 是一个基于命令行的数据处理工具,通过编写程序才能彻底发挥其强大的数据分析威力。如光电子能谱数据,一次实验少则几十张图谱,多则上百张图谱,每张图谱都由好几百条曲线组成,仅靠菜单手动处理分析这些数据,几乎是不可能的。

作为一款数据处理工具,程序设计应该满足几个基本准则。

(1) 自由。程序设计的目的就是自由地设计各种新功能,这要求编程环境应该类似于普通的编程语言,具有很大的自由度,不仅仅能分析数据,还能访问操作计算机的系统资源,如文件、窗口、输入输出设备等。

(2) 简单。应和普通的程序设计语言区分开来,不能让语法的复杂性掩盖了服务数据处理需求的本质。程序设计的本质就是对各种数据对象的访问和操作,必须有一个最简单、统一的获取基本数据对象的机制,最好是按照人们对数据的直观认识去操作。

(3) 高效。既然是编程,在性能上就不能太差,至少不能比普通编程语言差太多。如果编程仅仅是对命令行的批量解释执行,这样的程序设计是不满足要求的,不能算作真正地支持程序设计。

Igor 在这 3 个方面都支持得非常好。Igor 的图形界面提供的功能,几乎都可以通过它自身的编程环境实现。对数据对象的访问也非常简单,基本的对象都是全局对象,可以利用名字直接访问,同时提供了大量的函数和命令用于获取这些对象的基本信息。在效率方面,Igor 里所有的程序都可以被编译成较底层的机器码,因此速度非常快。

Igor 下的程序设计具有以下特点。

(1) 语法环境规范而完整。

(2) 面向过程的程序设计语言,命令和函数被组织在一起形成一个功能相对独立的操作单位。

(3) 有两种级别的程序模式:脚本程序(Macro、Proc)和函数程序(Function)。前者语法规范宽松,速度慢,但使用简单;后者语法规范严谨,编译为机器代码执行,速度极快,但使用相对复杂。

（4）有一个方便的编程环境和调试环境，可以方便地编写程序和调试代码。调试器可查看任意变量值，支持查看表达式。

（5）可以利用 C/C++编程工具无缝扩展 Igor 功能，甚至控制硬件采集数据。扩充的功能作为插件被 Igor 使用，和内置函数和命令没有任何区别。

（6）提供了近千个不同的函数和命令，涉及绘图、窗口、数据操作、数据分析、矩阵、信号处理、统计、文件读写、数学函数等多个方面。

（7）程序必须在 Igor 环境下运行。不能编译脱离 Igor 运行的程序。

虽然功能很强大，但是学习曲线并不是很陡峭。即使没有受过任何编程训练的人，通过本书的介绍，也能在很短的时间之内掌握 Igor 的编程方法。

5.1　程序设计概述

5.1.1　程序窗口

程序窗口是写程序的窗口。程序窗口相当于具有 IDE 的程序设计语言中的代码编辑器，在该窗口中可以完成输入代码、编译、运行和调试等工作。程序窗口具有语法高亮的功能，如系统关键字显示为蓝色，函数显示为深橙色，预编译指令显示为紫罗兰色，命令显示为暗青色，注释显示为红色等。

除了编辑功能之外，程序窗口还可以查看帮助，查看某个函数（或程序），运行命令等。最新版本的 Igor(Igor Pro7 版本)还支持外置编辑器，如 Vim。

按 Ctrl+M 组合键(或者利用菜单命令【Windows】|【Procedure Windows】|【Procedure Window】)就打开了一个程序窗口，这是一个内置的程序窗口，可以在该窗口中输入代码完成程序编写，如图 5-1 所示。

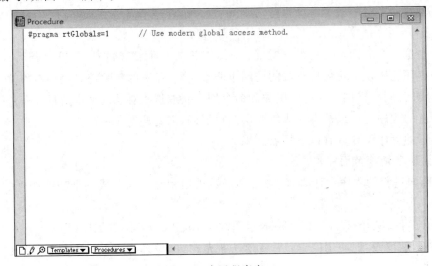

图 5-1　内置程序窗口

在程序窗口输入以下代码：

```
Function myfun()
    string s = "This ia my first function in Igor\r"
    s += "Please give two numbers, I'll calculate the sum."
    doalert 0, s
    Variable v1, v2
    prompt v1, "Input the first number"
    prompt v2, "Input the second number"
    doprompt "Calculate Sum", v1, v2
    string s1 = "The sum of " + num2str(v1) + " and " + num2str(v2) + " is " + num2str(v1 + v2)
    doalert 0, s1
End
```

输入完毕，单击程序窗口下方的【Compile】按钮编译程序（注意 Igor 中的函数必须在编译后才能运行）。【Compile】按钮在单击后会消失，对应位置显示为空白，表示程序已经编译，如图 5-2 所示。如果代码里包含错误，则将无法编译，此时会显示一个编译错误对话框。

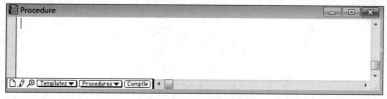

(a) 编译前编译按钮可用

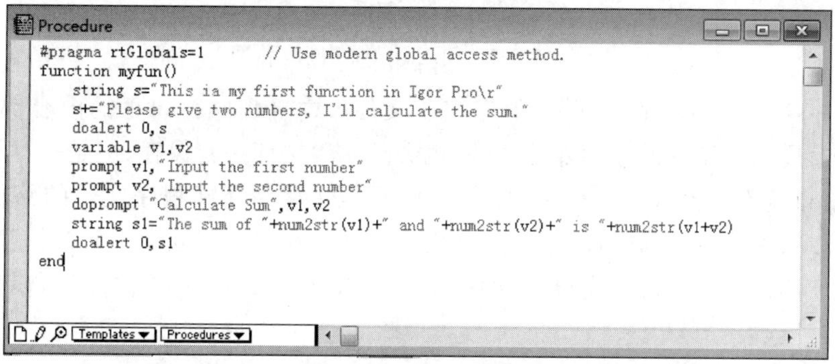

(b) 输入代码后单击【Compile】按钮，编译完毕，编译按钮消失

图 5-2　程序窗口的编译

在命令行窗口输入 myfun()，按 Enter 键执行（注意不能省略圆括号）。还可以在程序窗口中选择 myfun()，按 Ctrl＋Enter 组合键执行程序。程序首先显示一个对话框，然后提供一个输入对话框，输入两个数字，最后显示一个对话框，显示输出结果。

按 Ctrl＋M 组合键打开的程序窗口是 Igor 内置的程序窗口。Igor 内置的程序窗口默认是全局的，也就是说所有的程序都可以访问内置窗口里的程序和变量。可以通过菜单命令【Window】|【New】|【Procedures】打开一个新的程序编辑窗口，此时可以给窗口起一个有意义的名字，如 MyProc，如图 5-3 所示。

新程序窗口有一个名字，如这里的 MyProc，在程序设计里可以通过这个名字来访问该程序窗口，此时程序窗口相当于一个普通的窗口。

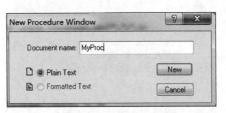

(a) 创建新程序窗口对话框

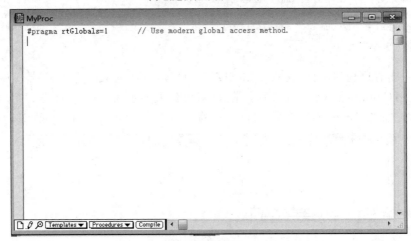

(b) 新程序窗口

图 5-3　创建新程序窗口

　　内置程序窗口是 Igor 的一部分，保存实验文件后内置程序窗口里的内容都将被保存。非内置程序窗口如果没有保存到外部文件，也会随实验文件一起保存，但是一旦被保存到外部文件里，Igor 就不会再保存整个程序文件，而只是保存该外部程序文件的路径信息。内置程序也可以被保存在外部文件里，但是其内容仍然会在保存实验文件时被保存。

　　如果不使用内置程序编辑窗口，例如将不同的函数放在不同的文件中，可以创建新的程序编辑窗口。

5.1.2　程序窗口说明

1. 保存程序窗口中的程序

　　习惯于 VS 或者其他编程环境的读者都知道，在 IDE 中创建代码时，需要首先创建一个代码文件，然后在 IDE 中修改或者编辑该文件。在 Igor 中稍稍不同，当利用 Ctrl＋M 组合键或者 Windows 菜单创建一个新的程序编辑窗口，在其中编写代码时，代码是实验文件的一部分，并没有创建对应的文件（很好理解，因为这个过程中没有指定任何要保存的文件）。当保存实验文件时，程序窗口连同内部的代码会和数据一起保存，这样当下次打开实验文件时，里面的程序窗口及程序代码也会被同时打开。

　　实际情况中，程序应该是通用的，而不是依赖于某个具体的实验文件，这就需要将程序窗口中的代码以文件形式单独存放于硬盘或者其他存储介质中。

　　保存程序文件的方法很简单,保持需要被保存的程序窗口处于激活状态,执行菜单命令【File】|【Save Procedure As】,在弹出的保存对话框中浏览到合适位置保存即可。此时窗口中所有的内容都会被保存在一个扩展名为 ipf 的文件中,程序窗口的标题也被替换为保存时的名字。一般将经常用到的程序文件保存到 Igor 安装目录/User Procedures 或者 Igor 安装目录/Igor Procedures 下[①]。当然可以不存放在这个文件夹里,此时使用 Include 指令包含程序文件时需要指明完整路径。保存程序文件如图 5-4 所示。

(a) 保存程序文件对话框

(b) 已保存的程序文件

```
MyProc1.ipf
#pragma rtGlobals=1          // Use modern global access method.
function myfun1()
    string s="This ia my first function in Igor Pro\r"
    s+="Please give two numbers, I'll calculate the sum."
    doalert 0,s
    variable v1,v2
    prompt v1,"Input the first number"
    prompt v2,"Input the second number"
    doprompt "Calculate Sum",v1,v2
    string s1="The sum of "+num2str(v1)+" and "+num2str(v2)+" is "+num2str(v1+v2)
    doalert 0,s1
end
```

(c) 程序窗口的名字替换为文件名

图 5-4　保存程序文件

---

① 程序文件放在/Igor Procedure 下时,Igor 启动会被自动加载,如果刚好其他加载的程序里含有该程序文件相同的函数或 macro,就会出现命名冲突的错误。因此,实际中应避免把程序文件放到这个目录下。

当打开一个存放于硬盘上的程序文件（或者将程序文件保存在硬盘上）时，Igor 会建立该文件与 Igor 中对应窗口的关联，但这种关联不是实时的。如果修改代码，代码并不会实时保存到程序文件中，需要通过按 Ctrl＋Shift＋S 组合键来保存程序文件的内容（或者通过菜单命令【File】|【Save Procedure】）。每次按 Ctrl＋Shift＋S 组合键只保存当前程序窗口，如果有多个程序窗口，需要选择每个窗口并执行保存命令。

当程序窗口被保存为独立文件时，Igor 仅会在实验文件里保存该程序文件的路径信息，而不再保存其内容。下次打开实验文件时，Igor 会自动根据路径信息打开该程序文件（并列出在【Windows】|【Procedures】菜单下）。如果程序文件不存在（这种情况很普遍，比如打开从别的地方复制的实验文件，程序文件被误删或者改名，程序文件的存放路径发生改变），Igor 就会报错并显示一个对话框让用户提供正确的程序文件路径。本例中，读者可以先保存实验文件（按 Ctrl＋S 键）并关闭实验文件，在计算机里将 MyProc1.ipf 改为 MyProc2.ipf，然后再打开已经保存的实验文件，就会看到如图 5-5 所示的错误提示。

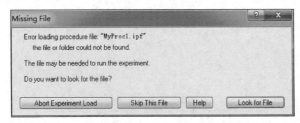

图 5-5　找不到程序文件的错误

可以单击【Skip This File】按钮忽略错误，这种情况下程序文件就不能正常打开了，但不会影响实验数据或者其他程序的打开。程序文件没有打开，自然就不能使用程序文件里的程序，可以按【Look for File】按钮提供正确的程序文件。

2．设置程序字体

对于中文语言字体的计算机，程序窗口默认字体为宋体，字体尺寸也往往比较小，看起来不太舒服，可以将其修改为常见的代码字体 Courier New，并设置合适字号如 12pt。设置方法如下：选择一个程序窗口为当前窗口，主菜单栏会动态出现一个【Procedure】的菜单（利用该菜单可以设置程序编辑窗口的字体、字号等信息），执行菜单命令【Procedure】|【Set Text Format】，打开字体设置对话框，进行如图 5-6(a)所示的设置，单击【OK】按钮，可以看到程序编辑窗口的字体变为常见的代码字体，如图 5-6(b)所示。

注意：设置好的字体需要保存，否则当下次打开 Igor 后仍然为默认字体。保存设置的方法是执行菜单命令【Procedure】|【Capture Procedure Prefs】，选择相应的项，这里选中【Text Format】复选框，然后单击【Capture Prefs】按钮，就可以为这台计算机永久保存字体设置。读者可以试着创建一个新的程序编辑窗口并将字体设置为合适的字体。

3．打开并查看已有程序文件

打开已有程序文件的方法非常简单，可以直接将已有程序文件拖入 Igor 或者执行菜单命令【File】|【Open File】|【Procedure】打开一个程序对话框，定位到程序文件处打开即可。如果在处理实验数据时打开了已有的程序文件，则在保存实验数据时会自动保存该程序文

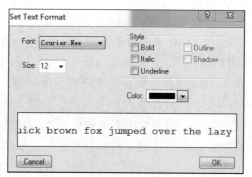

(a) 字体设置对话框

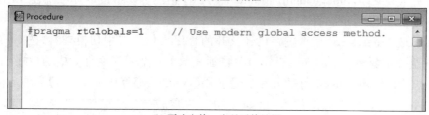

(b) 更改字体、字号后的效果

图 5-6 设置程序窗口字体

件的路径信息,下次打开实验文件时会自动打开程序文件。这要求程序文件存在且位置不能发生变化,否则就会出现打开文件错误。

已经打开的程序文件可以修改其内容,如果修改时出现如图 5-7 所示提示则表示程序文件处于写保护状态。

观察程序文件左下角,可以发现一个上面有一条斜线的铅笔状的小图标,表示当前程序文件处于不能编辑状态,如图 5-8 所示。单击该图标,即可解除不能编辑状态,再次单击则恢复不能编辑状态。

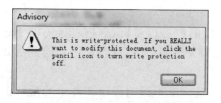

图 5-7 程序文件写保护警示

图 5-8 程序文件写保护状态

如果打开的程序文件已经被别的实验文件打开,或者是操作系统设置了写保护,则"小铅笔"对应位置处是一把小锁的图标,此时程序文件不能被修改,如图 5-9 所示。

图 5-9 程序文件被其他程序打开或者被操作系统写保护,则不能修改

单击图 5-9 最左端一个类似于文档的小图标,会显示当前程序文件的基本信息,如存放路径、当前光标所处行数等。小放大镜可以按比例对字体缩放。【Templates】下拉列表可以插入函数、命令模板或者各种流程控制语句,

【Procedures】下拉列表可以查看自定义 Macro 或者函数。

所有打开的程序文件都被列入【Windows】|【Procedure Windows】菜单内，可以在这个菜单中找到并查看已经打开的程序文件。但也有例外，当程序文件中指定 Pragma 的 hide 参数为 1 或者指定为 IndependentModule 或者是操作系统设置为隐藏时，虽然程序文件已经打开，但【Windows】|【Procedures Windows】菜单内并不列出。隐藏文件提供了一种保护代码不被修改的方法，但一般不建议采用。因为对于普通的使用者，即使文件不隐藏也一般也不会被修改，而对于程序开发者而言隐藏文件除了给自己制造一些麻烦之外没有什么别的用处。

IndependentModule 参数很有用，它可以指定一个程序文件单独编译，即使当前程序文件出现错误无法编译，IndependentModule 中的程序仍然可以正常运行，这在使用 Igor 进行数据采集时非常重要，请参看 5.3.2 节。

可以按 Ctrl＋Alt＋M 组合键在已经打开的程序文件窗口中切换查看，按 Ctrl＋Alt＋Shift＋M 组合键隐藏当前程序编辑窗口并自动显示下一个程序文件对应的程序编辑窗口。但这两个快捷键并不好用，最好的办法还是利用【Windows】|【Procedures】菜单定位到指定的程序文件，也可以右击相应的对象（如控件、函数），然后【Go To】到指定的程序文件。

4. 关闭程序文件

单击程序编辑窗口右上角的[×]按钮或按 Ctrl＋W 组合键，会调出关闭程序文件对话框，如图 5-10 所示。

在这里有 3 个选项：

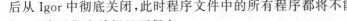

图 5-10　关闭程序窗口对话框

- 【Save and then kill】表示将程序编辑窗口中的程序保存到计算机存储设备，然后从 Igor 中彻底关闭，此时程序文件中的所有程序都将不能再使用。
- 【Kill】表示彻底关闭且不保存。
- 【Hide】表示隐藏程序编辑窗口，但是程序文件里的内容仍然留在内存里，可以通过菜单命令【Windows】|【Procedure Windows】查看并重新打开，或者利用其他方法如通过查找对话框等重新打开。

一般在关闭程序编辑窗口时选择单击【Hide】按钮，这样既不影响程序文件中的函数的使用，同时又不会被程序编辑窗口遮挡影响数据处理。

若【Macros】菜单中的【Auto-Compile】为打开状态（默认）时，单击【Hide】按钮会自动编译程序。当打开一个写好的程序时，应该选择单击【Hide】按钮编译并隐藏程序文件，这样就可以像使用 Igor 内置的函数和命令一样使用程序文件中提供的程序。

5. Adopt 程序文件

Adopt 是保存程序文件的逆操作——将程序文件重新保存到实验文件里。

在保存实验文件时，如果实验文件里的程序文件是存放于硬盘上的 ipf 文件，则程序文件里的内容不会被保存在实验文件里，而是保存了该程序文件的路径信息，这样当下一次打开实验文件时，Igor 会根据路径信息自动打开该程序文件。但这样存在一个问题，如果实验文件在另外一台计算机上打开(比如与别人交流实验数据时),如果该计算机上不存在对应的程序文件,就会出现找不到程序文件的错误,实验文件也不能使用该程序文件中的程序。解决这个问题的方法是 Adopt 程序文件。

要 Adopt 一个程序文件,先使该程序文件(外部打开的)处于显示状态,然后选择菜单命令【File】|【Adopt Procedure】,Igor 会显示一个提示信息,提示用户会先复制一份程序文件放到当前实验文件,然后断开与源文件的关系。Adopt 程序文件后,程序文件的内容将会成为实验文件的一部分,随实验文件保存,这样该实验文件在任何地方都可以使用程序而无须关心程序文件是否存在。

5.1.3　编译程序

在 5.1.1 节可看到程序只有在编译后才能运行。当然不是所有的代码都需要编译后才能运行,如果只是调用内置命令和函数的命令行,或者是 proc 和 macro,无论是在命令行窗口还是程序窗口中运行都不需要编译。但注意,如果使用自定义函数,则必须编译自定义函数所在的程序文件。

Igor 的程序分为编译阶段和运行阶段。编译阶段,编译器会检查代码中的语法错误并将代码生成较低层次的机器语言。运行阶段,调用前面编译好的代码。编译后的机器代码执行速度要比直接解释执行快得多。

Igor 中程序文件的编译非常简单,当菜单命令【Macro】|【Auto Compile】处于被选状态时,单击程序编辑窗口以外的任何地方都会自动完成编译。5.1.2 节中提到的关闭程序文件选择【Hide】按钮编译程序文件就是这个原理。也可以主动编译程序文件,保持待编译的程序文件处于激活显示状态,选择菜单命令【Macros】|【Compile】进行编译,或单击程序左下角的【Compile】按钮进行编译,如图 5-11 所示。

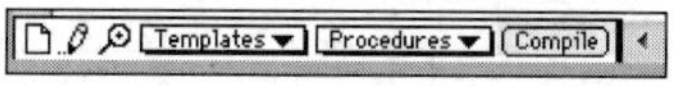

图 5-11　编译程序按钮

编译以后的程序文件【Compile】按钮处对应的地方为空白,否则会显示一个虚线状态的【Compile】按钮。

【Macros】|【Auto Compile】即自动编译默认为打开状态,以方便程序自动编译。但有时需要关闭这个功能,在编写程序时这样做很有必要。在程序开发的过程中经常需要查看文件夹、wave、全局变量等信息,如果设置为自动编译,则在查看这些信息的过程中,Igor 会自动编译还未完成的程序并报错,这会给程序的编写带来不便,此时就可以关闭自动编译。

不同于普通的程序设计,Igor 并不会生成独立的可执行程序,因此每次打开程序文件都需要执行编译过程。如果程序文件较大,编译会花费较长的时间,但一般都是很快的。如果程序文件随实验文件一起打开,则编译过程是自动的,不需要手动操作。

5.1.4　程序代码构成

按照代码在程序中的作用不同,可以将程序文件中的内容划分以下 10 个类型。

(1) 编译器指令,关键字为 Pragma,一般位于程序文件开头,格式为 #Pragma,并紧靠程序文件最左侧,用于指定编译参数。

（2）程序文件包含指令,关键字为 Include,一般位于程序文件开头,格式为♯Include＜文件名＞或者♯include"文件名",用于打开并包含一个已有的程序文件。

（3）常量声明,关键字为 Constant,用于声明常量。

（4）结构体类型定义,关键字为 Structure,定义的结构体变量类型可以在函数中使用。

（5）图片资源,关键字为 Picture,以代码格式保存图片,类似于编程语言中的图形资源,这些图形资源可作为图形按钮或者窗口程序的背景图片。

（6）菜单,关键字为 Menu,定义菜单,可以向系统菜单添加菜单项,也可以创建自定义菜单。

（7）函数,关键字为 Function,程序设计的主要内容,完成数据处理的功能单位,需要编译以后执行。

（8）脚本,关键字为 Macro 和 Proc,功能类似于函数,但是并不需要编译,解释执行。

（9）预编译指令,用于条件编译。

（10）注释,格式为以"//"开头。

请读者对照图 5-12 所示的程序代码示例理解上面的内容,其中用 Include 指令包含的文件内容如图 5-13 所示。

图 5-12　程序代码构成类型

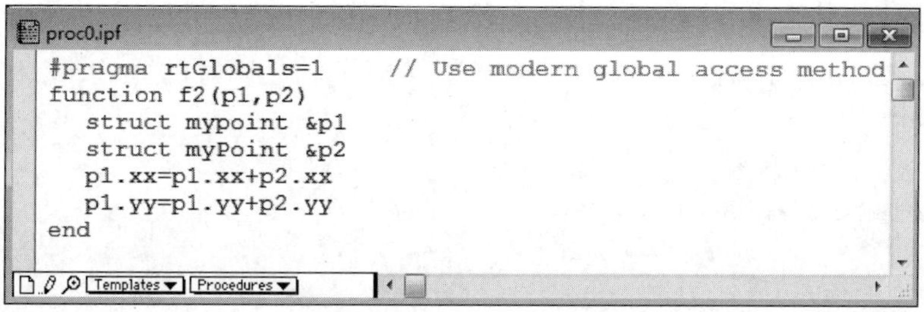

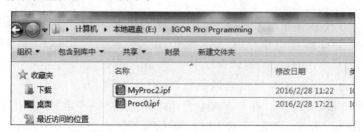

图 5-13 被 Include 的程序文件

Proc0.ipf 存放位置如图 5-14 所示。

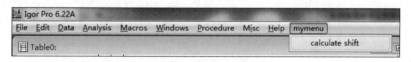

图 5-14 存放位置

注意观察在菜单栏的最后一项添加了一个名为 mymenu 的菜单，如图 5-15 所示。

```
Igor Pro 6.22A
File  Edit  Data  Analysis  Macros  Windows  Procedure  Misc  Help  mymenu
Table0:                                                          calculate shift
```

图 5-15 自定义菜单

【Macros】菜单下面也添加了一个名为 macro1 的菜单项。【macro1】和【mymenu】菜单项的功能是相同的，即执行后在历史命令行窗口打印信息，如图 5-16 所示。

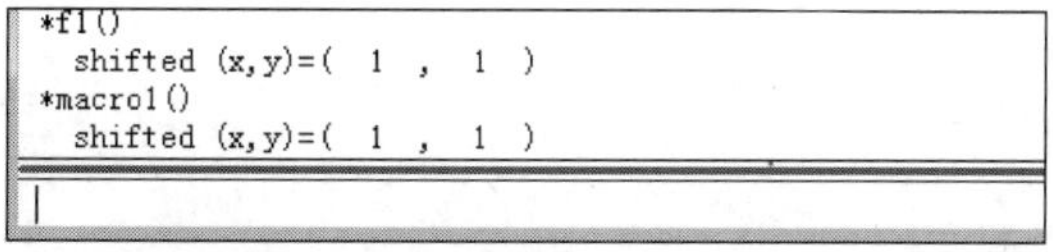

```
*f1()
  shifted (x,y)=( 1 , 1 )
*macro1()
  shifted (x,y)=( 1 , 1 )
```

图 5-16 历史命令行窗口打印信息

上面没有包括 Picture 的例子，关于 Picture 在后面窗口程序设计时进行详细介绍。

这些代码形式是 Igor 下语法结构的一部分，这里列出来主要是给读者一个整体印象，让读者了解一个完整的程序文件的基本组成。关于每个部分的详细介绍请参看接下来的内容。

5.1.5 程序类型

Igor 中可执行的程序类型有 3 种：Macro、Proc 和 Function。这些程序内容基本一样：都包含变量声明和流程控制语句，通过调用其他程序处理数据或者对数据进行拟合，或者创建新的变量数据，实现一个具体的功能。3 种程序形式的格式可描述如下：

```
Macro macroname < parameters list >
    body
End

Proc procname < parameters list >
    body
End

Function functionname < parameters list >
    body
End
```

可以看到，3 种程序形式也非常类似，功能也几乎完全相同。一般而言，能用 Macro 和 Proc 实现的功能，Function 都可以做，反之亦然。但是它们的执行效率是不一样的，Macro 和 Proc 是解释执行，而 Function 是编译执行。

Igor 是基于命令行的实验数据处理软件，在设计之初，为了执行命令的方便，引入了 Macro 的概念和方法，将命令以脚本方式组合起来，并扩充一些功能，如变量声明和流程控制等，辅助程序设计，这有点类似于 Windows 下的批处理以及 Linux 下的 Shell 程序，其本质是批量执行多条命令。但缺点也很明显，由于是解释执行，当数据量比较大或者计算量比较大时，十分耗时。因此 Igor 后来的版本引入了函数的概念，并引入了自己的编译器。不同于 Macro，函数并不是解释执行，而是先编译为低层次的机器指令，然后再执行，这就大大提高了程序运行的速度。下面比较 Macro 和 Function 二者在执行效率上的差异：

```
Macro test1()
    Variable i
    Variable t0,t1
    t0 = ticks
    i = 0
    silent 1
    do
        i += 1
    while(i < 1e5)
    t1 = ticks
    Print/D "Time used is ",(t1 - t0)/60,"s"
End
Function test2()
    Variable i
    Variable t0,t1
    t0 = ticks
    i = 0
    silent 1
    do
        i += 1
    while(i < 1e5)
    t1 = ticks
    Print/D "Time used is ",(t1 - t0)/60,"s"
End
```

在命令行输入 test1()和 test2()分别执行,结果如图 5-17 所示。

```
*test1()
   Time used is    11.1333333333333   s
*test2()
   Time used is    0   s
```

图 5-17　脚本和函数执行的时间差异

完全相同的代码,test1()即 Macro 形式,执行时间约为 11s,而 test2()即 Function 形式执行时间在计算机数据精度范围内为 0s,可见二者的效率差别之巨大。因此在编写程序时尽量使用 Function 而不使用 Macro。

Proc 其实是另外一种形式的 Macro。一般而言,使用 Macro 关键字声明的程序都会被默认添加在系统【Macro】菜单下,以方便执行,如果不希望这些程序出现在【Macro】菜单下,就可以使用 Proc 关键字声明程序。除此之外,二者完全相同。其实还可以利用 Windows 关键字声明一个 Macro,其执行方式和普通 Macro 一模一样。

由于 Macro 和 Function 的这种差异,一般不建议在设计程序时使用 Macro,而应该使用 Function。Macro 更多是被 Igor 用来做一些自动化的操作,如自动生成程序面板创建代码、图表创建代码、样式风格创建代码等。

除了执行效率和使用场合的区别之外,Macro 和 Function 还有一些语法上的区别,Macro 在使用上更自然方便一些,可以不需要声明而直接访问全局变量或者 wave,但是有些语法不能使用,如不能使用 for 循环,不能使用 switch 语句等。而 Function 则相对严谨,全局变量必须在声明引用以后才能使用,语法格式也更加丰富多样。

5.2　基本语法

作为一门完全可编程的语言,Igor 具有系统而完整的语法环境,体现在以下几个方面。

第一,高度自洽,不需要引进任何外部支持,原生支持脚本级别、编译级别的程序设计,并提供了很多普通编程语言才有的高级编程技术,如预编译指令、文件包含、条件编译、名称空间等。编译器支持的功能广阔,如字符串处理、结构体变量、函数指针、对所在平台系统资源的自由访问、线程安全函数设计及多线程编程等。这使得仅仅使用 Igor,不借助任何外部专门的编程工具,就能够实现各种复杂的功能。

第二,显著区别于普通的程序设计语言,将程序设计的复杂性做了包装,针对数据处理程序的设计做了大大简化,如变量仅包括数值型和字符串型两类变量(当然也可以指定更具体的变量类型,这会提高效率,但一般这两类就够了),没有普通编程语言“强类型数据”所带来的复杂性,所有的内置函数和命令(包括用户自定义函数)无须声明即可自由使用,提供极为通用的方式自由访问 Igor 的数据对象,如 wave、变量、窗口等。

第三,提供了相当方便的在线帮助系统,可随时查询函数及命令的使用并能够将示例直接插入代码处,几乎所有的对话框操作都能转换为对应的命令行并醒目显示,这些命令行都可以直接作为程序的代码。

第四,提供了方便易用的扩展接口,可以利用 C++ 等编程工具任意扩展其功能。

这 4 个方面的特性使得 Igor 非常适合于处理复杂且体积较为庞大的实验数据。在需要大批量重复的操作、在多变量中任意调整某变量随时观察数据变化和需要编写某一专门类型的数据处理工具时，Igor 更是极好的选择。

Igor 中语法结构包括编译指令、文件包含、函数定义、变量定义、流程控制语句、注释等。本节重点介绍关于这些语法结构的基本含义。

另外注意，Igor 中的程序设计是面向过程的，主要通过函数和各种结构来构建程序体系。

5.2.1 表达式和命名规则

表达式是代码的基本单位。变量声明语句、赋值语句、内置命令调用、用户自定义函数调用等都属于表达式：

```
Variable v = sin(x)
Make/N = 100 gsfun = gauss(x,50,1) + gnoise(0.1)
CurveFit gauss,data/D
myfun()
```

表达式里可以包含任何内置函数、命令，或是用户自定义函数。每一行只包含一个表达式，表达式结尾不需要使用分号（加上分号编译器也不报错）。Igor 程序设计语言不区分大小写，这和很多程序设计语言完全不同，如 make、Make、MAKE 表示完全相同的命令。Igor 下编程语言使用 ASCII 字符，Unicode 字符（如中文字符）只能包含在字符串中或者注释中。

Igor 中的命名规则和普通编程语言类似，无论是变量、函数、wave、窗口，名字一般都由字母、数字、下画线组成，其中下画线和数字不能位于开头，不能包含空格、逗号、冒号等字符，名字不能和系统内置的关键字重名。如下面的名字都是不合法的：

```
Variable sin
Make cos
newpanel/N = sin            //系统会自动将 sin 改为 sin0
Variable 1v, _v
```

注意，wave 的命名条件稍微宽松一些，可以创建包含特殊字符的 wave 名字，如

```
Make 'a wave'
```

这时 wave 名字需要用单引号括起来，Igor 里把它叫作 Liberal Name。这种命名方式会给 wave 的访问带来很大麻烦，因此不建议使用。

5.2.2 变量和常量

变量包括数值型变量和字符串型变量。常量也可以理解为一种特殊的变量，只不过其值不能修改。常量同样包括数值型常量和字符串型常量。

1. 数值型变量

数值型变量的声明方式为

```
Variable [/C/D/G] varName [ = numExpr][, varName[ = numExpr ]]…
```

其中,Variable 是关键字,varName 是变量名。可以在声明时给变量赋值。如果声明后未赋值那么系统默认赋值 0。

Variable 有 3 个选项,用于限定所声明变量的类型。

(1) /C,表示声明一个复数型变量。

(2) /D,表示声明一个双精度型变量,由于 Igor 中任何数值变量都默认为双精度,因此/D 参数没有实际意义,主要是为了向前兼容(即和旧版本的 Igor 兼容)。

(3) /G,表示声明一个全局变量,此变量会出现在当前数据文件夹下,并作为实验数据的一部分随实验数据永久保存。

和一些强类型语言如 C 语言等不同,使用 Variable 声明的数值型变量没类型之分,所有的变量不管是整型还是浮点型甚至是 Char 型,其声明全部使用 Variable 关键字,在计算中全部使用双精度类型。这使得 Igor 下的变量定义和使用非常简单。

变量名的命名规则和 C 语言相同,包括字母、数字和下画线,其中数字不能位于首位,变量名不能有空格等特殊字符,变量名也不能为系统关键字、函数名或者命令。由于 Igor 编程语言不区分大小写,所以 num1 和 NUM1 表示同一个变量。

数值型变量主要用于程序设计,用来存放中间变量。全局的数值型变量主要用于保存控件状态以及在不同的程序之间传值。

下面举几个变量定义的例子:

```
Variable v1                 //声明一个变量 v1
Variable v1 = 0             //声明一个变量 v1,并赋值为 0
Variable pi                 //错误,pi 是系统函数,返回圆周率值
Variable sin                //错误,sin 是系统数学函数
Variable/C c = cmplx(1,1)   //声明一个复数型变量,并赋值 1 + i
Variable/G v2               //声明一个全局变量 v2
Variable _v3                //错误,不能以下画线开头
```

2. 字符串型变量

字符串是字符的集合,在一般编程语言中经常用字符数组来表示。在 Igor 中字符串被简化为一个 String 型的变量,使用起来相当方便。

字符串型变量的声明方式为

```
String [/G] strName [ = strExpr] [ ,strName[ = strExpr] … ]
```

其中,String 是关键字,strName 表示字符串变量名,/G 选项和 Variable 含义一样,表示声明一个全局字符串。

字符串型变量名的命名规则和数值型变量相同。字符串型变量名在声明时可以初始化。如果没有初始化,则系统会初始化为 null,即空字符串。空字符串是不能使用的,否则会报错。在程序中一定要在声明字符串后对字符串赋值。

字符串型变量主要用于处理数据对象、图形对象以及其他 Igor 对象的名字,以方便在程序里对这些对象访问和处理。Igor 对字符串处理的支持相当完善,提供大量的函数和命令用于对字符串的操作。

下面举几个字符串声明的例子：

```
String str1 = ""                    //声明一个字符串 str1,赋空值
String str1 = "hello,world"         //声明一个字符串 str1,并赋值"hello,world"
String/G str1                       //声明一个全局型字符串 str1
```

3. 变量的作用域和寿命

变量的作用域取决于声明变量的位置和声明时的选项。如果在函数体内声明（包括 Function、Macro、Proc）且没有使用/G 选项，则变量的作用域只局限于程序体内，此时变量又称为局域变量。如果在程序体外声明或者是在命令行窗口声明，或者虽然在程序体内声明但是使用了/G 选项，则变量的作用域为全局的，所有的程序都可以访问该变量。

局域变量的寿命在程序运行终止时即结束。全局变量的寿命则是永久的，除非被删除。

4. 常量定义

常量分为数值型常量和字符串型常量。

数值型常量的定义方式为

```
Constant kName = literalNumber
```

字符串型的常量定义方式为

```
Strconstant ksName = "literal string"
```

常量一般在程序体外程序文件的开头定义，作为一个常量使用。如果没有用 static 修饰符修饰，其作用域是全局的。

注意常量和变量不同，系统并不会分配内存空间存储常量，因此不能对常量修改或者赋值。

5.2.3　Structure

Igor 支持结构体。一般在程序文件的开头、程序的外部定义结构体类型，在函数内部创建结构体类型的实例。结构体定义方式如下：

```
Structure structurename
    memtype memname [arraysize] [,memtype,memname [arraysize]]
…
EndStructure
```

Structure 是关键字，structurename 是要创建的结构体类型名字，memtype 是 Igor 中支持的变量类型，包括 variable、string、wave、nvar、svar、dfrer、funcref 和结构体变量类型，除此之外，memtype 还包括一些其他的数据类型，如表 5-1 所示。

表 5-1　结构体支持的数据类型

变量类型	C 语言对应类型	字　节　数
Char	Signed char	1
Uchar	Unsigned char	1
Int16	Short int	2
Uint16	Unsigned short int	2

续表

变 量 类 型	C 语言对应类型	字　节　数
Int32	Long int	4
Uint32	Unsigned long int	4
Float	Float	4
Double	Double	8

在结构体里可以声明数组,利用 arraysize 指定数组的长度,这个长度必须是常数或者常量,不能是变量。注意在函数中不能声明数组。

创建好结构体类型后,可以使用如下的语法在函数中创建结构体变量:

```
Struct structurename name
```

这里 Struct 是必需的,类似于 C 语言里的 Structure 关键字,structurename 是结构体类型名,name 是要创建的变量名。

下面是一个可能的例子:

```
Structure mystruct
    Variable var1
    Variable var2[10]
EndStructure
Function myfunc()
    Struct mystruct ms
    ms.var1 = 1
    ms.var2[n] = 20
    …
End
```

上面的例子中,首先创建了一个结构体类型 mystruct,然后在函数内利用 Struct mystruct ms 声明了该结构体类型的一个实例,即创建一个 mystruct 类型的变量 ms,然后对 ms 赋值。访问结构体变量成员的方法是:变量名.成员名,这和 C 语言完全一样。

下面是一个更为复杂的结构体类型,当然这个结构体类型没什么实际作用,主要是为了让读者理解结构体的概念:

```
Constant kCaSize = 5
Structure substruct
    Variable v1
    Variable v2
EndStructure
Structure mystruct
    Variable var1
    Variable var2[10]
    String s1
    Wave fred
    Nvar globVar1
    Svar globStr1
    Funcref myDefaultFunc afunc
    Struct substruct ss1[3]
```

```
        char ca[kCaSize + 1]
    EndStructure
```

上面的结构体类型中几乎包含了 Igor 中所有的数据类型。当结构体类型中包括引用时，在创建结构体变量后必须对该引用赋值，指明引用的对象。

```
Struct mystruct ms
Wave ms.fred
Nvar ms.globvar1
Svar ms.globstr1
Funcref mydefaultfunc anotherfunc
```

这里假定当前文件夹下存在名为 fred 的 wave 及 globvar1 和 globstr1 的全局变量。注意为引用赋值时和在函数中声明引用的方法完全一样，不能省略 wave、nvar 和 svar 关键字。如不能写成如下形式：

```
ms.fred = fred
```

关于引用的详细介绍请参看 5.3.6 节～5.3.8 节内容。

结构体变量在函数中传递时是按照引用传递的，因此被调用函数可以修改调用函数中结构体变量的值，这使得结构体变量既可以作为函数的输入参数，也可以作为函数的输出参数。当使用结构体变量作为参数时，语法如下：

```
Function subfunc(s)
    Struct structname &s
    ...
End
```

这里使用了 & 符号获取结构体变量的引用。

Igor 内置了一些预定义好的结构体类型，如 Button 控件对应的 WMButtonAction 结构体类型，CheckBox 控件对应的 WMCheckBoxAction 结构体类型等。这些结构体里包含了关于该控件的各种状态和运行信息，以方便对控件进行控制和获取控件的状态。关于控件结构体类型将在第 7 章图形用户界面程序的程序设计中详细介绍。

5.2.4 流程控制语句

流程控制语句包括条件判断语句、分支语句和循环语句。

1. 条件判断语句

条件判断语句有两种形式：

```
if (<expression>)
    <True Part>
else
    <False Part>
endif
```

和

```
if (<expression>)
```

```
    <True Part1>
elseif
    <True Part2>
else
    <False Part>
endif
```

其中,expression 是一个数值型表达式,非 0 表示真,0 表示假。这里的数值型表达式可以是普通的数值型表达式,如 a+b,也可以是一个逻辑数值型表达式,如 a==b。else 可以省略,因此最简单的条件判断语句为

```
if (<expression>)
    <True Part>
endif
```

注意,不能忽略后面的 endif。Igor 不使用大括号作为语句块的标识,而是使用 end 或 end 作为前缀的关键字来作为一个语句块结束的标识,请读者注意体会这个特点。if 语句可以嵌套,即 if 内部还可以包含 if 语句。

下面是一个简单的条件判断的例子,其作用是比较两个数的大小:

```
Function example()
    Variable a = 2, b = 1
    if(a > b)
        Print a
    else
        Print b
    endif
end
```

表 5-2 列出了常见的比较运算符。

表 5-2　常见的比较运算符

运　算　符	含　　义	运　算　符	含　　义
==	相等	<=	小于或等于
!=	不等	>	大于
<	小于	>=	大于或等于

当比较结果为真时返回 1,否则返回 0,如 Print 2==2 结果为 1,Print 2>3 结果为 0。比较字符串的大小时需要使用相应的字符串函数,如 CmpStr。CmpStr 会根据字符串大小返回一个数字。总而言之,只要是运算结果为数字的都可以充当条件判断表达式,甚至是一个常量,如 if(1)这样的语句也是可以的。

表 5-3 列出了常见的逻辑运算符和位运算符。

表 5-3　常见的逻辑运算符和位运算符

运　算　符	含　　义	运　算　符	含　　义
~	按位取反	!	逻辑取反
&	按位与	&&	逻辑与
|	按位或	||	逻辑或

逻辑运算符用于连接多个条件判断表达式。位运算符则常用于对比特变量按位进行设置。一些命令或者函数如 TraceNameList 使用比特变量作为参数，使用位运算符可以方便地对这些比特参数进行置位或取消置位。运算符之间存在优先级，圆括号可以改变优先级。为避免出错，建议读者在使用运算符时多使用圆括号，而不要依赖于对优先级的记忆，这样会避免很多错误。

2. 分支语句

分支（switch）语句有两种形式：

```
switch(< numerical expression >)
    case < literal >< number constant >:
        < code >
        [ break ]
    case < literal >< constant >:
        < code >
        [ break ]
    [default:
        < code >]
Endswitch
```

和

```
strswitch(< string expression >)
    case < literal >< string constant >:
    < code >
        [ break ]
    case < literal >< string constant >:
        < code >
        [ break ]
    [default:
        < code >]
Endswitch
```

这两种形式分别对应数值型和字符串型。根据 numberical expression 或 string expression 的值选择执行相应 case 分支对应的代码，如果有 break 关键字，则执行完后跳出 switch 语句，否则顺序执行其后的 case 的代码，直至碰到 break 或者到结束为止。default 如果存在且没有任何 case 被对应，则执行 default 语句后面的代码。注意 case 标识符后面只能是一个具体的数字（双引号括起来的字符串）或者是一个数值型常量（字符串型常量），而不能是变量。

当判断分支很多，用 if 语句比较麻烦时，就可以选用 switch 语句，如使用 window hook 函数侦测键盘输入，用 switch 语句判断键码就非常方便。下面是一个 switch 语句的例子，其作用是输出两个数中较大的一个：

```
switch(a > b)
    case 1:
        Print a
        break
    case 0:
        Print b
```

```
            break
        default:
            break
    endswitch
```

switch 语句不能用于 proc 或者 maro 形式的程序中。

3. 循环语句

循环语句有两种形式,分别是 for 循环和 do-while 循环,其格式为

```
do
    < loop body >
while(< experssion >)
```

和

```
for(< initialize >;< continue test >;< update >)
    < loop body >
endfor
```

其中,expression 是一个表达式,当表达式非 0 时执行循环,表达式为 0 时停止循环。for 循环先初始化条件,然后每次循环后先更新循环变量,接着计算循环条件表达式并进行判断,如果判断结果为真则执行循环,否则跳出循环。下面举一个例子:

```
Function example()
    Variable I = 0, sum = 0
    do
        sum += i
        i += 1
    while( i < = 100)
    Print sum
End
```

上面的例子用于计算从 1～100 的和,如果用 for 循环可写为

```
Function example()
    Variable I, sum = 0
    for( i = 0; i < = 100; i += 1)
        sum += i
    endfor
    Print sum
End
```

for 循环只能用于 Function 程序类型,而 do-while 循环则可以用于 Function 和 Macro 程序类型。这也是 Function 和 Macro 的区别之一。

在循环中可以使用 break 和 continue 语句以跳出循环,或使满足某些条件时不执行循环体而进入下一个循环。break 和 continue 作用于包含它的最近循环。

如上面的例子中,用 break 可以写为

```
Function example()
    Variable I = 0, sum = 0
    for(;;)
        sum += i
```

```
            i += 1
            if(i > 100)
                Break
            endif
        endfor
    End
```

求 1～100 所有奇数的和例子用 continue 可以写为

```
Function example()
    Variable i = 0, sum = 0
    do
        i += 1
        if(mod(i, 2) == 0)
            continue
        endif
            sum += i
    while(i < = 100)
    Print sum
End
```

mod 是一个系统内置函数，用于计算一个整数被另外一个整数除时的余数，这里用来计算 i 被 2 除时的余数，当余数为 0 时表示 i 是偶数，否则为奇数。

5.2.5 函数

按照 Igor 规定的语法规则，将变量、命令、语句组合在一起，形成一个具有明确功能的代码块，就构成了函数。函数是 Igor 程序设计的基本单位，Igor 程序就是由一个个函数构成的。一些命令和操作，如数据拟合、方程求解等，也需要使用由用户指定的函数。

正如任何常见的编程语言，Igor 的函数概念同样涉及函数声明、修饰符、函数名、参数类型及参数表、返回类型和返回值、函数体等。请看下面的例子：

```
Function myFun(a, b)
    Variable a, b
    Variable c
    c = sqrt(a^2 + b^2)
    Return c
End
```

这里 Function 可以理解为修饰符，定义函数必须以 Function 关键字开头。除了 Function 之外，函数修饰符还包括 Static、Threadsafe，分别用于声明静态函数和线程安全函数。静态函数请参看本书 5.3.2 节，线程安全函数请参看本书 7.2.1 节。

myFun 是函数名，可以任意定义，但是必须满足 Igor 的命名规则，即字母＋数字＋下画线（数字和下画线不能位于首位）的要求。

a 和 b 是参数表，并用圆括号括起来。参数表里可不指明参数的类型（Igor 7 及以后版本里可以指明），而是紧跟函数后利用相应的关键字声明。可以省略参数，即定义无参数函数，但是圆括号不能省略。

参数类型包括数值型、字符串型、wave 型、结构体类型等。

c 是在函数体内定义的一个数值变量，由于没有使用/G 选项，因此 c 是一个局部变量。

return 语句返回一个值，在这里将 c 值作为返回值返回给调用 myFun 的函数。注意，函数可以没有显式 return 语句，但函数仍有返回值，返回的值及其类型取决 Function 关键字的选项参数。一个函数体内可以有多个 return 语句。当执行到 return 语句时函数会立即停止执行并返回 return 后面的值。

函数的返回类型是由 Function 的选项指定的，Function 选项如下：

Function [/C /D /S /DF /WAVE]

方括号表示选项是可选参数，其含义为：

(1) /C，返回一个复数。

(2) /D，返回一个双精度浮点型数值，默认返回类型。

(3) /S，返回一个字符串。

(4) /DF，返回一个文件夹引用。

(5) /WAVE，返回一个 wave 引用。

当返回类型指定以后，return 语句后跟的返回值必须与返回类型相对应。例如返回类型是数值时，return 后面只能跟数值型结果（不可以是复数），返回类型是字符串时，return 后面只能跟字符串型结果。

函数在定义后就可以在命令行中直接执行或者在其他函数中调用。在命令行中调用函数的例子如图 5-18 所示。

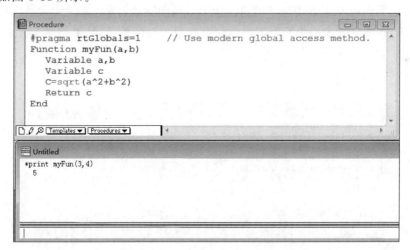

图 5-18　在命令行中调用自定义函数

在函数中调用函数的例子如图 5-19 所示。

第 2 个例子定义了一个新的函数 example，这个函数没有参数，在函数体内调用 myFun 并将返回值赋给变量 v，然后利用 print 语句将 v 输出到历史命令行窗口。同样需要在命令行窗口中执行 example() 函数。注意不要忘记圆括号。

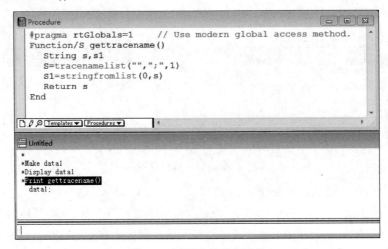

图 5-19   在函数中调用函数

再看下面的例子：

```
Function/S gettracename()
    String s,s1
    s = tracenamelist("",";",1)
    s1 = stringfromlist(0,s)
    Return s
End
```

上面的例子返回当前 Graph 中包含的曲线中第一条曲线的名字。

读者可以在命令行窗口中执行下面的命令查看上面的例子，结果如图 5-20 所示。

```
Make data1
Display data1
Print gettracename()
```

图 5-20   返回字符串的函数

　　Igor 提供了大量的内置函数,如数学函数 sin()、cos()等,其功能和用户自定义函数类似,甚至完全相同,但注意用户自定义函数可以当作命令直接执行,而系统内置函数则必须位于赋值语句的右边或者是能接收其返回值的位置。例如直接执行 sin(1)会提示错误,而 c=sin(1),print sin(1)等则是正确的表达式。用户自定义函数必须在编译后才能使用。

5.2.6　程序子类型

　　为了方便管理和使用,Igor 支持对程序进行分类,方法是在程序声明后用冒号指明程序的类型:

```
Function functionname(< parameter list >):subtype
Window macroname(< parameterlist >):subtyp
```

　　Proc 和 Macro 也可以指明子类型,但常见的都是 Function 和 Window。注意,Window 本质上是一个 Macro。

　　subtype 是一个关键字,用于描述一个类型。当用 subtype 指明程序子类型后,编译器会记录这些类型,并在需要的场合列出这些程序供用户选择,如指定一个程序的子类型为 GraphStyle,则当用户在修改图表外观时,外观设置对话框会自动列出该程序以供用户选择。

　　注意:这些子类型关键字一般都是由 Igor 自动创建时加上去的,使用者一般不需要专门添加。当然如果需要,添加是可以的。手动添加和系统自动创建时添加的效果完全一样。

　　表 5-4 列出了子类型关键字及其含义。

表 5-4　程序子类型关键字及其含义

子 类 型	含 义	适用程序类型
Graph	在【Windows】|【Graph Macros】下显示	Macro
GraphStyle	在【Windows】|【Graph Macros】及其样式设置时显示	Macro
GraphMarquee	在图表选择框(Marquee)中显示	Macro/Function
Table	在【Windows】|【Table Macros】下显示	Macro
TableStyle	在【Windows】|【Table Macros】及其样式设置时显示	Macro
Layout	在【Windows】|【Layout Macros】下显示	Macro
LayoutStyle	在【Windows】|【Layout Macros】及其样式设置时显示	Macro
ListBoxControl	给 Listbox 控件指定回调函数时显示	Macro/Function
Panel	在【Windows】|【Panel Macros】下显示	Macro
FitFunc	在选择拟合函数时显示	Function
ButtonControl	给按钮控件指定回调函数时显示	Macro/Function
CheckBoxControl	给复选框控件指定回调函数时显示	Macro/Function
PopupMenuControl	给弹出式菜单控件指定回调函数时显示	Macro/Function
SetVariableControl	给文本框控件指定回调函数时显示	Macro/Function

　　GraphMarquee 关键字提供了一种简单的用户交互实现方法:只需要给函数指明 graphmarquee 子类型,该函数就会出现在【Graphmarquee】菜单中。看下面的例子,结果如

图 5-21 所示。

```
Function mymarqueefun():graphmarquee
    getmarquee
    Print V_left,V_right,V_top,V_bottom
End
Make/O data = x
Display data
```

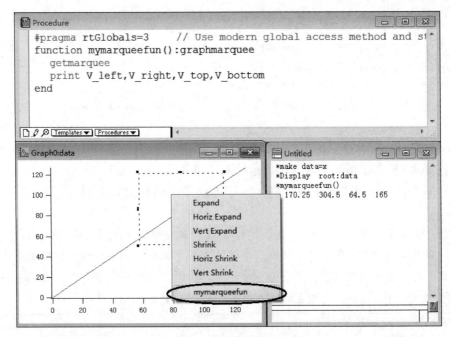

图 5-21　利用 GraphMarquee 关键字将函数添加到【Graphmarquee】菜单

当然还有给【Graphmarquee】菜单添加菜单项的其他方法，但是这种方法是最简单的。

5.2.7　参数传递

Igor 中，函数参数传递有两种方式：按值传递和按引用传递。

按值传递表示调用函数将变量的值传递给被调用函数，按引用传递表示调用函数将变量的引用传递给被调用函数。这类似于 C 语言中的传递值和传递地址，前者不能修改原变量的值，后者能修改原变量的值。

来看一个按值传递的例子：

```
Function mainFunc()
    Variable v = 1
    String s = "hello"
    subroutine(v,s)
    Print v,s
End
Function subroutine(v,s)
```

```
    Variable v
    String s
    Print v,s
    v = 2
    s = "hello,IGOR"
End
```

在上面的例子中,函数 mainFunc 调用 subroutine,将变量 v 和 s 按值传递给 subroutine 的两个参数 v 和 s,subroutine 打印 v 和 s 并修改了 v 和 s,由于是按值传递,subroutine 中的修改并不会影响 mainFunc 中的 v 和 s。在这里,v 和 s 是各自函数的局域变量,尽管名字相同,但是二者没有任何关系,读者可以将 subroutine 的参数起一个不同的名字,效果完全一样。

接下来看一个按引用传递的例子。

```
Function mainFunc()
    Variable v = 1
    String s = "hello"
    subroutine(v,2,s)
    Print s,v
End
Function subroutine(num1,num2,s)
    Variable &num1,num2
    String &s
    num1 = num1 + num2
    s = "The sum of the two num is"
    Print s,num1
End
```

在上面的例子中,函数 subroutine 有 3 个参数,其中第 1 个参数和第 3 个参数按照引用传递,由于 subroutine 获取的是被调用函数的变量的引用(地址),所以可以修改被调用函数中变量的值。在命令行中执行 mainFunc(),结果如图 5-22 所示。

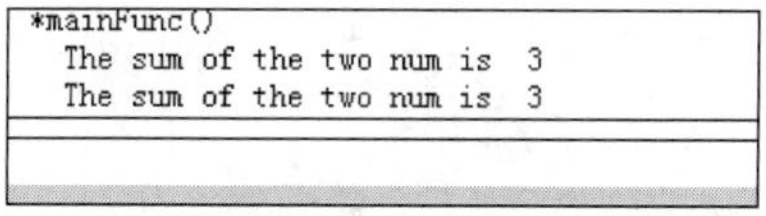

```
*mainFunc()
    The sum of the two num is  3
    The sum of the two num is  3
```

图 5-22　按引用传递的结果

如果是按值传递,则应该输出

```
Hello 1
The sum of the two num is 3
```

传递引用的语法格式非常简单,只需在声明函数参数时名称前面添加"&"符号即可,和 C 语言中引用的声明方式一样。结构体变量在作为参数传递时同样适用这种声明方式。

对于使用引用变量作为参数的函数,在调用时还可以将引用变量作为参数,如

```
Function f1(v)
    Variable &v
    f2(v)                    //v 是一个变量的引用,传递给 f2
End
Function f2(v)
    Variable &v
End
```

请注意，除了用于函数参数之外，不能直接使用"&"符号定义一个变量的引用，如下面的语句是错误的，这点和 C 语言不一样。另外，也不能将全局变量作为引用传递。

```
Variable v1
Variable &v = v1     //错误
```

利用引用可一次返回多个函数值。一般而言，同全局变量一样，除非必要，不要使用引用传递参数，否则会增加程序之间的耦合程度，增大由于对某一函数中变量的修改而导致错误出现的概率，通常这些错误难以预测。

如果函数的参数是 wave，则传递方式全部为按引用传递，这和 C 语言完全类似。看下面的例子：

```
Function routine()
    Make/O wave0 = x
    subroutine(wave0)
End
Function subroutine(w)
    Wave w
    w = 1234
End
```

上面的例子中，传递给 subroutine 的参数是 wave0 的引用，而非 wave0 里的值。因此在 subroutine 里对 w 修改就是对 wave0 的修改。

引用实际上也是一个变量。因此对于 wave 作为参数的情况，"引用变量"本身是按值传递，而 wave 则是按引用传递。在 subroutine 中对引用变量本身的修改不会影响调用函数中引用变量。如在 subroutine 中执行

```
Waveclear w
```

原函数中对 wave0 的引用（就是 wave0 本身）并不会被清除，请读者注意体会。

5.2.8 默认参数

很多编程语言支持默认参数。默认参数有两个好处：可以通过提供不同的参数调用同一个函数，方便记忆；简化代码，开发者无须为相同的功能编写重复的代码。Igor 支持默认参数，定义如下：

```
Function f(p1,p2,[p3,vout,s1,w1])
    Variable p1,p2
    Variable p3
    Variable &vout
    String s1
    Wave w1
End
```

这里 p3、vout、s1、w1 都是默认参数。默认参数需要用方括号括起来，可以是任意的数据类型，包括结构体类型，还可以是变量的引用。在调用带有默认参数的函数时，使用"变量名＝值"的方式提供默认参数值，变量名就是定义中使用的名字。可以只提供部分默认参数。如

上面的函数可以按照下面的方式调用：

```
f(1,2)
f(1,2,p3 = 3)
f(1,2,vout = v) //v 是一个数值变量
f(1,2,p3 = 3,s1 = s1) //s1 是一个字符串变量
f(1,2,w1 = w) //w 是一个 wave 引用
```

如果不提供默认参数值，数值型变量默认取 0。字符串变量为 null 字符串。注意 strlen 函数以 null 字符串作为参数时返回 null 而非 0。wave 引用默认为 null wave，即不指向任何 wave。

在程序中可以使用 ParamIsDefault 函数判断默认参数是否提供，如果没有提供可以在程序中提供合理的默认值。ParamIsDefault 以默认参数名为参数，当默认参数没有提供时，ParamIsDefault 返回非 0 值，否则返回 0。

```
if(paramisdefault(p1))
    p1 = 1
endif
```

看下面的例子：

```
Function maxvalue(a,b,[c])
    Variable a,b,c
    if(paramisdefault(c))
        Return max(a,b)
    else
        return max(max(a,b),c)
    endif
End
```

在命令行窗口输入：

```
Print maxvalue(1,2)
```

结果如图 5-23 所示。

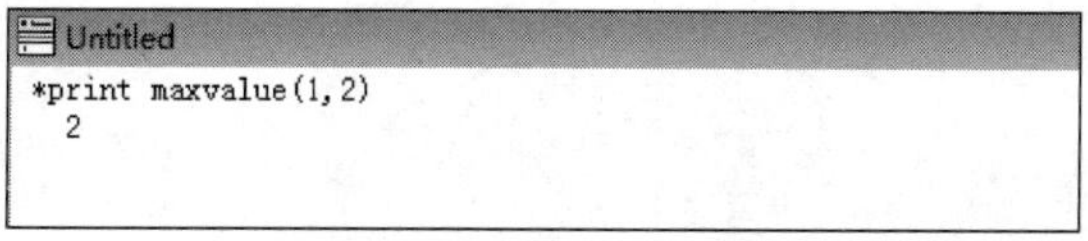

图 5-23　默认参数函数调用示例一

在命令行窗口输入：

```
Print maxvalue(1,2,c = 3)                //注意变量名 c 不能省略
```

结果如图 5-24 所示。

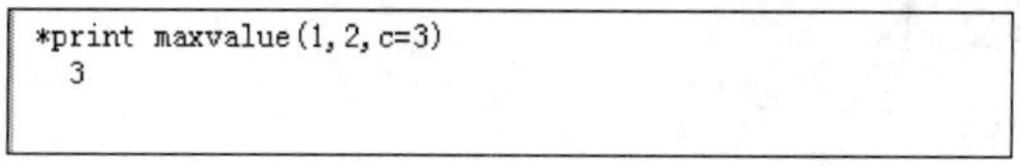

图 5-24　默认参数函数调用示例二

5.2.9 注释和代码风格

良好的注释有助于提升程序的可读性，有助于理解程序代码，也有助于对程序的升级和维护。注释在程序调试中也很有用。Igor下的程序注释类似于C语言，使用"//"作为注释符号，跟在"//"后面同一行的内容将视作注释内容。不同于C语言里的"/ * … * /"注释符号，Igor里没有能注释多行的注释符，需要注释多行时可以在每一行行首输入"//"符号。

Igor提供了一个快捷的多行注释的方法，选择要注释的多行代码，然后执行菜单命令【Edit】|【Commentize】可以自动在每一行行首添加注释符，从而实现一次注释多行代码。如果同时取消多行注释可以执行菜单命令【Edit】|【Decommentize】。

注释一定要有意义，不要为了注释而注释，比如下面的注释就完全没有必要：

```
//计算a+b
c=a+b
```

一般应该在关键函数（如通用性非常高的函数）前面添加对函数功能的描述性注释，对函数参数的含义进行注释，如

```
//这个函数用来拟合×××格式的数据
Function lorf(x,cw):Fitfunc
    Variable x                    //待拟合数据的x坐标值
    Wave cw                       //拟合参数(初始参数和拟合结果都存放在这个wave里)
    //cw[0]:                      拟合参数说明
    //cw[1]:                      拟合参数说明
    …
    <function body>
End
```

良好的代码风格能使程序结构清晰，提高程序可读性，避免出错。特别是对于语句的多层嵌套，恰当的缩进显得尤为必要。在编写程序时应该有意识的使用缩进，如if语句可以缩进为如下格式：

```
if(a>b)
    Num_max=a
else
    Num_max=b
endif
```

if里语句块的内容相对于if关键字缩进一个制表符，这样程序看起来结构清晰，层次分明。

【Edit】|【Adjust Indentation】菜单命令可以自动调整缩进，方法是先选择要调整缩进的内容，然后执行该菜单命令。

5.3 程序设计技术

前面详细介绍了Igor中程序设计的基本方法，利用这些知识已经可以编写具有实用性的程序。但是要使得程序功能强大，应用范围更广，则必须利用Igor提供的其他编程特性

和技术。这些技术有些为 Igor 所特有，有些则借鉴了其他优秀编程语言的特点。掌握这些技术是掌握 Igor 程序设计的必需步骤，和掌握基本语法一样重要。建议读者仔细阅读，并在实践中加以应用。

5.3.1　Include 指令

Include 指令用于将另外一个程序文件包含在当前程序文件之中。通常将具有类似功能或者通用功能的一组程序存放于一个程序文件之中，并将之另存为一个扩展名为 ipf 的程序文件。在后续的程序开发中，当需要调用已经编写好的程序时，就可以通过 Include 指令直接将包含该程序的文件包含进来，而不需要重新编写相同的代码。通过这种方法也可以很方便地使用他人已经写好的程序。Include 指令是 Igor 中程序设计最常使用的编译器指令，必须熟练掌握。

Include 指令的语法格式非常简单：

```
♯ Include < procedurefilename >
♯ Include "procedurefilename"
```

"♯"号是必需的，且必须位于行首。♯Include 可以位于程序文件的任何地方，但是一般都位于程序文件的开头位置。procedurefilename 是要被包含的程序文件名，该程序文件必须以 ipf 作为扩展名，但注意 procedurefilename 不包括".ipf"，如被包含的程序文件全名为 somename.ipf，则 procedurefilename 应为 somename 而不是 somename.ipf。编译器会自动打开 Include 指令所指定的文件，一般可以在【Windows】|【Procedure Windows】里查看已经打开的程序文件。如果取消了 Include 指令，则被打开的程序文件将会在下一次编译的时候自动关闭。

尖括号、引号、procedurefilename 的具体形式表示了 Include 指令获取程序文件位置的4 种情况：

1.　♯Include < filename >

这条指令用于包含一个名为 filename.ipf 的程序文件，该程序文件必须位于 Igor Folder/WaveMetrics Procedures 及其子文件夹下。这里"Igor Folder"指 Igor 安装目录（下同）。如没有专门强调，下面说的文件夹都是相对于 Igor 安装目录的。

WaveMetrics Procedures 文件夹位于 Igor 安装目录下，里面存放了大量由 WaveMetrics 提供的 ipf 程序。每个程序文件里都包含了一些具有实用价值的通用函数，程序文件名字描述了这些函数的大致功能，如 Image Common.ipf 里面包含了大量关于图像处理的通用函数，这些函数可以获取、创建和删除图像等。这些程序文件是在 Igor 下进行程序设计和开发的最佳范例。

当要写一个关于图像处理的程序时，就可以通过下述指令将 Image Common.ipf 包含进来，这样就不用再重复编写一些通用的函数代码，指令如下：

```
♯ Include < Image Common >
```

2．# Include "filename"

和第一种情况相比较，这里尖括号变成了双引号，用于包含一个名为 filename.ipf 的程序文件，该程序文件必须位于 User Procedures 目录或者 Igor User Files/User Procedures 目录及其子目录下。Igor User Files/User Procedures 位于我的文档下，是 Igor 在安装时自动创建的一个文件夹。可以通过菜单命令【Help】|【Show Igor User Files】打开该文件夹。

User Procedures 和 Igor User Files/User Procedures 专门用于存放由用户开发的程序文件。到底存放在哪个目录下，则看个人习惯，推荐存放在 Igor User Files/User Procedures 中。当然不管存放于何处，对程序文件的备份都是必需的。

假如要包含的程序文件名为 proc0.ipf，则包含指令为

```
# Include "proc0"
```

3．Include "full file path"

前面两种情况要求被包含的程序文件必须位于特定的目录下，这并不是必需的。可以用双引号指定程序文件的完整路径，此时程序文件可以位于任何地方。例如，程序文件位于 E 盘下的 tmp 文件夹中，文件名为 myproc.ipf，则包含指令可以为

```
# Include "E:tmp:myproc"
```

注意，这里文件路径格式是 Igor 下的文件路径格式，也可以使用 E:\tmp\myproc 这样的格式。

4．Include "patial file name"

除了指定程序文件的绝对路径，还可以指定程序文件的相对路径，此时 Igor 首先从 User Procedures 文件夹中寻找，如果失败再从 Igor User Files/User Procedures 文件夹中寻找，如果再失败则从当前使用 # Include 指令的程序文件所在的文件夹中寻找。

假如当前程序文件位于 E:\tmp\myproc.ipf，要包含的程序文件位于 E:\tmp\category1\proc1.ipf，则包含指令为

```
# Include ":category1:proc1"
```

如果要包含的程序文件位于 E:\tmp\proc1.ipf，即和主程序文件 myproc.ipf 位于同一个目录下，则包含指令为

```
# Include":proc1"
```

这里冒号不能省略，否则会导致错误。

最常用的 Include 方法是第 2 种，第 3 种和第 4 种。由于包含路径信息，当程序文件的路径信息不小心被改变（如程序从一台计算机复制到另外一台计算机）时就会出现找不到文件而无法编译的错误，这种情况是非常容易出现的。因此除非必要，不建议读者采用后两种方法。

使用第 2 种方法，只需要将程序文件放入 User Procedures 或 Igor User Files/User Procedures 文件夹中，就可以通过程序文件名方便地包含该文件。

5.3.2 Pragma 参数

在每一个程序编辑窗口前几行都有一个 # Pragma 的参数，如图 5-25 所示。

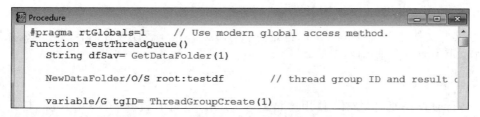

图 5-25　Pragma 参数

这个参数的作用是设定编译器模式或者向编译器传递一些有用的信息。

♯Pragma 参数一般位于程序文件之首,且♯号不能与窗口左侧存在任何空格或制表符,其声明形式如下:

♯Pragma keyword [= parameters]

目前,Igor 支持以下 6 种 Pragma 参数(Igor Pro 6.37 及以前版本)[①]:

♯pragma rtGlobals = value
♯pragma version = versionNumber
♯pragma IgorVersion = versionNumber
♯pragma ModuleName = name
♯pragma hide = 1
♯pragma IndependentModule = name

♯Pragmas 参数只影响它所处的程序文件。下面介绍每一个参数的具体含义。

1. rtGlobals 参数

rtGlobals 参数用于指定编译器的行为和程序运行时对错误的处理方法。

rtGlobals 参数取值为数字 0、1、2、3,其含义与 Igor 的发展有关。早期的 Igor 版本(早于 Igor 3,本书 Igor 版本新于 6.37),在函数中访问一个全局变量或者 wave 时,要求全局变量和 wave 必须在编译阶段就存在,否则无法编译。在 Igor 3 版本中引入了"运行时查找变量"的技术,即在编译阶段,编译器并不要求全局变量和 wave 存在,只是在运行时才将全局变量和与其引用(wave、nvar、svar)关联起来。在 Igor 6.20 以后又引入了对 wave 引用和 wave 长度的严格检查。rtGlobals 不同取值就是反映了 Igor 这种版本演化的行为,其主要目的是实现不同版本之间的兼容性。

♯pragma rtGlobals = 0

这是 Igor 最早期版本的编译器模式,不应该继续使用。

♯pragma rtGlobals = 1

打开"运行时查找变量"技术,使用此选项,编译器在编译时并不检查被引用的全局变量是否存在,一般是默认选项,本书中绝大多数例子都是在此模式下编写的。

---

① Igor 7 增加了♯pragma rtFunctionError＝value 及♯pragma TextEncoding＝"UTF-8"参数,前者设置是否显示内置函数运行错误,后者设置 procedure 文件编码格式。Igor 9 增加了♯pragma DefaultTab＝{3,20,4}这样的参数格式,用于自动设置 tab 缩进量大小。

```
# pragma rtGlobals = 2
```

强制使实验文件处于"非兼容模式"，也是为了与旧版本 Igor 程序设计兼容的一个编译器选项，几乎很少使用，无须理会。

```
# pragma rtGlobals = 3
```

打开"运行时查找变量"技术，使用严格 wave 引用，运行时检查 wave 的长度，越界访问报错。

当 # pragma rtGlobals＝3 时，对 wave 引用的检查非常严格，任何使用 wave 的场合都必须通过 wave 引用。换言之，如果要使用 wave，该 wave 引用必须存在，否则编译器就会报错。如下面的例子：

```
Function test()
    Display wave1
End
```

上面的代码在 rtGlobals＝3 时不能通过编译，否则会出现图 5-26 所示的错误。

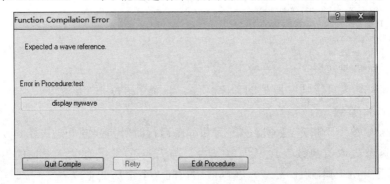

图 5-26　rtGlobals＝3，wave 必须声明引用后才能使用

这是由于 wave1 并没有事先声明。正确的做法是

```
Function test()
    Wave wave1
    Display wave1
End
```

即先声明 wave1 的引用，然后才能使用该 wave。

但是下面的情况编译时不会报错：

```
Function test()
    Make wave1
    Display wave1
End
```

这是因为 Make 命令在创建新 wave 时会自动创建 wave 引用，请读者参看本书 5.3.10 节自动变量。

当 # pragma rtGlobals＝1 时，编译器对 wave 引用的检查是不严格的，除非是赋值语句,否则可以不声明 wave 的引用而直接使用 wave,如下面的代码在♯pragma rtGlobals=1 是正确的:

```
Function test()
    Display wave1
End
```

如果是赋值语句,则无论是 rtGlobals=1 还是 rtGlobals=3,都必须声明 wave 的引用,如下:

```
Function test()
    Wave wave1
    Wave1 = sin(x)
    Display wave2                    // rtglobals = 1 时正确, rtglobals = 3 时错误
End
```

这里需要给 wave1 赋值,因此必须声明 wave1 引用,而 wave2 作为 Display 的参数,在 rtGlobals=1 时不需要声明 wave 引用,在 rtGlobals=3 时需要声明 wave 引用。

rtGlobals=1 和 rtGlobals=3 对 wave 越界访问的处理也不一样。rtGlobals=1 时对 wave 的越界访问并不会报错,如

```
Make data1 = {1,2,3,4,5}
data1[6] = 7
```

这里 data1 的长度为 5,显然 data1[6]并不存在,在 C 语言这会导致内存非法访问错误,产生不可预料的结果。但是在 Igor 下,上面的赋值语句会被自动截断为 data1[4]=7,即当越界访问时,只访问 wave 的最后一个元素。当然这不是绝对的,如果指定了错误的 Label,访问的是第一个元素,感兴趣的读者可以查看 SetDimLabel 命令的帮助。

如果 rtGlobals=3,上述代码在运行时仍然会有截断赋值行为,但是会报一个越界访问的错误,以引起使用者关注。

2. version 参数

version 参数用于指明当前程序文件的版本号,如

```
♯pragma version = 1.01
```

如果不指定则版本号默认为 1.00。版本号应该在程序文件的开头指定。

指明程序的版本号有助于程序的升级和维护,特别是当程序由多人开发时,版本号能方便程序的开发管理。

Igor 的 Include 指令会检查程序文件的版本号,如

```
♯Include "a procedure file" version> = 1.03
```

表示被打开的程序文件版本号应该不低于 1.03,否则会显示一个警告信息,提示程序需要更新(但是程序还是会被正常包含和编译的)。

3. IgorVersion 参数

IgorVersion 参数用于指明程序在哪个版本的 Igor 中运行,如

```
#pragma IgorVersion = 5.03
```

上述指令表示当前程序文件要求 Igor 的版本不低于 5.03。Igor 版本更新很快，每一个版本都会增加一些新的特性，其编程环境也会发生变化，如引入新的语法、函数等。旧版本 Igor 下的程序很有可能在新版本下无法通过编译，反之亦然。为了让程序正常运行，指定 IgorVersion 参数是必要的。

4. ModuleName 参数

ModuleName 参数类似于 C++ 或是 C♯ 等编程语言中的名称空间，通过指定 ModuleName 参数，相当于给程序文件起了一个名字，可以通过该名字访问程序文件里的程序和变量。ModuleName 的声明方式如下：

```
#pragma ModuleName = name
```

其中，name 是一个合法的名字，注意不要和其他的 ModuleName 相冲突。当声明了一个程序文件的 ModuleName 参数以后，就可以通过该名字访问程序文件内的对象，方法是 name♯对象名，这里的♯号类似于 C++ 或者 C♯ 里的"."运算符，如下：

```
#pragma ModuleName = myGreateProcedure
Static function foo(a)
    Variable a
    Return a + 100
End
```

这时，可以在命令行窗口执行：

```
myGreateProcedure♯foo(0)
```

使用 ModuleName 参数的主要作用是避免命名冲突。前面介绍函数声明时只介绍了 Function 关键字，其实 Function 还有一个修饰符 static。通过 static 声明的函数是私有函数，只属于所处程序文件本身，只能在程序文件内使用，不能在程序文件外直接使用。如上面的例子，在命令行窗口直接输入 foo(0) 是无法运行的，Igor 提示找不到该函数。要在程序文件外访问私有函数，必须通过 ModuleName 进行，格式为 Modulename♯函数名。

不同 ModuleName 的程序文件中，私有函数是可以重名的，如图 5-27 所示。

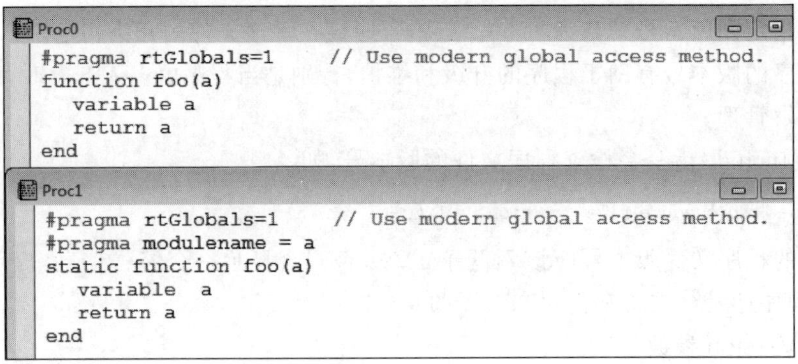

```
Proc0
#pragma rtGlobals=1      // Use modern global access method.
function foo(a)
    variable a
    return a
end
```
```
Proc1
#pragma rtGlobals=1      // Use modern global access method.
#pragma modulename = a
static function foo(a)
    variable  a
    return a
end
```

图 5-27 ModuleName 不同的程序窗口中，函数可以重名

这里 ModuleName 为 a 的程序窗口中有一个私有函数 foo，在内置程序窗口（全局程序窗口）中有一个函数也是 foo，由于 Modulename 为 a 的程序窗口中 foo 被声明为私有函数，所以它可以和内置程序窗口中的 foo 重名。

在开发过程中，如果函数和已有的函数发生名字冲突时，就可以给程序文件指定一个独立的 ModuleName，并将可能冲突的函数通过 static 声明为私有。这在多人开发或者项目比较大时非常有用。

如果不使用 static，则函数是公有的，此时所有程序窗口包括命令行都可以通过函数名访问该函数，这是本节以前所有例子的情况。所有的公有函数名字必须独一无二，即使是位于不同的程序文件夹中。

这里的 static 应该借鉴了 OOP 程序设计语言中静态成员的概念，静态表示该函数属于类本身，只能通过类（这里就是程序文件 Module 名字）访问。

可以将不同的程序文件声明为相同的 ModuleName，但是没有必要这样做，因为用不同 ModuleName 的目的就是避免命名冲突，而不是提供一个公共的名称空间。

如果省略 ModuleName，Igor 会自动给程序指定一个 ModuleName——ProcGlobal。换句话说，没有声明 ModuleName 的所有程序文件都位于 ProcGlobal 环境下。在 ProcGlobal 环境下，也可以使用 static 函数声明私有函数，但是该私有函数将无法在程序文件外部访问，只能在程序文件内部访问。读者可能想通过"ProcGlobal♯私有函数名"访问，这也是不可以的。要从外部访问一个程序文件里的私有函数，必须给该程序文件声明一个 ModuleName。最后，请读者注意，除了函数之外，static 还可以作用于 constant、structure 对象。一旦用 static 声明，这些对象即被所处程序文件私有，在程序文件外访问时只能通过 ModuleName 加"♯"的格式访问。

5. hide 参数

♯Pragma hide＝1 可以隐藏程序文件，此时在菜单【Windows】|【Procedure Windows】下看不到对应的程序文件。

6. IndependentModule 参数

IndependentModule 参数使用比较复杂，请看 5.3.3 节。

5.3.3　IndependentModule

IndependentModule 参数用于将程序文件设置为独立模块（IndepentModule）。被指定为 IndependentModule 的程序文件，里面的代码将会单独编译。此时即使其他普通程序文件里的代码没有编译（如发生语法错误），独立模块中的代码仍然处于已编译状态，可以运行。利用独立模块可以编写需要在任何时候运行的代码，如数据采集程序、高通用性程序等。

将一个程序文件指定为独立模块的方式非常简单：

```
♯pragma IndependentModule = imName
```

注意，内置的程序窗口不允许声明为独立模块，即内置程序窗口不能被指定为独立模

块。下面看一个独立模块的简单例子：通过菜单命令【Windows】|【New】|【Procedures】创建一个程序文件，在程序文件的开头输入独立模块预编译指令，如图 5-28 所示。

```
#pragma IndependentModule = myIM
```

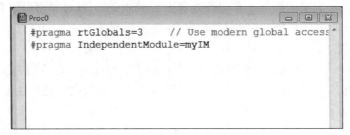

图 5-28　将程序窗口声明为独立模块

在程序窗口里输入以下代码：

```
Function test()
    Print "this function executes under an Independent Module"
End
```

在命令行窗口执行指令，如图 5-29 所示。

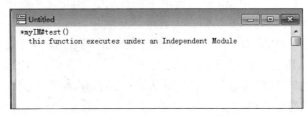

图 5-29　执行独立模块中的函数

按 Ctrl＋M 组合键，打开内置程序窗口，人为制造一个错误，使程序无法编译，如图 5-30 所示。

图 5-30　人为制造编译错误，独立模块仍正常编译

单击【Quit Compile】按钮取消编译，然后在命令行窗口输入以下命令：

```
myIM#test()
```

可以发现尽管有程序没有编译成功，但是 myIM 中的 test 函数仍然可以正常运行。这说明 myIM 模块中的代码和其他正常模块中的代码是独立编译的。

下面对独立模块程序设计进行更加详细的介绍。

1. 独立模块中的程序类型

独立模块中只能定义函数,不能定义 Macro 和 Proc 类型的程序,但是可以定义 Window 类型,也就是说可以在独立模块中放置窗口生成代码(Window Recreation Macro)。

2. 函数定义和访问

独立模块中的函数同样可以定义为公有的或者私有的。公有函数的定义方法为直接使用 Function 关键字定义函数,私有函数则在 Function 前面加 static 关键字。如下:

```
♯pragma IndependentModule = myIM
Function test()
    f1()
End
static Function f1()
    print "Independent Module"
End
```

独立模块的函数的访问层次比普通模块低一个级别。访问公有函数需要在该函数名字前面添加独立模块名作为前缀,如 myIM♯test()。私有函数外界完全无法访问,只能由独立模块内部的代码访问:

```
myIM♯test()          //可以执行
myIM♯f1()            //不能执行
```

3. 程序文件不可视

独立模块的程序文件默认不可见,在【Windows】|【Procedure Windows】菜单里是看不到独立模块对应的程序文件的。因此独立模块的程序在编译并选择隐藏后,是无法通过【Windows】|【Procedure Windows】找到的,只能通过诸如查找、函数帮助、【Go To】命令等方式定位并重新打开程序文件。如果程序处于开发阶段,这种特性会带来不便,可以通过以下命令突破这个限制,结果如图 5-31 所示。

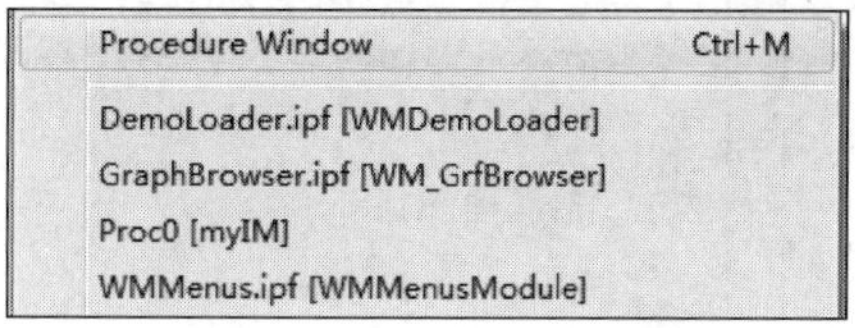

图 5-31 使 Independent Module 重新出现在【Procedure Windows】菜单里

```
SetIgorOption IndependentModuleDev = 1
```

如图 5-31 所示,myIM 独立模块已经出现在【Procedure Windows】列表里。注意独立模块的命名方式,在程序里访问独立模块时必须按照这个格式去访问:

```
文件名[独立模块名]     //文件名和模块名之间的空格不能省略
```

独立模块程序文件被隐藏起来是合理的,这样可以防止被误修改。因此在开发阶段可以使用 SetIgorOption IndependentModuleDev=1 使程序文件可见,而在开发完后则使用 SetIgorOption IndependentModuleDev=0 隐藏独立模块程序文件。

4. 文件包含

在独立模块里可以使用 Include 指令包含其他的程序文件,被包含进来的程序文件自动转换为独立模块，Igor 会在每个包含进来的程序文件头添加 ♯pragma IndependentModule 指令并自动将名字指定为该独立模块名字。如独立模块为 myIM，则被包含的程序文件开头会自动添加如下的预编译指令：

♯pragma IndependentModule = myIM

这样就可以自由访问被包含文件里的函数了。

注意，被包含进来的程序文件为一份临时复制文件，对这些程序文件的任何修改都不会被保存。因此不要对这些程序文件做任何修改，如果做了修改，一定要以别的方式将这些内容保存到原程序文件。

独立模块不能包含独立模块程序文件，除非该程序文件具有相同的独立模块名字。

5. 窗口程序

在独立模块里同样可以设计窗口程序，但是要注意窗口程序所有的代码都必须位于独立模块内，不要调用独立模块外的自定义程序。关于窗口程序设计请参看第 6 章。

6. 菜单

在独立模块里创建菜单时，如果菜单项对应的函数位于独立模块，最好在函数前面添加独立模块名作为前缀。如果是给弹出式菜单设置菜单项，且菜单项由独立模块里的一个函数返回，则必须在该函数名前加独立模块名前缀，如图 5-32 所示。

```
#pragma rtGlobals=3       // Use modern global access method and strict
#pragma IndependentModule=myIM
menu "macros"
   "my menu item", myIM#f1()
   "create window",myIM#f2()

end
function f1()
   print 1
end

function f2()
   execute "panel0()"
end

Window Panel0() : Panel
   PauseUpdate; Silent 1     // building window...
   NewPanel /W=(150,77,412,164)
   PopupMenu popup0,pos={21,17},size={100,20},bodyWidth=100
   PopupMenu popup0,mode=1,popvalue="Yes"
   PopupMenu popup0,value= #GetIndependentModuleName()+"#popuplist()"
EndMacro

function/S popuplist()
   return "items;item2"
end
```

图 5-32　独立模块中菜单的设计

完整的程序代码如下：

```
# pragma rtGlobals = 3
# pragma IndependentModule = myIM
menu "macros"                        //创建两个菜单
    "my menu item", myIM # f1()      //指定"my menu item"对应的函数
    "create window",myIM # f2()      //指定"create window"对应的函数
End

Function f1()
    Print 1
End

Function f2()
    execute "panel0()"
End

Window Panel0() : Panel
    PauseUpdate; Silent 1
    NewPanel /W = (150,77,412,164)
    PopupMenu popup0,pos = {21,17},size = {100,20},bodyWidth = 100
    PopupMenu popup0,mode = 1,popvalue = "Yes"
    PopupMenu popup0,value =  # GetIndependentModuleName() + " # popuplist()"
EndMacro

Function/S popuplist()               //返回 Panel0 中下拉菜单 popupo 中的菜单项
    return "items;item2"
End
```

上面的代码在独立模块里给【Macros】添加了两个菜单项，第一个菜单项打印数字 1，第二个菜单项能打开一个窗口，该窗口包含一个弹出式菜单控件，控件的菜单项由 value 关键字指定，函数 popuplist 返回一个字符串列表给 value 关键字，以设置菜单项。注意，在 popuplist 前添加了 GetIndependentModuleName() 函数以获取独立模块名，因此最后的调用是

```
myIM # popuplist()
```

5.3.4　Execute 命令

有些命令不能在函数里执行，如函数里不能直接调用 Proc 或者 Macro 程序。如果要在函数里调用 Proc 和 Macro，需要使用 Execute 命令。如下：

```
Function test()
    Execute "f1()"
    //由于 f1()是一个 proc,在函数中无法直接调用
End
Proc f1()
    Print 1
End
```

上面的例子中，f1 是一个 Proc 类型的程序，因此不能直接在函数里调用，但是可以通过 Execute 来执行。

窗口生成脚本一般都不是 Function，如果在函数里直接调用就会出错，此时可以使用

Execute 命令。有人会认为将脚本修改为 Function 就可以了，这样做没问题，但是会给以后修改窗口带来麻烦。因为生成脚本一般都是由 Igor 自动生成的，如果修改了生成脚本的名字，如将 Window 关键字改成 Function，Igor 在更新脚本时就会因为找不到该脚本，而将更新变成了重新生成。

Execute 后面还可以跟一个字符串，字符串里是待执行的命令，这个命令可以是一个函数、一个脚本，或者一个可以执行的任意合法表达式：

```
String cmd
sprintf cmd, "GBLoadWave/P = % s/S = % d \" % s\"", pathName, skipCount, fileName
Execute cmd
```

Execute 有一个/P 参数非常有用，它表示在没有任何程序或者函数运行时，再运行其后字符串指定的命令。一些命令在函数运行时没有任何效果，如 Dowindow/R 在函数运行时不能自动创建或者更新生成脚本，如果想要通过编程控制更新生成脚本，可以按照如下方式：

```
Execute/P "dowindow/R PanelName"
```

利用 Execute/P 还可以自动包含程序文件：

```
Execute/P "INSERTINCLUDE < Peak Functions >"
```

利用这个特性，可以让程序变得更加智能，如自动检查是否需要某些功能，并智能加载包含这些功能的程序文件。

5.3.5　条件编译

Igor 编译器支持条件编译，通过设定编译条件可以有选择地编译某些代码段。在编译和调试阶段利用条件编译可以将正常代码和调试代码区分开来，方便程序开发。条件编译的语法格式和说明如下。

（1）格式 1：

```
# define symbol
# undef symbol
```

define 用以定义一个符号标记，# undef 可取消一个符号标记定义。

```
# ifdef symbol
    < code1 >
# else
    < code2 >
# endif
```

如果前面利用 # define 定义了 symbol，则编译代码段 code1，否则编译代码段 code2。# else 可以省略。

（2）格式 2：

```
# if expression
    < code1 >
# else
```

```
    <code2>
#endif
```

expression 是一个合法的表达式,但不能包括用户自定义的任何函数或者变量(因为这些函数和变量还没有编译),当 expression 计算结果绝对值大于 0.5(小于 0.5,四舍五入为 0,相当于假)则编译代码段 code1,否则编译代码段 code2。#else 可以省略。

(3) 格式 3:

```
#if expression1
    <code1>
#elif expresion2
    <code2>
#else
    <code3>
#endif
```

可以利用 #elif 关键字引入多种条件的判断,注意这里的关键字是 #elif 而不是 #elseif。

(4) 格式 4:

```
#ifndef symbol
    <code1>
#else
    <code2>
#endif
```

和 #ifdef 刚好相反。

注意,#define 关键字的作用仅仅是用来声明一个用于条件编译的符号,除此之外没有任何含义,#define 并不是宏定义,Igor 里也没有宏展开的概念。这和 C 语言完全不一样,在 C 语言中利用 #define 预定义的符号可以当作一个常量使用,Igor 里是不能的。

一般一个程序文件里的符号标记仅在这个程序文件里有效,但是在主程序文件里声明的符号标记所有程序文件都可见。如果一个程序文件通过 #include 指令包含了一个新的程序文件,则这个程序文件对于被包含的文件就是主程序文件。

不同于 #pragma 关键字,用于条件编译的符号"#"可以有缩进而无须紧靠程序窗口最左侧。

在 Igor 中预定了一些全局符号,这些符号不需要使用 #define 定义就可以使用,如表 5-5 所示。

表 5-5　Igor 预定义的全局符号(#define)

符 号 标 记	含　义
MACINTOSH	Igor 运行于苹果系统环境下
WINDOWS	Igor 运行于 Windows 环境下
IGOR64	Igor 是 64 位版本

来看下面的例子:

```
#ifdef WINDOWS
Function f()
    Print "I am running on Windows."
```

```
End
# endif
# ifdef MACINTOSH
Function f()
    Print "I am running on macOS."
End
# endif
```

如果在 Windows 操作系统下运行 Igor，并执行函数 f()，则会输出

```
I am running on Windows.
```

5.3.6 函数引用

在 C 语言中，可以定义指向函数的指针，通过将函数名赋值给指针变量就可以利用指针变量访问函数了。函数指针的概念使得用户在设计程序时不需要知道要执行的程序是什么，到运行时再将实际的程序指针传递给程序。如 Windows 程序设计里窗口过程函数就是典型的例子：窗口类维护一个指向窗口过程的函数指针，用户在创建窗口时将自定义的窗口过程指定给该指针。这给程序的设计带来了极大的灵活性。

Igor 同样支持这种程序设计特性。在 Igor 中可以定义函数的引用，函数引用就类似于 C 语言中的函数指针。可以将一个函数名赋值给函数引用，之后就可以通过函数引用调用被引用的函数。

声明一个函数引用的语法如下：

```
Funcref myprotofunc f = functionname
```

Funcref 是关键字，f 是函数引用的名字。myprotofunc 是一个用户自定义的模板函数，有两个含义：限定函数所能引用的函数类型，被引用函数的返回类型和参数必须与模板函数匹配；当 f 没有指向一个合法的函数时系统默认调用的函数，如 f 引用的函数不存在时系统就会调用 myprotofunc 函数。functionname 是所要引用的函数名字。看下面的例子：

```
Function f0()
    Print "Naive!"
End
Function f1()
    Print "You get it!"
End
Function test(fref)
    Funcref f0 fref
    funcref f0 fref1 = f1
    funcref f0 fref2 = $ "somefunc"
    funcref f0 fref3 = fref
    fref1()
    fref2()
    fref3()
End
```

上面的例子中，f0 就是 myprotofunc，它表示被引用的函数必须没有参数且返回一个数

值。对函数引用赋值有 3 种方式：将一个函数名赋值给函数引用；利用"$"运算符解析一个字符串变量，将其内容作为函数名赋值给函数引用；将另外一个函数引用赋值给函数引用。

　　fref1 引用了 f1，因此 fref1()就相当于调用 f1()。fref2 引用了一个名为 somefunc 的函数，这个函数是不存在的，因此系统会自动调用 f0。fref3 就是 test 函数参数传过来的函数引用，fref3()将执行该参数所引用的函数。在这里可看到函数引用也可作为函数的参数。

　　在命令行里执行：

```
Test(f1)
```

输出结果如图 5-33 所示。

　　再执行

```
Test($"aa")
```

输出结果如图 5-34 所示。

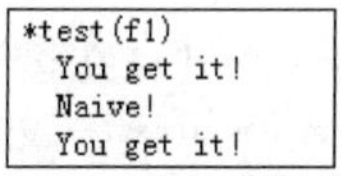

```
*test(f1)
  You get it!
  Naive!
  You get it!
```

```
*test($"aa")
  You get it!
  Naive!
  Naive!
```

图 5-33　Test(f1)输出结果 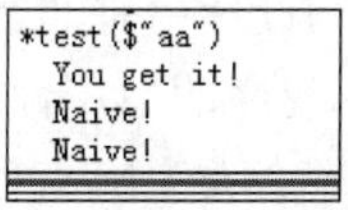　　　　　　图 5-34　Test($"aa")输出结果

　　请读者对照上面对函数引用的介绍分析输出结果。

　　在上面的程序文件里再增加一个函数 f3：

```
Function f3(v)
    Variable v
    Print "I am not the right one"
End
```

　　然后在函数 test 里添加：

```
Function test(fref)
    Funcref f0 fref
    Funcref f0 fref1 = f1
    Funcref f0 fref2 = $"somefunc"
    Funcref f0 fref3 = fref
    Funcref f0 fref4 = f3          //f3 参数类型与模板函数不匹配,因此不能指定给 f0 类型
                                   //的函数引用

    fref1()
    fref2()
    fref3()
End
```

　　当编译时，会出现如下错误，如图 5-35 所示。

　　由于 f3 有一个参数，f0 没有参数，因此不能使用 f0 作为模板声明 f3 的函数引用。

　　注意，声明函数引用并赋值时必须采用下面的格式：

```
Funcref myprotofunc f = functionname
```

不能先声明后赋值，如下面的方法是错误的：

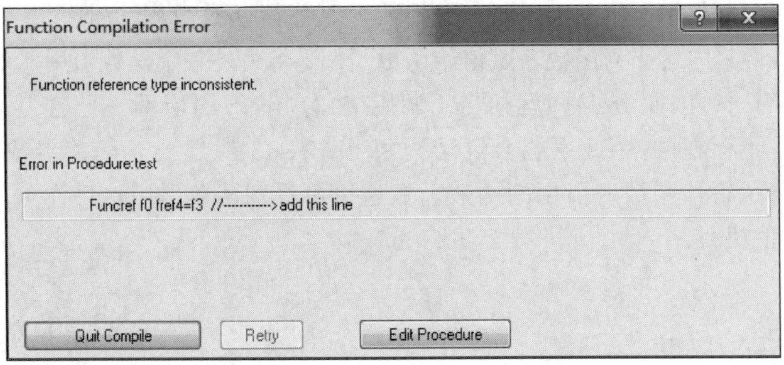

图 5-35　函数引用要求被引用的函数和模板函数必须匹配

```
Funcref myprotofunc f
f = functionname
```

函数引用在程序设计中是非常有用的。在编写数据拟合程序时，如果将拟合公式和过程硬编码在程序里，程序的通用性相对较低，如果使用函数引用，只有在运行时，才将真正的拟合函数传递给程序会大大提高程序的灵活性。这样，只需要按照指定格式编写拟合函数，原程序不需要任何修改即可利用新的公式拟合。拟合函数可以通过诸如下拉菜单等选择，利用 $ 符号将字符串转换为函数引用名。利用 ProcedureText 等函数，还可以自动获取拟合参数的信息（当然这需要拟合函数按照一定格式编写）。在编写数据变换程序（如坐标变换）时，变换的公式往往随实验条件改变而改变，但是数据本身格式却相对固定，如源数据是两个坐标，目标数据亦是两个坐标，则可以在程序中使用函数引用，在具体的场合由用户选择或者按照指定格式编写相应的变换程序，同样可大大简化程序的结构，提高程序的通用性。

5.3.7　访问全局对象

Igor 中能在函数中访问的全局对象包括全局数值型变量、全局字符串型变量、wave、函数、数据文件夹、符号路径、Graph 窗口、Panel 窗口、Notebook、程序窗口、坐标轴、控件等。除了全局变量和 wave 这些数据对象之外，其他对象都可以通过名字直接访问，也可以通过 $ 符号访问（这种方式更灵活，请读者参看本书 5.3.9 节）。

对于 wave 和全局变量，Proc 和 Macro 程序类型中可以通过名字直接访问，Function 程序类型中不能通过名字直接访问。

在 Function 中访问 wave 和全局变量，如果这些全局对象是在函数体内定义的，则可以直接访问；如果是在函数体外定义的（如访问事先已有的数据），则需要先定义 wave 和变量的引用，然后才能访问。

先看一个例子。在命令行窗口中定义一个全局数值型变量并赋值为 1，如图 5-36 所示。在程序编辑窗口输入以下函数：

```
Function myFun()
    Print v
End
```

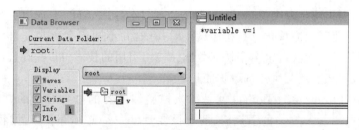

图 5-36　在命令行窗口创建一个全局变量

这里试图在函数里直接使用全局变量，但在编译程序时，Igor 提示错误，如图 5-37 所示。

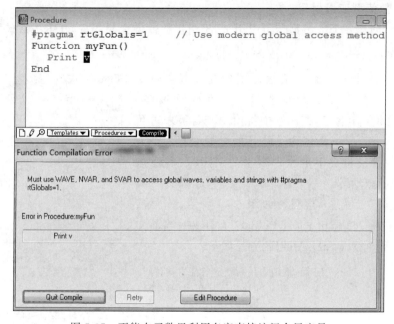

图 5-37　不能在函数里利用名字直接访问全局变量

　　这个错误提示要使用 wave、nvar 和 svar 关键字去访问全局 wave、变量或是字符串。因此对于本例，需要使用 nvar 创建对 v 的引用，如图 5-38 所示。此时程序就能正常编译运行，且能正常访问全局变量 v。

　　Igor 使用下面 3 个关键字创建 wave 和全局变量的引用：

　　（1）wave 创建 wave 的引用。

　　（2）nvar 创建数值变量的引用。

　　（3）svar 创建字符串变量的引用。

　　这 3 个关键字用于创建一个引用，编译器会将全局变量和该引用关联起来，在运行时函数就可以使用该引用去访问全局变量。

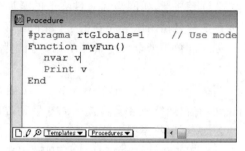

图 5-38　创建对全局变量的引用

Igor 使用引用访问全局变量（wave），而不是通过名字去访问，不是为了使问题复杂化，恰恰相反，是为了使问题简单化。在程序设计时，有时并不知道有哪些数据，更不知道数据名字叫什么，因此根本无法通过名字访问数据。使用引用的技术可以先在程序里使用数据，而只有在运行时才将引用与真正的数据联接起来。

预编译参数 ♯Pragma rtGlobals 就是用来控制编译器的这种行为的。在最早的 Igor 版本中，创建全局变量（wave）的引用时，要求该变量（wave）必须存在，否则程序不能编译。♯Pragma rtGlobals＝1 或者 3 表示在创建引用时，Igor 并不检查与引用关联的变量是否存在，只有在运行时才将变量和引用真正联接起来（runtime lookup of globals）。

1. nvar 数值型变量引用

nvar 用于创建一个数值型变量引用，用于引用数值型全局变量，其语法格式为

```
NVAR [/C][/Z]localName[ = pathToVar][,localName1 [ = pathToVar1 ]]...
```

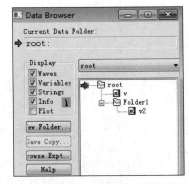

其中，/C 和/Z 是可选参数，前者表示引用复数型全局变量，后者表示当被引用的全局变量不存在时不报错。localName 表示引用名字，在函数中将使用该名字来访问全局变量。pathToVar 是包含了路径的全局变量。nvar 创建非当前数据文件夹下的全局变量的引用时，需要指明全局变量的路径。

假定有以下 2 个全局变量，如图 5-39 所示，其中，v 位于 root 文件夹，v2 位于 root：Folder1 文件夹。当前文件夹是 root，则创建 v 和 v2 引用的方法如下：

图 5-39　处于不同文件夹的 2 个全局变量

```
nvar v                      //正确,此时引用名就是v,能直接访问v
nvar num = v                         //正确,引用名为num,能直
                                     //接访问v
nvar num = root:v                    //正确,引用名为num,指明v的完整路径,能直接访问v
nvar v2                              //错误,由于当前文件是root,root下不存在v2这样的全局变量,
                                     //不能访问v2
nvar num = root:Folder1:v2           //正确,引用名为num,且指明了绝对路径,可以访问v2
nvar num = :Folder1:v2              //正确,引用名为num,且指明了相对路径,可以访问v2
nvar v = v                          //正确,引用名和全局变量名相同,可以访问v
```

请读者注意，访问当前文件夹下的全局变量时，可以在 nvar 后直接跟全局变量名，就可以通过变量名访问该全局变量了，如上面第一行例子。

创建复数类型全局变量的引用与创建普通数值型变量引用的方法完全相同，只需要使用/C 标记即可。

当编译选项♯Pragma rtGlobals＝1 或者 3 时，编译器在编译时不会检查全局变量是否存在，只有在运行时才会检查全局变量是否存在并建立关联。

2. svar 字符串型变量引用

svar 用于创建一个字符串型引用，引用一个全局字符串变量，用法和 nvar 完全相同，不再赘述。

3. wave 引用

wave 关键字用于创建一个 wave 的引用,其语法格式为

WAVE [/C][/T][/Z] localName [= pathToWave][,localName1 [= pathToWave1]]...

(1) /C,创建一个复数型 wave 引用,如果被引用 wave 是复数类型时需要使用此选项。

(2) /T,创建一个文本型 wave 引用,如果被引用 wave 是文本类型时需要使用此选项。

(3) /Z,当被引用 wave 不存在时不报错(但使用时会报错)。

在函数中各种能产生 wave 的命令,除非使用/FREE 选项,都会自动在当前或者指定的文件夹下创建一个真实的 wave。函数中创建的 wave 和命令行窗口中创建的 wave 一样,将永久存在。因此 wave 几乎总是全局型的,在访问 wave 时,必须用 wave 关键字创建一个引用。请看下面的例子,用到的 wave 如图 5-40 所示。

图 5-40　wave 访问的示例

在函数中访问 root 下面的 wave,必须按照如下方式声明引用:

```
wave w = wave1                //引用名为 w
wave wave1                    //引用名为 wave1
wave w = root:wave1           //引用名为 w,指明绝对路径
wave w = :wave1               //引用名为 w,指明相对路径
```

和 nvar 一样,如果 wave 位于当前文件夹,可以直接在 wave 关键字后跟 wave 的名字创建该 wave 的引用,此时可以通过 wave 名字访问 wave。

需要注意的是,一些命令在执行时会自动创建 wave 的引用,这时就不需要专门创建引用了。如 Make wave1 指令在创建 wave1 的同时自动创建了一个 wave1 的引用,该引用名就是 wave1 本身,其他的命令如 Duplicate 等也是如此。

使用 Proc 和 Macro 关键字声明的代码段,可以直接访问全局变量而无须使用 nvar、svar 和 wave 声明引用。考虑下面的例子,假设当前文件夹为 root,并存在一个名为 wave1 的 wave,一个字符串变量 str 和一个数值型变量 v,则下面的程序可以直接访问这些全局变量而无须创建引用(执行之前编译器仍然不会去检查变量是否存在)。

```
Make/O wave1
Variable v
string str
proc myProc()
    wave1 = sin(x)
    v = 1
    str = "Hello,Igor"
End
Macro myMacro()
    wave1 = sin(x)
    v = 1
    str = "Hello,Igor"
End
```

全局变量会增加函数之间的相互关联度，降低程序的通用性，应该在使用过程中加以避免。但是在有些场合全局变量也是必要的，如记忆程序的执行状态，记录实验数据信息，存放控件内容等都需要使用全局变量（或 wave）。

5.3.8　wave 引用

wave 是 Igor 下最基本的概念，在 Igor 下编程必须熟练地掌握获取 wave 对象的各种技巧。5.3.7 介绍了如何通过 wave 关键字创建一个 wave 的引用，这是在函数中使用 wave 的一般方法。本节介绍一些特殊情况。

1. 命令自动生成 wave 引用

当执行 Make、Duplicate 或者是 FFT 等命令时，Igor 编译器会自动创建 wave 引用，如

```
Make wave1
Duplicate wave1 wave2
FFT/dest = w wave1
```

第 1 个命令在当前文件夹下创建 wave1，同时创建 wave1 的引用，这个引用名就是 wave1，可以直接使用 wave1 访问刚创建的 wave 或者是做任意运算，如 wave1＝x＊x。

第 2 个命令中 wave1 的创建与引用与第 1 个命令中含义完全相同。

第 3 个命令对 wave1 执行傅里叶变换，并创建一个新的名为 w 的 wave，将变换后的结果保存在 w 中，同时使用 w 作为新创建 wave 的引用名。

Igor 下绝大多数能创建输出 wave 的命令都具有这个特性，新生成的 wave 可以直接使用。

上面的情况也有例外，考虑下面的例子：

```
Function CreateaWave(namestrforwave)
    String namestrforwave
    Make $ namestrforwave
    wave w = $ namestrforwave
    w = x^2
End
```

本例中，使用 Make 命令创建一个 wave，该 wave 的名字保存在一个字符串变量 namestrforwave 中，使用 $ 运算符从该字符串解析出名字并作为 Make 参数创建该 wave。此时并没有同时创建该 wave 的引用，因此需要利用 wave 关键字创建其引用。

对于上面的例子还有一种更方便的方法：

```
Make $ namestrforwave/wave = w
```

在 Make 命令中使用/wave 选项，就可以直接利用引用名 w 访问刚创建的 wave 了。

很多命令支持这种声明 wave 的方法，如下面的命令计算微分后，可以直接用 wave1 访问微分以后的结果：

```
Differentiate wave0 /D = $ name/wave = wave1
```

上面的命令生成的结果 wave 名保存在 name 字符串变量中，在这里使用了 $ 运算符创建目

标 wave。

在创建 wave 引用时需要指明被引用 wave 的数值类型，如 wave/T txtwave 表示创建一个指向文本 wave 的引用。如果不指明则默认为被引用的 wave 是一个双精度数值型 wave。

2．返回 wave 引用的函数

为了方便 wave 的访问，Igor 提供了能直接返回 wave 引用的函数，这些函数功能都特别强大，用好这些函数访问数据会变得很简单。表 5-6 列出了部分返回 wave 引用的函数。

表 5-6　部分返回 wave 引用的函数

函　　数	功　　能
CsrWaveRef	返回 Graph 中当前 Cursor 所处的 Y wave 引用
CsrXWaveRef	返回 Graph 中当前 Cursor 所处的 X wave 引用(XY 型 wave)
WaveRefIndexed	返回 Graph 或是 Table 或是当前文件夹下的 wave 引用
XWaveRefFromTrace	返回 Graph 中的 X wave 引用。需要指明对应曲线(trace)的名字，该名字通常可以通过 TraceNameList 函数获取
ContourNameToWaveRef	返回 Graph 中被显示为 Contour 模式的 wave 引用。需要提供 Contour 对应 wave 的名字，该名字可以通过 ContourNameList 函数获取
ImageNameToWaveRef	返回 Graph 中被显示为 Image 模式的 wave 引用。需要提供 Image 对应 wave 的名字，该名字可以通过 ImageNameList 函数获取。
TraceNameToWaveRef	返回 Graph 中被显示为曲线模式的 wave 引用。需要提供 Trace 对应 wave 的名字，该名字可以通过 TraceNameList 获取
TagWaveRef	返回 Graph 中当前 Tag 所处的 Y wave 引用
WaveRefsEqual	比较两个 wave 的引用是否相同，是则返回 1，否则返回 0

这些函数会返回一个 wave 的引用，可以赋值给由 wave 关键字创建的 wave 引用变量。这些函数绝大多数都以 Graph 作为操作对象，要被获取引用的 wave 显示在 Graph 窗口中。这样只需要通过 Graph 就能获取 Graph 中数据对象的引用，而无须知道名字和存放的路径。

常用的返回 wave 引用的函数是 CsrWaveRef、WaveRefIndexed、TraceNameToWaveRef 和 ImageNameToWaveRef。

（1）CsrWaveRef 函数的使用方法为

```
CsrWaveRef(cursorName[,graphNameStr])
```

courseName 表示光标（按 Ctrl＋I 组合键设置），可以是 A 或者 B[①]。graphNameStr 是图窗口的名字，为可选参数，如果提供则从 graphNameStr 指定的图窗口中获取引用，否则默认从当前最顶层图窗口获取引用，如

```
wave w = Csrwaveref(A)
wave w = CsrWaveRef(A,"graph0")
```

---

① Igor 7 以后版本可同时放置 6 个光标，光标的功能也更加丰富、完善。

```
wave w = csrwaveref(A,namestr)
Print Csrwaveref(A)[0]
```

第 1 行返回当前最顶层窗口 Cursor A 所在的 wave 引用，并赋值给 w。

第 2 行返回一个名为 graph0 的窗口中 Cursor A 所在的 wave 引用，并赋值给 w。

第 3 行返回一个名字存放在 namestr 中的 Graph 中 Cursor A 所在的 wave 引用，并赋值给 w。

第 4 行直接打印当前最顶层窗口 Cursor A 所在的 wave 的第一个数据。

在对曲线进行拟合时，当窗口中曲线较多，且需要使用 Cursor 指定拟合范围时，利用 CsrWaveRef 函数可以获取要被拟合的曲线的引用，十分方便。

（2）WaveRefIndexed 函数的调用方法为

```
WaveRefIndexed(windowNameStr, index, type)
```

windowNameStr 是一个字符串变量，用于存放 Graph 或者 Table 的名字，如果是空字符串则表示当前顶层 Graph 或者顶层 Table 或者当前文件夹。

index 表示要返回 wave 所处的次序。

type 可取 1～4，如果取值为 4，windowNamestr 应为空字符串，表示获取当前数据文件夹下的 wave 引用。当前窗口为 Graph 时，1 表示获取 Y wave 引用，2 表示获取 X wave 引用，3 表示两者都获取，这也是最常见的情况，如

```
wave w = WaveRefIndexed("",0,1)
```

上述命令返回当前 Graph 窗口中的第一条曲线的引用。当需要对该曲线进行拟合、运算等操作时，这条命令提供一个非常方便地获取该曲线引用的方法：既不需要知道该曲线的名字，也不需要知道该曲线的存放路径。

（3）TraceNametoWaveRef 函数的调用方法为

```
TraceNameToWaveRef(graphNameStr, traceNameStr)
```

graphNameStr 表示 Graph 窗口的名字，如果为空字符串表示当前顶层窗口，traceNameStr 表示曲线 wave 的名字。可以利用 TraceNameList 获取 Graph 中所有曲线的名字列表，并将它作为 TraceNameToWaveRef 的参数，如

```
string list = TraceNameList("",";",1)
wave w = TraceNameToWaveRef("",StringFromList(0,list))
```

第一行通过 TraceNameList 函数获取当前顶层 Graph 中所有曲线的名字列表，以分号作为分隔符存放在字符串变量 list 中，第二行利用 StringFromList 取出 list 中的第一个字符串，然后将它作为 TraceNametoWaveRef 的参数，获取该字符串对应曲线的 wave 引用。

ImageNameToWaveRef 函数和 TraceNameToWaveRef 函数的使用方法完全一样，表示获取 Graph 中一个 Image 的引用，唯一不同的是其名字列表需要用 ImageNameList 获取。

在 Igor 中，要访问 wave，仅仅使用名字是不够的，还需要同时知道 wave 所处的数据文

件夹,因此一般的方法是要么设置当前文件夹为 wave 所处文件夹,要么使用完整路径访问 wave。利用上面介绍的返回 wave 引用的函数的优点是不需要知道目标 wave 的名字及其存放路径。

在实际中经常还有这样的需求:需要对 Graph 中显示的曲线或者 Image 进行操作。普通方法需要预先知道 Graph 或者 Image 中数据存放的位置,然后将这些信息硬编码到程序中。显然这样的程序是没有通用性的。利用这些引用获取函数,就可以解决这个问题,只需要通过 Graph 就能直接得到目标曲线的引用。

细心的读者可能会问,有了 wave 的引用,能否获取 wave 的名字和它所在的路径呢?答案是可以的,只需要使用下面两个函数就能达到这个目的:

```
NameOfWave(wave)
GetWavesDataFolder(wave,kind)
```

第一个函数返回 wave 的名字,其参数是一个 wave 引用,如下列命令打印 wave w 的名字:

```
Print NameOfWave(w)
```

第二个函数返回 wave 所处的文件夹,第 1 个参数是一个 wave 引用,第 2 个参数含义如表 5-7 所示。

表 5-7　GetWavesDataFolder 函数的 kind 参数含义

kind	含　　义
0	返回包含 wave 的文件夹名
1	返回包含 wave 的完整路径,但不包括 wave 名
2	返回包含 wave 的完整路径,包括 wave 名

看下面的例子,结果如图 5-41 所示。

```
Function myFunc()
    Make/O data1
    Setscale/I x,0,2 * pi,data1
    Display data1
    wave w = waverefindexed("",0,1)
    Print nameofwave(w)
    Print getwavesdatafolder(w,2)
End
```

一个被引用的 wave 不存在时,访问 wave 就会出错。当使用 ♯Pragma rtGlobals＝1 时,编译器在编译一个类似于 wave w＝wave1 的表达式时并不会检查 wave1 是否真正存在,只有在运行时才会将 w 和 wave1 真正联结起来。因此在使用 wave 引用之前应该检查 wave 是否存在,方法为

```
if(!waveexists(w))              //wave w 存在
    < do somethings >
else                           //wave w 不存在
    < coping with errors >
endif
```

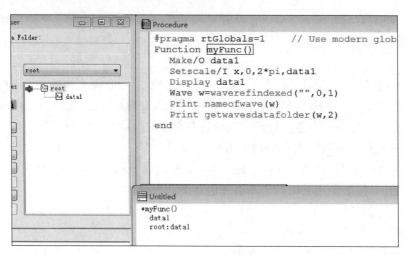

图 5-41　通过引用获取 wave 的名字和存放路径

5.3.9　$ 运算符

引用是 Igor 中广泛应用的一个概念，前面看到可以利用 nvar、svar 和 wave 声明变量或者 wave 的引用。实际上除了变量和 wave 之外，还可以声明或者创建窗口（Window）、路径符号（Symbolic Path，这里指操作系统文件路径，非 Igor 下文件路径）和函数的引用。

利用前面介绍的方法声明引用时，变量已经存在，如

nvar num = v

v 是一个已经存在的变量，在编写代码时就知道。但在实际中，要访问的对象经常是变化的，或者说无法预知访问的对象是什么，比如需要将一批 wave 显示出来，而在编写程序时，并不知道这些 wave 的名字，只有在运行时才能获取它们的名字，这种情况下就无法按照上面的办法来创建引用。

解决这个困难的方法是使用 $ 运算符。

利用 $ 运算符可以将一个字符串或者字符串变量转换为一个引用，引用该字符串所代表的对象。使用 $ 运算符无须担心引用的类型，Igor 会自动根据上下文环境判断被引用的对象类型，这个对象可以是变量、wave、窗口、文件夹、路径符号或者函数。首先来看利用 $ 运算符创建 wave 引用的例子。

1. $ 创建 wave 引用

wave w = $ "wave1"

假定当前文件夹下存在一个名为 wave1 的 wave，则上面的命令就可以创建 wave1 的引用。使用 $ 运算符作用于"wave1"字符串，并将它赋值给引用变量 w，这样就创建了 wave1 的引用。可以简单地理解为 $ 运算符会解析字符串里的内容，并按照字符串内容（这里就是 wave 的名字）创建该 wave 的引用。

在这里也可以使用 wave w＝wave1 来声明 wave1 的引用，请体会两者的区别。

下面来看较为复杂一些的例子：

```
Function displaywaves()
    String s,s1
    s = WaveList(" * ",";","DIMS:1")
    Variable i,n
    N = ItemsInList(s)
    Display
    for(i = 0;i < n;i += 1)
        s1 = StringFromList(i,s)
        AppendToGraph $ s1
    endfor
    End
```

这个函数用来显示当前文件夹下所有的一维 wave。首先使用 WaveList 获取所有一维 wave 的名字，以分号分隔并存放于变量 s 中，然后利用 for 循环取出每一个 wave 的名字存放在 s1 中，接着利用 $ 运算符将 s1 转换为其内容对应 wave 的引用。

显然，本例中事先无法得知要显示的 wave 有哪些，不能直接创建这些 wave 的引用，而只能在程序运行时通过 $ 运算符动态生成。

注意下面使用 $ 的方法是错误的：

```
String s = "somewave"
 $ s = sin(x)
```

$ 运算符并不会直接创建引用，这是因为仅仅使用 $ 运算符，编译器无法确定 $ 运算符后面的字符串里内容所代表的对象类型。前面，通过 wave 关键字告诉编译器，$ 运算符解析出来的字符串代表一个 wave。对于第二个例子，在 AppendToGraph $ s1 命令中，编译器能够通过 AppendToGraph 确定这里的 $ s1 代表一个 wave 的引用。类似的情况还有 Display、CurveFit 等需要使用一个 wave 作为参数的情况。

对于上面的错误只要进行如下修改就可以正常使用：

```
String s = "somewave"
wave w = $ s
w = sin(x)
```

2. $ 创建变量引用

通过 $ 创建变量引用和创建 wave 引用的例子完全类似，只需要将 wave 关键字替换为 nvar 和 svar 即可，但注意被创建引用的变量必须是全局变量。看下面的例子：

```
Variable var1 = 1
String str1 = "Global string"
Function myFun()
    String vref,sref
    vref = "var1"
    sref = "str1"
    nvar v = $ vref
    svar sG = $ sref
    Print v,sg
End
```

执行上面的函数,结果如图 5-42 所示。

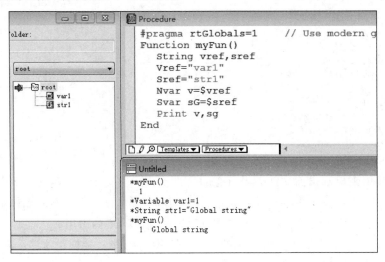

图 5-42　利用 $ 运算符创建全局变量的引用

3．$ 运算符创建窗口引用

可以利用 $ 运算符创建窗口的引用。从前面的介绍知道可以通过名字直接访问窗口,但有时窗口的名字并不知道,而是动态生成的,并且保存在一个字符串里,此时就可以通过 $ 运算符解析该字符串获取对窗口的引用。例如下面的函数判断指定名字的窗口是否存在,就使用了窗口引用的技巧。

```
Function GraphWindowExsts(s)
    String s
    Dowindow $ s
    if(V_Flag == 0)
        Return 0
    else
        Return 1
    endif
End
```

在这个例子中,将 Window 的名字存放在字符串变量 s 中,然后利用 $ 运算符解析出 Window 名字,由于 $ s 作为 Dowindow 的参数,编译器能够确认 $ s 代表一个 Window 引用,并根据 s 里存放的名字获取该 Window。其他命令如创建、修改或是需要指定 Window 名字的命令,都可以通过 $ 运算符来指定 Window 的名字。如

```
Display/N = $ graphNameStr $ ywavename vs $ xwavename
Cursor/W = $ graphNameStr A, $ ynamestr,0
```

第一个例子,选项/N 指定了新创建的 Graph 的名字为 graphNameStr 字符串内容。第二个例子/W 选项指明了 Cursor 命令执行时的目标 Graph 窗口,窗口名称包含在 graphNameStr 内,如果不用 $ 运算符,则表示窗口名称为 graphNameStr 本身。

4．$ 运算符的对其他全局对象的引用

在程序设计中，其他的全局对象有记事本（Notebook）、控件（Controls）、坐标轴（Axis），函数（Function）、程序窗口（Procedure Window）、程序面板（Panel）、符号路径（Symbolic Path）等。Igor 中有专门的命令和函数用于操作这些全局对象，一般通过名字来访问这些对象。和上面的窗口引用完全一样，如果这些名字事先无法确定，则可以利用一个字符串变量保存动态生成的对象名字，然后在对应的命令后利用 $ 运算符＋字符串变量的方式来通过引用方式访问对象。

如一个设置图中坐标轴的程序，由于 Graph 的坐标轴不仅仅是 left 和 bottom，还可能包括各种自定义坐标轴，所以程序里无法事先知道有哪些坐标轴，只能在程序运行时利用 Igor 提供的函数获取 Graph 里所有的坐标轴名字，然后通过 $ 运算符转换为对坐标轴的引用：

```
String s1 = AxisList("")          //获取当前窗口所有坐标轴名字列表,保存在 s1 中
String s2 = StringFromList(0,s1)  //获取第一个坐标轴名字,保存在 s2 中
ModifyGraph log( $ s2) = 1        //将 s2 对应的坐标轴设置为对数刻度
```

通过 $ 引用函数的方法请参看 5.3.6 节。

通过 $ 引用符号路径请参看 7.8 节。

5.3.10　自动创建变量

Igor 中有很多命令在执行时会自动创建一些变量。如果是在命令行窗口或是 Macro（Proc）中执行，则在当前文件夹下创建全局变量；如果是在函数中执行，则创建局域变量。在函数中使用自动变量时不需要声明，可以直接访问。

Dowindow 命令用于检查一个窗口是否存在，存在则将一个变量 V_flag 设置为 1，否则将 V_flag 设置为 0。在命令行窗口执行下列命令：

```
Display
Dowindow/C myGraph
Dowindow myGraph
Print V_flag
```

注意观察在执行命令之前当前文件夹中并没有 V_flag 这样的变量，如图 5-43 所示。

执行完命令后可以看到 Dowindow 自动创建了一个变量 V_flag，并且将其值设置为 1。这里 Display 命令产生一个 Graph 窗口，Dowindow/C 命令将其名字设置为 myGraph，由于 myGraph 窗口处于显示状态，故 Dowindow 作用于 myGraph 窗口时会自动创建 V_flag 变量并设置为 1。在程序中经常使用这个方法来判断一个窗口是否存在。

图 5-43　执行命令前当前 root 文件夹中没有 V_flag 变量

执行下面的命令：

```
Dowindow somegraph
Print V_flag
```

输出结果为 0。这是由于不存在名为 somegraph 这样的窗口，故 V_flag 被设置为 0（注意，如果 V_flag 没有会自动创建）。

函数中使用 Dowindow 的例子如下：

```
Function GraphWindowExsts(s)
    String s
    Dowindow $ s
    if(V_Flag == 0)
        Return 0
    else
        Return 1
    endif
End
```

上面的函数用于测试一个窗口是否存在。窗口名字存放于字符串变量中作为参数传递给函数，通过 $ 运算符获取窗口名字并由 Dowindow 判断是否存在。程序随后检查 V_flag 变量，如果 V_flag 等于 0，则返回 0，表示窗口不存在；否则返回 1，表示窗口存在。

这里可以看到在使用 V_flag 之前并没有创建它，也没有在其他地方声明，也不是通过参数由调用环境传递而来，那么 V_flag 到底是从哪儿来的？答案是由编译器自动创建。编译器在编译上述代码时，当检测到存在 Dowindow 这样的命令时，就会自动创建 V_flag 这样的变量。

其他的命令如 ControlInfo、WaveStats、FindRoots 等都会创建自动变量，这些变量一般都统一以"V_"这样的前缀开头，命令执行后可以直接使用。Igor 对每个命令能创建的自动变量都有详细的说明，读者只需要在帮助系统中查询该命令就可以获知这些信息。

除了创建自动变量，一些命令还会创建 wave，如 CurveFit 命令会自动创建名为 w_sigma 的 wave，如果是在函数中，其引用名亦为 w_sigma。这个 wave 保存了每个拟合参数的标准偏差，无须声明就可直接使用。[①]

注意，无论是自动创建的变量还是 wave，对其访问必须在对应的命令之后。如下面对自动创建变量的访问是错误的：

```
Function test()
    Print V_flag
    Dowindow aa
End
```

5.3.11　调试程序[②]

编写程序重要，调试程序更重要。Igor 中有两种调试程序的方法。

（1）使用 Print 命令。

---

① 对于 Igor 6.2 以后的版本，若使用 ♯ pragma rtGlobals=3 设置，则自动创建的 wave 也需要使用 wave 关键字创建引用，之后才可使用。当 rtGlobals=1 时可以直接使用。

② 本小节内容为 ♯ Pragma rtGlobals=1 下代码调试结果，rtGlobals 参数取其他值时会有不同，详细内容请参看本书 Pragma 参数介绍。

（2）使用自带的调试器。

Print 类似于 C 语言中的 printf 语句，通过向历史命令行窗口输出信息来调试程序中可能的错误。调试器则可以设置断点、实时观测变量值，甚至计算表达式的值，功能更加复杂、完善。

使用 Print 方法进行调试非常简单，在最可能出错的地方输出一些关键变量的值，通过审查这些变量值是否符合预期从而确定程序出错的原因。这里不再对 Print 调试方法做过多介绍，而是重点介绍调试器的使用方法。

当需要调试程序时，首先需要使程序处于可调试状态，方法是右击程序编辑窗口，在弹出的快捷菜单中选择【Enable Debugger】或者执行菜单命令【Procedure】|【Enable Debugger】（注意只有程序编辑窗口处于选中状态【Procedure】菜单才会出现）。这类似于一些集成开发环境中以 Debug 模式运行程序。打开程序调试功能的菜单如图 5-44 所示。

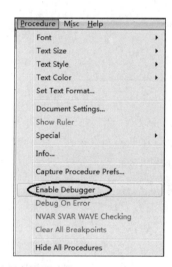

图 5-44　打开程序调试功能

Igor 程序调试器支持单步执行，可以在任意一行代码插入断点。程序运行到断点会自动停止，同时弹出调试对话框，在对话框中可实时查看变量、wave 的值，也可以计算任意合法表达式的值。

当程序处于可调试状态时，在程序编辑窗口的左侧会出现一个空白的竖条，单击竖条会在单击位置出现一个红点，表示在红点对应的行设置了一个断点，再次单击红点可清除该断点，如图 5-45 所示。

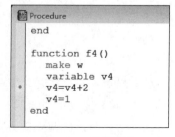

图 5-45　设置断点

当程序运行到断点位置时停止执行，并弹出调试对话框，如图 5-46 所示。

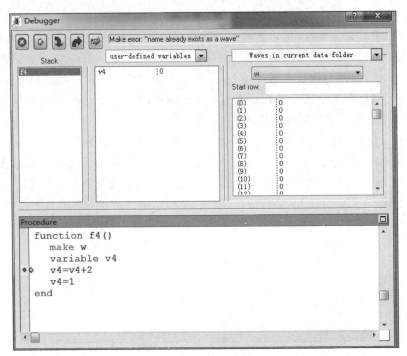

图 5-46　调试对话框

设置断点有点类似于 Print 方法，只是 Print 方法输出关键变量的值后继续执行，而设置断点之后，程序会在断点处停下来，此时就可以通过调试器观察当前函数所有变量的值，然后选择继续执行或者是终止执行，是单步执行还是正常执行等。

设置断点是程序调试最基本的技能，但有时仅靠设置断点是不够的。设置断点要求对程序最可能出错的地方有所估计，否则难以找到程序的故障点或者出错的真正原因。一些脆弱的程序经常在执行完后才显示某个命令出错，而这个命令什么时候出错，出错时其运行环境如何都不知道，这就很难准确地设置断点。还有一种情况是如果函数中引用的对象不存在，如一个 wave 引用变量所引用的真实 wave 不存在，会跳出一个 wave 引用的错误，但是它并不提示到底是哪个 wave 引用错误，如果程序中引用的 wave 很多，就很难确定到底是哪个 wave 引用出错，从而也无法准确设置断点。

针对这种情况 Igor 提供了另外两种会自动中断执行并调出调试器的方法：运行时错误调试；nvar、svar 和 wave 引用错误调试。前者当程序运行出错时立即调出调试器，后者当引用的全局对象不存在时立即调出调试器。这两种方法结合断点几乎可以立即确定程序出错的位置，顺利完成程序调试。

启动运行时错误调试的方法是右击程序编辑窗口，在弹出的快捷菜单中选择【Debug On Error】，也可以执行菜单命令【Procedure】|【Debug On Error】。启动 nvar、svar 和 wave 引用错误调试的方法是右击程序编辑窗口，选择【NVAR SVAR WAVE Checking】，或者执行菜单命令【Procedure】|【NVAR SVAR WAVE Checking】，如图 5-47 所示。

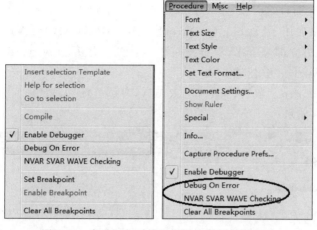

图 5-47 启动运行时错误调试和引用错误调试

看下面的例子：

```
Function testf(v1)
    Variable v1
    Make/O/N = (3,4) data
    Variable i
    for(i = 0;i < v1;i += 1)              //v1 大于 4 会出错
        MatrixOP/O w = col(data,i)
    endfor
    wave w = w1                           //w1 可能不存在,此时引用会出错
    Display w1
    Print v1
End
```

上面的例子中存在一个明显的错误,一个潜在的错误。明显的错误是 w 引用了一个不存在的 wave w1,这时 Display 命令就会出错；潜在的错误是循环中的 MatrixOP 命令,当参数 v1 大于二维 wave 的最大列数（本例中最大列数为 4）时程序就会出错。首先不启用【Debug On Error】和【NVAR SVAR WAVE Checking】菜单命令,执行 testf(1),这时程序出现如图 5-48 所示的错误提示。

同时历史命令行窗口输出 1,表示程序仍然正常执行完毕,但是里面有一些错误。

如果执行 test(5)则会出现如图 5-49 所示的错误提示。

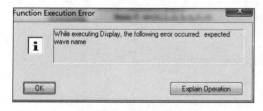

图 5-48 执行 testf(1)后报错

图 5-49 执行 test(5)后报错

虽然上面两个错误提示了可能出错的原因,但是并没有给出到底是哪个 wave 引用出现了错误（实际的例子远比这个复杂,wave 引用可能是几十个）,特别是第二个错误,只有在

v1 大于 4 时才出错，而什么时候 v1 大于 4，是什么原因导致 v1 大于 4，单靠这个提示是无法确定的。此时，如果启用了【Debug On Error】和【NVAR SVAR WAVE Checking】选项，则程序会在出错的地方立即停下来，这样就可以看到到底是哪个 wave 引用出错或者是到底 v1 等于多少导致 MatrixOP 出错。

启用 Debug On Error 和 NVAR SVAR WAVE Checking，执行 testf(1)，程序会弹出调试对话框如图 5-50 所示。

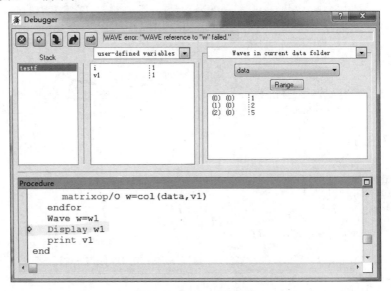

图 5-50　wave 引用错误

再执行 testf(5)，弹出调试对话框，如图 5-51 所示。

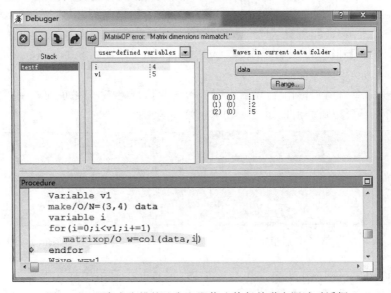

图 5-51　程序在出错的地方立即停止执行并弹出调试对话框

当被调试的程序类型是 Proc 或者 Macro 时，如果存在错误，则无论是否设置 Debug On Error，都会弹出一个类似于图 5-52 所示形式的对话框，单击【Debug】按钮，也可以调出调试器。当然如果设置了断点，则当程序执行到断点时也会自动调出调试器，这和 Function 没有区别。图 5-52 所示是 Macro 程序出现错误时的提示信息对话框。

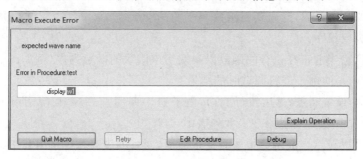

图 5-52　Macro 出错时的提示信息对话框

下面介绍调试器（调试对话框）的含义和使用方法。调试器由程序运行控制按钮、出错信息、当前函数列表（Stack）、变量列表、wave 和表达式及结构体变量、程序窗口区域这 6 个区域组成，除了程序运行控制按钮和出错信息区域外，每个区域的大小都可以调节。调试对话框如图 5-53 所示。

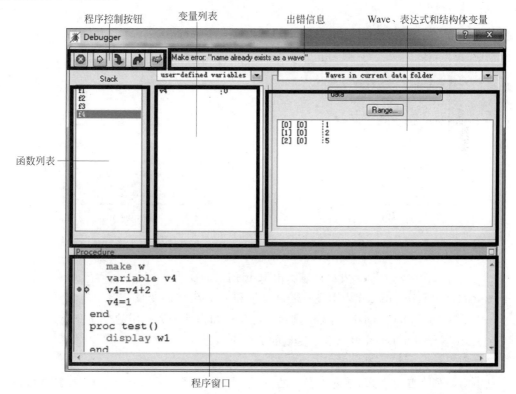

图 5-53　Igor 程序调试器

程序控制按钮含义如下（Igor Pro7 按钮图标变了，但含义一样）：

⊗：立即终止程序执行。

▣：单步执行。

🏃：进入调用函数。当表达式中含有函数时，单击此按钮会进入被调用函数。

↩：跳出被调用函数，返回到原函数。

▣：正常执行程序。

函数列表列出当前正在执行的函数以及调用该函数的函数列表，例如图 5-53 所示的调试器就是对图 5-54 的例子进行调试时的结果。

在函数 f4 中设置断点，然后执行 f1()，由于 f1() 调用了 f2()，f2() 调用了 f3()，f3() 调用了 f4()，这 4 个函数都会显示在函数列表中。

变量列表可以显示当前函数中所有变量的值，变量列表有 4 个选项和 1 个控制选项，如图 5-55 所示。

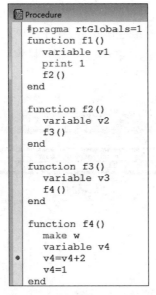

图 5-54　程序代码调试示例

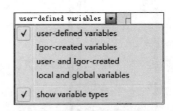

图 5-55　调试器变量列表

- user-defined variables 表示只显示局部变量。
- Igor-created variables 表示只显示由 Igor 创建的变量，如 V_flag 等。
- user-and Igor-created 表示显示局部变量和 Igor 创建的变量。
- local and global variables 表示显示局部变量和当前函数引用的全局变量。
- show variable types 表示显示变量的类型。

变量列表显示方式如图 5-56 所示。

其中第一列为变量名，第二列为变量的值，如果选择了【show variable types】选项，则还会显示变量的类型，如图 5-57 所示。

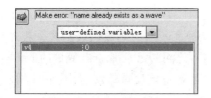

图 5-56 调试器变量列表

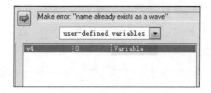

图 5-57 显示变量类型

每一列的宽度都可以调节。双击每一个变量值所在区域,可以修改变量的值。

当左边函数列表中被选择的函数发生变化时,变量列表也相应调整为对应函数中的变量。

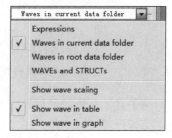

wave 和表达式及结构体区域列出当前函数列表中所选择函数中所有的 wave、结构体变量,还可以输入表达式并计算输出结果。和变量列表类似,这里也有不同的选项,如图 5-58 所示。

Expressions 表示输入表达式并计算表达式的值,如当前函数中有一个 v4 的局部变量,输入下面的表达式,然后按回车键,调试器自动计算出结果,如图 5-59 所示。

图 5-58 在调试器中查看 wave、结构体和表达式

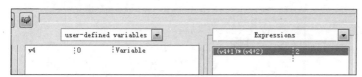

图 5-59 调试器中使用表达式

【Waves in current data folder】查看当前文件夹下的所有 wave。

【Waves in root data folder】查看 root 文件夹下的所有 wave。

【WAVEs and STRUCTs】查看当前函数中所有引用的 wave 和结构体变量。

【Show wave scaling】显示 wave 的 $x(y)$ 坐标。如果不选择此选项,wave 显示的方式为【index】: value,选择此选项,则显示方式为(坐标): value,如图 5-60 所示。

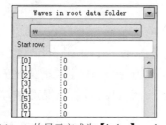

(a) wave的显示方式为【index】: value

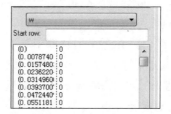

(b) wave的显示方式为(坐标): value

图 5-60 调试器可以查看 wave 内容

【Show wave in table】设置 wave 的显示方式为表格方式,如图 5-60 所示。

【Show wave in graph】设置 wave 的显示方式为图形式,如图 5-61 所示。

调试器程序窗口显示当前函数所处程序文件中的所有代码,由一个黄色的小箭头指向当前断点处,另外还有一个灰色的小箭头指向调用设置了断点的函数的表达式。程序窗口区域也可以设置断点,但无法编辑程序。通过程序窗口还可以实时地查看变量的值,方法是将鼠标指针置于一个变量之上等待一小会儿,就会自动显示该变量的值,如图 5-62 所示。

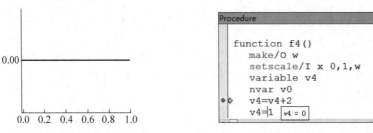

图 5-61　在调试器中以图的方式查看 wave　　图 5-62　在调试器程序窗口中查看变量的实时值

除了显示变量的值以外,程序窗口还能显示表达式的值,方法是选择一个表达式,然后将鼠标指针置于表达式之上等待一小会儿,如图 5-63 所示。

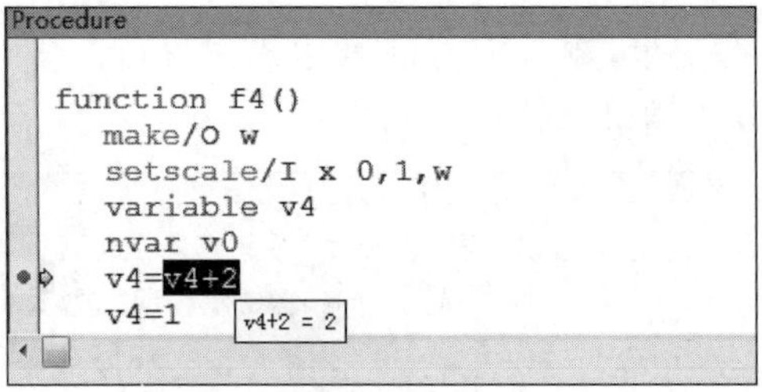

图 5-63　在调试器程序窗口中查看表达式的值

通过调试找到程序出错的位置后,就可以单击终止程序执行按钮并返回程序文件进行修改。通过下面的方法可以迅速从调试器程序窗口中定位到程序文件出错代码处:在调试器程序窗口中右击出错函数名,在弹出的快捷菜单中选择【Go To <函数名>】;按 Esc 键或者终止执行程序或者选择正常执行程序退出调试器,也可定位到程序文件出错代码处。还有一个简便的方法是直接终止程序执行(单击调试器终止程序执行按钮),则程序文件终止执行时对应的代码处会被高亮显示。

当程序经过充分调试确认没有任何错误时,应该消除所有断点,以免干扰程序执行,这时可以右击程序文件,在弹出的快捷菜单中选择【Clear All Breakpoints】。

程序的调试是程序开发的重要组成部分,可能有 20% 时间是开发程序,剩下的 80% 时间都是在调试程序。因此,一定要充分掌握程序的调试技巧,善于发现并消除程序中隐藏的错误,提高程序的健壮性。

第 6 章

窗口程序设计

第 5 章介绍了 Igor 中命令行程序设计的方法和技巧。所谓命令行程序,是指程序只能在命令行窗口执行或者被其他程序以命令行的方式调用。

在图形用户界面系统中,窗口界面程序能提高程序的易用性,通过鼠标和键盘进行操作,使用者无须记忆大量的命令就能轻松地完成数据处理。Igor 自身的菜单及对话框系统就是基于窗口进行数据处理的。使用窗口界面程序的另一个好处是方便对数据进行管理,当数据众多时这种好处是显而易见的。

Igor 完全支持窗口界面程序设计。利用 Igor 可以不需要花费很多精力,就能写出专业美观的窗口界面程序,这些程序甚至可以和普通编程语言下的图形程序相媲美,唯一的限制是程序必须在 Igor 中运行。为了叙述方便,从现在开始用"窗口程序"表示"窗口界面程序"。

本章介绍程序面板的创建,控件的添加,控件的性质和设置,程序生成脚本的创建和菜单的创建。

6.1 窗口程序概述

一个窗口程序包含程序面板、按钮、文本框、列表框、选择按钮等各种控件以及相应的回调函数,程序的运行由事件驱动。程序面板是放置控件的容器,控件可以通过菜单命令【Panel】|【Add Controls】添加入程序面板。每一个控件类型都有一个设置对话框,用于设置控件的属性、行为,绑定变量,创建或者指定回调函数。程序设计者无须关心代码和窗口资源之间的通信问题,所有的这些复杂性都由 Igor 自动处理。回调函数一般通过设置对话框由系统自动生成,语法格式和普通函数语法格式完全一样,上一章介绍的所有关于函数的特性在窗口程序设计中都可以使用。熟练以后也可以手动创建回调函数,只要函数的参数符合控件回调函数的参数要求即可。

窗口程序由一系列命令创建,如 NewPanel 命令用于创建程序面板,SetVariable 命令用于创建一个文本输入框控件,Button 关键字用于创建一个按钮控件等。控件的属性、行为、绑定变量以及回调函数在创建时(或者在运行时)由控件创建命令的参数指定。此外,还可以通过绘图命令,如 DrawLine 等,在程序面板上绘制图形,美化程序面板。窗口程序的创建本质上是一系列命令顺序执行后的结果。当创建好一个窗口程序后，只要保存好这些命令行，以后执行这些命令行就可以重新创建窗口程序。Igor 能够自动根据已有的窗口创建一个生成脚本（Recreation Macro），只需要执行该 Macro，就能重建程序。执行生成脚本，就相当于在 Windows 下双击程序图标打开程序。通常在窗口程序设计好之后，可以创建一个菜单项以调用该程序的生成脚本（或者包含生成脚本的函数），方便打开或调用程序。

6.1.1　创建一个简单的窗口程序

本节创建一个能完成加法运算的简单窗口界面程序。请读者按照下面的步骤一步一步操作，操作过程如图 6-1 至图 6-18 所示。

（1）执行菜单命令【Windows】|【New】|【Panel】打开一个程序面板（或者在命令行输入 NewPanel 并按 Enter 键），程序面板的名字默认为 Panel0，如图 6-1 所示。

（2）保持 Panel0 为当前活动窗口的前提下，按 Ctrl＋T 组合键，在 Panel0 的左侧会出现一个绘图工具条，如图 6-2 所示，表示 Panel0 处于可编辑状态，此时可以向 Panel 添加控件。

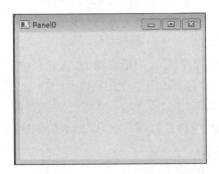

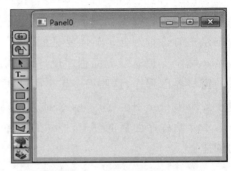

图 6-1　创建一个程序面板　　　　　图 6-2　按 Ctrl＋T 组合键，使面板进入编辑模式

（3）利用菜单命令【Panel】|【Add Controls】|【Add Set Variable】，打开【SetVariable Control】对话框，输入如图 6-3 所示的参数，然后单击【Do It】按钮。这样就为程序面板 Panel0 添加了一个文本框控件。注意，菜单栏上的【Panel】菜单是一个动态菜单，只有当前窗口为 Panel 时，才会出现。

（4）如图 6-4 所示，在程序面板 Panel0 的左上角出现了一个文本输入框 Num1。

（5）按照同样的方法再添加一个文本输入框控件，如图 6-5 所示。

（6）鼠标选择 Num2 文本框控件，按 Ctrl＋C 组合键，再按 Ctrl＋V 组合键，复制并粘贴添加第 3 个文本输入框。在这里看到除了通过系统菜单之外，还可以通过复制粘贴快捷键快速创建控件，如图 6-6 所示。

（7）注意，新添加的数字输入框和原来的 Num2 重合，按鼠标左键选择 Num2 并拖动即可看到刚通过复制创建的控件。所有控件都是可以自由拖动的。处于选择状态的控件会被一个蓝色的矩形框包围起来，矩形框的每个角有一个节点，如图 6-7 所示，拖动该节点一般可以改变控件的大小。可以利用鼠标拖曳的方式调整控件的外观。

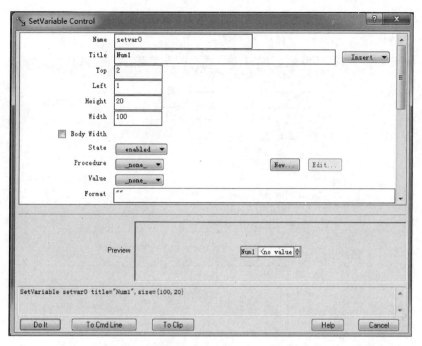

图 6-3　为程序面板添加一个文本框控件

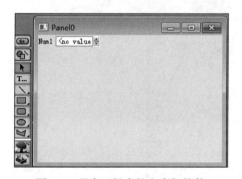

图 6-4　程序面板中的文本框控件

图 6-5　添加多个文本框控件

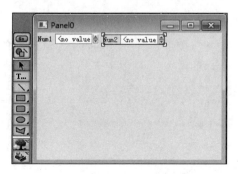

图 6-6　复制粘贴也可以创建控件

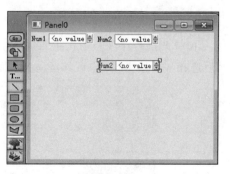

图 6-7　利用鼠标拖曳方式调整控件外观

（8）双击新复制的控件 Num2，在随后出现的【SetVariable Control】对话框中设置属性，将 Num2 的标题改为 Num3，如图 6-8 所示。

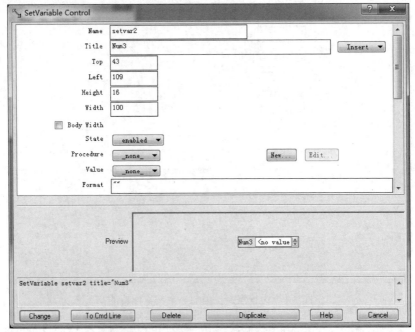

(a) 文本框控件属性对话框

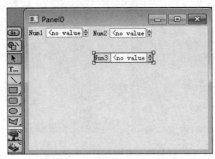

(b) 将控件标题由Num2改为Num3

图 6-8　双击控件打开控件属性对话框，设置控件属性

（9）鼠标放到程序面板 Panel0 的右边框或底边框，按下左键并拖动，调整 Panel0 的尺寸，然后选择 3 个输入框，并将其拖动到如图 6-9 所示的位置。

图 6-9　利用鼠标调整窗口程序大小及其控件位置

（10）单击工具栏上的【T】按钮（文本绘制工具），在 Panel0 的空白处单击，在出现的【Create Text】对话框的【Text】栏中输入"＋"，单击【Do It】按钮添加一个加号，如图 6-10 所示。利用绘图工具栏，可以在程序面板上输入文字、绘制形状和图形。

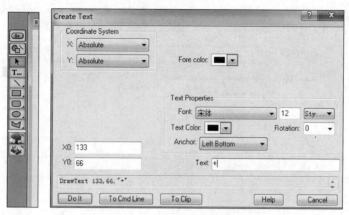

图 6-10　利用绘图工具在窗口程序里输入文本

（11）单击工具栏箭头工具 ，然后选择刚才输入的"＋"，移动到如图 6-11 所示的位置。

图 6-11　绘图工具绘制的图形也可以利用鼠标移动

（12）利用菜单命令【Panel】|【Add Controls】|【Add Button】，打开【Button Control】对话框，添加一个按钮控件，如图 6-12（a）所示，并利用鼠标将按钮移动到 Num2 和 Num3 控件之间，如图 6-12（b）所示。

(a) 添加一个按钮控件

(b) 利用鼠标移动控件位置

图 6-12　给窗口程序添加一个按钮控件

（13）双击新添加的按钮控件，在出现的【Button Control】对话框中，单击【Procedure】下拉列表框旁边的【New】按钮，设置新添加按钮的回调函数，如图 6-13 所示。单击按钮时，Igor 会执行该函数。

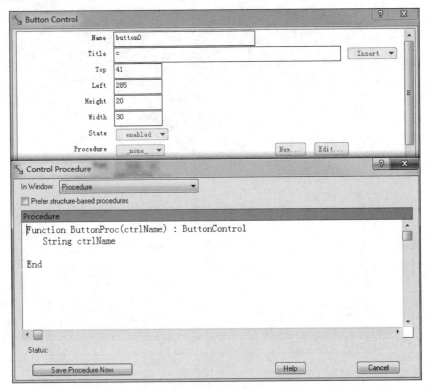

图 6-13　给按钮创建回调函数

可以看到 Igor 按照指定格式自动创建好了一个空的回调函数 ButtonProc，函数里没有任何内容。在这里可以修改 Function 名字，如将默认的 ButtonProc 改为一个具体的名字 myButtonproc，然后编写具体代码实现函数的功能。但一般不在这里编写代码，只需要生成这样的一个模板就可以了，随后在程序编辑窗口里完成函数的具体功能。单击【Save Procedure Now】按钮，然后在【Button Control】对话框里单击【Change】按钮确认修改，如图 6-13 所示。

（14）双击 Num1 文本框，在出现的【SetVariable Control】对话框中，找到【Value】下拉列表框选择 K0，如图 6-14 所示。这个操作将 Num1 与 Igor 内部全局变量 K0 相关联。

（15）按照同样的方法，将 Num2 文本框与 K1 相关联，Num3 文本框与 K2 相关联。注意，这时 3 个数字输入框的内容都变为 0，是因为 K0、K1 和 K2 默认取值为 0。可以在命令行窗口输入 K0＝1，就会看到 Num1 变为 1，这说明 Num1 的确和 K0 关联起来了，如图 6-15 所示。当全局变量更新时，文本框会自动更新，反之亦然。

（16）右击【＝】按钮，在弹出的快捷菜单中选择【Go to ButtonProc】命令（这里的

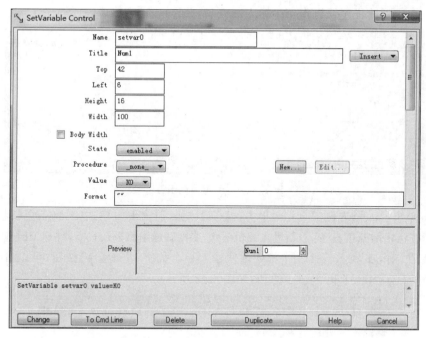

图 6-14　将文本框变量与全局变量关联

图 6-15　建立关联后,就可以通过文本框查看和设置全局变量,反之亦然

ButtonProc 就是刚才创建的回调函数名),此时程序编辑窗口自动打开并定位到 ButtonProc 处,如图 6-16 所示。注意,默认自动创建的回调函数位于内置程序窗口。可以将回调函数复制到其他程序窗口,回调函数与控件的关联并不会改变。

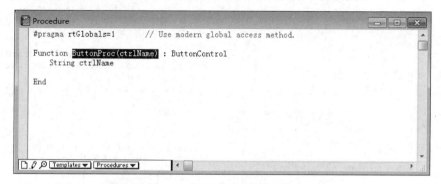

图 6-16　在程序窗口中打开回调函数

（17）在出现的程序编辑窗口中输入图 6-17 所示的内容，然后编译程序。

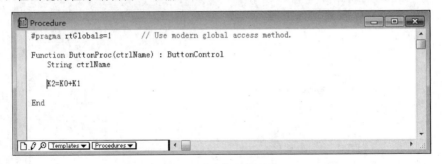

图 6-17　编辑回调函数

（18）单击 Panel0 左侧工具栏最上方的【Go】按钮，退出编辑模式（工具条会收起来，再次单击【Go】按钮将展开工具条，重新进入编辑模式，要彻底退出编辑模式需要按 Ctrl＋T 组合键）。

（19）在 Num1 和 Num2 文本框中随便输入一个数字，单击【＝】按钮，可以看到 Num3 文本框中会显示 Num1 和 Num2 的和，如图 6-18 所示。

图 6-18　单击【＝】按钮，完成运算

上面的例子虽然简单，但是基本上涉及了 Igor 中窗口界面程序的一般流程和设计技巧。

6.1.2　窗口程序构成

窗口界面程序一般由三部分组成：程序面板、控件和程序文件。一个可能的窗口界面程序如图 6-19 所示，左边是程序面板及控件，右边是对应的程序文件。

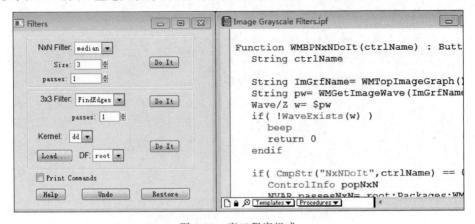

图 6-19　窗口程序组成

程序面板上放置各种控件,窗口程序的功能主要通过控件完成。一般通过 CheckBox、PopupMenu、SetVariable 和 Slider 等控件设置程序执行条件,单击按钮执行程序,通过 ValueDisplay 等控件显示程序执行信息。但这不是绝对的,所有的控件都可以执行任意操作,例如通过 PopupMenu 选择显示一个 wave。

程序面板由 NewPanel 命令创建,也可以通过菜单【Windows】|【New】|【Panel】创建。

需要注意的是,不是只有 Panel 可以作为程序面板,Graph 也可以作为程序面板,如图 6-20 所示。利用 Display 命令创建一个 Graph 之后,可以和 Panel 一样添加控件,没有任何区别。程序面板甚至可以是 Graph 和 Panel 二者的混合,即一个程序面板里既有 Panel 也有 Graph。以 Graph 作为程序面板时,Igor 还支持工具条的特性,即在 Graph 中创建一个工具条用于放置控件。在 Graph 中放置工具条时,绘图区域不包括工具条。

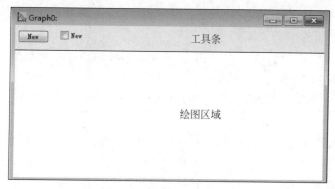

图 6-20 以 Graph 作为程序面板

程序面板有两种模式:编辑模式和工作模式。编辑模式下,可以添加控件,调整控件的位置,设置控件的属性,利用绘图工具在程序面板上绘制图形等。工作模式下,控件处于工作状态,控件能正常使用但不能编辑。按 Ctrl+T 组合键可以在两个模式之间切换。在 Panel 或者 Graph 菜单里,通过【Show Tools】和【Hide Tools】菜单项也可以在编辑模式和工作模式之间进行转换,这两个菜单项的组合键正是 Ctrl+T。当程序面板处于编辑状态时,显示如图 6-21 所示。

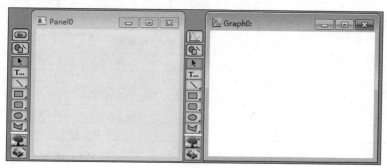

图 6-21 程序面板编辑模式

在编辑模式下,在 Panel 或者 Graph 的左侧会出现一个绘图工具条,表示程序面板处于可编辑状态。Graph 和 Panel 的绘图工具条除了最顶端图标之外完全一样。单击工具条的第 2 个图标 可以收起工具条,此时程序面板会临时切换到工作模式下,再单击一次则恢复编辑模式,这种设计主要是为了程序设计和代码调试的方便。

当程序面板处于编辑模式时,可以通过【Panel】和【Graph】菜单里的【Add Controls】菜单项向程序面板添加控件。可以双击程序面板上的控件调出控件属性设置对话框。当程序处于工作模式时,【Panel】和【Graph】菜单里的【Add Controls】菜单项变成灰色,表示不可添加控件。但注意,这只是表示无法通过菜单添加控件,通过控件操作命令可以在任何模式下向程序面板添加控件。

选择程序面板上的控件(或者程序面板上绘制的图形、程序面板内的窗口等其他对象)时,必须选择绘图工具条上的第 3 个按钮即箭头工具,选择其他工具按钮表示绘制相应形状。

程序面板的倒数第 2 个按钮 用于设置绘制形状时所使用的线型、颜色、粗细、填充模式和颜色、是否带有箭头,以及输入文字的字体、颜色、大小、取向等。倒数第 1 个按钮 用于对齐控件等。这两个按钮的使用方法是在按钮上右击,在弹出的快捷菜单里选择相应的项进行设置。

编辑模式主要用于窗口界面程序设计和代码调试。当程序面板设计完成,程序代码编写及调试完毕,就应该退出编辑模式回到工作模式。工作模式下控件才可以响应事件,执行命令。

控件是程序面板上功能的载体。控件通过菜单命令或控件操作命令添加或修改。Igor支持的控件有 12 种,如表 6-1 所示。

表 6-1   窗口程序控件

控　件	创建/修改命令	描　述
Buttons	Button	按钮,执行指定程序
Charts	Chart	仿真一个"示波器",显示数据采集过程
CheckBox	CheckBox	复选框
CustomControl	CustomControl	用户自定义控件
GroupBox	GroupBox	组合框
ListBox	ListBox	列表框
Popup Menus	PopupMenu	下拉菜单
Set Variable	SetVariable	数字或者字符型文本框
Sliders	Slider	滑块
TabControl	TabControl	Tab 控件,控件容器,用于分页显示控件
TitleBox	TitleBox	标题框
Val Displays	ValDisplay	数值显示控件

每一个控件都有一个创建/修改命令,如表第 2 列所示。可以通过该命令在程序面板上创建一个控件,如果该控件存在,则修改控件。每个命令都有大量的参数用于设置或修改控件的属性。Igor 会将通过菜单和控件对话框对控件的创建和设置转换为对这些命令的调

用,读者可以在控件对话框或者历史命令行窗口查看这些命令。

控件 Charts 和 CustomControl 不常用,常用的控件只有 10 个。掌握好这 10 个控件的使用方法,一般就够了。

每一个控件一般都有一个回调函数与之关联,当用户单击控件或者控件状态发生改变时系统就会调用这些回调函数,对数据的处理就是通过回调函数完成的。回调函数一般由控件设置对话框进行设置或者创建,熟练以后也可以通过控件创建/修改命令直接指定,但是要注意被指定的回调函数参数要与控件类型相匹配。可以对多个控件指定相同的回调函数(参见后面对控件的具体介绍),回调函数也可以当作普通函数使用。

当窗口程序设计完毕后,最重要的工作就是编写回调函数(当然也会有普通函数的编写)。一般程序设计和代码设计交叉进行,即边设计边写代码。所有的代码编写都在程序窗口中进行,这些代码最后统一保存于程序文件中。

对窗口程序控件的操作最终都将转换为相应函数的调用。因此,如果将窗口比作是前端,那么程序文件就是窗口程序的后台。

除了回调函数、普通函数之外,程序文件中通常还包括窗口程序的生成脚本(Recreation Macro)及其对应的菜单命令。程序文件记录了窗口程序的全部信息。当设计好一个窗口程序后,应将全部代码都保存在程序文件里。以后只要有该程序文件,就能重建窗口程序并使用其功能。这里的程序文件就是第 5 章介绍的 ipf 文件。

6.1.3　窗口生成脚本

在创建窗口程序的过程中,Igor 会详尽地记录每一步操作,如果把这些命令组合起来重新执行,就能重建窗口程序。重建的含义指的是当在其他时间或者其他地方想要使用程序时,通过程序文件恢复已经设计好的窗口界面。

当然,没有必要手动记录程序设计的每一个步骤,Igor 提供了一个专门的命令 Dowindow,可以非常方便地根据当前窗口界面创建生成脚本。

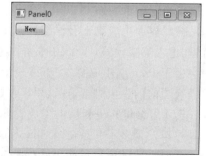

图 6-22　程序面板

请读者按照 6.1.1 节的介绍创建如图 6-22 所示的窗口界面,为了方便,程序面板上只有一个按钮,并且没有为按钮指定回调函数(提示:通过菜单命令【Windows】|【New】|【Panel】创建程序面板,按 Ctrl+T 组合键,执行菜单命令【Panel】|【Add Controls】|【Add Buttons】添加 Button,然后再按 Ctrl+T 组合键)。

单击程序面板的关闭按钮,会弹出如图 6-23 所示的对话框,Igor 通过此对话框询问如何处置该程序面板。

单击【Save】按钮表示创建此窗口的生成脚本,并命名为 Panel0。单击【No Save】按钮表示正常关闭,不创建。这里单击【Save】按钮,此时窗口关闭。按 Ctrl+M 组合键调出内置程序编辑窗口,如图 6-24 所示。

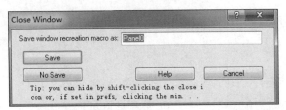

图 6-23　关闭程序面板时 Igor 一般会询问进一步的操作

```
Procedure
#pragma rtGlobals=1        // Use modern global access method.

Window Panel0() : Panel
    PauseUpdate; Silent 1      // building window...
    NewPanel /W=(422,77,722,277)
    Button button0,pos={1,2},size={50,20}
EndMacro
```

图 6-24　窗口生成脚本

从图 6-24 中可以看到，在内置程序窗口中有一段名为 Panel0 的程序，这就是刚才自动创建的 Panel0 程序面板的生成脚本。观察脚本的内容，可以看到这个脚本记录了创建窗口界面的全部命令。在命令行窗口执行 Panel0()或者选择 Panel0()按 Ctrl＋Enter 组合键执行 Panel0 就能重建窗口，如图 6-25 所示。

细心的读者会注意到生成脚本声明的关键字是 Window，在这里 Window 和 Macro 或者 Proc 的含义基本是一样的，之所以用 Window 关键字是为了更清楚地表明这是一个窗口界面生成脚本。当然 Window 关键字也有一些不同，利用 Window 关键字声明的 Macro 可以用于 Independent Module。

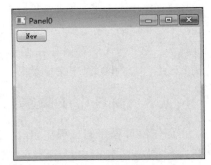

图 6-25　重建窗口程序

窗口界面生成脚本会详细地记录窗口界面的每一个细节。选择 Panel0，按 Ctrl＋T 组合键，进入编辑模式，不做任何操作，直接单击关闭按钮，会出现如图 6-26 所示的对话框。

由于 Panel0 生成脚本 Macro 已经存在，所以【Save】按钮变成了【Replace】按钮，表示是否替换当前的生成脚本，在这里单击【Replace】，注意观察程序文件的变化（如果看不到请按 Ctrl＋M 组合键），更新后的生成脚本如图 6-27 所示。

可以发现多了一条命令 ShowTools/A。再执行 Panel0()，结果如图 6-28 所示。

此时重建的窗口界面仍然保留它上次关闭时的特征，残存一个工具条，虽然不影响使用，但是影响美观。因此在创建程序生成脚本时应该在工作模式状态下创建。

上面创建生成脚本 Macro 的方法虽然简单方便，但是有两个缺点：首先，程序面板被关掉了，需要去执行生成脚本重新打开，这在程序设计时是不方便的；其次，如果在创建面板时使用/K＝1 标记，如 NewPanel/K＝1，则创建的程序面板在关闭时没有任何提示，此时就无法通过关闭程序面板的方法创建生成脚本 Macro。

(a) 进入编辑模式的Panel0

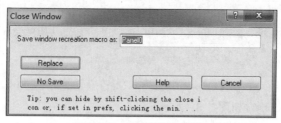

(b) 关闭Panel0时弹出的对话框

图 6-26　关闭 Panel 时 Igor 会询问并自动更新生成脚本

```
Procedure
#pragma rtGlobals=1        // Use modern global access met

Window Panel0() : Panel
  PauseUpdate; Silent 1      // building window...
  NewPanel /W=(727,86,1027,286)
  ShowTools/A
  Button button0,pos={1,2},size={50,20}
EndMacro
```

图 6-27　更新后的生成脚本

这种情况下,可以通过 3 种方法来创建生成脚本。

(1) 使用快捷键。选中 Panel0 程序面板,按 Ctrl＋Y 组合键,出现如图 6-29 所示的对话框。

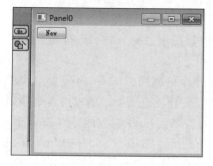

图 6-28　更新后的脚本生成的窗口界面

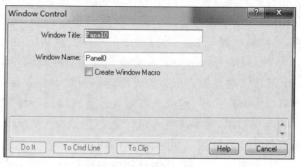

图 6-29　窗口信息对话框

这是一个关于窗口信息的对话框，通过此对话框可以查看和修改窗口的标题和名字。在【Window Name】文本框的下方可以看到一个复选框【Create Window Macro】，选择此复选框就会创建生成脚本，同时窗口并不关闭，如图 6-30 所示。

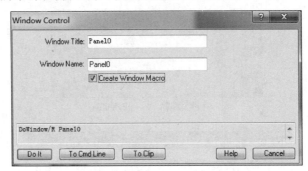

图 6-30　利用窗口信息对话框创建生成脚本

如果生成脚本已经存在，则【Create Window Macro】复选框标题会变成【Update Window Macro】，表示更新生成脚本，如图 6-31 所示。

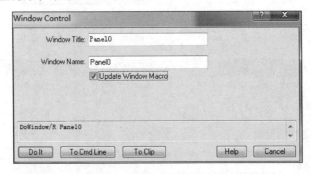

图 6-31　利用窗口信息对话框更新窗口生成脚本

这种方法不需要关闭程序界面，方便快捷，推荐读者采用。

（2）在程序面板处于工作模式下，在窗口右击并选择【form Recreation Macro】命令，接下来的操作和第 1 种方法完全一样。

这里请读者注意，窗口的标题和名字是有区别的：窗口标题显示在窗口的左上角，是可以相同的，可以包含任意字符；窗口名字是 Igor 内部识别窗口的标识符，因此必须是唯一的，并且必须遵守 Igor 的对象命名规则。在访问窗口的时候是通过窗口名字进行的。

（3）利用 Dowindow/R 命令创建窗口生成脚本。

其实方法 1 和方法 2 最终都转换为对 Dowindow/R 命令的调用。Dowindow 是一个关于窗口的操作命令，用于获取或者设置窗口的各种信息。利用/R 选项可以创建或者更新窗口的生成脚本，命令参数为窗口名字。如果没有该名字对应的生成脚本，则创建；如果有，则更新。读者熟练以后可以利用 Dowindow/R 创建或者更新生成脚本。Dowindow/R 可用于批量创建生成脚本，如自动更新所有窗口的生成脚本。

注意，Dowindow/R 一般只能在命令行中使用，在函数中使用没有任何效果。换句话

说,无法在函数里自动生成窗口脚本。但是有一个技巧可以突破这个限制:

```
Execute/P "Dowindow/R winname"
```

创建生成脚本后,可以再创建一个程序,在程序里调用该脚本,然后把程序指定给一个菜单项,就可以通过菜单打开窗口了。注意函数里不能直接调用脚本,需要使用 Execute 命令:

```
Execute "macroname()"
```

详细介绍请参看 6.4 节菜单程序设计。

6.1.4　控件命令

控件通过特定命令创建和修改。通过菜单向程序面板添加控件时,Igor 会自动生成相应的控件命令(会显示在控件属性设置对话框里,在完成添加后命令还会显示在历史命令行窗口)。

控件命令的格式如下:

```
ControlOperation Name[, keyword[ = value] [,keyword[ = value]]…]
```

ControlOperation 表示控件命令关键字,如 Button、CheckBox 等。Name 表示要创建或者修改的控件名。当 Name 表示的控件不存在时创建控件,否则修改控件。利用这种特性,如果控件创建修改命令较长,可以拆分为多条控件命令,由于 Name 相同,所有的控件命令都是针对一个控件进行操作。如下面的命令都是针对 button0 进行操作:

```
Button button0                              //创建 button0(假设 button0 不存在)
Button button0 size = {100,20}              //设置大小
Button button0 title = "MyButton"           //设置标题
Button button0 title = "\\F'Arial'\\Z14MyButton"   //设置标题字体及字号
Button button0 size = {100,30}              //修改大小
```

每一个控件命令都包含有很多参数,参数采取 keyword＝value 的形式,keyword 由系统预定义,用来描述控件的某一个属性,如大小、位置、回调函数等,value 则为相应属性对应的值。控件属性对话框里设置的内容就是对 keyword 进行设置。这些参数都是可选参数。有些参数对于所有控件含义都是一样的,如 fsize、font、pos、win 等,都表示大小、字体、位置、所属窗口等,有些参数对于不同的控件具有不同的含义,如 value 参数。

控件命令的名字参数(Name)可以存放在一个字符串里(如 ControlNameList 函数会返回当前面板上所有的控件名字),然后利用 $ 运算符访问该控件。请读者参看 5.3.9 节内容。

在程序中使用控件命令主要是对控件进行修改和设置,如动态生成 PopupMenu 菜单项的内容,设置 SetVariable 的值,改变 Button 标题等。在创建控件时,除非特殊情况或者必要,通过菜单添加并自动创建生成脚本总是方便的。

下一节具体介绍每一个控件的使用。一些含义相同的公共属性,如设置控件大小、字体颜色、前景和背景颜色等,除了在 Button 按钮小节中介绍之外将不再做专门介绍。

6.2 窗口控件

Igor 提供了 12 类不同的窗口控件。其中，Chart 控件并不常用，使用起来也较为复杂，请参看第 7 章 7.5 节关于数据实时采集的介绍。

通过菜单（Panel、Graph）能够添加的控件包括其中的 10 类，CustomControl 和 Chart 控件没有列出，程序中使用时需要通过控件命令添加。当程序面板是 Graph 时，可以添加 Control Bar（工具条）。

6.2.1 Button 按钮

按钮是最常见的控件。首先创建一个程序面板。执行菜单命令【Windows】|【New】|【Panel】，创建一个程序面板，选择程序面板，按 Ctrl＋T 组合键，进入编辑模式，如图 6-32 所示。

执行菜单命令【Panel】|【Add Controls】|【Add Button】，打开按钮控件设置对话框，如图 6-33 所示。

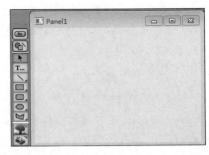

图 6-32　创建一个程序面板，进入编辑模式

【Name】文本框表示要创建的按钮的名字。【Title】文本框表示显示在按钮上的字符。注意 Name 和 Title 的区别，Name 遵循 Igor 里对象命名的规则，对于同一个窗口必须独一无二，

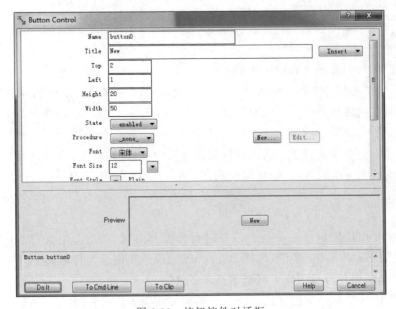

图 6-33　按钮控件对话框

其后将通过这个名字来访问和修改控件。而 Title 则可以包含任意字符，且内容可以是相同的。所有的控件都是如此。【Title】文本框后的【Insert】下拉列表框用于设置和修改 Title 的字体、字号、颜色等。

【Top】、【Left】、【Height】、【Width】文本框分别用于设置按钮相对于窗口左上角的位置、按钮的高度和宽度。窗口左上角（不包括窗口标题栏）位置为（0，0），Top＝2，Left＝1 表示按钮左上角的位置为（2，1）。在程序中可以通过设置【Top】和【Left】文本框的值改变按钮的位置。创建生成脚本时，Igor 会自动记录控件的这些信息以准确地重新绘制控件。注意，位置信息的单位是像素。利用像素，在不同分辨率的屏幕下，控件的大小是不同的，有时会带来一些外观上的问题。

【State】下拉列表框有 3 个选项，enabled 表示正常，按钮为可用状态，hidden 表示隐藏按钮，disabled 表示按钮不可用，此时按钮会变成灰色。

拉动对话框右侧的滚动条可以查看更多的设置选项，如图 6-34 所示。

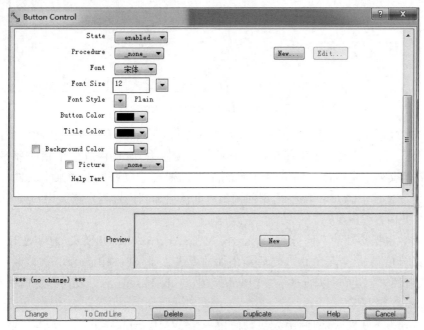

图 6-34　按钮控件对话框更多设置

Font 相关选项用于设置字体等。对于 Button 控件，这里的设置和【Title】文本框后面的【Insert】下拉列表框设置的效果相同。【Button Color】下拉列表框用于设置按钮颜色，【Title Color】下拉列表框用于设置标题颜色。【Background Color】下拉列表框用于设置标签颜色，对于按钮没有效果。

【Picture】下拉列表框用于为按钮指定一个图片，Picture 一般是一个三边位图，每一幅图片表示按钮的一个状态。指定 Picture 后会改变按钮默认的形状。通过 Picture 可以设计个性化、美观的按钮。

【Help Text】文本框用于指定按钮的帮助文字，当鼠标位于按钮上方时帮助文字会显示在 Igor 的状态栏（最下方）。所有的控件都支持这个特性。

Procedure 是按钮最重要的选项，其后的下拉列表显示_none_表示没有为当前按钮指定或者创建回调函数。可以通过下拉列表为按钮选择一个已经存在的符合条件的回调函数，也可以单击后面的【New】按钮创建一个回调函数（实际上是创建回调函数的模板），如图 6-35 所示。

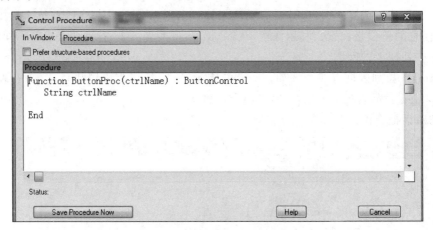

图 6-35　创建按钮的回调函数

图 6-35 中【In Window】下拉列表框表示在哪个程序文件中创建回调函数。前面已经说过，这里创建的回调函数并非保存在程序面板或者按钮中，而是存放于单独的程序文件中。【In Window】会列出当前可以编辑的所有程序文件，通过下拉列表选择某个文件，回调函数会被追加到该文件中。如果不选择，则回调函数默认追加到内置程序窗口中。按 Ctrl＋M 组合键可以打开内置程序窗口。

回调函数根据参数的不同分为 classic 模式和 structure-based 模式，前者是 Igor 早期版本使用的经典模式，后者是 Igor 5 之后新添加的模式。如果回调函数没有被修改（还处于模板状态）或者还未创建，可以通过选择【Prefer structure-based procedures】复选框在二者之间切换，如图 6-36 所示。

structure-based 模式，回调函数参数使用一个 WMButtonAction 结构体类型变量作为参数，该结构体类型为 Igor 内置结构体类型之一。所有的控件都有相应的结构体类型。该结构体类型包含了 Button 按钮更为全面的信息，并且定义了按钮可以响应的各种事件，因此可以更为精细地对按钮的行为作出反应，如可以识别鼠标是否位于按钮上方以及位于按钮的哪个位置，获取按钮所处的程序面板名字等。

可以根据个人习惯和应用场合选择不同的模式，如简单的应用场合可以使用 classic 模式，复杂的应用场合（如需要 Button 响应更多的事件）则选择 structure-based 模式。

在这里选择 classic 模式，并单击【Save Procedure Now】按钮，回到属性设置对话框，然后单击【Do It】按钮完成设置，这样就为按钮指定了一个回调函数。回到程序面板，右击按

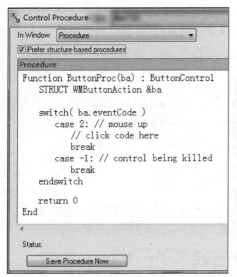

图 6-36　回调函数的模式

钮,在弹出的快捷菜单中找到【Go to ButtonProc】命令并执行,打开回调函数所在程序文件,如图 6-37 所示。

(a) Go to ButtonProc命令

```
#pragma rtGlobals=1        // Use modern global access method.

Window Panel0() : Panel
    PauseUpdate; Silent 1     // building window...
    NewPanel /W=(348,69,648,269)
    Button button0,pos={1,2},size={100,30},title="\\F'Arial'\\Z14MyButton"
EndMacro

Function ButtonProc(ctrlName) : ButtonControl
    String ctrlName

End
```

(b) 回调函数所在的程序文件

图 6-37　查看按钮的回调函数

　　所有的回调函数都可以通过这个方式进行打开。这也是在控件与程序文件之间切换的最快捷的方法。【Go to ButtonProc】中的 ButtonProc 就是刚刚创建的回调函数名。回调函数名不同，Go to 后面的内容也会相应改变，如回调函数名为 myproc，则 Go to 后面的内容相应为 myproc。

　　在 ButtonProc 函数中添加如图 6-38 所示的代码。

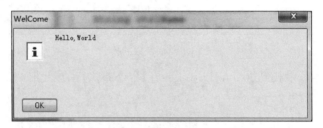

```
Function ButtonProc(ctrlName) : ButtonControl
    String ctrlName
    doalert/T="WelCome",0,"Hello,World"
End
```

图 6-38　按钮回调函数，输出"Hello，World"

　　回到程序面板，按 Ctrl＋T 组合键回到工作模式，然后单击【OK】按钮，程序执行结果如图 6-39 所示。

图 6-39　单击【OK】按钮，输出"Hello，World"

　　注意，回调函数可以改成脚本类型，即可以将 Function 替换为 Proc 或者 Macro 甚至 Window，但是推荐用 Function，因为 Function 执行速度远远快于脚本。但也有些场合需要 Proc，比如用于测试的程序，这个程序可能就只运行一次，那么就可以使用 Proc，因为 Proc 对全局变量的访问非常简单。

　　读者应该注意到，回调函数后面跟着一个"：ButtonControl"的尾巴。这正是上一章提到的程序子类型。它表示这个函数可作为 Button 按钮的回调函数，并在按钮属性对话框 【Procedure】后面的下拉列表中显示出来。没有这个尾巴的函数，即使参数完全匹配也不会被显示。

　　所有的控件，系统自动创建的回调函数（即通过控件属性设置对话框创建的回调函数）都会被添加一个类似的尾巴，如 CheckBox 为："CheckBoxControl"。这里的尾巴并非必要，没有尾巴，仍然可以通过控件命令的 Proc 关键字将一个参数匹配的函数指定为控件的回调函数。

　　当使用 classic 模式时，回调函数模板如下：

```
Function ButtonProc(ctrlName) : ButtonControl
    String ctrlName

End
```

　　ctrlName 为控件的名字，当按下按钮时，系统会自动调用回调函数，并将按钮的名字作为参数通过 ctrlName 传递给回调函数。利用这个特性,可以为多个按钮指定相同的回调函数,通过 ctrlName 区分按下去的是哪个按钮。

当使用 structure-based 模式时,回调函数模板如下:

```
Function ButtonProc(ba) : ButtonControl
    STRUCT WMButtonAction &ba
    switch( ba.eventCode )
        case 2: //鼠标释放
            //鼠标单击事件代码
        break
        case -1: // 删除控件
            break
    endswitch
    return 0
End
```

这里 ba 是一个 WMButtonAction 类型的结构体变量,当按下按钮时,系统会将按钮的所有信息填充到一个 WMButtonAction 类型的结构体变量中并通过 ba 传递给回调函数。通过访问 ba 的成员就可以获知按钮的状态信息,如 ba.eventcode=2 表示按下鼠标并释放鼠标,即表示完成一次鼠标单击(不分左右键)。

表 6-2 是 WMButtonAction 结构体类型成员的完整信息。

表 6-2 按钮 **WMButtonAction** 结构体类型成员及其含义

成 员	描 述	
Char ctrlName[MAX_OBJ_NAME+1]	控件名字	
Char win[MAX_WIN_PATH+1]	控件所属窗口名字	
STRUCT Rect winRect	所属窗口局域坐标,左上角为(0,0)	
STRUCT Rect ctrlRect	控件相对于所属窗口坐标	
STRUCT Point mouseLoc	鼠标位置	
Int32 eventCode	事件代码	事 件
	-1	控件被删除
	1	鼠标按下去
	2	鼠标释放
	3	鼠标在按钮外释放
	4	鼠标在按钮上移动
	5	鼠标进入
	6	鼠标离开按钮
	事件 2 和事件 3 只有在发生事件 1 以后才发生,事件 4、5、6 只有鼠标位于按钮上才发生	

续表

成　员	描　述	
Int32 eventMod	比特字段	含　义
	bit 0	鼠标键按下
	bit 1	Shift 键按下
	bit 2	Alt 键按下
	bit 3	Ctrl 键按下
	bit 4	右键按下
String userData	用户数据	
Int32 blockReentry	防止对回调函数的"重入"调用，置 1 禁止"重入"	

eventMode 和 blockReentry 是所有控件结构体变量都有的成员。eventMod 是一个比特字段，一共有 5 个位，每一个位表示一个状态，如鼠标一个键按下时，0 位会被置位，即被设为 1，此时 eventMod＝1。如果按下 Ctrl 键的同时按下鼠标左键，则 0 位和 3 位被置位，此时 eventMod＝9（二进制 1001），余同。在程序里可以通过检查 eventMod 比特变量来查看鼠标的状态和 Ctrl、Shift 等功能键的状态。

blockReentry 是一个整型变量，设置为 1 时表示如果当前事件还未处理完，则禁止 Igor 向控件处理程序发送下一个事件。这在控件处理程序耗时较长时是非常有用的。

userData 是一个字符串变量，用于存放一些用户数据。在使用控件的过程中可以向此字段写入数据，也可以从此字段读取数据。userData 在窗口未关闭时可以充当全局变量。Dowindow/R 创建（或者更新）生成脚本时也会保存 userData 中的内容。

关于控件结构体变量更详细的例子和使用技巧请读者参看 6.2.13 节。

按钮默认的形状是一个标准的 Windows 按钮，一般为方形圆角形状。可以通过给按钮指定一个图片创建自定义形状的按钮，看下面的例子。

首先使用绘图工具（如 Photoshop）创建下面的三边图，从左到右依次表示正常状态、按下状态、禁用状态，如图 6-40 所示。

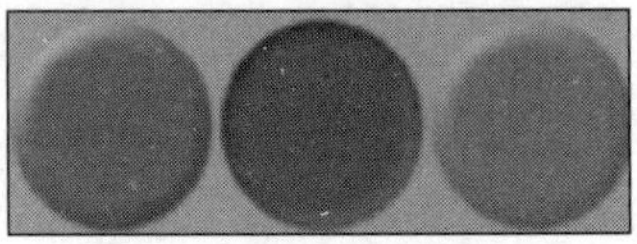

图 6-40　按钮三边图（three side bitmap）

将上述图片复制到剪贴板，然后回到 Igor，执行菜单命令【Misc】|【Pictures】，打开如图 6-41 所示的对话框。

单击【Load from Clipborad】按钮，复制到剪贴板的图片会出现在如图 6-42 所示的对话框里。

单击【Copy Proc Picture】按钮，此时 Igor 将当前位图以 ASCII 码编码的方式保存在内存里，单击【Done】按钮。打开一个程序编辑窗口或者按 Ctrl＋M 组合键，选择合适的位置按 Ctrl＋V 组合键，将位图的 ASCII 码文本编码复制到程序窗口中，如图 6-43 所示。

回到程序面板，按 Ctrl＋T 组合键进入编辑模式，双击按钮，在【Picture】下拉列表中选择 ProcGlobal ♯ myPictureName，如图 6-44 所示。

Pictures
Pictures in Memory
Load replaces selection
Kill Picture
Load New Picture from File
Copy Proc Picture
Copy Picture
Load from Clipboard
DIB
Convert To PNG
High Resolution
Help
Done
Place Picture in Draw Layer

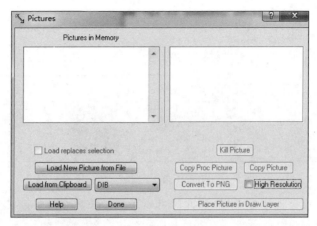

图 6-41　添加 Picture 资源对话框

Pictures
Pictures in Memory
PICT_0
PICT_0
Enhanced metafile
Load replaces PICT_0
Kill Picture
Load New Picture from File
Copy Proc Picture
Copy Picture
Load from Clipboard
DIB
Convert To PNG
High Resolution
Help
Done
Place Picture in Draw Layer

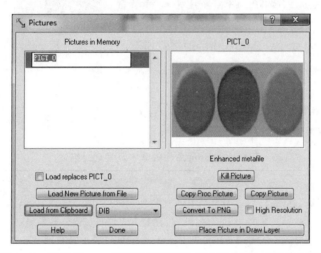

图 6-42　利用 Picture 资源管理器可以查看剪贴板中的位图资源

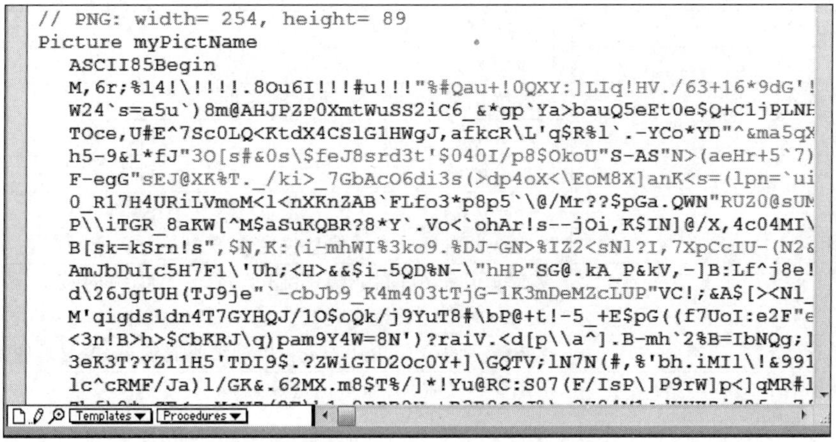

// PNG: width= 254, height= 89
Picture myPictName
ASCII85Begin
M,6r;%14!\!!!!.8Ou6I!!!#u!!!"%#Qau+!0QXY:]LIq!HV./63+16*9dG'!
W24`s=a5u`)8m@AHJPZP0XmtWuSS2iC6_&*gp`Ya>bauQ5eEt0e$Q+C1jPLNF
TOce,U#E^7Sc0LQ<KtdX4CSlG1HWgJ,afkcR\L'q$R%l`.-YCo*YD"^&ma5qX
h5-9&l*fJ"3O[s#&0s\$feJ8srd3t'$040I/p8$OkoU"S-AS"N>(aeHr+5`7)
F-egG"sEJ@XK%T._/ki>_7GbAcO6di3s(>dp4oX<\EoM8X]anK<s=(lpn=`ui
0_R17H4URiLVmoM<l<nXKnZAB`FLfo3*p8p5`\@/Mr??$pGa.QWN"RUZ0@sUM
P\\iTGR_8aKW[^M$aSuKQBR?8*Y`.Vo<`ohAr!s--jOi,K$IN]@/X,4c04MI\
B[sk=kSrn!s",$N,K:(i-mhWI%3ko9.%DJ-GN>%IZ2<sNl?I,7XpCcIU-(N2&
AmJbDuIc5H7F1\'Uh;<H>&&$i-5QD%N-\"hHP"SG@.kA_P&kV,-]B:Lf^j8e!
d\26JgtUH(TJ9je"`-cbJb9_K4m403tTjG-1K3mDeMZcLUP"VC!;&A$[><Nl_
M'qigds1dn4T7GYHQJ/1O$oQk/j9YuT8#\bP@+t!-5_+E$pG((f7UoI:e2F"e
<3n!B>h>$CbKRJ\q)pam9Y4W=8N')?raiV.<d[p\\a^].B-mh`2%B=IbNQg;]
3eK3T?YZ11H5'TDI9$.?ZWiGID2Oc0Y+]\GQTV;lN7N(#,%'bh.iMIl\!&991
lc^cRMF/Ja)l/GK&.62MX.m8$T%/]*!Yu@RC:S07(F/IsP\]P9rW]p<]qMR#1
Templates
Procedures

图 6-43　将位图保存为 ASCII 码文本编码格式

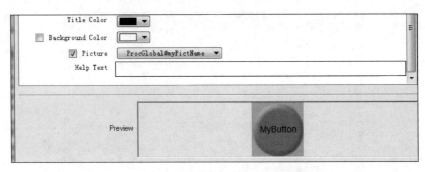

图 6-44 给按钮指定一个 Picture 资源

按 Ctrl＋T 组合键退出编辑模式，此时可以看到按钮形状变成了刚才绘制的图形，如图 6-45 所示。

关于 Picture 更进一步的介绍和使用请读者参看本章 6.3 节。

最后介绍 Button 命令。Button 命令的格式如下：

```
Button [/Z] ctrlName [ keyword = value[, keyword = value...] ]
```

其中，参数/Z 表示忽略错误，ctrlName 表示控件名。关键字及对应值含义如表 6-3 所示。

图 6-45 具有个性化图案的按钮控件

表 6-3 Button 命令关键字及其含义描述

关 键 字	描 述		
appearance=｛kind［,platform］｝	用于设置按钮的外观，很少用		
disable=d	d 是一个 2 位比特变量，bit 0 置位隐藏，bit 1 置位禁用，因此 d＝0(00)表示正常，d=1(01)表示隐藏，d=2(10)表示禁用，d=3(11)表示禁用和隐藏。常用		
fColor=(r,g,b)	设置按钮的颜色。(r,g,b)指 RGB 颜色，取值为 0～65535		
font=“fontName”	设置字体		
fsize=s	设置字号		
fstyle=fs	设置强调字体，也是一个比特变量		
	bit 0		粗体
	bit 1		斜体
	bit 2		下画线
help=｛helpStr｝	设置帮助信息。帮助信息长度小于 255 个字符		
picture=pict	设置按钮使用的图形，此图形将取代默认的按钮形状。使用 picture 时 size 关键字无效		
pos=｛left,top｝	指定按钮的位置，left 和 top 相对于所属窗口，单位是像素		
pos＋=｛dx,dy｝	指定窗口位置偏移，单位是像素		

续表

关 键 字	描 述
proc＝procName	指定回调函数
rename＝newName	重新命名
size＝{width,height}	指定大小
title＝titleStr	设定显示于按钮的标题,标题字符串中可以包含转义字符,用于设置标题颜色字号或者特殊字符等
userdata(UDName)＝UDstr	设置用户数据为 UDstr,UDName 为用户数据指定名字
userdata(UDName)＋＝UDstr	追加用户数据
valueColor＝(r,g,b)	设置按钮上显示文字的颜色
win＝winName	指明按钮属于哪个窗口,不设置则表示属于当前顶层窗口

可以在程序中使用这些参数来动态设置按钮的位置或者属性。如下面的命令将按钮 button0 偏移一小段距离,设置按钮的标题为 stop:

```
Button button0,pos += {10,20},rename = "stop"
```

本节介绍的关于 Button 的绝大多数特性也同样适用于其他控件,如回调函数、结构体变量、尺寸、颜色等,为简洁起见,后面将不再对这些内容重复介绍。

6.2.2　CheckBox 复选框

创建一个程序面板,进入编辑模式,执行菜单命令【Panel】|【Add Controls】|【Add Check Box】添加 CheckBox 控件,如图 6-46 所示。

CheckBox 控件常用来在程序中打开或者关闭某一项功能(选项)。CheckBox 控件的大小由系统指定,不能设置。CheckBox 可以关联一个全局变量,全局变量的值发生改变时 CheckBox 的状态会自动调整。利用 Variable 关键字在当前数据文件夹下创建一个全局变量 var_flag,如图 6-47 所示。

```
Variable var_flag
```

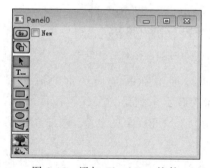

图 6-46　添加 CheckBox 控件

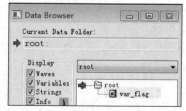

图 6-47　利用 Variable 关键字在命令行窗口创建一个全局变量 var_flag

打开 CheckBox 控件属性设置对话框,在【Variable】后面的下拉列表中选择刚刚创建的全局变量 var_flag,确保【Variable】复选框处于选中状态,如图 6-48 所示,然后单击【Do It】按钮。

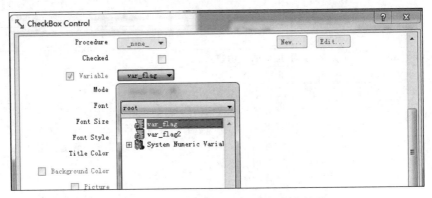

图 6-48　将全局变量与 CheckBox 控件关联

退出编辑模式，选择和取消选择该 CheckBox 控件，观察全局变量 var_flag 的值的变化，如图 6-49 所示。

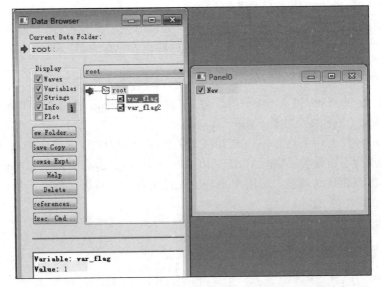

图 6-49　CheckBox 状态变化，与之关联的全局变量会随着改变

将 CheckBox 控件与全局变量关联，在程序中可以通过判断全局变量的值来判断 CheckBox 的选择状态。不过将 CheckBox 与全局变量关联更多的是为了保存控件的状态。除了关联全局变量外，通过 ControlInfo 命令也可以获取 CheckBox 的状态，详细介绍请参看 6.2.12 节。

CheckBox 默认形状是一个复选框，可以设置为单选按钮，方法是在属性设置对话框【Mode】下拉列表里选择 radio button，如图 6-50 所示。

【Mode】下拉列表中第 3 个选项 tree expansion box 表示树状展开框，如图 6-51 所示[①]。

---

① Igor 7 以后版本中，树形展开框替换为"可打开三角形"（Disclosure triangle）。

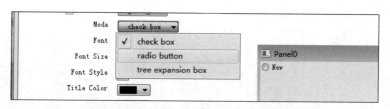

图 6-50 将 CheckBox 外观设置为单选按钮

图 6-51 CheckBox 树状展开框外观

树状展开框在单击打开后里面的＋号会变成－号。可以利用树状展开框模拟展开和关闭的操作。

CheckBox 回调函数有 classic 和 structure-based 两种形式。classic 形式如下：

```
Function CheckProc(ctrlName,checked) : CheckBoxControl
    String ctrlName
    Variable checked
End
```

其中,ctrlName 参数表示控件名,checked 为刚刚更新的控件状态(选中为 1,否则为 0)。

structure-based 形式如下：

```
Function CheckProc(cba) : CheckBoxControl
    STRUCT WMCheckboxAction &cba
    switch( cba.eventCode )
        case 2: //鼠标释放
            Variable checked = cba.checked
            break
        case −1: //删除控件
            break
    endswitch
    return 0
End
```

structure-based 形式的回调函数使用了 WMCheckboxAction 结构体类型变量作为参数。表 6-4 是 WMCheckboxAction 的成员说明。

表 6-4　WMCheckboxAction 结构体类型成员及其含义

成　　员	描　　述
Char ctrlName【MAX_OBJ_NAME＋1】	控件名字
Char win【MAX_WIN_PATH＋1】	控件所属窗口名字
STRUCT Rect winRect	所属窗口局域坐标,左上角为(0,0)
STRUCT Rect ctrlRect	控件相对于所属窗口坐标
STRUCT Point mouseLoc	鼠标位置

续表

成　员	描　述	
Int32 eventCode	事件代码	事　件
	−1	控件被删除或者关闭程序
	1	鼠标按下去
Int32 eventMod	比特字段	含　义
	bit 0	鼠标键按下
	bit 1	Shift 键按下
	bit 2	Alt 键按下
	bit 3	Ctrl 键按下
	bit 4	右键按下
String userData	用户数据	
Int32 checked	复选框选择状态	

　　和按钮一样,可以给 CheckBox 指定 Picture 资源。用于 CheckBox 的 Picture 一般是一个六边位图,每一个小位图代表 CheckBox 的一个状态。状态从左到右依次是:非选择状态、非选择状态鼠标按下去、非选择状态被禁用、选择状态、选择状态鼠标按下去、选择状态被禁用。创建和设置 Picture 的方法与按钮控件完全一样。

　　CheckBox 控件的命令格式如下:

```
CheckBox [/Z] ctrlName[ keyword = value[, keyword = value...] ]
```

　　关键字绝大多数和 Button 按钮含义类似,属于 CheckBox 特有的关键字说明如表 6-5 所示。

表 6-5　CheckBox 命令关键字含义及说明

关　键　字	含　义	
mode=m	设定复选框类型	
	m=1	单选按钮
	m=0	复选框
	m=2	树状展开节点
side=s	s=0	复选框标题位于右侧(默认)
	s=1	复选框标题位于左侧
value=v	设置 CheckBox 的状态,v=0 非选择,v=1 选择状态	
variable=varName	将复选框与一个全局变量 varName 关联起来,varName 可以包含路径	

　　程序中可以利用 value 关键字设置或者修改 CheckBox 控件的状态:

```
CheckBox checkbox1,value = 1
```

注意,这里的 value 可以是一个表达式,而不仅限于一个具体的数字。

　　Variable 关键字除了可以关联全局变量之外,还可以关联 Igor 内置变量,如 K1、K2 等:

```
CheckBox checkbox1,variable = K1
```

下面是一个 CheckBox 控件的例子,将代码复制到程序编辑窗口后运行 panel0 查看:

```
Window Panel0() : Panel
    PauseUpdate; Silent 1                //建立窗口
    NewPanel /W = (150,50,353,212)
    Variable/G gRadioVal = 1
    CheckBox check0,pos = {52,25},size = {78,15},title = "Radio 1"
    CheckBox check0,value = 1,mode = 1,proc = MyCheckProc
    CheckBox check1,pos = {52,45},size = {78,15},title = "Radio 2"
    CheckBox check1,value = 0,mode = 1,proc = MyCheckProc
    CheckBox check2,pos = {52,65},size = {78,15},title = "Radio 3"
    CheckBox check2,value = 0,mode = 1,proc = MyCheckProc
EndMacro
Function MyCheckProc(name,value)
    String name
    Variable value
    NVAR gRadioVal = root:gRadioVal
    strswitch (name)
        case "check0":
            gRadioVal = 1
            break
        case "check1":
            gRadioVal = 2
            break
        case "check2":
            gRadioVal = 3
            break
    endswitch
    CheckBox check0,value = gRadioVal == 1
    CheckBox check1,value = gRadioVal == 2
    CheckBox check2,value = gRadioVal == 3
End
```

上面的例子实现了 3 个单选按钮的互斥选择,请读者注意体会这种方法。

6.2.3　SetVariable 文本框

创建一个程序面板,进入编辑模式,执行菜单命令【Panel】|【Add Controls】|【Add Set Variable】添加文本框控件,如图 6-52 所示。

SetVariable 控件可以显示或者修改全局变量的值。用户也可以通过此控件为程序提供输入数据,还可用于输出程序运行结果。SetVariable 控件既可用于数值变量,也可以用于字符串变量。当用于数值变量时,控件的右端会出现一对向上/向下的箭头,单击该箭头(或者按键盘上下键)可以调整文本框数值,变化的幅度取决于 limits 关键字。当用于字符串时,没有向上或向下的箭头。

SetVariable 控件的高度取决于该控件字体属性的设置,宽度则取决于 Width 和 Body With 属

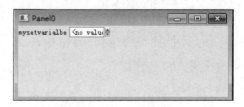

图 6-52　添加文本框控件

性设置。SetVariable 的宽度包括 3 个部分：标题宽度、显示区域框宽度、上下箭头宽度（数值型），由 size 和 bodyWidth 两个关键字设定。size 中的宽度（size 有两个参数，一个表示高度，另一个表示宽度）是三部分宽度之和，而 bodyWidth 只表示显示区域框宽度。其他控件的 bodyWidth 关键字也是这个含义。

将 SetVariable 控件和一个全局变量绑定的例子如下，首先利用命令行窗口在当前文件夹下创建一个全局变量。

```
Variable var
```

打开控件属性设置对话框，在【Value】下拉列表里选择 var 变量，如图 6-53 所示。

或者直接在命令行窗口执行下面的命令，这里 setvar0 是上面创建的 SetVariable 控件名字，最终效果如图 6-54 所示。

```
SetVariable setvar0 value = var
```

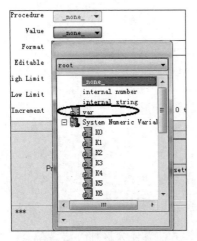

图 6-53　将 SetVariable 控件与
全局变量关联

图 6-54　将 SetVariable 控件绑定到全局变量，
控件显示全局变量的值

下面的命令创建另外一个 SetVariable 控件 setvar1，并绑定一个全局字符串变量 str1，如图 6-55 所示。

```
String str1
SetVariable setvar1, size = {150, 20}
SetVariable setvar1, value = str1
```

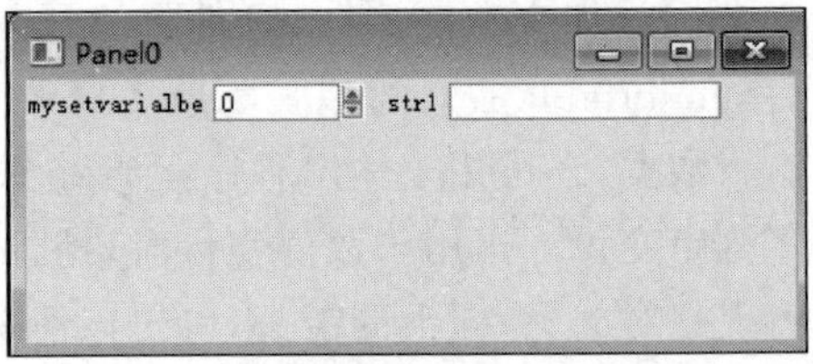

全局变量还可以是一个 wave，此时 SetVariable 控件将绑定到 wave 中的某一个元素，命令如下：

图 6-55　创建绑定字符串变量的
SetVariable 控件

```
Make/O aa
SetVariable setvar0, value = aa[0]
```

除了绑定全局变量之外，也可以给 SetVariable 控件绑定内置全局变量 K1、K2 等，执行命令（或者通过属性对话框【Value】下拉列表框指定）：

    SetVariable setvar1,value = K1

还可以为SetVariable控件绑定内部变量 internal number，此时系统会自动创建一个变量用于保存文本框中的值，如图6-56所示。

　　对应的命令行如下：

    SetVariable setvar0,value = _NUM:0
                    //内部数值(internal number)
    SetVariable setvar1,value = _STR:""
                    //内部字符串(internal string)

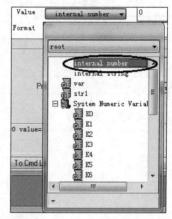

图6-56　为SetVariable绑定内部变量

　　可以通过ControlInfo命令从SetVariable控件获取显示的数值或是字符串内容。注意，当使用_NUM:和_STR：为SetVariable指定内部变量时，其后既可以跟一个具体数值或字符串，如123或者"123"，也可以跟一个表达式，如a＋b或者str1＋str2。

　　SetVariable控件绑定了特殊内部变量时，只能通过ControlInfo命令获取控件值。

　　SetVariable控件的classic模式回调函数格式如下：

```
Function SetVarProc(ctrlName,varNum,varStr,varName) : SetVariableControl
    String ctrlName
    Variable varNum
    String varStr
    String varName
End
```

其中，ctrlName表示控件名字。varNum分两种情况，如果显示的是数值，就是函数被调用时控件的数值；如果显示的是字符串，则是相应字符串转换过来的数值（如果能转换）。varstr和varNum的作用刚好相反，总是显示控件字符串内容，如果控件显示数值，则将数值转换为字符串。varName是和SetVariable控件关联的变量名，包括全局变量和系统变量或者是对应的wave。如果是Internal Number或是Internal String则为空。

　　structure-based模式回调函数如下：

```
Function SetVarProc(sva) : SetVariableControl
    STRUCT WMSetVariableAction &sva
    switch( sva.eventCode )
        case 1: //鼠标释放
        case 2: //键盘输入
        case 3: //控件值变化
            Variable dval = sva.dval
            String sval = sva.sval
            break
        case -1: //删除控件
            break
    endswitch
```

```
        return 0
    End
```

表 6-6 列出了 WMSetVariableAction 结构体类型成员含义及其说明。

表 6-6　SetVariable 控件 WMSetVariableAction 类型成员含义及其说明

成　员	描　　述		
Char ctrlName[MAX_OBJ_NAME+1]	控件名字		
Char win[MAX_WIN_PATH+1]	控件所属窗口名字		
STRUCT Rect winRect	所属窗口局域坐标，左上角为(0,0)		
STRUCT Rect ctrlRect	控件相对于所属窗口坐标		
STRUCT Point mouseLoc	鼠标位置		
Int32 eventCode	事件代码	事　　件	
	−1	控件被删除或者关闭程序	
	1	鼠标按下去	
	2	Enter 键按下	
	3	控件值更新	
	4	鼠标位于控件中且滚轮向上滚动（控件增量为 0，见 limits 参数）	
	5	鼠标位于控件中且滚轮向下滚动（控件增量为 0，见 limits 参数）	
	6	绑定变量值发生变化	
Int32 eventMod	比特字段	含　　义	
	bit 0	鼠标键按下	
	bit 1	Shift 键按下	
	bit 2	Alt 键按下	
	bit 3	Ctrl 键按下	
	bit 4	右键按下	
String userData	用户数据		
Int32 isStr	文本框显示是否为字符串，1 表示字符串		
double dval	文本框显示数值		
char sval[MAXCMDLEN]	文本框显示字符串内容		
char vName[MAX_OBJ_NAME+1]	绑定变量名（包括 wave 名）		
char vName[MAX_OBJ_NAME+2+MAX_OBJ_NAME+4+1]	绑定变量名（包括 wave 名）		
WAVE svWave	绑定 wave 的引用		
Int32 rowIndex	绑定 wave 元素的位置		
char rowLabel[MAX_OBJ_NAME+1]	绑定 wave 行标签（查看 SetDimLabel 命令获取 wave 标签帮助信息）		
Int32 colIndex	绑定 wave 列位置		
char colLabel[MAX_OBJ_NAME+1]	绑定 wave 列标签		

与 SetVariable 控件特性相关的关键字如表 6-7 所示。

表 6-7　SetVariable 命令关键字

关　键　字	含　义
bodyWidth＝width	设置显示框宽度
limits＝{low,hight,inc}	设置数值范围,inc 表示按下 Up/Down 键每次变化大小,如果 inc 为 0,则不显示 Up/Down 箭头
noedit＝val	noedit＝1 表示禁止修改,noedit＝0 表示允许修改
value＝varOrWaveName	指定要绑定的变量,wave(必须指定元素位置),或者利用_NUM: 和_STR: 绑定内部数值或者字符串变量
valueColor＝(r,g,b)	设定前景色
valueBackColor＝(r,g,b)	设定背景色
valueBackColor＝0	设定背景颜色为默认颜色
format＝formatStr	指定显示数据的格式,如 format＝"％.2f"显示 2 位小数(注意不要在格式字符串里包括字符)

6.2.4　ListBox 列表框

列表框是一个较为复杂的控件。执行下面的命令创建一个列表框控件(读者也可以按照前面的方法通过菜单命令创建,后面为了叙述方便,都将采用命令行的方式创建控件),如图 6-57 所示。

```
NewPanel/N = myPanel
ListBox list0
```

列表框控件以列表的方式显示文本、数据,还可以显示复选框和图形。列表框能响应较多的事件,因此可以通过列表框设计较为复杂的程序,如一个数据浏览器。

初始创建的列表框控件如图 6-57 所示,显示一个红色的叉,并有一个"E2"样的错误代码。这表示没有为列表框指定 listWave。ListBox 控件至少需要一个全局 text 类型的 wave,该 wave 中的内容就是 ListBox 要显示的内容。在命令行中输入 Edit,在随后出现的 Table 中输入如图 6-58 所示的内容,创建一个 text wave。

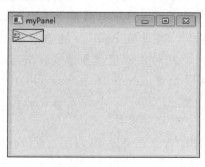

图 6-57　列表框控件

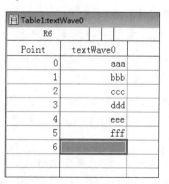

图 6-58　列表框使用文本 wave 作为列表内容

按 Ctrl＋Alt 组合键,双击上面的 ListBox 控件,在出现的属性设置对话框的【List Text Wave】下拉列表框中选择刚刚创建的 textWave0,如图 6-59 所示。

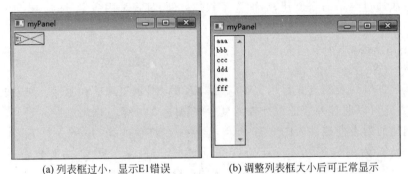

图 6-59　为列表框指定一个文本 wave,文本 wave 里的内容就是列表框要显示的内容

可能的结果如图 6-60(a)所示,ListBox 上的错误代码由 E2 变成了 E1。E1 表示 ListBox 控件过小,按 Ctrl＋Alt 组合键,拖动 ListBox 控件改变大小,就可以正常显示,如图 6-60(b) 所示。

<table>
<tr><td>(a) 列表框过小,显示E1错误</td><td>(b) 调整列表框大小后可正常显示</td></tr>
</table>

图 6-60　列表框过小时会显示 E1 的错误

除了 listWave 之外,还可以为 ListBox 控件指定一个 selWave,这个 wave 用来设置和记录 ListBox 的选中状态和每个列表项的属性,如是否可编辑、是否显示为一个复选框等。selWave 的长度必须和 listWave(文本 wave)相等。当设置 ListBox 的选择模式为“允许同时选择多项”时必须指定 selWave。在属性设置对话框里,【Selection Wave】下拉列表框用来设置 selWave。还可以通过属性对话框设置 column title wave,用于指定每一列的名称,column title wave 是一个文本 wave。通过 colorWave 设置列表框前景色和背景色。

从本节开始,将不再详细叙述属性对话框里每一项的含义以及设置,而是先直接介绍控件命令及其关键字含义,然后再围绕关键字介绍相关内容。

Listbox 控件的命令格式如下,表 6-8 列出了 ListBox 关键字的含义。

ListBox [/Z] ctrlName[keyword = value[, keyword = value …]]

表 6-8 **ListBox 关键字的含义**(略去了部分和其他控件重复的关键字)

关 键 字	含 义		
clickEventModifiers＝ modifierSelector	屏蔽一些按键,屏蔽掉这些按键后,回调函数仍然可以正常接收与这些按键相关的事件。modifierSelector 是一个比特变量		
	modifierSelect	含 义	
	bit 0(1)	屏蔽 Control(macOS,Windows 无效)键	
	bit 1(2)	屏蔽 Alt 键	
	bit 2(4)	屏蔽右键	
	bit 3(8)	屏蔽 Shift 键	
	bit 4	屏蔽 Control 键	
	bit 5	屏蔽大写键	
col＝c	设置显示在最左侧的列。在具有多个列时使用		
colorWave＝cw	指定一个 3 列(或 4 列)的 colorWave,每一列分别包含绿、蓝和红 3 个颜色分量(及 α 分量),通过与 selWave 配合使用控制列表框颜色		
editStyle＝e	当列表框项可编辑时设置编辑框风格:		
	e＝0	浅蓝色背底,表示可编辑	
	e＝1	白色背底黑色边框,表示可编辑	
	e＝2	浅蓝色背底黑色边框,表示可编辑	
hScroll＝h	设置水平方向以像素为单位滚动的距离		
keySelectCol＝col	当列表框显示多列内容时,设置使用键盘选择列表项时默认选择的列(Igor 会自动根据键盘字母匹配列表框中的项)		
listWave＝w	一维或者二维的文本型 wave,包含列表框内容		
mode＝m	设置列表框选择模式		
	m	含义	
	0	不选择任何行	
	1	最多选择一行	
	2	只能并且必须选择一行	
	3	可以选择多行,但是连续多行	
	4	选择多行,可以不连续	
	5、6、7、8 含义类似于 1、2、3、4,只是对应列表框含有多列的情况。如果列表框包含多列内容,且 m＝3 或者 m＝4 时,selwave 中只有第一列被使用。如果列表项中含有复选框或者处于可编辑状态,则不受模式的限制		
selCol＝c	设置哪一列被选中		
selRow＝s	设置哪一行被选中		

续表

关　键　字	含　义
selwave＝sw	selWave 是一个数值型 wave,当设置模式可同时选择多项时（mode＝3、4、7、8）是必须的,否则可选。selWave 有 3 个作用:设置或者表明哪个项被选中;设置某一个项为复选框或者可编辑项;设置项的前景色和背景色。selWave 中的数字是一个比特字段,每个比特位都表示不同的含义:

比特位	含　义
bit 0(1)	项被选择
bit 1(2)	项可编辑
bit 2(4)	项可编辑,但必须双击
bit 3(8)	当前选择（Shift 键按下）
bit 4(16)	复选框被勾选（和 bit 5 置位一起用）
bit 5(32)	项为一个复选框
bit 6(64)	项为一个树状展开框

关　键　字	含　义
setEditCell＝{row, col, selStart, selEnd}	设置项默认待要编辑的内容,row 和 col 表示行和列坐标,selStart 和 selEnd 设置列表项内容字符串编辑的位置（假设字符串为"Igorpro",selStart＝1,selEnd＝3,表示"gor"这 3 个字符被选中）。注意,如果 selWave 中相应项处 bit 1 没有置位时此关键字无效（即项必须处于可编辑状态）
special＝{kind,height, style}	设置项的特殊显示格式。当 kind＝1 或 2 时,height 可设为 0,此时高度自动调整

kind	含　义
kind＝0	正常显示字符,可以通过 height 设置行高,style＝1 自动设置列宽
kind＝1	listWave 中的项为 Graph 和 Table 的名字,对应的 Graph 和 Table 显示于列表框中。style＝0 只显示图中数据部分 style＝1 显示整个图
kind＝2	listWave 中的项表示一个 picture 的名字,显示 picture

关　键　字	含　义
titleWave＝w	一个文本型 wave,指定列表框中的列名
userColumnResize＝u	设置是否可以调节列宽,u＝0 不能调节,u＝1 可以调节
widths＝{w1,w2,…}	以像素为单位指定每一列的宽度,如果总列宽大于列表框宽度,就会出现一个滚动条

listWave 是最重要的关键字,列表框中的列表项就是由 listWave 指定的。listWave 可以是二维 wave,此时列表框包含多个列。利用 SetDimLable 命令为 listWave 指定列名,则该名字会显示为列表框的列名,看下面的例子:

```
NewPanel
Make/O/T/N = (5,1) textwave = {{"aaa","bbb","ccc","ddd","eee"}}
SetDimLabel 1,0, $ "\\f01My Label",textwave          //1 指定列表,0 表示第 1 列
ListBox list0,size = {90,163},listWave = root:textwave
```

结果如图 6-61 所示。

注意,在使用 SetDimLabel 命令指定列名时使用了转义字符以显示具有特殊效果的文

字。上面的效果也可以通过指定 titleWave 来实现。看下面的例子：

```
NewPanel
Make/O/T/N = (5,1) textwave = {{"aaa","bbb","ccc","ddd","eee"}}
Make/T/O/N = 1 tiltletextwave
tiltletextwave[0] = "\\JCThis is the title\\K(65535,0,0)\\k(65535,0,0)\\W523"
ListBox list0,size = {161,167},listWave = root:textwave,titleWave = tiltletextWave
```

结果如图 6-62 所示。

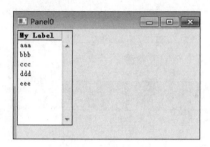
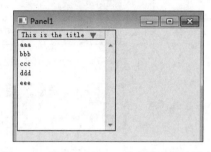

图 6-61　通过 SetDimLabel 命令为列表框指定列名　　　图 6-62　利用 titleWave 指定列表框的列名

使用 titleWave 的好处是可以设置具有复杂显示效果的标题，而 SetDimLabel 由于命令行长度不能超过 400 个字符的限制，当转义字符非常多时无法使用。

selWave 用于设置列表框的行为，获取列表框的选择信息。如果允许同时选择多个项时（mode＝3、4、7、8）必须提供 selWave。selWave 一般是一个三维 Wave，行数和列数必须与 listWave 相等，第 1 层用于设置列表框项如是否可编辑、被选择等，其他层则用来设置列表框中项的颜色和背景色。如果和 listWave 的维度相等（二维或者一维），此时 selWave 不能用来设置颜色。看下面的例子：

```
Make/O/T/N = (3, 3) listw0 = {{ " col1"," col2"," col3"}, { " col1"," col2"," col3"},
{"col1","col2","col3"}}
Make/O/N = (3,3,3) selw0
NewPanel
ListBox list0,listWave = listw0,selWave = selw0,mode = 8,size = {151,73}
```

这里创建了一个 3×3 的文本 wave 作为列表框的 listWave，然后又创建了一个 3×3×3 的数值型 wave 作为列表框的 selWave，如图 6-63 所示。

图 6-63　多列列表框需要
指定 selWave

在数据浏览器里双击打开 selw0，然后在图 6-63 中选择列表项，观察 selw0 的变化（图 6-64）。

可以看到被选择的项对应的位置都被置 1（bit 0 置位，表示选择），而没有选择的项对应位置数值仍然为 0。修改第一行第二列为 2（bit 1 置位），观察列表框，如图 6-65 所示。

列表框对应项变为浅蓝色，此时单击即可修改其值，如果将 2 改为 6（bit 1、bit 2 都置位），则必须双击以后才能修改。将 2 改为 32（bit 5 置位），则对应项会出现一个复选框，如图 6-66 所示。

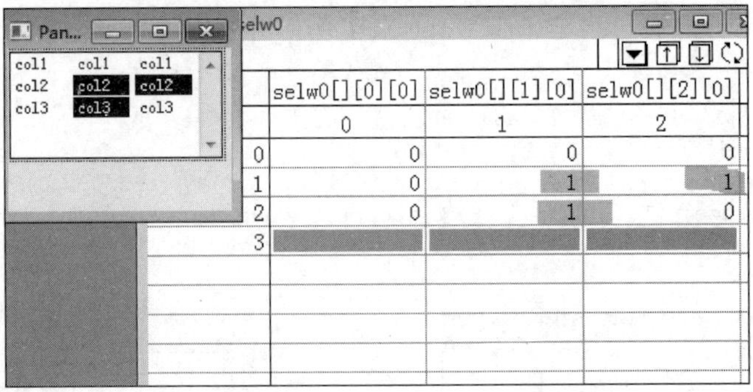

图 6-64　列表框中项被选择时，selWave 中相应项被置位，反之亦然

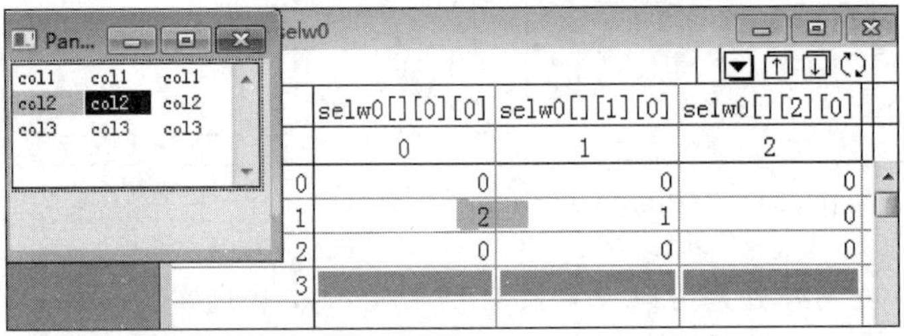

图 6-65　selWave 取值为 2，列表项处于可编辑状态

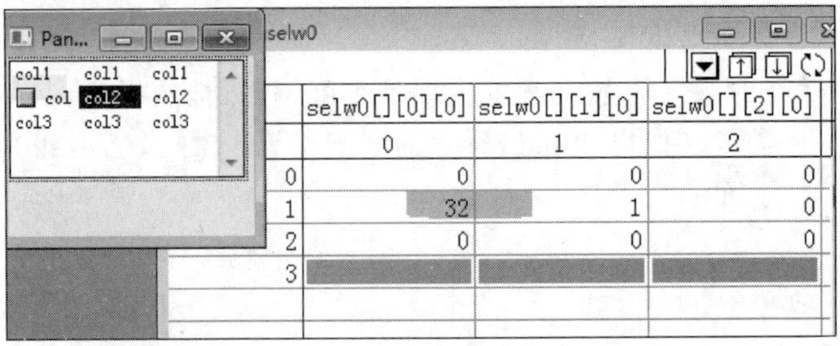

图 6-66　selWave 取值为 32，列表项显示为复选框

当复选框被选择时，selw0 处对应值会变为 48（bit 4、bit 5 置位），如图 6-67 所示。

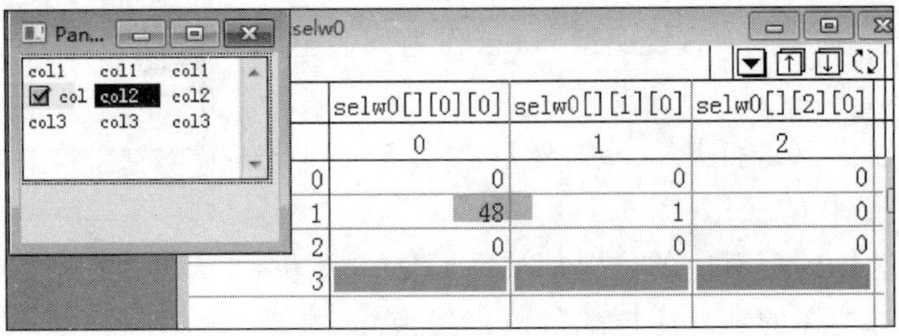

图 6-67　selWave 取值为 48，列表项显示为复选框且为选中状态

读者可以查看将 selw0 值修改为 64 后的效果（提示：一个带有"＋"号的矩形框）。

再次提醒读者，selw0 中的值是一个比特字段，其大小取决于每一个项的状态。如一个复选框处于勾选状态且被选中，则对应值为 49（110001）。在程序中可以通过检查 selWave

的状态来获取列表框选择项的信息。

除了鼠标之外,也可以通过方向键选择列表框中的项。当项为复选框时,只能通过方向键选择该项,单击复选框只是改变复选框的状态,并不能选择该项。

如果 selWave 是一个三维 wave,那么第一层将用于设置或修改列表框项的状态,第二层和第三层用于设置前景色和背景色。同时还需要指定一个 colorWave,colorWave 是一个 $N \times 3$ 的二维整型 wave,每一行保存一组(r,g,b)值,描述一个颜色。将 selWave 中对应项(第二层或是第三层)设置为 colorWave 的行数,则该项的颜色就由该行所对应的一组(r, g,b)颜色描述。以上面的例子为例,首先创建一个 colorWave,这个 colorWave 包含三个颜色——红、绿、蓝:

```
Make/O/N = (3,3)/U colw = {{65535,0,0},{0,65535,0},{0,0,65535}}
MatrixTranspose colw
```

MatrixTranspose 命令转换二维数据 colw 的行和列,这是因为大括号里的元素代表一列。

然后将 colw 指定为 list0 的 colorWave:

```
ListBox list0,colorWave = colw
```

设置 selw0 的第二层为前景色,第三层为背景色:

```
SetDimLabel 2, 1, foreColors, selw0
SetDimLabel 2, 2, backColors, selw0
```

这里利用 SetDimLabel 指定 selw0 的第二层的“层标签”为 foreColors,ListBox 控件会自动检查到这个 Label 并将该层作为前景色,第三层设置完全相同,只是相应的 Label 变为 backColors。当然将第二层设置为 backColors 也是完全可以的。因此,还可以指定 selw0 的第三个维度为任意值,将不同的颜色方案存放于不同的层,在程序中实时指定相应的层为 foreColors 或是 backColors 即可切换不同的颜色方案。

打开 selw0,按下数据表格右上角的向下箭头,切换到第二层,如图 6-68 所示。

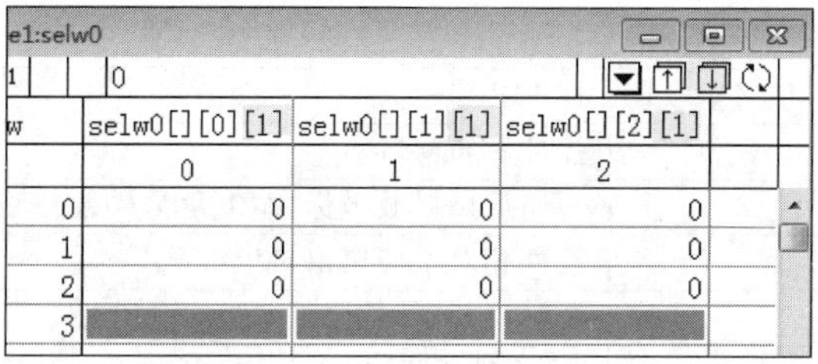

图 6-68　selWave 为三维时,第一层设置列表项状态,其他层设置列表项颜色

修改第一行第一列处的值为 1,表示列表框项中第一行第一列的颜色将显示为 colorWave 中第二行(0 为第一行)对应的颜色。观察对应列表框项的颜色变化,如图 6-69 所示。

读者可以继续按下数据表格右上角的箭头切换到第三层然后设置背景色,并观察列表框项颜色变化。在实际中可通过程序设定 selWave 每一个元素的值。

利用上面介绍的特性,结合 font 等属性的设置,可以设计非常美观的列表框。

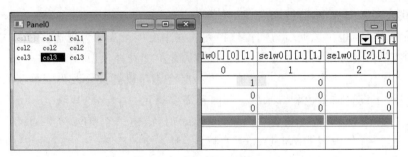

图 6-69　利用 selWave 修改列表项的颜色

ListBox 回调函数的 classic 模式为

```
Function MyListboxProc(ctrlName,row,col,event) : ListboxControl
    String ctrlName              // 控件名
    Variable row                 // 被选中项的行数
    Variable col                 // 被选中项的列数
    Variable event               // 事件
    ...
    return 0
End
```

event 是一个数值型变量，表示事件，较为复杂。列表框支持的事件比 Button 和 SetVariable 等都要多。下面通过 structure-based 回调函数来介绍其含义：

```
Function newActionProcName(LB_Struct) : ListboxControl
    STRUCT WMListboxAction &LB_Struct
    ...
End
```

表 6-9 列出了列表框结构体类型 WMListBoxAction 的成员及其含义。

表 6-9　WMListBoxAction 的成员及其含义

成　　员	描　　述	
Char ctrlName[MAX_OBJ_NAME+1]	控件名字	
Char win[MAX_WIN_PATH+1]	控件所属窗口名字	
STRUCT Rect winRect	所属窗口局域坐标，左上角为(0,0)	
STRUCT Rect ctrlRect	控件相对于所属窗口坐标	
STRUCT Point mouseLoc	鼠标位置	
Int32 eventCode	事件代码	事　　件
	−1	控件被删除或者关闭程序
	1	鼠标按下去
	2	放开鼠标
	3	双击
	4	选择列表框项（鼠标或是箭头按键）
	5	选择列表框项同时按 Shift 键
	6	开始编辑

续表

成　员	描　述	
	事件代码	事　件
	7	编辑结束
	8	竖直方向滚动
	9	水平方向滚动
Int32 eventCode	10	利用 row 或者 col 关键字设定 row＝r 或者 col＝c
	11	调整列宽
	12	键盘按下
	13	复选框被选中
	比特字段	含　义
	bit 0	鼠标键按下
	bit 1	Shift 键按下
Int32 eventMod	bit 2	Alt 键按下
	bit 3	Ctrl 键按下
	bit 4	右键按下
String userData	用户数据	

	返回行数和列数,如果事件取下列值,则 row 和 col 的含义如下:		
	事件	row	col
	8	最上面可见 row	水平方向偏离像素值
	9	最上面可见 row	水平方向滚动像素值
Int32 row, col	9	－1	Hscroll 关键字值
	10	最上面可见 row	－1 或者 row 关键字值
	10	－1	最左侧列数
	11	列偏移像素值	被调整宽度的列

WAVE/T listWave	listWave 引用
WAVE selWave	selectWave 引用
WAVE colorWave	colorWave 引用
WAVE/T titleWave	titleWave 引用

注意,有些事件可能同时发生,此时 Igor 会多次调用回调函数,应该在程序中判断事件类型,以确定是否需要分别处理同时发生的所有事件,这样可以提高效率。

本节开头提到了在 ListBox 控件显示时如果出现异常会显示一个红叉,并带有一个错误码。表 6-10 列出了这些错误码的含义。

表 6-10　ListBox 控件常见错误码及其含义

错　误　码	含　义
E1	列表框尺寸太小
E2	没有提供 listWave 或者 listWave 不是文本型 wave 或者长度为 0
E3	listWave 和 selWave 不匹配
E4	设置 mode 使选择项数多于 2 但没有指定 selWave

6.2.5 PopupMenu 下拉列表框

执行下面的命令创建一个名为 pop1 的 PopupMenu 下拉列表框，如图 6-70 所示。

```
NewPanel
PopupMenu pop1
```

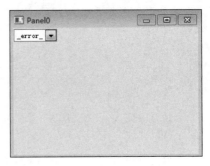

PopupMenu 下拉列表框控件是一个常用的控件，可用于列出 wave，提供多种选项或者执行多种操作。还可用来创建标准系统下拉列表框，如颜色选择、颜色表选择、线型选择、填充图案选择、特殊符号选择等。

图 6-70　PopupMenu 下拉列表框控件

PopupMenu 下拉列表框控件的创建命令关键字如表 6-11 所示。

表 6-11　PopupMenu 命令关键字及其含义

关　键　字	含　义	
mode＝m	设定下拉列表框控件标题的位置：	
	$m＝0$	标题位于下拉列表框内
	$m＞0$	标题位于下拉列表框外，且第 m 项被选择（m 从 1 算起）
popColor＝(r,g,b)	当下拉列表框是一个颜色选择器时指定初始选择的颜色	
popmatch＝matchStr	在下拉列表框中显示和 matchStr 匹配的下拉列表选项	
popvalue＝valueStr	设置下拉列表框初始显示的项（该项可能没有任何意义）	
value＝itemListSpec	指定下拉列表选项的内容	

mode＝m 关键字取 0 时标题显示在下拉列表框内部，如图 6-71 所示。

```
Display
PopupMenu p1,value = "cmd1;cmd2",title = "Execute Commands",mode = 0
```

如果 mode＝m 关键字大于 0，标题显示在下拉列表框之外，并且第 m 个选项处于显示状态，如图 6-72 所示。

```
NewPanel
PopupMenu p1,value = "option1;option2",title = "Options",mode = 2
```

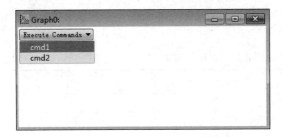

图 6-71　标题显示在下拉列表框内部

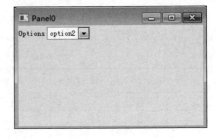

图 6-72　标题显示在下拉列表框外部

在下拉列表框控件较多时,通常应对齐显示,这会使程序显得美观。通过设定相同的 bodyWidth 可以很容易对齐下拉列表框控件(注意,表 6-12 并未列出 bodyWidth 关键字,关于该关键字的含义请读者参看 6.2.3 节)。图 6-73 演示了 bodyWidth 的作用。

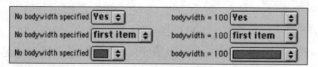

图 6-73　利用 bodyWidth 使下拉列表框控件显示风格统一美观

下拉列表框控件是一个使用和设置都相对简单的控件,但是指定下拉列表选项却具有很大的技巧性,较为复杂。下拉列表选项的内容通过 value 关键字指定。

读者可能认为下拉列表选项是在创建时指定,真实情况并非如此。下拉列表选项是动态的,每次单击下拉列表框控件时才被创建。因此 value 里面存放的并不是下拉列表选项的内容,而是计算其内容的表达式,这个表达式必须返回一个由分号分隔的字符串列表,每个字符串就是一个下拉列表选项。如果这个表达式是一个显式的字符串,那么此字符串就是下拉列表选项的内容。正确地理解这一点是掌握设置 value 技巧的关键。下面详细介绍 value 关键字的设置。

1. 显式字符串表达式

这是最简单的情况,也是最容易掌握的方法,看下面的例子:

```
NewPanel
PopupMenu popup0, value = "Red;Green;Blue;"
```

这里将一个显式的字符串表达式"Red;Green;Blue;"赋值给 value。因此下拉列表框控件具有 3 个固定的下拉列表选项: Red、Green、Blue。

2. 调用函数返回字符串

当需要动态创建下拉列表选项时,就可以使用函数来返回下拉列表选项内容。当单击下拉列表框控件时 Igor 会自动调用该函数并得到一个字符串列表,该字符串列表将作为下拉列表选项内容。这里的函数可以是自定义函数,也可以是系统函数,函数返回的字符串列表由分号分隔,如:

```
NewPanel
PopupMenu popup0, value = WaveList(" * ", ";", "")
```

这里将一个函数表达式 WaveList(" * ", ";", "")赋值给 value 关键字。WaveList 返回当前目录下所有的 wave,一旦有新创建的 wave 或者是某个 wave 被删除,在单击 popup0 时都会被实时更新。

使用自定义函数返回字符串的例子如下:

```
Function/s mylist()
    Return "aa;bb;cc"
End
NewPanel
PopupMenu popup0, value = mylist()
```

3. 通过局域变量返回字符串

一般不能直接将局域变量作为表达式赋值给 value 关键字，因为局域变量在函数执行完后即被删除，而下拉列表框控件在每次单击时都要通过 value 关键字重新生成下拉列表选项，而此时局域变量已经不存在，就会发生错误。但是可以通过在局域变量前添加一个 ♯ 号来解决这个问题。此时，Igor 会将局域字符串变量中的内容作为一个字符串表达式赋值给 value 关键字，其过程等效于给 value 赋值了一个正常的字符串表达式（Igor 内部会保存这个表达式），在这种情况下就可以使用局域变量。注意，局域变量必须返回一个合法的字符串表达式。举例如下：

```
Function PopupDemo()                    //利用局域字符串变量指定 PopupMenu 下拉列表框的选项
    NewPanel
    String quote = "\""
    String list
    if (CmpStr(IgorInfo(2),"Windows") == 0)
        list = quote + "Windows XP; Windows VISTA;" + quote
    else
        list = quote + "Mac OS X 10.4;Mac OS X 10.5;" + quote
    endif
    PopupMenu popup0, value = ♯ list
End
```

这里使用局域变量 list 指定 popup0 下拉列表选项的内容。如果将上述函数中最后一行 list 前的"♯"去掉，就会出现编译错误，如图 6-74 所示。

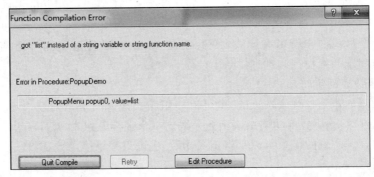

图 6-74　使用局域变量指定下拉列表框控件的下拉列表选项时，需要在前面使用♯号

读者会注意到，在 list 前和后都添加一个特殊的字符串"\""，这是为了保证字符串 list 里包含的内容是一个合法的字符串表达式，而不仅仅是一个普通的字符串。"\""是一个转义字符，用于返回双引号。如果没有添加"\""，则传递给 value 关键字的内容如下：

```
Windows XP; Windows VISTA;
```

即两边没有双引号，赋值给 value 后变为

```
Value = Windows XP; Windows VISTA;
```

这显然是错误的，加上\"后，传递给 value 关键字的内容为

```
"Windows XP; Windows VISTA;"
```

这是一个合法的字符串表达式,可以正常赋值给 value。这里使用局域变量创建的下拉列表选项实际上是静态的,其效果和通过字符串列表显式指定完全一样。如果局域变量包含的内容是一个函数表达式,那么此时的下拉列表选项就是动态的。

4. 通过局域变量指定一个返回字符串的函数

上面介绍了将函数表达式作为 value 关键字设定下拉列表选项内容。很多时候创建下拉列表框并不知道选择哪个函数,使用哪个函数依赖于程序运行的环境,可通过局域变量在程序执行时指定函数,举例如下:

```
Function/S WindowsItemList()
    String list
    list = "Windows XP; Windows VISTA;"
    return list
End

Function/S MacItemList()
    String list
    list = "Mac OS X 10.4;Mac OS X 10.5;"
    return list
End

Function PopupDemo()                    //局域字符串指定一个函数,该函数返回下拉列表选项
    String listFunc
    if (CmpStr(IgorInfo(2),"Windows") == 0)
        listFunc = "WindowsItemList()"
    else
        listFunc = "MacItemList()"
    endif
    NewPanel
    PopupMenu popup0, value = #listFunc
End
```

作为开发人员事先无法确定 Igor 运行的环境是 Windows 还是 macOS,只有在实际执行时才能确定系统运行环境。这里调用 IgorInfo 函数能获知操作系统信息,然后根据这些信息将相应的函数名赋值给局域字符串变量 listFunc,最后将 listFunc 赋值给 value 关键字。注意,不能丢掉前面的 # 号。这里没有在 listFunc 前和后添加"\"",请读者分析原因。

5. 通过全局字符串型变量返回字符串

可以使用全局变量作为一个表达式赋值给 value 关键字,例如:

```
String ss = "aa;bb;cc"
NewPanel
PopupMenu p1,value = :ss
```

这里 ss 前面的冒号表示当前数据文件夹下,也可以给 ss 指定完整的路径,如 root:ss(应确保 ss 位于 root 目录下)。上面的命令还可以写成如下形式:

```
String ss = "aa;bb;cc"
NewPanel
PopupMenu p1,value = # ":ss"
```

这里♯号的含义和上面是一样的，它将":ss"中的内容亦即:ss 赋值给 value 关键字。因此还可以将全局变量的路径信息存放于一个局域变量里，然后利用♯号通过局域变量将全局变量指定给 value 关键字。如某全局变量完整路径为 root:fd1:fd2:list0，则命令如下：

```
Function popupdemo()
    String s1
    s1 = "root:fd1:fd2:list0"
    NewPanel
    PopupMenu p1,value = ♯ s1
End
```

使用局域变量指定一个显式字符串或者直接指定一个显式字符串作为下拉列表框控件的下拉列表选项具有一定局限性：value 关键字后面的字符串内容长度不能超过 400 个字符。因此，如果下拉列表选项的内容非常多，超过了 400 个字符这种方法就行不通了。此时应该使用全局变量或者函数。

上面列举了如何通过 value 关键字指定下拉列表选项的文本内容。如果 value 关键字取一些特殊字符串时将创建系统下拉列表框，如颜色选择器、颜色表、线型选择下拉列表框等。表 6-12 列出了这些特殊字符串及其含义。

表 6-12　value 关键字取特殊字符串将创建系统下拉列表框

字 符 串	含 义
" * COLORPOP * "	颜色选择器
" * COLORTABLEPOP * "	颜色表选择下拉列表框
" * COLORTABLEPOPNONAMES * "	颜色表选择下拉列表框（没有名字）
" * LINESTYLEPOP * "	线型选择下拉列表框
" * MARKERPOP * "	符号标记选择下拉列表框
" * PATTERNPOP * "	填充模式选择下拉列表框

这些特殊下拉列表框的创建非常简单，如创建一个颜色选择器：

```
NewPanel
PopupMenu p1,value = " * COLORPOP * "
```

注意，字符串两边的引号不能丢，例如下面的命令是错误的。

```
NewPanel
PopupMenu p1,value = * COLORPOP *
```

对于特殊的系统下拉列表框，不能使用 mode＝0 模式。可以使用 mode＝m 指定系统下拉列表框默认选择的项，如对于选择线型的下拉列表框，线型 1 对应 $m＝1$。需要注意的是，如果是填充模式下拉列表框，则 mode 的值为 SetDrawEnv 命令中的 fillPat 参数减 4，因为当 fillpat 参数取 5 时表示选取特殊填充模式，里面包括 Igor 支持的各种填充模式，其中第一项就是 mode＝1(5－4)。颜色选择器是个例外，mode＝m 不起作用，此时可以通过 popColor 关键字指定默认显示的颜色。

下拉列表控件的回调函数 classic 模式如下：

```
Function PopupMenuAction (ctrlName,popNum,popStr) : PopupMenuControl
    String ctrlName
    Variable popNum                  //当前选择的下拉列表项(从 1 开始计算)
    String popStr                    //当前下拉列表项内容对应的字符串(注意和 popNum 区分)
    ...
End
```

其中,ctrlName 表示控件名字,popNum 表示被选择的项的次序(从 1 算起),popStr 表示被选择的项的文本内容。popNum 是一个很有用的参数,程序中可以通过检查此参数判断用户选择了哪一个下拉列表项。popStr 是一个文本项,也是很有用的一个参数,如果下拉列表框显示的是 wave 列表,那么 popStr 就是 wave 的名字,可以通过 $ 符号直接访问对应的wave(可能需要指定正确的路径)。当下拉列表框控件是一个颜色选择器时,popNum 没有意义,总是输出 1,选择的颜色信息包含在 popStr 中,此时的 popStr 是一个形如"(r,g,b)"的字符串,描述一个颜色,程序可以通过解析此字符串获取颜色信息。

下面的代码创建一个颜色表下拉列表框,并用来设置当前最顶层窗口 Image 的颜色。首先执行下面的命令:

```
NewPanel
PopupMenu colorpop,value = " * COLORTABLEPOP * ",bodyWidth = 100
```

利用属性对话框创建 colorPop 的回调函数,名字取默认值。然后按 Ctrl＋M 组合键,打开程序编辑窗口,在默认回调函数基础上,输入以下代码:

```
Function PopMenuProc(ctrlName,popNum,popStr) : PopupMenuControl
    String ctrlName
    Variable popNum
    String popStr
    string s1
    s1 = imagenamelist("",";")
    if(0 == strlen(s1))
        doalert/T = "Warnning",0,"There is no image to set"
    endif
    variable i,n
    string ss
    n = itemsinlist(s1)
    for(i = 0;i < n;i += 1)
        ss = stringfromlist(0,s1)
        ModifyImage $ ss,ctab = { * , * , $ popstr,0}
    endfor
End
```

执行下面命令创建测试数据:

```
Make/O/N = (100,100) gaussfun
SetScale/I x, - 3,3,gaussfun
SetScale/I y, - 3,3,gaussfun
gaussfun = gauss(x,0,1,y,0,1)
NewImage gaussfun
```

程序效果如图 6-75 所示。

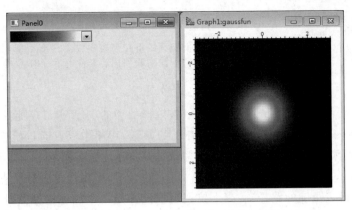

图 6-75   创建 colorTable 下拉列表框控件的例子

这里，popStr 里保存了选择的颜色表的名字，如 BlueRedGreen 等，利用 $ 号可以从 popStr 里解析出此名字，并将其用于 ModifyImage 的参数。对于其他的特殊下拉列表框，如线型选择下拉列表框、填充模式选择下拉列表框或者绘图符号下拉列表框，情况则更简单，可以直接使用 popNum 作为 ModifyGraph 或者 SetDrawEnv 等命令相应的参数值。

下拉列表框控件回调函数的 structure-based 模式形式如下：

```
Function PopupMenuAction(PU_Struct) : PopupMenuControl
    STRUCT WMPopupAction &PU_Struct
...
End
```

结构体类型 WMPopupAction 的成员及其含义如表 6-13 所示。

表 6-13   菜单控件 WMPopupAction 结构体类型成员及其含义

成　员	含　义	
Int32 eventCode	事　件	
	eventCode	含　义
	−1	控件被删除
	2	释放鼠标
Int32 popNum	当前选择的项的位置次序（从 1 计算）	
char popStr[MAXCMDLEN]	当前选择项的文本内容	

表 6-13 忽略了控件的共有属性（参看本书 6.2.1 节）。相对于 ListBox、SetVariable 等控件，PopupMenu 控件的结构体中并没有包含多少额外的信息，与 classic 模式相比，仅仅多了一个 −1 的事件用于响应关闭窗口或者调用 KillControl 命令删除控件时的情况。除非是特殊需要，如需要调整控件位置、检测哪些特殊键按下等（这些信息是所有控件的共有属性），一般建议选用 classic 模式。classic 模式更简单，含义更加明确。

下拉列表框如果仅用来提供待选项，则一般不需要写回调函数，通过 ControlInfo 命令能直接获取被选择的项（参看本书 6.2.12 节）。如果单击下拉列表框的选项需要执行某项操作，则需要编写回调函数。

6.2.6　Slider 滑动条控件

在命令行窗口输入下面的命令创建一个 Slider 滑动条控件,如图 6-76 所示。

```
NewPanel
Slider sld0, size = {60,15}
```

使用滑动条控件,可通过拖动滑块修改或者设置变量,或者为程序提供输入数据,在程序中,经常用来控制参数变化以观察数据随参数变化的关系。滑动条控件创建或者修改命令格式如下:

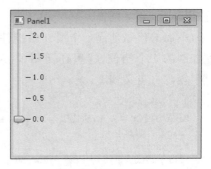

图 6-76　Slider 控件

```
Slider [/Z] ctrlName [ keyword = value [, keyword = value …] ]
```

滑动条控件命令的关键字及其含义如表 6-14 所示。

表 6-14　Slider 命令关键字及其含义

关　键　字	含　　义	
limits＝{low,high,inc}	设定滑块调节范围,low 设定最小值,high 设定最大值,inc 设定拖动滑块时的增量,如果 inc＝0 则表示连续调节	
live＝I	I＝0	当鼠标释放时更新控件
	I＝1	实时更新
side＝s	s＝0	滑块是一个小方块
	s＝1	滑块带一个箭头,方向向上或向右
	s＝2	滑块带一个箭头,方向向左或者向下
size＝{width,height}	含义和其他控件相同,但是当滑动条为水平方向时 height 无效,竖直方向时 width 无效	
thumbColor＝(r,g,b)	设定滑块的颜色(前景填充色)	
ticks＝t	t＝0	滑动条没有刻度线
	t＝1	自动计算刻度线
	t＞1	t 表示刻度线数,如果 side＝0 或者 t 小于 0 则没有刻度线
tkLblRot＝deg	设置刻度线的偏转角度	
userTicks＝{tvWave,tlblWave}	用户自定义刻度值及刻度标题,tvwave 是一个一维数值 wave,包含刻度值,tlblwave 是一个一维文本 wave,包含刻度标题	
value＝v	设置滑块的位置,使其对应的值为 v	
valueColor＝(r,g,b)	设置刻度标题的颜色	
variable＝var	设置和滑动条绑定的全局变量,var 可以包含完整路径	
vert＝v	v＝0	设置为水平滑动条
	v＝1	设置为垂直滑动条

滑动条是一个相对简单的控件,关键字的含义都很简单,使用起来不像 PopupMenu 控件那么复杂。经常用到的关键字有 limits、value,其他的如设置大小和显示风格等都可以通过属性对话框进行。limits 设定滑块的拖动范围,创建以后一般都需要修改,否则默认调节

范围为 0～2，调节增量为 1，这一般是不符合使用条件的。设定 limits 关键字中的 inc 能使滑块增量调节，此时可以将滑块作为挡位调节器。利用 value 关键字可以在程序中动态设置 Slider 的滑块位置。

下面的代码创建一个滑动条控件，模拟对速度控制的 4 个挡位，这里还使用了 userTicks 关键字创建自定义刻度：

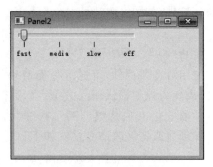

图 6-77　利用 Slider 控件模拟一个速度控制器

```
Make/O/N = 4 ticknumw = {0,1,2,3}
Make/O/T/N = 4 ticklblw = {"fast","media",
"slow","off"}
NewPanel
Slider sld0,vert = 0,size = {200,50},userTicks =
{ticknumw,ticklblw},limits = {0,3,1}
```

结果如图 6-77 所示。

注意上面的 limits 参数，通过指定 inc＝1 从而实现了滑块在 4 个速度状态之间跳跃调节的目的。

在程序中可以通过回调函数或者 ControlInfo 命令（参看本书 6.2.12 节）获取 Slider 滑动条控件的状态信息（如当前滑块的位置）。滑动条控件回调函数的 Classic 模式如下：

```
Function MySliderProc(name, value, event) : SliderControl
    String name
    Variable value
    Variable event
    return 0
End
```

其中，name 表示控件的名字，value 表示滑块所处位置对应的数值，event 表示事件。event 是一个 bit 字段，每个位都表示一个事件。关于 event 的说明请读者参看表 6-15。

滑动条控件回调函数的 Structure-based 模式如下：

```
Function newActionProcName(S_Struct) : SliderControl
    STRUCT WMSliderAction &S_Struct
    ...
End
```

结构体类型 WMSliderAction 的成员及含义如表 6-15 所示。

表 6-15　Slider 控件 WMSliderAction 结构体类型成员及其含义（略去了共有成员）

成　员	含　　义		
Int32 eventCode	事件，是一个比特字段		
	比特位	含　　义	
	bit 0	Slider value 被设置	
	bit 1	鼠标按下	
	bit 2	鼠标释放	
	bit 3	鼠标移动	
double curval	滑块所处位置对应的数值		

因此当 event 等于 1(0001)表示 slider value 被设置,等于 2(0010)表示鼠标按下,等于 9(1001)表示按下鼠标并移动滑块。

6.2.7 ValDisplay 数值显示控件

执行下面的命令创建一个 ValDisplay 数值显示控件,如图 6-78 所示。

```
NewPanel
ValDisplay valdisp0, value = _NUM:0
```

数值显示控件用于显示数值。和文本框控件类似,数值显示控件能显示一个数字的大小。最简单的数值显示控件看起来和一个设置了增量为 0 的文本框控件完全相同。但是数值显示控件和文本框控件迥然不同:数值显示控件只能显示数字,不能修改数字;数值显示控件可显示为 LED 模式、条模式,甚至还可以设计为程序运行进度条,如图 6-79 所示。

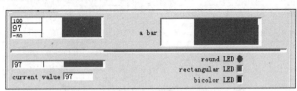

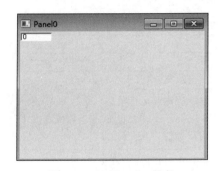

(a) 各种显示模式示例

(b) 程序运行的进度条示例

图 6-78　ValDisplay 控件　　　　图 6-79　数值显示控件的外观设置

图 6-79(a),数值显示控件用于各种显示模式,图 6-79(b)用于显示程序运行的进度。数值显示控件的创建和修改命令格式如下:

ValDisplay [/Z] ctrlName[keyword = value[, keyword = value…]]

ValDisplay 命令的关键字及其含义如表 6-16 所示(略去了共有的关键字)。

表 6-16　**ValDisplay 命令关键字含义及其说明**

关　键　字	含　　义
limits＝⟨low,high,base⟩	当显示为条模式时,数值大小用带有颜色的区域来显示,大于 base 时显示为由 highColor 关键字指定的颜色,小于 base 时显示为由 lowColor 关键字指定的颜色,区域的相对长度由 value 关键字与 limits 关键字共同决定
barBackColor＝(r,g,b)	设置条的背景色
barBackColor＝0	设置条的背景色为默认颜色,通常是白色

续表

关　键　字	含　义
barmisc＝{lts, valwidth}	在控件左侧显示 limits 参数的 low 和 high 值以及当前的 value 值。lts 设置 limits(low 和 high)字体的大小，valwidth 设置 limits 显示区域的宽度。如果 lts 为 0，则不显示 limits，只显示 value 值。如果 valwidth 小于 bodyWidth，除了显示 value 外还会显示一个条，否则不显示条。如果 valwidth＝0，只显示条，不显示 limits 范围
highColor＝(r,g,b)	设置条的颜色，当 value 值大于 base 时条的颜色为 highColor 指定的颜色
lowColor＝(r,g,b)	设置条的颜色，当 value 值小于 base 时条的颜色为 lowColor 指定的颜色
labelBack＝(r,g,b) or 0	设置标题的颜色，0 为默认值
limitsColor＝(r,g,b)	当显示 limits 范围时，设置其字体颜色
limitsBackColor＝(r,g,b) or 0	当显示 limits 范围时，设置其背景色，0 为默认颜色
mode＝m	设定控件的显示模式：

	$m＝0$	条模式(默认)
	$m＝1$	圆形 LED 模式
	$m＝2$	矩形 LED 模式
	$m＝3$	条模式，但不是"蛇行"填充(请看下面内容)
	$m＝4$	糖果条模式，用于显示程序的运行状态。此时 value 值表示糖果条的位相。value＝_NUM：n 表示糖果条的增量，而非前面所指对应数值，一般取 1 即可

关　键　字	含　义
value＝valExpr	设定控件用于显示的数值。这里的 valExpr 除了具体的数字之外，还可以是一个表达式。Igor 会自动实时计算表达式的值。可以利用 _NUM：n 指定一个常数
valueColor＝(r,g,b)	设置 value 对应数值显示的颜色
valueBackColor＝(r,g,b) or ＝0	设置 value 对应数值显示的背景色，0 指默认颜色
zeroColor＝(r,g,b)	与 limits 参数一起控制 LED 的颜色(仅 LED 模式有效)，zeroColor 对应 base 的颜色

理解 ValDisplay 控件的关键是理解其显示模型，图 6-80 为 ValDisplay 控件模型。

总宽度由 size 中的 witdh 参数指定，标题宽度由 fsize 和标题字符数共同决定，数值读取区宽度由 barmisc 中的 valwidth 参数指定，条形区宽度＝总宽度－标题宽度－数值读取区宽度。数值读取区宽度与条形区宽度之和就是 bodyWidth。在上述各宽度中，标题宽度的优先级最高，其次是数值读取区，最后是条形区宽度。如果总宽度较小，数值区宽度 valwidth 占据了所有剩下的宽度，条形区就不会显示。如

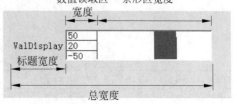

图 6-80　ValDisplay 控件宽度模型

果 barmisc 中的 valwidth＝0，则不显示数值读取区，只显示条形区。

当不指定任何参数时，则默认 valwidth＝1000，由于控件的总宽度较小（一般 100 左右），所以是看不到条形区的，此时控件看起来像是一个文本框，其实还是有条形区的，读者可以进入编辑模式，然后将 ValDisplay 控件尽可能拉长，就会看到右边出现条形区。

ValDisplay 控件各部分含义如图 6-81 所示。

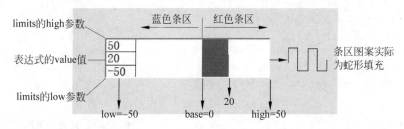

图 6-81　ValDisplay 控件含义图解

最左侧显示 limits 的参数和 value 值，由 barmisc 的参数控制。barmisc 关键字的 lts 参数为 0 时只显示 value 值，这是默认情况。limits 的 high、low 和 base 参数以及 value 参数共同决定条形区的显示方式。条形区用不同的颜色和条的长度来表示 value 值的大小，value 值大于 base 时绘制在 base 基线右侧且显示为红色（或者由 highColor 指定的颜色），value 值小于 base 时绘制在 base 基线左侧且显示为蓝色（或者由 lowColor 指定的颜色）。条相对于 base 绘制，其长度对应 value 值的大小，条长/条长最大值＝value/|high(low)－base|，value 超出 limit 范围时，条长取最长且不再变化。如图 6-81，low＝－50，high＝50，base＝0，value＝20，因此 base 位于条形区的正中间，右侧表示大于 0 的部分，左侧表示小于 0 的部分。value＝20 大于 0，显示为红色，条长约为右侧总长度的 2/5。

注意条形区的填充方式是蛇形填充，亦即条形区会利用垂直于长度方向的变化来反映 value 值的变化，这给条形模式赋予了额外的分辨率。

如果不特意指定 highColor 和 lowColor，则对应的颜色默认为红色和蓝色。

图 6-81 对应的 ValDisplay 控件的创建命令如下：

```
ValDisplay vdisp0,pos = {90,86},size = {323,48},title = "ValDisplay",fSize = 15
ValDisplay vdisp0,limits = { - 50,50,0},barmisc = {15,50},value = _NUM:20
```

ValDisplay 的 mode 关键字取 1 或者 2 时可以配置为一个 LED，mode 取 1 表示圆形的 LED，取 2 时表示矩形 LED。LED 的颜色会随着 value 值的不同而变化。除了 mode 取 1 和 2 之外，还应该设置 barmisc＝{0,0} 以关闭显示 limits 及 value 区域。下面的函数创建一个 LED，显示开关状态：

```
Function valdisplaydemo()
    NewPanel
    ValDisplay led0,pos = {10,20},size = {35,35},limits = {0,1,0},mode = 1
    ValDisplay led0,barmisc = {0,0},value = _NUM:0
    Button button0,pos = {60,25},size = {80,20},title = "Open",userdata = "1"
```

```
        Button button0,proc = togglingled
    End

    Function togglingled(s0)
        String s0
        String ss
        ss = getuserdata("","button0","")
        Variable state
        state = str2num(ss)
        ValDisplay led0,value = _NUM:state
        Button button0,title = selectstring(state,"Open","Close")
        Button button0,userdata = num2str(!state)
    End
```

结果如图 6-82 所示。

value 关键字用于设置 ValDisplay 控件显示的数值。value 关键字可以是一个常数，如

```
value = 2
```

也可以采用如下的形式：

```
value = _NUM:n
```

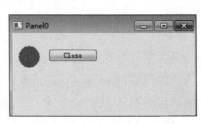

图 6-82　ValDisplay 控件的 LED 模式

此时 n 不仅可以是一个常数，还可以是一个局域变量（此时 Igor 会保存局域变量的值）。注意，不能直接将一个局域变量作为 value 的参数，因为 ValDisplay 控件是一个全局对象。

一个全局变量可以直接作为 value 的参数。如

```
Variable/G val
ValDisplay valdisp0,value = val
```

上面的命令默认 val 变量位于当前文件夹下。如果 val 不是位于当前文件夹，则应该指明 val 的完整路径，如 value＝root:fd1:fd2:val。

除了具体的变量或者常数外，还可以使用表达式作为 value 的参数，如

```
value = val1 * val2 + val3
value = myfunc()
```

注意，val1、val2 和 val3 都为全局变量，myfunc()是一个函数。

和 PopUpmenu 类似，这里的表达式也可以保存在一个字符串里，通过♯号取出其中的表达式，如上面的例子还可以写成：

```
value = ♯"val1 * val2 + val3"
string ss = "myfunc()"
value = ♯ss
```

不同于其他控件，ValDisplay 控件没有回调函数。

6.2.8　TabControl 控件

执行下面的命令创建一个 TabControl 控件，如图 6-83 所示。

```
NewPanel
TabControl tab1, pos = { 5, 10 }, size = { 183, 154 },
appearance = {os9,Win}
TabControl tab1,tabLabel(0) = "Tab 0",value = 0
```

TabControl 控件用于创建具有多个选项卡的程序：每一个 Tab 项可包含若干个控件，单击控件顶部的标签切换显示该标签下的所有控件。TabControl 控件通过显示和隐藏控件达到在不同的选项卡中显示

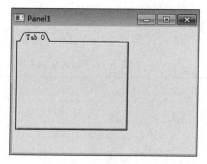

图 6-83　TabControl 控件

不同控件的目的。控件的选择和隐藏通过编程来控制，一般可以通过 TabControl 的回调函数进行。TabControl 控件的创建命令如下：

```
TabControl [/Z] ctrlName[ keyword = value[, keyword = value...] ]
```

TabControl 命令的关键字及其含义如表 6-17 所示（忽略一些共有关键字）。

表 6-17　TabControl 命令关键字及其含义

关　键　字	含　　义
appearance＝{kind[, platform]}	设定控件显示外观 kind 可以取 default、native、os9；platform 可以取 Mac、Win、All
tabLabel(n)＝lbl	用于设置或创建第 n 个 Tab 项的标签，n 从 0 开始计算
value＝v	设置当前处于激活状态的 Tab 项

这里列出 appearance 关键字是因为 TabControl 控件较多用到此关键字，如本节开头的创建命令就使用了 appearance＝{os9,Win}。

相较于其他的控件，TabControl 控件的使用略为不同。其他的控件不需要指定回调函数即可使用，而 TabControl 控件必须指定一个回调函数才有意义，这是因为 Tab 项容器内控件组的切换是通过编程来控制的。这不同于普通的编程语言如 VC，其 Tab 项上的控件显示一般可由框架自动实现。

TabControl 控件回调函数的 classic 模式如下：

```
Function TabProc(ctrlName,tabNum) : TabControl
    String ctrlName
    Variable tabNum
    return 0
End
```

其中，ctrlName 表示控件名，tabNum 表示当前 Tab 项序号，序号从 0 开始计算。

TabControl 控件的回调函数的 structure-based 模式如下：

```
Function newActionProcName(TC_Struct) : TabControl
    STRUCT WMTabControlAction &TC_Struct
    ...
End
```

结构体类型 WMTabControlAction 的成员及其含义如表 6-18 所示（略去了共有成员）。

表 6-18   TabControl 控件 WMTabControlAction 结构体类型成员及其含义

成 员	含 义	
Int32 eventCode	$m=-1$	关闭窗口或者控件被删除
	$m=2$	鼠标释放
Int32 tab	当前处于激活状态的 Tab 项（从 0 开始计数）	

下面通过一个例子来说明 TabControl 控件的使用。

利用本节开头创建的 TabControl 控件，进入编辑状态，用鼠标将控件拖动到合适的大小，在控件属性对话框中，选择【Number of Tabs】为 2，在【Current Tab】下拉列表框中分别设置第 1 个 Tab 项名字为 Setting 0，第 2 个 Tab 项名字为 Setting 1，如图 6-84(a)所示。在工作模式下切换到 Setting 0 标签项，按图 6-84(b)所示添加控件。

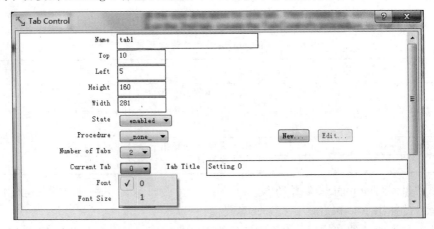

(a) Tab控件属性对话框的设置

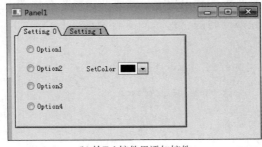

(b) 给Tab控件里添加控件

图 6-84   创建一个带有 TabControl 控件的窗口程序

注意,只有在工作模式才能切换 Tab 项。如果要在编辑模式下查看其他的 Tab 项,应该先切换到工作模式。

在属性对话框中创建 Tab1 的回调函数,选择 classic 模式,保存后,按 Ctrl＋M 组合键进入程序编辑窗口,填写如下代码:

```
Function TabProc(ctrlName,tabNum) : TabControl
    String ctrlName
    Variable tabNum

    variable istab0,istab1
    istab0 = tabNum == 0?0:1        //tabNum 如果等于 0,则 istab0 = 0,表示第 1 个 Tab 项选中
    checkbox check0,disable = istab0 //checkbox 设置 disable = 0 显示控件,disable = 1 隐藏控件
    checkbox check1,disable = istab0
    checkbox check2,disable = istab0
    checkbox check3,disable = istab0
    popupmenu popup0,disable = istab0
    return 0
End
```

在工作模式下单击控件的 Tab 项,可以看到当单击【Setting 1】时所有的控件都消失,单击【Setting 0】时控件都出现,如图 6-85 所示。

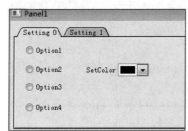 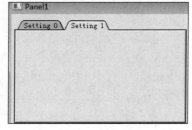

图 6-85　通过回调函数控制 Tab 项容器里内容的显示

上面利用了 disable 关键字的特性,disable 关键字取 0 时对应控件正常显示,取 1 时不显示。

工作模式下单击【Setting 1】隐藏 Setting 0 上的控件,切换到 Setting 1,然后再进入编辑模式,在【Setting 1】下添加另外一组控件,如图 6-86 所示。

读者应该注意到,这里 TabControl 控件还没有全部设计完毕就先编写了回调函数,这是 TabControl 控件使用的一个技巧:设计好一个 Tab 项里的所有控件,

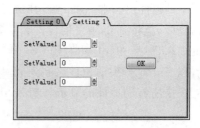

图 6-86　给不同 tab 项添加控件

然后调用回调函数隐藏好这些控件,再设计下一个 Tab 项的控件,否则,所有 Tab 项的控件都会同时显示在程序面板上,彼此覆盖。

按 Ctrl＋M 组合键,回到上面的 TabControl 控件的回调函数中,添加【Setting 1】标签下控件对应的显示隐藏控件代码:

```
Function TabProc(ctrlName,tabNum) : TabControl
    String ctrlName
    Variable tabNum

    variable istab0,istab1
    //tab 0
    istab0 = tabNum == 0?0:1
    checkbox check0,disable = istab0
    checkbox check1,disable = istab0
    checkbox check2,disable = istab0
    checkbox check3,disable = istab0
    popupmenu popup0,disable = istab0
    //tab 1
    istab1 = tabNum == 1?0:1
    setvariable setvar0,disable = istab1
    setvariable setvar1,disable = istab1
    setvariable setvar2,disable = istab1
    button button0,disable = istab1
    return 0
End
```

回到工作模式，可以看到 TabControl 控件已经完全可以正常工作了，如图 6-87 所示。

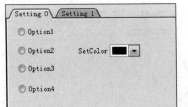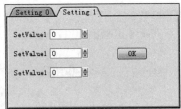

图 6-87　具有两个 Tab 项容器的 TabControl 控件

通过 ModifyControlList 命令，可以批量地修改控件的显示和隐藏。当 Tab 项非常多，Tab 项下的控件也非常多时，使用 ModifyControlList 是更有效率的方法。使用 ModifyControlList 命令时，应将 Tab 项下的控件名字取为统一的名字，如所有的控件都加一个类似于"tab0_" 的前缀，然后在程序中利用 ControlNameList 函数，以 tab0_* 作为参数，获取程序面板中所有以 Tab0_开头的控件名字列表，以该列表作为 ModifyControlList 的参数，就可批量设置列表中所有的控件的显示与隐藏，可能的代码如下：

```
string s0 = ControlNameList("",";","tab0_*")    //当前程序面板中所有以"tab0_"为名字前缀
                                                 //的控件,返回名字列表以分号分隔
ModifyControlList s0,disable = !(tabNum == 0)    //显示第 1 个 Tab 项下的控件或者隐藏这些控件
```

作为练习，请读者利用上面的方法修改前面的代码（提示：需要重新对控件命名）。

TabControl 控件的功能相对明确：用来切换不同控件组的显示。其使用方法较为固定，一般写好一个程序，以后就可以在各种不同的场合使用了。合理地利用 TabControl 控件，可以美化程序界面，简化程序操作，提高程序的易用性。

6.2.9　CustomControl 自定义控件

Igor 支持自定义控件。自定义控件只能通过 CustomControl 命令创建，无法通过菜单命令添加。下面的命令创建一个自定义控件，如图 6-88 所示。

```
NewPanel
CustomControl c1
```

图 6-88　自定义控件

自定义控件是一个广义按钮，相比普通按钮能响应更多的事件：所有的鼠标和键盘事件以及其他事件如重绘等，并且能自定义按钮外观。自定义控件也可以理解为一个空白的窗口，可以根据需要自由设计窗口的行为。

由于 Igor 为过程型程序设计语言，没有提供 OOP 类型编程语言下的继承机制，所以无法通过继承已有控件的功能来创建新的控件，这给自定义控件的设计带来了一些困难。尽管如此，自定义控件仍然非常有趣，由于它比普通控件能响应更多的事件，所以可用来实现较为复杂的控制或者某种特殊效果。有人利用 Igor 开发了扫雷游戏，就是利用自定义控件实现的。本节将介绍其界面设计的代码部分，用以说明自定义控件的使用。

自定义控件没有属性设置窗口，使用自定义控件必须熟练掌握 CustomControl 命令的使用方法。CustomControl 命令的格式如下：

```
CustomControl [/Z] ctrlName[ keyword = value[, keyword = value … ] ]
```

CustomControl 命令的关键字及其含义如表 6-19 所示（略去一些共有属性，但是对于此控件重要的共有属性仍然列出）。

表 6-19　CustomControl 命令关键字及其含义

关　键　字	含　　义	
frame= f	设定控件外框的显示方式	
	$f=0$	没有外框
	$f=1$	默认，普通按钮外观
	$f=2$	简单矩形框
	$f=3$	3D 内陷框
	$f=4$	3D 突出框
	$f=5$	文本容器
mode= m	通知自定义控件做出反应。在程序中使用 mode= m 时，会产生 KCCE_mode 事件，相当于给自定义控件发消息。用户可以自定义 m 对应的行为	
userdata(UDName)= UDStr	设置自定义控件的用户数据为 UDStr。可以创建匿名或者命名的用户数据，命名的用户数据名字由 UDName 指定	

续表

关　键　字	含　义
userdata(UDName)＋＝UDStr	将 UDStr 的内容添加到用户数据中
value＝varName	将自定义数据与一个全局对象绑定，这个全局对象可以是 variable、string，或者 wave，如果绑定的是 wave 中的一个元素，需要指明元素位置，如 value＝awave[4]
picture＝pict	指定自定义控件的外观图片，pict 是一个三边位图，每一个位图用来表示按钮的一个状态
picture＝{pict,n}	指定的 pict 是一个 n 边图
proc＝procName	指定回调函数
title＝titleStr	设定控件的标题

proc 是自定义控件最重要的关键字，用于指定自定义控件的回调函数。picture 关键字设计自定义控件的外观，userdata 关键字记录自定义控件的状态。

自定义控件的回调函数只有 structure-based 模式，如下：

```
Function CustomControlFunc(s)
    struct WMCustomControlAction &s
    …
End
```

WMCustomControlAction 是一个较为复杂的结构体类型，其成员及含义如表 6-20 所示（略去了一些共有的成员）。

表 6-20　WMCustomControlAction 结构体类型成员及其含义

成　员	含　义
Int32 eventCode	事件，详见表 6-21
Int32 missedEvents	如果事件没有来得及处理，则为真
Int32 curFrame	与 kCCE_frame 事件结合使用，设置 curFrame 成员
Int32 needAction	设置为 1 有意义，效果取决于对应的事件。发生 kCCE_mousemoved、kCCE _ enter 和 kCCE _ leave 事件时，设置 needAction＝1，表示要重绘控件（产生 kCCE_draw 事件）；发生 kCCE_tab 和 kCCE_mousedown 事件时，设置 needAction＝1，控件会获取焦点并接受键盘消息（发送 kCCE_char 事件）；发生 kCCE_idle 事件时，设置 needAction＝1，表示要重绘控件（产生 kCCE_draw 事件）
int32 mode	CustomControl 命令中关键字 mode 的值
Int32 isVariable	关联的变量是数值型变量时为真(1)
Int32 isWave	关联的变量是 wave 时为真(1)
Int32 isString	关联的变量是字符串型变量时为真(1)
NVAR nVal	关联的数值型变量引用
SVAR sVal	关联的字符串变量引用

续表

成　　员	含　　义
WAVE nWave	关联的 wave 引用
WAVE/T sWave	关联的文本型 wave 引用
Int32 rowIndex	关联的变量是 wave 中的一个元素时,元素的位置
char rowLabel[MAX_OBJ_NAME＋1]	元素的 dimlable
Int32 kbChar	收到键盘事件时,对应的键码

Int32 kbMods	比特变量,显示哪些组合键按下	
	bit 0	Command 键(苹果系统)
	bit 1	Shift 键
	bit 2	Alpha Lock 键
	bit 3	Alt 键
	bit 4	Ctrl 键

表 6-21 列出了 CustomControl 能响应的事件列表。

表 6-21　CustomControl 事件列表代码及其含义

事件列表代码	含　　义
kCCE_mousedown＝1	鼠标按下
kCCE_mouseup＝2	鼠标释放
kCCE_mouseup_out＝3	控件外释放鼠标
kCCE_mousemoved＝4	鼠标移动(鼠标位于控件上)
kCCE_enter＝5	鼠标进入控件
kCCE_leave＝6	鼠标离开控件
kCCE_draw＝10	绘制控件时发生
kCCE_mode＝11	执行 CustomControl name,mode＝m 时发生
kCCE_frame＝12	利用 pic 参数绘制自定义控件外观时发生
kCCE_dispose＝13	控件被删除或关闭时发生
kCCE_modernize＝14	与控件关联的全局对象发生变化时发生
kCCE_tab＝15	使用 tab 键选择控件时发生。如果要接收键盘事件,设置 needAction＝1
kCCE_char＝16	按下键盘时发生。键码存储在 kbChar,组合建存放在 kbMods
kCCE_drawOSBM＝17	在使用 picture 指定控件位图 pict 时发生。Igor 以位图方式将 pict 复制到内存可以利用绘图命令绘制图形,新绘制的图形将作为控件的外观。响应此事件可以动态修改控件外观
kCCE_idle＝18	控件没有操作时发生(控件必须位于顶层窗口),设置 needAction＝1 时会重绘控件。如果自定义控件是一个输入文本框,可以利用此事件显示一个闪烁的输入提示符

表 6-21 中形如 kCCE_xxxx 的事件代码是一个常量,需要在程序的开头专门定义,如：

Constant kCCE_mousedown = 1

当然直接使用事件代码的具体数值(如 1)也是可以的,但是将事件代码定义为常量后其意义更加明显，这给代码的编写和阅读带来很大的方便。Igor 提供了所有这些常量的一个声明文件，可以在程序中使用下面的 include 语句直接包含进来：

```
# include < CustomControl Definitions >
```

CustomControl 能响应的事件非常多，结合 eventMod（表 6-21 没有给出，eventMode 属于所有控件的共有成员，利用此成员可以区分鼠标左右键，请读者参看介绍 Button 按钮的 6.2.1 节）和 kbChar 成员，几乎可以处理 Windows 系统下所有的常见事件。

如果使控件具有动态显示的外观效果，可以在 kCCE_draw＝10 事件代码中对控件进行重绘操作，控件每次重绘时此事件都会发生。注意，在控件表面绘图时坐标系统为：左上角(0,0)，向右为 x 增加方向，向下为 y 增加方向，单位一般是像素。

另一个关于绘制的事件是 kCCE_drawOSBM，当 kCCE_drawOSBM 发生时，Igor 刚刚利用 picture＝pict 指定了控件所使用的位图，同时创建一个相同的内存位图，可以在此位图上调用绘图命令绘制图形，新绘制的图形将永久保留，并显示在控件的外观上，除非重新指定了 picture 参数。这和 kCCE_draw 事件不一样，kCCE_draw 事件中每次绘制的图形都不一样。简单来说，picture 提供了控件的基本外观，kCCE_drawOSBM 事件中修改该基本外观，这个修改永远有效；kCCE_draw 事件临时修改外观，当一个新的 kCCE_draw 事件发生时，上次 kCCE_draw 事件绘制的图形就全部丢失。

kCCE_mode 事件可用于通知控件某个事件发生，发生的事件由用户自定义。如当修改了控件的用户数据后，可以通过设定 mode 的值来通知控件读出并显示用户数据。

kCCE_frame 事件在将要绘制 pict 的某一个位图时发生（pict 是一个 side-by-side 图片），此事件主要与 WMCustomControlAction 中 curFrame 成员配合使用。curFrame 成员是一个输入/输出参数，作为输入参数可以设置显示 pict 中的哪幅位图，作为输出参数时（即传递给回调函数的结构体中的值）有 3 个取值：正常或者鼠标在控件外时按下取 0，鼠标按下控件时取 1，控件被禁用时取 2。

下面通过举例说明自定义控件的使用，此例的部分代码取自于 Igor 下开发的一个扫雷游戏（读者可参考网址 http://www.wavemetrics.com/project/IgorGames 了解详细内容）。

首先需要创建用于自定义控件外观显示的 picture（关于 picture 的详细介绍和使用请读者参看本章 6.3 节）。这里的 picture 是一个 side-by-side 图片，共有 18 幅，分别对应雷的 18 种显示状态，如初始状态、雷、爆炸、旗子等。picture 图片如图 6-89 所示，对应的图片 ASCII 文本编码如图 6-89(b)所示。

执行下列命令，创建一个自定义控件：

```
NewPanel
CustomControl c1,picture = {ProcGlobal♯Mines_Tiles,18},proc = minestilesfun
```

注意，在 picture 参数里用 18 指定了上述位图是由 18 幅独立的图片组成。后面在回调函数里编写代码，使得每单击一次，图片按顺序切换显示。

(a) 18幅side-by-side位图

```
Picture Mines_Tiles
    ASCII85Begin
    M,6r;%14!\!!!!.8Ou6I!!!&(!!!!9#Qau+!#-,38cShk#[q4B9E5%m!<<
    %m!!!!"YQ+Y'(]XO9zz!!!!fau[NB!"O<H6pXdsSF)koF;37Ga#?I36kQi
    eU\54G<^d;UP\;nQ&HlR]MHWFW$',,g.L2$Q#E"TJE)-PXJIom)8-34`?*
    )7MG@l"&h&c9:/tAJZmsOm(]?1"jn'(-mg)a\..&<IrO/Se1lMjXOn7P.t
    E;F`HJZ)OS;4jd_e;*JpVl`RfU<dUIJNi*1WAm>K<jN<*`oBmp5RB(gG]"
    N[MY]_h/i=`$3C+`DGpuGJ1iX!;&.L2DB$EqB9gsi1<FfDIC(>">#mgq98
    9L`_PulH_14`tW!L8Q!6$tcp%4\@s#DaWP66AfA"N6mn#%u6dB<>:@!nD7
    $os2OS+A(leG%YB;W)R)#T;YQHp]OelqiL*rX^^:@FAPijpd!p3%f&qWM1
    [fuJE-8&1k\-T-]:"jJ_2PYquPe5&\CBjFAis2Jml-tpQUp7$Kacl20O1n
    43LeXp=AWS4]Tk'CCT#'WN42J8sheJ?1;rZ!L7*6@qoed<dekb4_Qn6'OE
```

(b) 图片对应的ASCII文本编码(部分)

图 6-89 用于自定义控件的 side-by-side 位图

按 Ctrl+M 组合键打开程序编辑窗口,输入以下代码:

```
static constant kCCE_mouseup = 2
static constant kCCE_frame = 12

Structure CC_CounterInfo
    Int32 theCount                    // 当前显示的状态图片次序
EndStructure

Function minestilesfun (s)
    STRUCT WMCustomControlAction &s
    STRUCT CC_CounterInfo info
    if( s.eventCode == kCCE_frame )
        StructGet/S info,s.userdata
        s.curFrame = mod(info.theCount + (s.curFrame),18)
                            //s.curFrame 作为输出参数取 1 或 0,加上当前显示次序后赋值给
                            //自己作为输入参数,决定自定义控件显示的图片次序。
    elseif( s.eventCode == kCCE_mouseup )
        StructGet/S info,s.userdata
        info.theCount =  mod(info.theCount + 1,18)
        StructPut/S info,s.userdata
    endif
    return 0
End
```

这里首先创建两个常量 kCCE_mouseup= 2 和 kCCE_frame= 12,回调函数中将对这两个事件作出处理,由于使用了 static 关键字,这个常量只能在内置程序窗口中使用。

结构体类型 CC_CounterInfo 用于保存控件当前的显示状态。

当单击控件并释放时,kCCE_mouseup 发生,首先使用 StructGet 命令从用户数据 userdata 中获取上一次控件的状态信息,即显示的是第几幅图片,加 1 后利用 StructPut 命令重新写入用户数据 userdata。鼠标按过按钮,控件将重绘,由于 picture 是一个多边图,kCCE_frame 事件发生。于是利用 StructGet 命令从用户数据取出控件状态信息,读取上次显示的图片的次序 info.theCount,然后将 info.theCount+(s.curFrame)赋值给 curFrame,

从而实现显示图片的更新。没有直接将 info. theCount 加 1 后赋值给 curFrame，这是符合实际的：当在控件上单击，然后不释放鼠标将鼠标移动到控件外，再释放鼠标，这种状态下控件状态应该不改变。mod 是一个求余函数，它使得 curFrame 在 1～18 反复循环。

程序最终运行效果如图 6-90 所示。

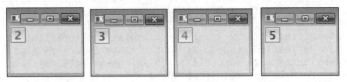

图 6-90　CustomControl 控件自定义外观

同时显示多个自定义控件，按照扫雷规则设定上述自定义控件的状态显示就可以完成扫雷游戏的设计。感兴趣的读者可以访问前面提供的链接下载源代码。

6.2.10　TitleBox 和 GroupBox 控件

这是两个简单的控件，前者用于创建一个标题框，类似于普通编程语言中的 Label 控件，后者用于创建一个带有名字并能将控件包围起来的矩形框。

Titlebox 命令用于创建一个标题框，其命令关键字和其他控件相同，没有什么特别含义或者是使用起来复杂的关键字，最常用的关键字是 title，用以指定标题框显示的文本内容，可以用 variable 关键字将一个全局字符串变量对象与标题框关联起来，此时标题框的内容就是字符串变量的内容。title 关键字跟一个字符串，字符串中可以使用转义字符，结合颜色和显示风格设置，可以将标题框作为程序中的信息输出窗口。看下面的例子：

```
NewPanel
TitleBox tb1,frame = 3,labelBack = (55000,55000,65000) // 3D 内陷显示风格,设置背景颜色
TitleBox tb1,title = "\Z18\[020 log\\B10\\M|[1 + 2K(jwt) + (jwt)\\S2\\M]|\\S-1"
```

结果如图 6-91 所示。

标题框的使用建议通过属性设置对话框进行，这样可以实时查看标题框的显示状态。在程序中通过 title 关键字动态修改标题框的内容。

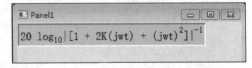

图 6-91　TitleBox 控件示例

如果在程序中动态输出文本信息，可以考虑使用标题框。当然标题框也可以当作一个静态文本框，不过此时直接使用绘图工具条中的输入文字工具要更好。

使用 title 和 variable 关键字都可以指定标题框显示的内容。

title 关键字的优点是简单，缺点是最多只能包括 100 个字符。当需要显示的内容很长且带有大量的格式时（格式都是一长串复杂的转义字符），title 并不适用。

variable 关键字的优点是显示内容没有长度限制，缺点是必须指定一个全局字符串来存放显示内容。

组合框使用 GroupBox 命令来创建，也可以通过菜单添加。根据情况用鼠标拖动调整

组合框到合适位置和大小。组合框有一个标题,标题显示在组合框的左上角,一般用来描述组合框所包围控件的功能,标题由 title 关键字指定。组合框主要用于将相似功能的控件组合起来,使程序看起来功能明确、外形美观。图 6-92 是一个组合框的例子。

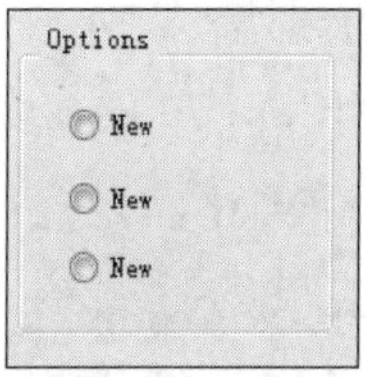

注意,组合框控件对置于其内的控件没有任何作用。如单选按钮控件置于组合框内并不能使按钮之间有互斥的选择效果。

这两个控件都没有回调函数。

图 6-92　GroupBox 控件示例

6.2.11　控件操作

控件的操作一般包括创建、修改、删除和状态的更新。

控件的创建和修改在前面介绍每个控件的使用方法时已经做了非常详细的说明,这里只需要把握住一点即可:控件名第一次出现(对于同一窗口)时是创建,以后出现时都是修改。

控件的状态更新是指主动强制更新控件为最新状态。控件的自动更新机制有时并不能满足要求,如 PopupMenu 控件在 value 指定的内容发生变化时并不会立即更新,只有在用户单击时才更新,ValDisplay 控件的 value 表达式是函数时,如果函数值发生变化,也不会实时更新,只有当控件需要重绘时才更新(如最小化再最大化,或者被别的窗口遮挡),SetVariable 在输入过程中文本框内的值并不被接收,只有鼠标离开控件时才接受修改,针对这些情况,可以强制控件更新。控件更新的命令是 ControlUpdate,使用方法为

```
ControlUpdate[/A/W = winName][controlName ]
```

其中,winName 表示控件所处窗口的名字,controlName 表示控件名字,也可以不指定控件名字,使用/A 选项表示更新所有控件。看下面的例子,首先创建一个全局变量:

```
Variable v
```

打开内置程序窗口(按下 Ctrl+M 组合键),输入下面的代码:

```
Function fff()
    nvar v
    return v
End
```

执行下面的命令,创建一个 ValDisplay 控件,将 value 设置为函数 fff(),

```
NewPanel
ValDisplay vdisp0,value = fff()
```

结果如图 6-93 所示。

图 6-93　控件状态的更新示例

可以看到 ValDisplay 控件显示 0,由于此时全局变量 v 的确等于 0,因此显示没有问题。接下来在命令行窗口中设置 v=1,会发现 ValDisplay 控件并没有实时更新。此时,执行 ControlUpdate vdisp0 就会更新控件显示值。

控件的删除可以在编辑模式下按 Delete 键删除。

但有时需要动态改变程序的外观，这就要求能在程序中删除控件，Igor 提供了一个 KillControl 的命令，专门用于在程序中删除控件。KillControl 的使用方法非常简单：

```
KillControl [/w = winName] controlName
```

其中，winName 指包含控件的窗口名字，controlName 指控件名字，如果省略 winName，则删除当前顶层窗口 controlName 指定的控件。

6.2.12　获取控件信息

控件是程序与用户交互的接口。通过控件可以设置程序运行的条件，对程序发出指令，程序也可以将运行结果通过控件显示出来。在程序中经常需要获取控件的状态信息，如一个复选框的选择状态、一个文本框中的输入数字、一个列表框中当前被选择的项等。可以通过回调函数来获取这些信息，但这种方法适用于回调函数存在且是在回调函数中获取控件状态信息的情况，如果控件没有回调函数或者在其他函数中获取控件状态这个方法就行不通了。

Igor 提供了一个获取控件状态信息的命令 ControlInfo，利用这个命令可以在程序中获取控件状态信息。ControlInfo 会创建自动变量，并将控件的状态写入这些变量。这些变量以 V_或者 S_开头，前者表示状态用一个数值变量描述，后者表示状态用一个字符串变量描述，如 V_Value、S_Value 等。

ControlInfo 的使用方法非常简单，例如：

```
ControlInfo [/W = winName] controlName
```

其中，controlName 是控件的名字，ControlInfo 命令会自动根据 controlName 识别控件类型。winName 是包含控件的窗口名字（注意不是窗口标题）。winName 是可选的，如果不提供则默认为当前顶层窗口。

下面的命令获取一个复选框的状态信息：

```
ControlInfo checkbox1       //checkbox1 是一个复选框
```

如果复选框被选中，则会自动创建一个变量 V_Value，且 V_Value＝1。

ControlInfo 获取的控件状态信息可分为两类：一类为所有控件共有的状态信息，此时自动创建的变量含义对所有控件都是一样的；另一类为专属于某类控件的状态信息，此时尽管自动创建的变量名字一样，但其含义或取值往往是不同的。共有的状态信息如表 6-22 所示，与控件类型相关的状态信息如表 6-23 所示。

表 6-22　ControlInfo 命令作用于控件名字所获取的共有状态信息

状 态 变 量	含　　义	
S_recreation	创建控件的完整代码	
V_disable	控件的可用和禁用状态	
	0	disable＝0，可用，可见
	1	disable＝1，不可见
	2	disable＝2，禁用
V_Height，V_Width，V_top，V_left	控件的大小和位置	

表 6-23 ControlInfo 命令作用于控件名字,与控件类型相关的状态信息及其自动变量含义

控件类型	状态变量	含 义
Button	V_flag	1
	V_Value	距离上一次单击所经过的时间(以 tick 为单位)
	S_UserData	匿名用户数据。如果要获取命名用户数据需要使用 GetUserData 函数
CheckBox	V_flag	2
	V_Value	非选择状态为 0,选择状态为 1
	S_UserData	匿名用户数据。如果要获取命名用户数据需要使用 GetUserData 函数
CustomControl	V_flag	12
	V_Value	距离上一次单击所经过的时间(以 tick 为单位)
	S_UserData	匿名用户数据。如果要获取命名用户数据需要使用 GetUserData 函数
	S_Value	用于定义自定义控件外观的 picture 名字
GroupBox	V_flag	9
	S_Value	控件标题
ListBox	V_flag	11
	V_Value	当前选择的行序号(只有在模式＝1、2、5、6 且没有指定 selWave 时有效),如果没有行被选择为－1
	V_selCol	当前选择的列序号(只有在模式＝5、6 且没有指定 selWave 时有效)
	V_horizScroll	水平向右滚动的像素值
	V_vertScroll	竖直向下滚动的像素值
	V_rowHeight	行的高度,以像素为单位
	V_startRow	当前最顶端可视的行序号
	S_columnWidths	以像素为单位的列宽字符串列表,以逗号分隔,如"100,200,200"
	S_DataFolder	listWave 所在数据文件夹的完整路径(不包括 listWave 本身)
	S_UserData	匿名用户数据。如果要获取命名用户数据需要使用 GetUserData 函数
	S_Value	listWave 的名字
PopupMenu	V_flag	3 或－3
	V_Red,V_Green,V_Blue	当 PopupMenu 是一个颜色选择器时,选择颜色对应的 r、g、b 值
	V_Value	当前选择的项序号(从 1 计算)
	S_UserData	匿名用户数据。如果要获取命名用户数据需要使用 GetUserData 函数
	S_Value	当前选择的项的文本内容,如果是一个颜色选择器,则是一个形如"$(r、g、b)$"的字符串

续表

控件类型	状态变量	含　义
SetVariable	V_flag	5 或者 −5
	V_Value	控件显示的数值。如果控件是一个字符串，则为将字符串转换以后的数值，如果不能转换则为 NaN
	S_DataFolder	关联变量所处的数据文件夹
	S_UserData	匿名用户数据。如果要获取命名用户数据需要使用 GetUserData 函数
	S_Value	关联变量的名字。如果使用了_STR："literal string"的格式，则返回字符串本身内容
Slider	V_flag	7
	V_Value	当前数值
	S_DataFolder	关联变量所处的数据文件夹
	S_UserData	匿名用户数据。如果要获取命名用户数据需要使用 GetUserData 函数
	S_Value	关联变量的名字
TabControl	V_flag	8
	V_Value	当前 Tab 项的次序（从 0 算起）
	S_Userdata	匿名用户数据。如果要获取命名用户数据需要使用 GetUserData 函数
	S_Value	当前 Tab 项标题内容
TitleBox	V_flag	10
	S_DataFolder	关联变量所处数据文件夹
	S_Value	关联变量的名字
ValDisplay	V_flag	4 或 −4
	V_Value	显示的数值
	S_Value	用于计算控件显示数值的表达式
kwBackgroundColor	V_Red，V_Green，V_Blue	返回程序面板背景色的 r、g、b 分量
kwControlBar	V_Hight	返回工具条(ControlBar)的高度
kwSelectedControl	V_flag	当控件被选择时为 1，否则为 0（只对 SetVariable 和 ListBox 控件有效）
	S_Value	被选择控件的名字，没有控件选择则为空("")

　　注意 V_flag 的含义：根据 V_flag 的取值能得到控件的类型。某些控件的 V_flag 可能返回负值，这表示控件还未创建完毕存在错误，如 SetVariable 没有绑定变量，PopupMenu 没有指定下拉列表项。

　　当 ControlName 取 kwBackgroundColor、kwControlBar 或者 kwSelectedControl 时，ControlInfo 能获取另外一些信息，特别是取 kwSelectedControl 时能获取当前有输入焦点的控件(SetVariable 和 ListBox)。这在编写 Window Hook 函数时非常有用，可以判断当前控件是否可编辑，如果是就启用键盘进行操作，否则忽略。这会大大方便对 SetVariable 和

ListBox 的控制,同时又不会干扰其他控件的正常运行。

程序中最经常使用的参数有 V_Value 和 S_Value,如获取 SetVariable 控件的值可以使用下面的代码:

```
ControlInfo setvar0                 //setvar0 是一个文本框控件且显示一个数值
Variable var = V_value
```

当列表框列出的是一系列 wave 的名字时,可以使用如下的代码获取当前选择列表项对应 wave 的引用。这里假设 listWave 和列表项对应 wave 存放在同一个数据文件夹下。

```
ControlInfo list0                   //list0 是一个 ListBox 控件
String s0 = S_Value                 //获取 listWave 名字
String s1 = S_Datafolder            //获取 listWave 所处数据文件夹
String lw_fpath = s1 + s0           //获取 listWave 完整路径
wave w = $ lw_fpath[V_Value]        //V_Value 表示当前选择的项次序(从 0 算起)
```

6.2.13   控件结构体变量类型应用

使用结构体类型变量作为参数的回调函数,能够获取控件更为详细的信息。本节举一个较为复杂的结构体类型应用的例子。这个例子演示了如何通过控件结构体获取更多详细信息的方法。下面的代码做了详细的注释,请读者仔细阅读并理解控件结构体的使用。

```
Function structureTest()            //创建程序面板,添加一个名为 b0 的按钮
    NewPanel
    Button b0, proc = NewButtonProc
End

Structure MyButtonInfo              //声明一个结构体类型,用于记录鼠标的状态
    Int32 mousedown                 //为 1 表示鼠标按下
    Int32 isLeft                    //为 1 表示鼠标位于按钮的左半部分
EndStructure

Function NewButtonProc(s)
    STRUCT WMButtonAction &s
    STRUCT MyButtonInfo bi
    Variable biChanged = 0          //当鼠标状态改变时置 1
    StructGet/S bi, s.userdata      //从用户数据中读取鼠标状态,并存入 bi
    switch(s.eventcode)
        case 1:                     //鼠标按下事件
            bi.mousedown = 1        //鼠标按下,置 1
            bi.isLeft = s.mouseLoc.h <(s.ctrlRect.left + s.ctrlRect.right)/2
                //判断鼠标是否位于按钮左侧,mouseLoc 是一个 point 结构体类
                //型变量,h 表示鼠标的水平方向坐标,单位是像素
            biChanged = 1           //鼠标按下状态改变了,置 1
            break
        case 2:                     //鼠标在按钮上释放事件
        case 3:                     //鼠标在按钮外释放事件
            bi.mousedown = 0        //鼠标释放,置 0
            biChanged = 1           //鼠标状态由按下到释放,状态改变,置 1
        break
```

```
            case 4:                          //鼠标在按钮上移动事件
                if( bi.mousedown )           //如果鼠标按下
                    if( bi.isLeft )          //如果鼠标位于按钮左半边打印"L"
                        printf "L"
                    else                     //如果鼠标位于按钮右半边打印"R"
                        printf "R"
                    endif
                else                         //如果鼠标没有按下则打印" * "
                    printf " * "
                endif
            break
            case 5:                          //鼠标进入按钮事件,打印"Enter button"
                print "Enter button"
                break
            case 6:                          //鼠标离开按钮事件,打印"Leave button"
                print "Leave button"
                break
        endswitch
        if( biChanged )
            StructPut/S bi,s.userdata        //鼠标状态改变了,将变化写入控件用户数据
                                             //下次按钮某一事件发生时会使用此数据
        endif
        return 0
    End
```

6.3 窗口设计

在设计窗口程序时,可以通过 picture 参数自定义控件外观。Button 控件、CheckBox 控件和自定义控件都包含有一个 picture 参数,用以自定义控件的外观。利用 picture 参数可以设计美观的按钮和程序界面,使得程序看起来更像是一个真实的"Windows 程序",提高用户友好度和易用性。picture 参数所指定的图片资源可以被重复利用。

窗口控件一般都放置在程序面板上（Panel）,但这不是必需的。窗口控件也可以放在 Graph 上。Graph 和 Panel 还可以相互嵌套,同样也可以在窗口（Panel 和 Graph）上添加 Table 和 Notebook 对象。和图一样,还可以利用绘图工具在程序窗口添加自定义图形。灵活运用这些技术会使得窗口更加美观,功能更加灵活多样。

6.3.1 Pictures 详解

在使用 Pictures 资源前需要先创建 picture。注意,这里的 picture 不是指利用 ImageLoad 命令加载进来的图片,而是利用菜单命令【Misc】|【Pictures】加载进来的图片。

利用菜单命令【Misc】|【Pictures】加载进来的图片是位图格式,存放于内存之中。在加载图片时系统会自动指定一个名字（可以手动修改）。picture 参数可以利用该名字为控件指定一个图片。但是这种方法具有很大的局限性,图片只能用于当前实验文件。如果在别的实验文件里打开程序,控件的自定义外观就会丢失（因为没有指定的图片）。

解决这个问题的办法是将这个位图格式的图片永久保存在程序文件里。这就是前面提到的图片程序代码。

Igor 将图片用 ASCII 格式的文本存放于程序文件中,并称之为图片程序代码。它将图片的二进制代码转换为相应的 ASCII 码表示出来。

一个 ASCII 码文本格式的图片程序代码可能如下:

```
// PNG: width = 56, height = 44
Picture myPictName
ASCII85Begin
M,6r;%14!\!!!!.8Ou6I!!!!Y!!!!M#Qau+!5G;q_uKc;&TgHDFAm*iFE_/6AH5;7DfQssEc39jTBQ
=U!7FG,5u*!m?gOPK.mR"U!k63rtBW)]$T)Q*!=Sa1TCDV*V+1:Lh^NW!fu1>;(.<VU1bs4L8&@Q_
<4e(%"^F50:Jg6);j!CQdUA[dh6]%[OkHSC,ht+Q7ZO#.6U,IgfSZ!R1g':oO_iLF.GQ@RF[/*G98D
bjE.g?NCte(pX-($m^\_FhhfLD9uO6Qi5c[r4849Fc7+*)*O[tY(6<rkm^)/KLIc]VdDEbF-n5&Am
2^hbTu:U#8ies_W<LGkp_LEU1bs4L8&?fqRJ[h#sVSSz8OZBBY!QNJ
ASCII85End
End
```

上面的图片程序代码对应的图片可以通过如下方法查看,如图 6-94 所示(先把图片程序复制到内置程序窗口)。

```
NewPanel
DrawPict 0,0,1,1,ProcGlobal#myPictName
```

图 6-94 图片程序代码上以作为 DrawPict 命令的参数,绘制一幅图片

图片程序代码作为程序代码的一部分存放于程序文件中。之所以利用代码的形式使用图片而非直接使用图片本身,主要是由 Igor 下程序设计的特点决定的。

程序设计一般包括两部分,代码部分和程序资源,代码就是实现程序功能的指令集合,而程序资源则包括程序的外观、文本等资源文件。在普通的程序设计语言中,如 MFC 或者 C# 等,这两部分是分别设计的,由代码编译器和资源编译器分别编译,最后由连接程序打包在一起。而在 Igor 中这两部分都是通过统一的代码来描述的。程序界面的设计通过控件命令实时创建,并没有什么额外的资源。这大大降低了程序设计的复杂性:一个文本文件就包括了一个界面程序从功能到界面的所有信息。只需要一个文本程序文件,就可以在任何地方重建程序。但这样也有一个问题,就是如果使用了自定义资源,如通过 picture 指定图片信息,当程序文件在其他地方打开时,则要求该图片同样存在,而这一般是不可能的,这时程序界面就不能正常显示。也就是说如果使用了自定义资源,同样要解决如何将这些资源和代码一起打包的问题。Igor 的解决思路非常巧妙:将图片转换为 ASCII 码格式的文本代码,并由 Picture 关键字声明,这样图片也可以和普通代码一样存放于程序文件中,仍然能实现一个文本文件存放所有程序资源的目的,不增加程序设计的复杂性。

图片程序代码 Picture 关键字可以使用 static 修饰符,此时图片为程序文件所私有,要访问该图片必须指明程序文件对应的 ModuleName。利用 static 修饰符的好处是不会与别的图片程序代码发生命名冲突，程序的独立性会更好。如果不使用static，图片是公有的，此时必须保证所有的图片程序代码名字是唯一的。

公有图片程序代码的使用方式为

```
ProcGlobal#gProcPictName
```

私有图片程序代码的使用方式为

```
modName#ProcPictName
```

注意，前面的 ProcGlobal 和 modName 不可省略，否则不能正常使用。

程序图片代码除了可用于自定义控件的外观之外，还可以作为 DrawPict 的参数，用于在程序面板中绘制图片，使用方法为：

```
DrawPict 0,0,1,1, ProcGlobal#gProcPictName          //公有图片程序
```

不仅可以给控件指定图片，在程序界面中也可以使用图片，方法就是使用 DrawPict 命令。与控件图片结合，可以绘制极具个性化、专业、美观的程序界面。

6.3.2 创建 Pictures

在前面介绍 Button 的自定义外观图片时简略介绍了创建图片程序代码的方法，上一节详细介绍了 Picture 图片程序的特点、用途和使用方法。本节介绍图片程序的详细创建过程。

创建一个图片程序代码的过程包括 8 个步骤。

（1）利用绘图软件设计好一幅图片（也可以是已经存在的图片素材，格式不限）。

（2）在【Misc】菜单中执行【Pictures】菜单命令。

（3）在弹出的【pictures】对话框中单击【Load New Picture from File】按钮从计算机打开图片，如果图片已经位于剪贴板，则单击【Load from Clipboard】。

（4）在【Picture in Memory】列表框中选择打开的图片。

（5）单击【Copy Proc Picture】按钮，此时图片程序代码生成并被复制到剪贴板。

（6）单击【Done】按钮或者直接关闭【Pictures】对话框。

（7）打开程序文件，在空白处按 Ctrl+V 组合键，粘贴图片程序代码。

（8）修改 picture 后的名字。

下面对【Pictures】对话框做更为详细的介绍。图 6-95 是利用菜单命令【Misc】|【Pictures】打开的【Pictures】对话框。

对话框功能说明：

- 【Pictures in Memory】列表框列出当前已经打开的图片，可以选择一个图片进行后面的操作。右侧会显示对应的图片。
- 【Load New Picture from File】按钮，表示从计算机中打开图片。
- 【Load from Clipboard】按钮，表示从剪贴板中加载图片。
- 【Kill Picture】按钮，删除加载后的图片。
- 【Copy Proc Picture】按钮，创建图片程序代码。

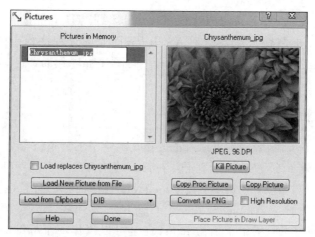

图 6-95　【Picture】创建对话框

- 【Convert To PNG】按钮将选定的图片转换为 PNG 格式。如果当前有图窗口处于编辑模式,则【Place Picture in Draw Layer】按钮处于激活状态,表示可以将图片绘制于当前窗口。

　　注意,创建的图片程序代码并没有直接添加到程序文件,而是被放到剪贴板。按【Done】按钮,退出【Pictures】对话框,打开程序文件,按 Ctrl＋C 组合键即可得到图片程序代码。

　　自动生成的程序代码已经格式化:以 Picture 关键字声明,并附有图片的格式和大小信息(格式和大小信息以注释的形式出现),名字统一为 myPictName。可以将名字手动修改为一个有意义的名字,如这里可以将它修改为 Chrysanthemum,如图 6-96 所示。

```
// JPEG: width= 1024, height= 768
Picture myPictName
    ASCII85Begin
    s4IA0!"_al8O`[\!W`:/!+5d,s6]js6"FnCAH66@!!!!"s5=Vs7<iNY!!#_f
    !5!!!".!BU8_!!!!(!!!"B7n*I\!!!!"!!E9%7nE[_!!!!"!'^G`S=KW\!!!
    k!!!!"!!!"I!!!#^1,(CB3\W?N0esk+1HI?N3]&Sl6Z7!SBla7S"crfd!WW3
```

```
Procedure
#pragma rtGlobals=1        // Use modern global access method.
// JPEG: width= 1024, height= 768
Picture Chrysanthemum
    ASCII85Begin
    s4IA0!"_al8O`[\!W`:/!+5d,s6]js6"FnCAH66@!!!!"s5=Vs7<iNY!!
    !5!!!".!BU8_!!!!(!!!"B7n*I\!!!!"!!E9%7nE[_!!!!"!'^G`S=KW\
    k!!!!"!!!"I!!!#^1,(CB3\W?N0esk+1HI?N3]&Sl6Z7!SBla7S"crfd!
```

图 6-96　图片程序代码格式

　　【Pictures】对话框是一个模式对话框,按一次【Copy Proc Picture】只能创建一个图片程序代码,粘贴程序代码时只能关闭对话框。因此创建多个图片的程序代码时需要多次打开【Pictures】对话框,非常不方便。希望 Igor 以后的版本将【Pictures】对话框设计为一个非模式对话框,这样不需要关闭就可以在程序文件中粘贴图片程序代码[①]。

---

　　① 在 Igor 7 以后版本中,【Pictures】对话框已经改为非模式对话框。

如果图片非常大，那么生成的图片程序代码也将非常大，由于一个 ASCII 码对应一个字节，一个 8 位二进制数据需要两个 ASCII 码，因此图片程序代码的大小约为真实图片的 2 倍，故除非必要，不要创建特别大的图片的图片程序代码，否则会显著增加程序文件的大小。

6.3.3　窗口设计

当程序面板处于工作状态时，可以右击选择显示绘图工具条【Show Tools】并进入编辑模式。当程序面板处于编辑模式时，右击并在弹出的快捷菜单中利用【Frame】菜单项设置程序面板显示风格，利用【Control Background】设置程序面板的背景色。利用【New】菜单项在程序面板中再添加一个 Panel 或者一个 Graph（显示曲线、Image 等），还可以是 Table 或者 Notebook。在程序面板中添加的 Panel 完全可以当作一个标准的程序面板使用，而 Graph 则可以当作一个标准的数据绘制窗口使用。Table 和 Notebook 也和独立的 Table、Notebook 功能完全一致。图 6-97 所示的窗口程序包含一个 Panel、一个 Graph、一个 Table 和一个 Notebook。

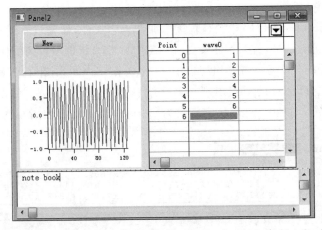

图 6-97　在程序面板上可以添加 Panel、Graph、Table 和 Notebook

在设计窗口界面程序时可利用这些特性：在程序面板上显示 wave 信息和绘制曲线，利用 Table 编辑 wave，利用 Notebook 输出程序执行的实时信息。

注意，这里的程序面板并非特指 Panel，还包括 Graph。Graph 内同样可以创建上面的各种类型的窗口，程序面板是可以嵌套的。

当程序面板是 Graph 时，可以直接向 Graph 窗口中添加控件。还使用 ControlBar 命令或者通过【Control Bar】对话框（菜单命令【Graph】|【Add Controls】|【Control Bar】）给 Graph 添加一个工具条，然后将所有的控件添加到工具条上。工具条不会占用数据的绘图区域，如图 6-98 所示。

图 6-98(a)里，【Height】文本框中的数值指明所创建的工具条的高度。编辑模式下鼠标靠近工具条的边沿可以动态调整工具条的宽度。在 Graph 窗口中（必须处于编辑模式下）

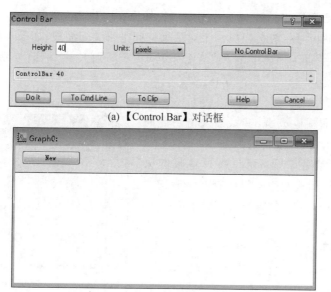

(a)【Control Bar】对话框

(b) 在Graph窗口中添加工具条的显示效果

图 6-98　在 Graph 窗口中添加工具条

鼠标靠近 Graph 边沿,按下鼠标左键可以拖出一个 Panel,这也是在 Graph 窗口中创建 Panel 的一种快捷方法。

　　程序面板内嵌套 Panel、Graph 等时,若要访问这些窗口,需要使用下面的方法:

```
basename#sub1
#sub1
#
##
```

其中,basename 表示父窗口面板的名字,sub1 表示其内嵌套的 Panel、Graph 等窗口的名字。这里的"#"类似于数据文件夹中的":"。#sub1 表示当前父窗口面板下的 sub1 窗口。#表示当前活动的窗口。##表示当前活动窗口的父窗口面板。看下面的例子。

```
Button btn0, win = mainwindow#mysubpanel,title = "button0"
AppendToGraph/w = mainwindow#mysubgraph data
```

第一个命令将父窗口面板 mainwindow 下子程序面板 mysubpanel 中的 btn0 控件名字修改为 button0(假设 btn0 已经存在)。第二个命令向父窗口面板 mainwindow 下子 Graph 窗口 mysubgraph 中添加 data 曲线。

　　一般程序面板是可以通过鼠标拖动改变大小的。如果希望程序面板大小固定,可以在程序面板的生成脚本中,指定面板为固定大小或者大小不可调整:

```
ModifyPanel fixedsize = 1               //Panel
ModifyGraph width = xx,height = xx      //Graph,xx 表示数值的大小
```

　　如果程序面板是 Panel,可以利用 fixedsize＝1 禁止用户调整面板大小。如果程序面板是 Graph,则可以设定 width 和 height 为具体值来禁止用户调整面板大小。

显然，Panel 要方便些。而 Graph 需要事先知道宽度和高度的数值。

在关闭程序面板时一般会弹出一个对话框询问是否关闭面板，如果不想要这个提示，可以在生成脚本中，手动为 NewPanel 或者 Display 命令添加 K＝1 标记参数：

```
NewPanel/K = 1          //Panel
Display/K = 1           //Graph
```

在创建程序面板生成脚本时，如果恰巧此时程序面板处于编辑模式（或者虽然处于工作模式，但绘图工具条仍然处于显示状态，只是收起来了），则对应的程序面板左边会保留有一个收起来的工具条，程序虽然能正常运行，但影响美观，如图 6-99 所示。

此时可以手动修改生成的脚本，去掉 showtools/A 语句，或者在创建生成脚本时按 Ctrl＋T 组合键隐藏绘图工具条。

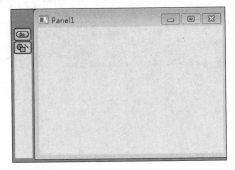

图 6-99　程序面板左侧有一个工具条

如果要想使程序面板永远在最前端显示，可以在创建程序面板时使用/FLT 选项，或者生成脚本中的 NewPanel 命令后添加/FLT 选项：

```
NewPanel/FLT
```

注意，Graph 不支持/FLT 选项。

6.3.4　Graph 和 Panel 的区别

Graph 和 Panel 都可以作为程序面板，但两者还是有区别的，区别主要体现在两个方面。

（1）Graph 在窗口的响应速度要比 Panel 慢一些。

（2）Graph 窗口和 Panel 窗口绘制时使用的单位不一样。

第一个方面的区别不是很突出，但是建议用 Panel 作为程序面板，而不是 Graph。

第二个方面的区别主要体现在程序的可移植性上。Graph 绘制时使用 point（点）作为单位，Panel 使用 pixel（像素）作为单位[1]。

point 是逻辑像素，1 英寸[2]＝72point。point 与设备无关。

pixel 是实际像素，1 英寸等于多少像素取决于显示设备。如标准的普通显示器，1 英寸＝96 像素（DPI＝96）。一些高分辨率显示器，1 英寸包含的像素可能更多，如 1 英寸＝192 像素（DPI＝192）。

point 是逻辑单位，最终显示时必须转换为显示设备的像素单位，像素与 point 的转换公式如下：

```
pixelNumber = pointNumber * DPI/72
```

---

[1]　在 Igor 7 以后版本中，Graph 和 Panel 的绘制单位都是 point，这主要是为了解决高分辨率显示器的显示问题。

[2]　1 英寸＝2.54 厘米。

相同 point 值的图形对象,在不同显示器上显示的大小可能是不一样的。

注意,在操作系统环境下,DPI 是可以人为设置的,如在 Windows 7 下,尽管显示器真实的 DPI=96,但是可以设置 DPI=192,则表示 1 英寸=192 像素,此时屏幕上的 1 英寸相当于实际中 2 英寸。对于相同 point 值的对象,DPI 增加一倍,则换算过来的像素也增加一倍,因此视觉上看起来也增大一倍。这就是 Windows 下增大 DPI,字体等会变大的原因。

Igor 中,可以使用 ScreenResolution 函数返回系统的 DPI 值:

```
Print ScreenResolution                    //如果是标准的普通显示器则输出 96。输出值随硬件变化
```

来看下面的例子:

```
NewPanel /W = (315,81,615,281)
Display /W = (315,81,615,281)
```

上面的命令使用相同的参数,但是 Panel 要比 Graph 明显小很多,这是因为 Panel 使用像素作为单位,而 Graph 使用 point 作为单位。Graph 大小是 panel 的 4/3 倍(96/72),如图 6-100 所示。

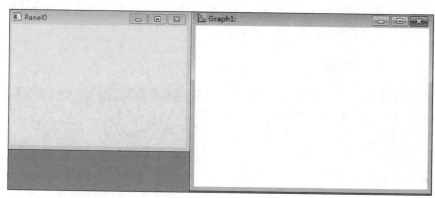

图 6-100　同样的绘制参数,Panel 要比 Graph 小

执行下面的命令:

```
GetWindow graph1,gsizedc
Print V_right - V_left
GetWindow panel0,wsizedc
Print V_right - V_left
```

输出结果如图 6-101 所示。

从图 6-101 可以看出对于 Panel,像素宽度和绘制时参数一致(300=615−315)。对于 Graph,像素宽度是绘制时参数值的 4/3 倍(400=96/72 * (615−315))。

使用像素作为单位会带来一个问题:当使用高分辨率显示器时,Panel 会明显偏小,甚至只有正常大小的一半。这就是 Igor 6 及其以前的版本在高分辨率显示器下显示不太正常的原因。这个问题在 Igor 7 里已经被解决了,Igor 7 全部使用 point 作为图形绘制单位。

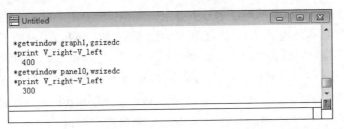

图 6-101　利用 GetWindow 命令获取窗口的大小（以像素作为单位）

6.4　菜单

除了窗口程序之外，Igor 还支持自定义菜单。菜单也是一种特殊的窗口程序。自定义菜单的目的有两个：和系统菜单命令一样直接执行指定操作；方便某些命令的调用。前面介绍的窗口程序都是通过在命令行窗口输入生成脚本重建。当窗口程序变多时，很容易忘记脚本的名字，这会给程序的使用带来不便。如果设计菜单，单击菜单调用程序的生成脚本，就不会有这样的问题了。

6.4.1　菜单概述

菜单的创建在程序文件中进行。如下面的代码在系统菜单【Macros】中添加 3 个新菜单项，执行结果如图 6-102 所示。

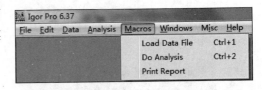

图 6-102　在【Macros】菜单下面创建菜单项

```
Menu "Macros"
    "Load Data File/1"
    "Do Analysis/2"
    "Print Report"
End
```

单击图 6-102 中的菜单项，比如单击【Load Data File】，Igor 会试图去执行一个名为 LoadDataFile 的程序，这个程序应该存在或者已经在程序文件中定义好。这是隐式指定菜单执行程序的方法。

也可以显式指定菜单项要执行的程序：

```
Menu "Macros"
    "Load Data File/1", Beep; LoadWave/G
    "Do Analysis/2"
    "Print Report"
End
```

当选择【Load Data File】菜单项时，会执行后面的 Beep 和 LoadWave/G 命令，即先发出一声响铃，然后打开一个加载 wave 的对话框。

这里可以看到 Igor 会自动检查菜单项的内容：如果显式指定了程序，则执行指定的程序；如果没有显式指定程序，则去掉菜单项文本中的空格等字符，然后将剩下的内容组合为要执行的程序名字并执行。

注意，如果菜单项要执行的程序所在的程序文件处于打开状态且为顶层窗口，则不执行程序而是直接跳到程序处。

可以指定级联菜单：

```
Menu "Macros"
    Submenu "Load Data File"
        "Text File"
        "Binary File"
    End
    Submenu "Do Analysis"
        "Method A"
        "Method B"
    End
    "Print Report"
End
```

有了菜单项，就可以非常方便地管理和调用窗口程序：

```
Menu "myproc"
    "open dataprocessing dialog",dataprocessdg()
End
proc dataprocessdg()
    //为生成 dataprocessdg 对应的窗口做一些准备工作,如创建全局变量等
    dataprocessdg_panel()                //生成脚本
End
```

上面将对程序生成脚本的调用放在一个 proc 程序里，并将这个程序指定给菜单。这里没有直接在菜单里调用生成脚本，这样做的好处是，可以在程序面板创建之前先做一些准备工作，如检查程序是否已经打开，若已打开，则无须进一步操作；若没有打开，则创建程序运行所必须的一些环境变量，然后再打开程序。

菜单声明一般的语法格式如下：

```
Menu <menu title string> [,<menu options>]
    [<menu help strings>]
    <menu item string> [,<menu item flags>] [,<execution text>]
    [<item help strings>]
    …
    Submenu <submenu title string>
    [<submenu help strings>]
    <submenu item string> [,<execution text>]
    [<item help strings>]
    …
End
```

其中，<menu title string>是要添加的菜单名字，必须是一个双引号括起来的字符串。如果 menu title string 是系统菜单，则自定义菜单项被添加到系统菜单里。如果 menu title string 不是系统菜单，则会在主菜单后面创建一个指定名字的菜单。

Igor 中可以添加自定义菜单项的所有系统菜单，如表 6-24 所示。

表 6-24　Igor 下系统菜单

Add Controls	AllTracesPopup	Analysis	Append to Graph	Control
Data	Edit	File	Graph	GraphMarquee
Help	Layout	LayoutMarquee	Load Waves	Macros
Misc	Statistics	New	Notebook	Open File
Panel	Procedure	Save Waves	Table	TracePopup

上面的菜单有的是系统主菜单，有的是主菜单下的级联菜单，还有的是一些特殊窗口如 Graph 或者 Layout 中的右键快捷菜单。这也意味着，不仅可以向主菜单添加菜单项，还可以向右键快捷菜单中添加菜单项。

< menu options >是可选项，目前支持 3 个参数：dynamic、hideable 和 contextualmenu。dynamic 用于创建动态菜单，请看后面动态菜单创建部分内容。hideable 表示菜单可以隐藏。contextualmenu 表示菜单可以作为自定义右键快捷菜单内容，请看后面右键快捷菜单创建部分内容。

< menu help strings >是可选项，用于指定菜单项的帮助文字，帮助文字会显示在 Igor 下方的状态栏上。

```
Menu "Test"
        help = {"This is the help for the Test menu."}
        "Load Data File"
        help = {"This is the help for the Load Data File item."}
    End
```

其中，第一个 help 指定主菜单【test】的帮助内容，第二个 help 指定【Load Data File】菜单项的帮助内容。

< menu item string >是具体菜单项的名字。menu item string 如果是一个分号分隔的字符串，则会同时创建多个菜单项。menu item string 取特殊字符串会创建系统菜单。

< menu item flags >为可选项，目前支持一个选项/Q，表示不向历史命令行窗口输出信息。右键快捷菜单默认使用/Q 选项。

< execution text >指定菜单项要执行的程序，可以是函数，也可以是命令表达式，还可以是多个用分号分隔的命令表达式。在右键快捷菜单中指定为空(" ")时禁用菜单项。

< submenu title string >创将一个级联菜单，含义和 menu title string 完全一样。

6.4.2　创建动态菜单

一般创建的菜单都是静态菜单，即菜单项的内容一经指定，永久不变。但有时希望能创建动态菜单，即菜单的内容能随着处理数据对象的变化而变化。Panel、Table、Graph 和 Notebook 等就是动态菜单。还有一些菜单项在不满足使用条件时被禁用也属于动态菜单。

创建动态菜单需要使用 dynamic 参数，每次单击菜单时 Igor 都会重新计算所有菜单项的内容。创建动态菜单的基本思路是不直接指定菜单项的名字，而是通过函数返回一个字符串作为菜单项的名字。看下面的例子：

```
Function DoAnalysis()
    Print "Analysis Done"
End
Function ToggleTurboMode()
    Variable prevMode = NumVarOrDefault("root:gTurboMode", 0)
    Variable/G root:gTurboMode = !prevMode
End
Function/S MacrosMenuItem( itemNumber )
    Variable itemNumber
    Variable turbo = NumVarOrDefault("root:gTurboMode", 0)
    if (itemNumber == 1)
        if (strlen(WaveList(" * ", ";", "")) == 0)        //没有 wave 存在
            return "(Do Analysis)"                         //禁用状态
        else
            return "Do Analysis"                           //可用状态
        endif
    endif
    if (itemNumber == 2)
        if (turbo)
            return "!" + num2char(18) + "Turbo"            //一个带√的 Turbo 菜单项
        else
            return "Turbo"
        endif
    endif
End
Menu "Macros", dynamic
    MacrosMenuItem(1)                                       //没有显式指定执行程序
    help = {"Do analysis", "Not available because there are no waves."}
    MacrosMenuItem(2), /Q, ToggleTurboMode()
    help = {"When checked, turbo mode is on."}
End
```

上面的例子中，菜单项名字 menu item string 处是一个能返回字符串的函数 MacrosMenuItem。函数的参数 itemNumber 取 1 时，如果当前文件夹下存在 wave，则返回 Do Analysis，即此时第一个菜单项实际为【Do Analysis】，如果不存在 wave，则返回 Do Analysis，此时菜单项仍然为【Do Analysis】，但是处于禁用状态；函数的参数 itemNumber 取 2 时，返回一个可以被选择的菜单项【Turbo】，菜单项前面会出现一个√表示被选择。由于没有指定程序，当选择【Do Analysis】菜单项时，Igor 会执行 DoAnalysis 程序。

动态菜单项还有一个性质，那就是如果菜单项处函数返回一个空字符串，则不创建菜单项，利用这个特性还可以创建数量可变的菜单项，如下：

```
Menu "Waves", dynamic
    WaveName("",0,4), DoSomething( $ WaveName("",0,4))
    WaveName("",1,4), DoSomething( $ WaveName("",1,4))
    WaveName("",2,4), DoSomething( $ WaveName("",2,4))
    WaveName("",3,4), DoSomething( $ WaveName("",3,4))
    WaveName("",4,4), DoSomething( $ WaveName("",4,4))
    WaveName("",5,4), DoSomething( $ WaveName("",5,4))
```

```
        WaveName("",6,4), DoSomething( $ WaveName("",6,4))
        WaveName("",7,4), DoSomething( $ WaveName("",7,4))
    End
    Function DoSomething(w)
        Wave/Z w
        if( WaveExists(w) )
            Print "DoSomething: wave's name is " + NameOfWave(w)
        endif
    End
```

其中，WaveName("",n,4)用于返回当前文件夹下的 wave（不区分维度）名字，n 是 wave 所处位置次序。这里【Waves】菜单会依次最多显示当前文件下的前 8 个 wave，如果没有 wave，则什么都不显示。

6.4.3　系统右键快捷菜单中添加菜单项

在 Graph 中右击曲线会打开 tracepopup 右键快捷菜单；在 Graph 中按鼠标左键同时拉动鼠标，会绘制一个矩形框，右击也会弹出一个菜单，这个菜单叫作 GraphMarquee。向这两个菜单中添加自定义菜单，在手动拟合或者调整某条曲线时非常方便。下面的例子向 tracepopup 菜单添加一个菜单项，单击此菜单项后可打印右键选择曲线的名字。

```
Menu "tracepopup"
    "Print Trace Name",PrintTracename()
End
Function printtracename()
    GetLastUserMenuInfo
    Print S_tracename
End
```

其中，GetLastUserMenuInfo 命令用于获取上一次菜单项单击时相关的各种信息。

在批量数据拟合时，如何处理个别质量不好的数据一直是自动拟合时棘手的问题；自动识别拟合不好的数据然后手动处理，这种方式需要复杂的程序设计逻辑和大量的代码。使用 tracepopup 菜单，问题就会变得简单很多，因为右键可以直接选择拟合有问题的曲线。结合动态菜单创建技术，还可以设计极富弹性的右键快捷自定义菜单，提高程序的灵活性。

6.4.4　特殊菜单项

menu item string 取特殊字符串用于创建特殊菜单，如字体选择菜单、颜色选择菜单、曲线线型选择菜单等。下面创建一个特殊符号菜单，如图 6-103 所示。

```
Menu "character"
    " * CHARACTER * (Symbol,12) "
End
```

表 6-25 列出了特殊字符串及其对应的特殊菜单含义。

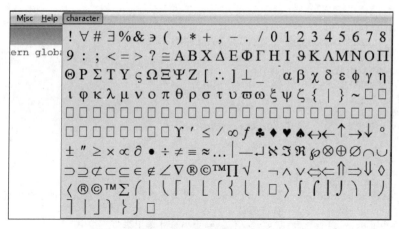

图 6-103　特殊符号菜单

表 6-25　特殊菜单及其对应的字符串内容

特殊字符串	对应特殊菜单
"＊CHARACTER＊（Symbol,36）"	特殊符号,括号第一项为字体名字,第二项为字体大小
"＊COLORTABLEPOP＊（YellowHot,1）"	颜色 Table,括号第一项为默认选择颜色,第二项表示是否反转
"＊COLORPOP＊（0,65535,0）"	颜色选择,括号里为初始颜色（r,g,b）
"＊FONT＊（Arial）"	字体,括号里为列出的字体
"＊LINESTYLEPOP＊（3）"	曲线线型,括号里为默认选择的线型
"＊MARKERPOP＊（8）"	图形标记符号,括号里为默认选择的符号
"＊PATTERNPOP＊（1）"	填充模式,括号里为默认选择的填充模式

　　特殊字符串括号里的内容指定相应菜单项的初始内容。除了"＊CHARACTER＊"之外,其他都可以省略。"＊CHARACTER＊"的括号不能省略,否则会出现错误,这可能是 Igor 内部 bug(Igor 7 已修正)。

　　"＊FONT＊"和其他的特殊菜单不太一样,菜单项只有一项【Font】,单击后打开一个字体选择对话框。可以在括号里列出字体。

　　特殊菜单的创建必须满足一个要求:菜单里包括且仅包括一个菜单项,就是特殊菜单本身。一个菜单中创建多个特殊菜单时,应该将每个特殊菜单都单独作为一个级联菜单项菜单。特殊菜单项需要显式指定程序。通过 GetLastUserMenuInfo 命令查看菜单项选择情况。看下面的代码:

```
Menu "specialmenus"
    Submenu "Character"
        "＊CHARACTER＊(Arial,12)",/Q,getmenuinfo()
    End
    Submenu "Colortable"
        "＊COLORTABLEPOP＊(YellowHot,1)",/Q,getmenuinfo()
    End
    Submenu "ColorPop"
        "＊COLORPOP＊(0,65535,0)",/Q,getmenuinfo()
```

```
                End
            Submenu "LineStyle"
                " * LINESTYLEPOP * (3)",/Q,getmenuinfo()
            End
            Submenu "Markers"
                " * MARKERPOP * (8)",/Q,getmenuinfo()
            End
            Submenu "Patterns"
                " * PATTERNPOP * (1)",/Q,getmenuinfo()
            End
        End

    Function getmenuinfo()
        GetLastUserMenuInfo              //获取上一次菜单选择信息,并存入自动创建的变量中
            String str
        Variable n = V_flag              //V_flag 表示特殊菜单类型
        DoWindow/F char_dlg
        if(!V_Flag)
            Display
            DoWindow/C char_dlg
        Endif
        switch(n)
            case 3://" * FONT * "
                break
            case 6://" * LINESTYLEPOP * "
                popupmenu pop1,pos = {1,80},value =  " * LINESTYLEPOP * "
                popupmenu pop1,mode = V_value + 1
            break
            case 7://" * PATTERNPOP * "
                popupmenu pop2,pos = {1,160},value =  " * PATTERNPOP * ",mode = V_value
                break
            case 8://" * MARKERPOP * "
                popupmenu pop3,pos = {1,120},value =  " * MARKERPOP * "
                popupmenu pop3,mode = V_value + 1
                break
            case 9://" * CHARACTER * "
                str = "\\F'Arial'\Z30" + S_Value
                TextBox/C/N = text0/A = MC str
                break
            case 10://" * COLORPOP * "
                popupmenu pop4,pos = {1,40},value =  " * COLORPOP * "
                popupmenu pop4,popColor = (V_Red,V_green,V_blue )
                break
            case 13://" * COLORTABLEPOP * "
                popupmenu pop5,pos = {1,0},value =  " * COLORTABLEPOP * "
                popupmenu pop5,mode = V_value
            break
        Endswitch
    End
```

程序执行结果如图 6-104 所示。

上面的程序利用特殊字符串创建了不同类型的系统菜单,并给所有的菜单项都指定了同一个处理函数,在处理函数中调用 GetLastUserMenuInfo 命令获取菜单的选择信息。

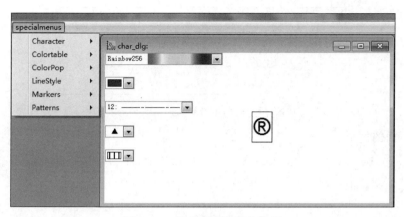

图 6-104 特殊菜单创建及使用

GetLastUserMenuInfo 会自动创建一系列变量并将菜单选择信息存放于这些变量之中。表 6-26 列出了这些变量的含义。

表 6-26 **GetLastUserMenuInfo** 命令创建变量及其含义与特殊系统菜单对应关系

系 统 菜 单	V_flag	V_Value	S_Value
" * FONT * "	3	字体位置次序	字体名字
" * LINESTYLEPOP * "	6	线型位置次序,从 0 开始	系统菜单名字
" * PATTERNPOP * "	7	填充模式位置次序,从 1 开始	系统菜单名字
" * MARKERPOP * "	8	图形标记位置次序,从 0 开始	系统菜单名字
" * CHARACTER * "	9	char2num(S_Value)	字符
" * COLORPOP * "	10	—	系统菜单名字
" * COLORTABLEPOP * "	13	颜色表位置次序,从 1 开始	颜色表名字

6.4.5 创建弹出式菜单

弹出式菜单又叫右键快捷菜单,利用 PopupContextualMenu 命令可以在程序中创建弹出式菜单,方法如下:

```
PopupContextualMenu [/C = (xpix, ypix) /N ] popupStr
```

上面的命令在当前活动窗口上创建一个弹出式菜单。

/C 选项可选,用于指定菜单左上角的位置(窗口局域坐标系),以像素为单位。默认为鼠标当前的位置,一般不需要改变。popupStr 是分号分隔的字符串,每个字符串都是一个菜单项。/N 选项表示 popupStr 里包含的是一个弹出式菜单的名字,在菜单(menu)定义中,可用 contextualmenu 参数指定菜单为弹出式菜单。看下面的例子:

```
Function test()
    string poplist = "menu items 1;menu items 2"
    PopupContextualMenu poplist
End
```

执行 test(),在鼠标的位置出现弹出式菜单,如图 6-105 所示。

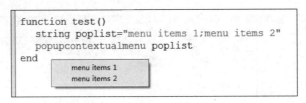

图 6-105　创建自定义弹出式菜单

再看下面的例子：

```
Menu "contextualmenu",contextualmenu          //利用 contextualmenu 声明这是一个弹出式菜单
    "Option1",ff()
    "Option2",ff()
End
Function test()
    PopupContextualMenu/N "contextualmenu"
End
Function ff()
    GetLastUserMenuInfo
    String str
    str = "the " + num2str(V_Value + 1) + " indexed item " + S_Value + " is selected"
    Print str
End
```

上面首先声明了一个普通的菜单 menu，由于使用了 contextualmenu 选项，表明这个菜单是一个弹出式菜单。弹出式菜单里包含两个菜单项，菜单项对应的程序都是 ff()。在 ff() 中，利用 GetLastUserMenuInfo 命令获取菜单项的选择信息。函数 test()通过 PopupContextualMenu/N 命令创建弹出式菜单，标记/N 表示后面的"contextualmenu"表示这是一个已经定义好的弹出式菜单。

利用 contextualmenu 参数，可以设计复杂的弹出菜单。获取弹出菜单项选择的信息仍然是通过 GetLastUserMenuInfo 命令，此时 V_flag＝0，V_Value 是选择的项的位置次序，从 1 算起，S_Value 是选择的项的文本内容。

上面的例子中，通过执行函数或者命令创建弹出式菜单。实际中应该在鼠标右击时弹出上下文菜单。这需要一些技巧：捕捉右击事件，在事件的响应函数中调用 PopupContextualMenu 命令创建弹出式菜单。

控件和程序面板都可以捕捉鼠标右击事件。利用控件捕捉鼠标右击事件请参看 6.2 节窗口控件的介绍。利用程序面板捕捉鼠标右击事件需要给程序面板指定一个钩子函数（请看 7.4 节）。下面以 Panel 窗口为例说明右键创建弹出式菜单的方法。保持上面的例子代码不变，添加下面的代码：

```
Function demon()
    NewPanel
    SetWindow kwTopWin,hook(myhook) = myhook
End
Function myhook(s)
    STRUCT WMWinHookStruct &s
    switch(s.eventcode)
        case 3:                    //鼠标单击
```

```
            if(s.eventMod&~0x01)//右击事件
                test()
            endif
            break
        endswitch
    End
```

结果如图 6-106 所示。

在程序面板上按下鼠标右键即可看到刚刚创建的
弹出式菜单。这里并不会干扰系统的右键快捷菜单,
再按下鼠标右键将弹出系统自带的右键快捷菜单,
Igor 会在用户和系统弹出菜单之间交替切换。

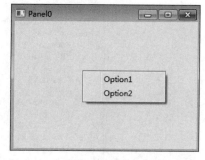

图 6-106 在钩子函数中响应鼠标右键
事件,创建弹出式菜单

6.4.6 菜单项中的特殊字符

在 6.4.2 节创建动态菜单时,可以看到菜单项能被禁用或者添加一个选择标记,还可以
给菜单项指定快捷键。再看下面的例子:

```
Menu "test"
    "menu1/1"                       //快捷键为 Ctrl + 1
    "!menu2"                        //菜单项前有一个选择标记"√"
    "&menu3"                        //菜单项快捷键为键盘按键 m
    "(menu4"                        //禁用菜单项
    "_"                             //一条分隔横线
    "menu5/O1"                      //快捷键为 Ctrl + Alt + 1
    "menu6/S1"                      //快捷键为 Ctrl + Shift + 1
    "menu7/OS1"                     //快捷键为 Ctrl + Alt + Shift + 1
    "menu8/F5"                      //快捷键为 F5
    "menu9/OF5"                     //快捷键为 Alt + F5
    "menu10/CF5"                    //快捷键为 Ctrl + F5
    "menu11/OCF5"                   //快捷键为 Ctrl + Alt + F5
    "menu12/OSCF5"                  //快捷键为 Ctrl + Shift + Alt + F5
End
```

将上面的代码复制到内置程序窗口,编译后效果如图 6-107 所示。

图 6-107 中,菜单项前面感叹号会选择该菜单项,左圆括号会禁用该菜单项,& 号会给
其后的字符添加一个下画线表示键盘快捷键,其他的含义请读者对照图理解。

注意,虽然 PopupMenu 控件也属于菜单,但默认不支持特殊字符,如图 6-108 所示。

```
NewPanel
PopupMenu p1,value = "menu1/1;!menu2"
```

可以在菜单项中通过转义字符"\\M0"和"\\M1"来改变菜单对特殊字符的支持行为。
"\\M0"表示关闭对特殊字符的支持,特殊字符将作为普通字符显示,"\\M1"含义正好相
反。看下面的例子,结果如图 6-109 所示。

```
Menu "test"
    "km/h"
    "\\M0km/h"
End
```

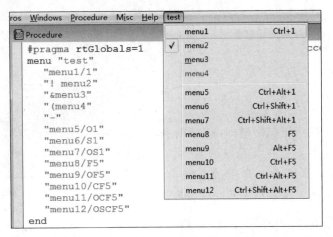

图 6-107　为菜单项指定快捷键。对应关系为：C-Ctrl，O-Alt，S-Shift

图 6-108　PopupMenu 控件菜单项
一般不支持特殊字符

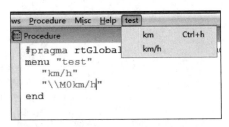

图 6-109　利用转义字符"\\M1"关闭
特殊字符的作用

利用这个特性，可以在 PopupMenu 控件中打开特殊字符作用，方法如下，结果如图 6-110 所示。

```
NewPanel
PopupMenu p1,value = "\\M0(First item;\\M1(Second item;\\M1!" + num2char(18) + "Third item"
```

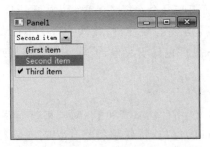

图 6-110　利用"\\M0"或者"\\M1"控制 PopupMenu 控件菜单项中特殊字符的作用

注意，在 PopupMenu 控件中，使用"\\M0"或者"\\M1"时，用分号分隔的每个菜单项前面都要添加该转义字符。显示"√"也比普通菜单略微复杂，需要在菜单项前添加"\\M1!"＋ num2char(18)"字符串。

第7章

高级程序设计

本章介绍 Igor 中编程的部分高级技术和技巧,这些技术和技巧既适用于命令行程序设计,也适用于窗口界面程序设计。除了本章介绍的内容之外,Igor 还支持数据库编程、FTP 传输、HTTP 超文本传输、ActiveX 技术等,考虑到这些技术在数据处理中的实用性和一般用户使用 Igor 的基本需求,本章没有介绍这些方面的内容。感兴趣的读者可以查看帮助文档。

7.1 程序中的 free 对象

一般来说,wave 一旦被创建,就会作为数据的一部分,以树形目录的结构方式保存在指定的数据文件夹下。那么可不可以创建不属于任何目录结构的 wave 呢? 答案是可以的,free wave 就不属于任何目录结构,是一个自由的 wave。

同样,数据文件夹一旦被创建,也被自动添加到 Igor 的树形目录结构中。但是同样可以创建不属于任何目录结构的自由数据文件夹(free data folder)。

在自由数据文件夹中创建的任何数据(wave 和变量)只属于该文件夹,不属于系统的任何一个数据文件夹。

在这里将 free wave 和 free data folder 称为 free 对象。

由于 free 对象的特性,Igor 并不像全局对象那样永久保存 free 对象,只有当自由对象仍然被引用时才保存,否则会自动删除。比如引用一个 free wave 的 wave 引用永久存在,那么这个自由 wave 就会永久存在,否则会被马上删除。

由于 free 对象依赖于其引用的特性,可以在函数中创建 free wave 当作数组来使用,在函数结束时,该 free wave 的引用消失,则 free wave 会被自动删除。这很类似于普通编程语言中的数组。不用 free wave 技术,创建的 wave 只能手动删除,否则将作为全局对象被永久保留。

free 对象主要用于多线程程序设计。因为不同的线程都有自己完全独立的数据目录结构(这些数据目录和主线程目录之间没有任何关系),当这些线程需要与 Igor 主线程通信时,需要将自己运行环境下的目录结构转换为自由目录或者 wave,这样在主线程下就可以利用指向该目录或者 wave 的引用来访问在线程里创建的数据对象了。

7.1.1 free wave

free wave 不属于任何数据文件夹。创建 free wave 的方法有 3 种：

```
wave w = NewFreeWave(2 , 4)        //free wave,长度为4,数据类型 float
Make/Free/N = 4 w                  //free wave,长度为4
Duplicate/Free awave,w
```

其中,NewFreeWave($type$, $npoints$)创建一个一维的 free wave 并返回 wave 的引用。$type$ 是 wave 中数据类型（与 WaveType 命令输出相同）,$npoints$ 是 wave 长度。Make 和 Duplicate 命令使用/Free 标记生成一个 free wave。

正确使用 free wave 必须了解其生存期。free wave 的生存期取决于是否有一个 wave 引用变量指向它,当没有 wave 应用变量指向它时,free wave 就会被自动删除。一般包含 free wave 创建的函数运行结束后,free wave 的生命也就终结了。但是函数的结束不是 free wave 被自动删除的充要条件。下面通过几个具体的例子来掌握 free wave 的概念。

（1）例子 1。

```
Function TestFreeWaveDeletion1()
    wave w = NewFreeWave(2,3)      //创建 free wave
    waveClear w                    //w 被清除
                                   //由于 w 被清除,free wave 没有 wave 引用指向它,因此被自动删除
    wave w = NewFreeWave(2,3)      //创建 free wave
    wave w = root:wave0            //w 被指向另外的 wave
                                   //没有 wave 引用指向上 free wave,因此被自动删除
    wave w = NewFreeWave(2,3)      //创建 free wave
End                                //函数结束,w 的生存期结束,free wave 也被自动删除
```

（2）例子 2。

```
Function TestFreeWaveDeletion2()
    Make /D /N = 3 /FREE jack      //创建一个 free wave,wave 引用自动被创建为 jack
    Make /D /N = 5 /FREE jack      //创建一个新的 free wave,引用名仍然为 jack
                                   //由于 jack 被指向了新创建的具有 5 个元素的 free wave,因此
                                   //原来具有 3 个元素的 free wave 没有引用指向它,被自动删除
                                   //函数结束,jack 生存期结束,它指向的 free wave 也被删除
    End                            //（5 个元素的 wave）
```

注意 wave 名字和 wave 引用的区别。当使用 Make 命令创建 wave 时,命令会自动创建 wave 的引用,引用名和 wave 名字相同,但二者是有本质区别的。NewFreeWave 返回一个 wave 的引用,但是它创建的 wave 名字是"_free_"。利用下面的代码查看 NewFreeWave 返回的 free wave 的名字：

```
Function test()
    Print NameOfWave(NewFreeWave(2,4))
End
```

（3）例子 3。

```
Function/WAVE Subroutine1()
    Make /D /N = 3 /FREE jack = p      //创建 free wave
    return jack                        //返回 free wave 的引用
End
Function MainRoutine1()
    wave w = Subroutine1()             //w 指向由 Subroutine1()返回的 free wave
    Print w
End
```

本例中，Subroutine1()中创建了一个 free wave，其引用为 jack，当函数运行结束后，free wave 并没有被删除，这是因为在 MainRoutine1（）函数中 w 又重新指向了它。当 MainRoutine1()运行结束后，这个 free wave 才最终被删除。

注意，free wave 不能被用于 Graph、Table 或者控件等需要关联全局对象的场合，因此也无法通过 Graph 和 Table 查看 free wave。因为这些对象使用 Igor 的数据目录系统。

free wave 可以随时转换为一个真实的全局 wave 对象，方法是使用 MoveWave 命令：

```
wave w = NewFreeWave(2,4)
MoveWave w, root:mywave
```

由于 Igor 编程环境没有数组的概念（结构体类型例外），在使用数组的场合需要用 wave 来代替。但是 wave 是一个全局对象，也即意味着 wave 一旦被创建，就会作为数据文件中的一个对象永久存在。如果 wave 仅仅是被临时创建用来完成计算任务，则往往需要事后删除，以免在实验文件中产生大量的无用数据。此时可以利用 free wave 临时存储数据，充当数组。

但是注意，free wave 和普通程序中的数组有本质的区别。free wave 是 Igor 的一个对象，也能被永久保存。而数组的生存期往往只局限于函数。看下面的例子：

```
Make/wave/N = 1 wfree
wfree[0] = NewFreeWave(2,10)
```

上面首先创建了一个名为 wfree 的 wave，这个 wave 存放 wave 引用。然后利用 NewFreeWave 函数创建了一个 free wave，并将其引用赋给 wfree[0]。除非 wfree 被删除，或者 wfree[0]被重新赋值，该 free wave 将永远存在。重新使用上面的例子创建的引用需要在函数中进行：

```
Function test()
    wave/wave wfree
    wave w = wfree[0]
    <…>
End
```

7.1.2 free data folder

free data folder 不属于任何数据文件夹。

利用 NewFreeDataFolder（）函数创建 free data folder。NewFreeDataFolder（）函数返

回一个指向数据文件的引用：

```
DFREF dfr = NewFreeDataFolder()
```

利用 SetDataFolder 命令可设置 free data folder 为当前数据文件夹。

free data folder 的生命期同样依赖于指向它的引用变量，当没有引用指向它时，Igor 会自动删除 free data folder（包括其内创建的所有 wave 和变量）。看下面的例子：

```
Function Test()
    DFREF dfrSave = GetDataFolderDFR()
    SetDataFolder NewFreeDataFolder()        //创建 free data folder
    ...
    SetDataFolder dfrSave
End
```

这里直接将 NewFreeDataFolder( )指定为 SetDataFolder 的参数，此时 Igor 的内部 data folder 引用指向新创建的 free data folder。当重新利用 SetDataFolder 设定原来的数据文件夹 dfrSave 为当前文件夹时，内部 data folder 引用指向了 dfrSave，此时没有任何引用指向 free data folder，因此 free data folder 会被删除。

再看下面的例子：

```
Function Test1()
    DFREF dfr = NewFreeDataFolder()
    KillDataFolder dfr   //引用 dfr 被删除已经不存在,free data folder 也被删除

    DFREF dfr = NewFreeDataFolder()
    DFREF dfr = root:
        //引用 dfr 指向了其他数据文件夹,free data folder 无引用指向它而被删除
    DFREF dfr = NewFreeDataFolder()
End                 //函数结束,dfr 生存期结束,free data folder 被删除
```

注意，在 free data folder 中创建的 wave，在 free data folder 仍然存在时并不是 free wave，但是当 free data folder 被删除后就成为 free wave。看下面的例子：

```
Function test1()
    SetDataFolder NewFreeDataFolder()
    Make jack            //jack 并不是 free wave
    SetDataFolder root: //free data folder 被删除,jack 变为 free wave
End
```

利用 MoveDataFolder 可以将 free data folder 转换为真正的数据文件夹，free data folder 下所有的内容也都转换为相应的全局对象。

注意，free data folder 同样不可用于全局对象，如 Graph 等。

和 free wave 一样，free data folder 也可以被永久保存。看下面的例子：

```
Make/df/N = 1 wdf
wdf[0] = newfreedatafolder()
```

和 free wave 完全类似，wdf[0]存放了自由数据文件夹的引用。只要 wdf 不被删除或者 wdf[0]不被重新设置，该自由数据文件夹及其内部的内容就永远存在。重新使用上面的例

子创建的引用需要在函数中进行：

```
Function test()
    Wave/df wdf
    Dfref df = wdf[0]
    <...>
End
```

7.2 多线程技术

Igor 中的函数、命令和程序都运行在 Igor 主循环下,运行期间,任何其他的函数、命令和程序都不能运行,Igor 会停止对绝大多数事件的响应(仅有极个别事件会被响应,如停止程序执行)。利用多线程技术可以突破这个限制。Igor 下可以创建独立的线程,线程由 Igor 管理,但与主循环完全独立。

独立线程完全运行于独立的环境,有自己的数据目录系统。在独立线程中无法访问主线程中的数据目录结构,但是主线程可以通过参数的形式将数据传递给独立线程。独立线程创建的任何数据,在线程结束后都会消失。独立线程和主线程之间需要通过 free wave 和 free data folder 传递数据。

在具有多处理器的计算机上,利用多线程可以实现并行运算,当计算量很大时,能显著提高运算速度。

7.2.1 简单多线程技术

使用多线程的方法非常简单,在表达式前面添加 MultiThread 即可。

```
Make wave1
Variable a = 4
MultiThread wave1 =  sin(x/a)
```

使用了 MultiThread 的表达式中的函数必须是线程安全的。所谓线程安全,就是多个线程可以并行读写一个共同的对象而不出错。使用 MultiThread 后,不能在程序中进行涉及 wave 数据位置次序的操作,因为每个线程的处理进度是无法预测的。下面的赋值操作是错误的：

```
wave1 =  wave1[p + 1]  −  wave1[p − 1]
```

下面看一个多线程提高运算速度的例子：

```
Function TestMultiThread(n)
    Variable n          //wave 的数据点数
    Make/O/N = (n) testWave
    testWave =  0
    Variable t1,t2
    Variable timerRefNum
    //单线程
    timerRefNum =  StartMSTimer
    testWave =  sin(x/8)
```

```
    t1 = StopMSTimer(timerRefNum)
    //多线程
    timerRefNum = StartMSTimer
    MultiThread testWave = sin(x/8)
    t2 = StopMSTimer(timerRefNum)
    Variable processors = ThreadProcessorCount
    Print "On a machine with",processors,"cores,MultiThread is", t1/t2,"faster"
End
```

结果如图 7-1 所示。

```
*TestMultiThread(100)
  On a machine with  4  cores,MultiThread is  0.0167749  faster
*TestMultiThread(10000)
  On a machine with  4  cores,MultiThread is  1.46304  faster
*TestMultiThread(1000000)
  On a machine with  4  cores,MultiThread is  1.72957  faster
*TestMultiThread(10000000)
  On a machine with  4  cores,MultiThread is  1.61961  faster
```

图 7-1　多线程可以提高程序运行的速度

MultiThread testWave＝ sin(x/8)命令会使 Igor 自动将运算和赋值操作分解到几个不同的线程上去，如果是多核 CPU，那么每个 CPU 对应一个线程，因此运行速度会大大提高。但要注意，多线程技术本身也会消耗一部分资源，当数据量比较小时，多线程不但不能提高速度，还会降低速度。

在多线程程序设计中，多线程中使用的函数必须是线程安全的。如本例中 MultiThread testWave＝sin(x/8)命令中的 sin 函数就是线程安全函数。

使用 ThreadSafe 关键字可以将一个自定义函数声明为线程安全函数。线程安全函数可以调用其他线程安全函数。系统函数中一般数学函数都是线程安全函数，能访问或者操作窗口的函数一般都不是线程安全的。通过菜单【Help】|【Command Help】打开命令帮助浏览器，可以查看函数是否线程安全，如图 7-2 所示。

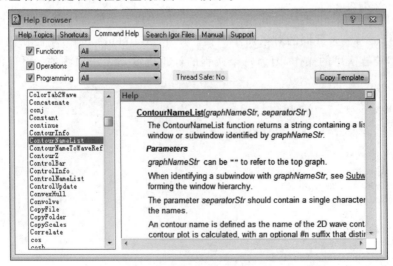

图 7-2　查看函数是否线程安全

7.2.2 free 对象与多线程

7.2.1 节的例子 MultiThread 的使用比较简单,使用内置函数完成一个简单的计算,并不涉及主线程和子线程之间的数据传递。

将 MultiThread 与 free 对象的技术相结合,能够在主线程和子线程之间进行数据传递。

看下面的例子:

```
//工作线程
ThreadSafe Function/WAVE Worker(w3DIn, plane)
    WAVE w3DIn
    Variable plane
    DFREF dfSav = GetDataFolderDFR()
    SetDataFolder NewFreeDataFolder()
    ImageTransform/P = (plane) getPlane, w3DIn
    WAVE wOut = M_ImagePlane
    MatrixFilter/N = 21 gauss,wOut
    SetDataFolder dfSav
    return wOut            //返回指向 M_ImagePlane 的引用。M_ImagePlane 是一个 free wave
End
//主线程
Function Test()
    Variable numPlanes = 50
    Make/O/N = (200,200,numPlanes) srcData = (p == (2 * r)) * (q == (2 * r))
    Make/WAVE/N = (numPlanes) ww
    Variable timerRefNum = StartMSTimer
    MultiThread ww = Worker(srcData,p)
    Variable elapsedTime = StopMSTimer(timerRefNum) / 1E6
    Print "Assignment statement took ", elapsedTime, " seconds"
    WAVE w = ww[0]
    Duplicate/O w, out3D
    Variable i
    for(i = 1;i < numPlanes;i += 1)
        WAVE w = ww[i]
        Concatenate {w}, out3D
    endfor
    KillWaves ww
End
```

本例中,利用 ThreadSafe 关键字创建了一个名为 Worker 的线程安全函数。MultiThread ww = Worker(srcData,p)命令会自动创建多个 Worker 运行实例。

Worker 有两个参数:w3DIn 和 plane。通过这两个参数,主线程可以直接将数据传递给子线程(请读者注意理解这句话的含义)。

```
DFREF dfSav = GetDataFolderDFR()
```

获取当前数据文件夹。注意,这里的当前数据文件夹并非 Igor 主线程里的当前数据文件夹,而是线程环境自身的当前数据文件夹(这里就是 root:,读者可以用 Print 命令测试)。前面已经说过,在子线程环境里,无法访问主线程数据文件夹。

```
SetDataFolder NewFreeDataFolder()
```

创建一个新的 free 数据文件夹，并设置为当前数据文件夹。

```
ImageTransform/P = (plane) getPlane, w3DIn
WAVE wOut = M_ImagePlane
MatrixFilter/N = 21 gauss,wOut
```

对 w3DIn 进行操作。这里利用 ImageTransform 命令获取 w3DIn 的第 plane 层数据，该数据保存在 M_ImagePlane 中。M_ImagePlane 位于上面创建的 free 文件夹。WAVE wOut 创建对 M_ImagePlane 的引用。MatrixFilter 对 M_ImagePlane 进行高斯滤波，滤波的结果存放在原 wave 中。

```
SetDataFolder dfSav
return wOut
```

设置 dfSav 为当前数据文件夹，返回 wOut。由于线程内的当前数据文件夹引用指向 dfsav，原来的 free 文件夹被删除，wOut 指向的 M_ImagePlane 自动成为一个 free wave，并被返回。

在主线程 test() 中，Make/WAVE/N＝(numPlanes) ww 创建一个元素类型为 wave 引用的 wave，利用该 wave 存放子线程里返回的 free wave 引用。由于这些 free wave 引用被存放于 ww 中，因此尽管 Worker 所在线程已经结束，但返回的 free wave 仍然存在。

Concatenate {w}，out3D 命令将 ww 中指向的所有 free wave 重新组合成为一个有意义的输出数据。

KillWaves ww 命令删除 ww，此时上面所有的 free wave 就被真正删除了。注意，KillWaves ww 这里是必需的。因为 ww 是一个全局 wave，如果不删除，那么它指向的 free wave 由于仍然被引用，将永远存在。在这里可以看到，使用 free wave 容易导致内存泄露。

读者可以试着将 Worker 里 SetDataFolder NewFreeDataFolder() 删除，然后观察运行结果（程序将会运行失败，M_ImagePlane 在子线程结束时就会被立即删除，因此 ww 中的元素永远指向一个 NULL wave）。

上面的例子也可以修改为返回 free 数据文件夹的例子，代码如下，请读者自己分析：

```
//工作线程
ThreadSafe Function/DF Worker(w3DIn, plane)
    WAVE w3DIn
    Variable plane
    DFREF dfSav = GetDataFolderDFR()
    DFREF dfFree = NewFreeDataFolder()
    SetDataFolder dfFree
    ImageTransform/P = (plane) getPlane, w3DIn
    WAVE wOut = M_ImagePlane
    MatrixFilter/N = 21 gauss,wOut
    SetDataFolder dfSav
    return dfFree
End
//主线程
```

```
Function Test()
    Variable numPlanes = 50
    Make/O/N = (200,200,numPlanes) srcData = (p == (2 * r)) * (q == (2 * r))
    Make/DF/N = (numPlanes) dfw
    Variable timerRefNum = StartMSTimer
    MultiThread dfw = Worker(srcData,p)
    Variable elapsedTime = StopMSTimer(timerRefNum) / 1E6
    Print "Assignment statement took ", elapsedTime, " seconds"
    DFREF df = dfw[0]
    Duplicate/O df:M_ImagePlane, out3D
    Variable i
    for(i = 1; i < numPlanes; i += 1)
        df = dfw[i]
        Concatenate {df:M_ImagePlane}, out3D
    endfor
    KillWaves dfw
End
```

7.2.3 多线程编程

使用 MultiThread 关键字仅仅适用于赋值运算等简单应用领域，局限性较大。若在任意场合下利用多线程处理数据，就需要利用 Igor 提供的多线程编程技术。

下面的 8 个函数和命令用于多线程编程设计（创建线程、开启线程、线程间数据传递、线程查询和关闭）：

ThreadGroupCreate、ThreadGroupWait、ThreadGroupGetDFR、ThreadProcessorCount、ThreadGroupPutDF、ThreadReturnValue、ThreadGroupRelease、ThreadStart。

（1）ThreadGroupCreate 函数用于创建一个线程组，它只有一个参数 nt，用于指明要创建的线程个数。线程的个数一般不超过处理器的个数。线程数多于处理器并不会提高运算速度，如果仅以提高速度为目的，没有必要创建过多的线程。ThreadGroupCreate 函数返回一个整数，以后将以该整数作为 ID 号对线程组进行操作。下面的代码创建一个线程组，包含 4 个独立的线程，其中 tgID 是返回的线程组 ID 号。一般 tgID 是一个全局变量。

```
Variable tgID = ThreadGroupCreate(4)
```

（2）ThreadStart 命令用于启动线程组中已经创建好的线程。ThreadStart 命令的格式如下：

```
ThreadStart tgID, index, WorkerFunc (param1, param2,...)
```

其中，tgID 是线程组 ID 号，index 是要启动的线程次序，WorkerFunc 是要在线程中运行的函数，名字任意。注意，WorkerFunc 必须是线程安全的，如果是自定义函数，必须在函数声明前使用 ThreadSafe 关键字。WorkerFunc 函数中的参数不能使用数据文件夹引用和变量引用（wave、structure 除外）。WorkerFunc 函数必须返回一个数值（可以是复数），该数值可以在主线程中通过调用 ThreadReturnValue 函数查看。下面的代码启动线程组的第二个线程：

```
ThreadStart tgID,1,WorkerFunc()        //WorkerFunc 没有参数
```

（3）ThreadReturnValue 函数返回某一个线程中 WorkerFunc 的返回值：

```
ThreadReturnValue(tgID, index)
```

其中，tgID 是线程组 ID，index 是线程编号。

（4）ThreadGroupWait 函数用于查询线程的执行情况：

```
ThreadGroupWait(tgID, waitms)
```

其中，tgID 是线程组 ID，waitms 是等待的时间（以 ms 作为单位）。在等待时间内返回第一个仍在运行的线程编号 index＋1，如果所有线程都结束则返回 0。将 waitms 设置为 0 测试线程是否执行完毕；设置为一个具体时间，此时主线程暂时停止执行一段时间，直到等待时间结束或者子线程返回；设置为 INF，此时主线程停止执行，直到子线程返回才继续执行；设置为－2 立即返回已经结束的线程编号（index＋1），或者 0（没有线程结束）。

（5）ThreadProcessorCount 函数返回当前处理器的个数，注意此函数没有参数，也不需要使用圆括号：

```
Variable nt = ThreadProcessorCount
```

（6）ThreadGroupRelease 函数用于关闭线程组：

```
Variable err = ThreadGroupRelease(tgID)
```

其中，tgID 是线程组 ID 号，函数返回 0 时表示线程组正常关闭，返回－1 表示有错误发生（一般都是 tgID 不对），返回－2 表示线程需要强制退出（即无法通过此函数关闭），此时只有关闭 Igor 才能关闭线程。

（7）ThreadGroupGetDFR 和 ThreadGroupPutDF 用于在主线程和子线程之间传递数据，前者是一个函数，后者是一个命令。根据传输数据的要求不同，主线程和子线程之间传递数据的机制稍微复杂一些。Igor 会为每一个子线程创建一个独立的数据文件夹系统，和 Igor 一样，最顶层数据文件夹是 root，此数据文件夹系统及其内部创建的所有对象都为子线程所私有。子线程和主线程之间通过输入和输出队列进行数据交换（输入和输出的定义以子线程作为参考）。输入和输出队列在线程组创建时自动创建，为主线程和所有子线程所共享。主线程将数据放入输入队列，或者从输出队列中获取处理后的结果，而子线程通过输入队列获取数据，或者向输出队列输出处理后的结果。数据传输时是以数据文件夹为单位的。

ThreadGroupPutDF 命令向队列放置数据：

```
ThreadGroupPutDF tgID, datafolder
```

其中，tgID 是线程组编号（如果是在子线程中调用时 tgID 取 0），datafolder 是要放入的数据文件夹（以及里面所有的数据）。datafolder 在放入队列后，即在原来的数据文件夹系统中被删除，在调用 ThreadGroupPutDF 的线程看来，就好像执行了 KillDataFolder 命令一样。注意，在执行 ThreadGroupPutDF 时必须确保其内的数据对象不被任何引用变量所引用。

ThreadGroupGetDFR 函数从队列中获取数据：

```
        dfref dref = ThreadGroupGetDFR(tgID, waitms)
```

其中,tgID 是线程组编号(如果是在子线程中调用时 tgID 取 0),waitms 表示获取数据的等待时间,含义和 ThreadGroupWait 中一样。函数正常运行会返回一个数据文件夹的引用,此时数据文件夹是一个 free data folder,如果需要,应该通过 MoveDataFolder 把它转换为一个全局的数据文件夹。文件夹被获取后即从数据队列中被移除。

下面举几个多线程的例子:

(1) 并行运算。

```
ThreadSafe Function MyWorkerFunc(w,col)                    //工作线程
    WAVE w
    Variable col
    w[][col] = sin(x/(col + 1))
    return stopMSTimer( - 2)
End
Function MTFillWave(dest)                                   //多线程
    WAVE dest
    Variable ncol = DimSize(dest,1)
    Variable i,col,nthreads = ThreadProcessorCount          //处理器个数
    variable mt = ThreadGroupCreate(nthreads)               //启动线程组
    for(col = 0;col < ncol;)
        for(i = 0;i < nthreads;i += 1)
            ThreadStart mt,i,MyWorkerFunc(dest,col)         //启动线程进行计算
            col += 1
            if( col > = ncol )
                break
            endif
        endfor
        do
            variable tgs = ThreadGroupWait(mt,100)          //每个线程每次最多等待0.1s
        while( tgs != 0 )                                   //返回 0 表示没有线程在运行,即线程全
                                                            //部结束
    endfor
    variable dummy = ThreadGroupRelease(mt)
End
Function STFillWave(dest)                                   //单线程
    WAVE dest
    Variable ncol = DimSize(dest,1)
    Variable col
    for(col = 0;col < ncol;col += 1)
        MyWorkerFunc(dest,col)
    endfor
End
Function ThreadTest(rows)
    Variable rows
    Variable cols = 10
    make/o/n = (rows,cols) jack
    Variable i
    for(i = 0;i < 10;i += 1)                                //保证所有可能还未执行的线程被执行完
    endfor
```

```
    Variable ttime = stopMSTimer( - 2)
    Variable t0 = stopMSTimer( - 2)
    MTFillWave(jack)
    Variable t1 = stopMSTimer( - 2)
    STFillWave(jack)
    Variable t2 = stopMSTimer( - 2)
    ttime = (stopMSTimer( - 2) - ttime) * 1e - 6
    //时间以 μs 为单位
    printf "ST: % d, MT: % d; ",t2 - t1,t1 - t0
    printf "speed up factor: % .3g; tot time= % .3gs\r",(t2 - t1)/(t1 - t0),ttime
End
```

本例对比多线程和单线程的执行效率。在命令行窗口中执行 ThreadTest(1000000)查看结果，如图 7-3 所示。

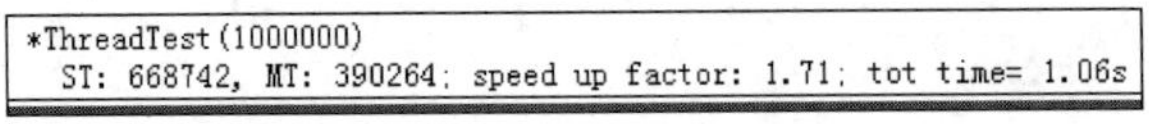

```
*ThreadTest(1000000)
  ST: 668742, MT: 390264; speed up factor: 1.71; tot time= 1.06s
```

图 7-3　多线程对运算性能的提升

本例中，MyWorkerFunc 被声明为 ThreadSafe 函数，主线程直接通过函数参数将数据传递给子线程。在多线程版本 MTFillWave(dest)中，首先根据处理器的个数（本书写作时计算机处理器个数为 4）创建 4 个线程，然后通过一个循环语句，每次将 4 列数据分别指定给 4 个线程，接着利用一个 do-while 循环等待所有的线程都返回后，再将新的 4 列数据指定给 4 个线程，以此类推，一直到所有的列都处理完毕，最后释放并关闭线程组。

上面的例子中，必须等到线程组中所有线程结束后才开始重新分配计算任务，这种情况下，执行最慢的那个线程就会"拖整体的后腿"，采用下面的技术可以克服这个缺点，重新改写 MTFillWave 函数如下：

```
Function MTFillWave (dest)
    WAVE dest
    Variable ncol = DimSize(dest,1)
    Variable col,nthreads = ThreadProcessorCount
    Variable threadGroupID = ThreadGroupCreate(nthreads)
    for(col = 0; col < ncol; col += 1)
        Variable threadIndex = ThreadGroupWait(threadGroupID, - 2) - 1
        if (threadIndex < 0)
            ThreadGroupWait(mt, 50)
            col -= 1
            continue
        endif
        ThreadStart threadGroupID, threadIndex, MyWorkerFunc(dest,col)
    endfor
    do
        Variable threadGroupStatus = ThreadGroupWait(threadGroupID,100)
    while(threadGroupStatus != 0)
    Variable dummy = ThreadGroupRelease(threadGroupID)
End
```

threadIndex ＝ThreadGroupWait(threadGroupID，－2)－1 得到已经执行完毕的线程

编号 index,如果所有的线程都在运行(即运算没有完成)则得到 -1。如果 threadIndex 等于 -1,则让所有线程再执行不多于 50ms,同时将 col 减 1(因为所有线程都在运行,本次循环无法分配线程),直接进入下一次循环。如果 threadIndex 不等于 -1,则表示某个线程已经空闲,则立即将当前列分配给该线程,然后进入下一循环。最后的 do-while 循环是为了确保所有的线程都顺利结束。

(2)输入输出队列操作(数据文件夹操作)。

```
ThreadSafe Function MyWorkerFunc()                //工作线程
    do
        do
            DFREF dfr = ThreadGroupGetDFR(0,1000)  //dfr 是一个 free data folder 引用
            if (DataFolderRefStatus(dfr) == 0)
                if( GetRTError(2) )                //线程被关闭
                    Print "worker closing down due to group release"
                else
                    Print "worker thread still waiting for input queue"
                endif
            else
                break
            endif
        while(1)
        SVAR todo = dfr:todo
        WAVE jack = dfr:jack
        NewDataFolder/S outDF
        Duplicate jack,outw                        //新复制的 outw,其引用名也是 outw
        String/G did = todo
        if( CmpStr(todo,"sin") )
            outw = sin(outw)
        else
            outw = cos(outw)
        endif
        //清除引用名 outw,否则由于 wave outw 仍然有引用(就是 outw)指向它,
        //ThreadGroupPutDF 无法正常执行
        WAVEClear outw
        ThreadGroupPutDF 0,:                       //将当前数据文件夹放入队列
        KillDataFolder dfr                         //删除已经无用的源数据文件夹
    while(1)
    return 0
End

Function DemoThreadQueue()
    Variable i,ntries = 5,nthreads = 2
    Variable/G threadGroupID = ThreadGroupCreate(nthreads)
    for(i = 0;i < nthreads;i += 1)
        ThreadStart threadGroupID,i,MyWorkerFunc()
    endfor
    for(i = 0;i < ntries;i += 1)
        NewDataFolder/S forThread
        String/G todo
        if( mod(i,3) == 0 )
```

```
            todo = "sin"
        else
            todo = "cos"
        endif
        Make/N = 5 jack = x + gnoise(0.1)
        WAVEClear jack                  //清除 wave 引用,否则下面的 ThreadGroupPutDF 不能执行
        ThreadGroupPutDF threadGroupID, :        //将当前数据文件夹送入队列
    endfor
    for(i = 0; i < ntries; i += 1)
        do
            //获取处理结果,dfr 是一个 free data folder 引用
            DFREF dfr = ThreadGroupGetDFR(threadGroupID, 1000)
            if ( DatafolderRefStatus(dfr) == 0 )
                Print "Main still waiting for worker thread results."
            else
                break
            endif
        while(1)
        SVAR did = dfr:did
        WAVE outw = dfr:outw
        Print "task = ", did, "results = ", outw
//下面两行并非必要,引用被赋予新值时,原来指向的 free 对象自动删除
        WAVEClear outw
        KillDataFolder dfr
    endfor
    Variable tstatus = ThreadGroupRelease(threadGroupID)
    if( tstatus == -2 )
        Print "Thread would not quit normally, had to force kill it. Restart Igor."
    endif
End
```

　　工作线程里只有两个嵌套的 do-while 循环,因此将永远运行,直到主线程调用
ThreadGroupRelease 结束它。内层循环中,DFREF dfr = ThreadGroupGetDFR(0, 1000)
从数据队列中"剪切"一个数据文件夹,等待时间为 1s,如果 1s 之内获取到数据文件夹,则跳
出循环,否则在判断没有错误后进入下一次循环,继续查询是否有数据文件夹并获取。一旦
成功获取数据文件夹,即可按照正常数据文件夹下对 wave 和变量一样的操作方式处理数
据文件夹中的数据,处理完后利用"ThreadGroupPutDF 0, :"将数据文件夹重新送入队列,
这里参数 0 表示是在子线程中调用 ThreadGroupPutDF,参数": "表示将当前数据文件夹
(即 outdf)送入队列,数据文件夹同时被移除。注意,在执行 ThreadGroupPutDF 时,必须清
除数据文件夹中对象的所有引用,这里清除了 outw 引用。最后调用 KillDataFolder dfr 删
除了源数据文件夹。

　　主线程里有 3 个循环,第 1 个 for 循环用于开启线程。第 2 个 for 循环用于创建计算任务,
并将计算任务以数据文件夹为单位送入数据队列。"ThreadGroupPutDF threadGroupID, :"
表示将当前数据文件夹送入 threadGroupID 线程组的数据队列。注意,在送入数据之前,需
要清除数据文件夹中的 wave 引用 jack。第 3 个 for 循环用于从子线程获取处理后的结果。
for 循环内嵌一个 do-while 循环,反复调用"ThreadGroupGetDFR(threadGroupID, 1000)"

从数据队列中获取数据文件夹,每次获取时间为 1s,直到成功获取数据文件夹才退出循环。获取数据文件夹的引用是 dfr,是一个 free data folder,可以和访问正常数据文件夹一样访问,但是在主线程结束后 dfr 里的所有内容都将消失。

主线程最后调用 ThreadGroupRelease(threadGroupID)结束线程组,如果返回值是－2,则说明无法正常结束线程,此时需要关闭 Igor 结束线程。

使用数据文件夹和数据队列的概念可以简化并行程序设计,如果数据过大,复制操作会带来内存的浪费,此时可以直接向子线程通过参数传递数据,即不使用数据文件夹的方法,如本节第 1 个例子的并行计算。

前面已经提到在工作线程中不能直接操作当前数据文件夹下所有对象,这些数据对象只有被传递到工作线程才能被操作。假设当前数据文件夹是 root,包含内容如图 7-4 所示。

在命令行中执行下面的命令:

```
Print CountObjects("",1)
```

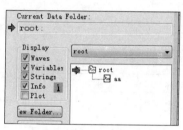

图 7-4　当前数据文件夹

结果是 1,如果是在工作线程中执行(在工作线程中没有执行任何对象的创建工作)下面的命令:

```
Print CountObjects("",1)
```

则结果是 0,因为工作线程运行在自己的私有数据文件夹系统下。

7.2.4　后台任务

Igor 本身是一个单任务系统,即在同一时刻只能运行一项任务,并不存在一般意义上的后台任务。但在实际数据处理中,经常有后台任务的需求,如对数据显示状态的动态更新,进行数据采集并实时操作处理,周期性地执行某项操作等。

Igor 提供了一个模拟后台任务的命令:CtrlNamedBackground。该命令创建一个模拟的后台任务,按照指定的时间间隔执行指定的程序。CtrlNamedBackground 命令的使用方法如下:

```
CtrlNamedBackground taskName , keyword = value [, keyword = value ...]
```

其中,taskName 是要创建的后台任务的名字,keyword 是一些关键字,用于指定后台任务的启动、运行间隔、运行程序及停止等信息。看下面的例子:

```
Function TestTask(s)                    //后台任务要周期性执行的函数
    STRUCT WMBackgroundStruct &s
    Printf "Task % s called, ticks = % d\r", s.name, s.curRunTicks
    return 0                            //返回 0 表示后台任务持续运行,返回 1 立即结束
End

Function StartTestTask()
    Variable numTicks = 2 * 60          //每 120tick 执行一次(大约 2s)
```

```
        CtrlNamedBackground Test, period = numTicks, proc = TestTask
            //后台任务名为 test,运行周期为 numTicks,程序为 TestTask
        CtrlNamedBackground Test, start   //启动后台任务
End

Function StopTestTask()
        CtrlNamedBackground Test, stop     //结束后台任务
End
```

这里后台任务的使用并不复杂,读者可以对照上面例子的注释学习 CtrlNamedBackground 命令的使用。表 7-1 列出了 CtrlNamedBackground 命令的参数及其含义,中括号表示可选项。

表 7-1   CtrlNamedBackground 命令参数及其含义

关 键 字	含 义
taskname	后台任务名字
burst$[=b]$	$b=0$ 正常运行,为默认情况；$b=1$ 时,如果有前面没有来得及执行的任务,后台任务会以最大频率去执行
dialogOK$[=d]$	$d=0$ 表示有窗口在操作时停止后台任务运行；$d=1$ 相反,为默认情况
kill$[=k]$	$k=1$ 停止后台任务,默认情况；$k=0$ 继续
period$=$deltaTicks	指定后台任务的运行间隔,正整数,一个单位大约是 1/60s
proc$=$funcName	指定后台任务程序
start$[=$startTicks$]$	当 tick 到 startTicks 时启动后台任务,不指定时立即启动
status	返回后台任务的信息,存放在 S_Value 中
stop$[=s]$	$s=1$ 停止后台任务,为默认情况；$s=0$ 继续执行

后台任务指向的程序使用一个结构体类型 WMBackgroundStruct 变量作为参数,一般不需要对此结构体变量进行读写操作。

后台任务指向的程序一般返回 0,此时表示后台任务周期性执行,如果返回 1,则 Igor 会立即终止后台任务,因此可以让程序返回 1 来终止后台任务程序执行。

period 关键字指定了后台任务的运行时间间隔,最小单位是 tick,1 tick 约等于 1/60s,因此 60 tick 约等于 1s。注意,后台任务计时很不精确,不要使用后台任务计时,计时场合使用 StopMSTimer 函数。

前面已经提到,CtrlNamedBackground 创建的后台任务,是一个模拟的后台任务。

一般情况下,后台任务会在指定的时间间隔运行程序,但并不总是这样,有时即使指定时间间隔到了,后台任务也不会运行,这是由后台任务的运行机制决定的。CtrlNamedBackground 命令创建的后台任务运行于 Igor 最外层主循环。当一次后台任务结束后,如果 Igor 刚好有程序开始运行,比如完成一项复杂计算,在该程序结束之前,下一次后台任务是无法获取运行机会的。只有 Igor 处于空闲状态,后台任务才能获得运行的机会。同样的道理,如果后台任务所指定的程序在运行,Igor 也会停止对一切事件的响应,如鼠标和菜单操作事件等。一般情况下,由于程序运行的时间非常短,绝大多数时间都处于后台任务的间隔之中,因此并不会感觉到后台任务对 Igor 的影响。如果后台任务耗时较长,Igor 响应就会明显变慢甚

至直接没有响应进入假死状态。因此,后台任务一般应该是耗时极小的任务(耗时为 0 是最理想的状态),否则会影响 Igor 的正常使用。

显然,后台任务的缺点是比较多的,如果要开发真正的后台任务,即后台任务既不会被阻断,也不会影响 Igor 对鼠标、键盘事件的正常响应,就需要使用多线程的概念。

7.2.5　抢占式多任务

抢占式多任务是基于事件驱动程序的一般运行模式。利用多线程的概念,在 Igor 下同样可以开发抢占式多任务程序。与 CtrlNameBackground 相比较,抢占式多任务是真正的多任务:独立于 Igor 主循环,不会影响前端界面的任何操作,也不会被前端界面的操作所影响。基本思路很简单:创建一个线程,线程指定一个工作函数,主线程或者用户提供数据,子线程处理数据完毕返回,之后等待主线程分配下一次任务。也可以给子线程指定一个无限循环的函数,不断动态查询主线程或者用户是否有数据输入,一旦有数据输入,立即处理,然后返回处理结果并再次进入等待状态。

多线程技术经常与 CtrlNamedBackground 后台任务技术相结合,前者用于后台完成耗时巨大的复杂计算,而后者用于周期性的动态查询或者更新。

下面看一个利用多线程技术实现的抢占式多任务的例子:

```
//工作函数,后台线程将执行此函数完成一个耗时的赋值运算
ThreadSafe Function workerfunc(w)
    wave w
    w = sin(x) * cos(y) * sin(z)
    return 0
End

//按钮回调函数,创建后台线程组,线程组只有一个线程
Function ButtonProc(ctrlName) : ButtonControl
    String ctrlName
    if(NumVarOrDefault("root:tgID",0) == 0)
        Variable/G root:tgID
    endif
    nvar tgID = root:tgID
    tgID = ThreadGroupCreate(1)
    Button button1,disable = 0
    Button button2,disable = 0
    Button button0,disable = 2
End
//按钮回调函数,结束后台线程
Function ButtonProc_1(ctrlName) : ButtonControl
    String ctrlName
    nvar tgID = root:tgID
    if(!ThreadGroupRelease(tgID))
        print "Thread has been terminated"
    endif
    Button button1,disable = 2
    Button button2,disable = 2
    Button button0,disable = 0
```

```
End
//按钮回调函数,创建一个巨大的三维数据,并启动线程完成计算
Function ButtonProc_2(ctrlName) : ButtonControl
    String ctrlName
    dfref dfr = root:package
    if(DataFoldeRrefStatus(dfr) == 0)
        NewDataFolder/S root:package
    else
        SetDataFolder dfr
    endif
    wave w = data
    nvar tgID = root:tgID
    if(!WaveExists(w))
        Make/N = (k0,k1,k2) data
    else
        Redimension/N = (k0,k1,k2) w
    endif
    ThreadStart tgID,0,workerfunc(w)
    Button button2,disable = 2
    ValDisplay valdisp0,value = _Num:0
    CtrlNamedBackground task1,proc = checkcal,period = 12
    CtrlNamedBackground task1,start
End
//程序面板,用于启动线程,给后台线程分配复杂计算任务,关闭线程
Window Panel0() : Panel
    PauseUpdate; Silent 1                 //建立窗口
    NewPanel /W = (140,142,440,342)
    Button button0,pos = {9,10},size = {78,20},proc = ButtonProc,title = "Start Thread"
    Button button1,pos = {122,9},size = {78,20},disable = 2,proc = ButtonProc_1,title = "Stop
Thread"
    SetVariable setvar0,pos = {3,70},size = {94,16},value = K0
    SetVariable setvar1,pos = {3,128},size = {94,16},value = K2
    SetVariable setvar2,pos = {3,98},size = {94,16},value = K1
    Button button2,pos = {148,92},size = {86,26},disable = 2,proc = ButtonProc_2,title =
"Calculate"
    ValDisplay valdisp0,pos = {152,129},size = {50,13},limits = {0,0,0},barmisc = {0,1000}
    ValDisplay valdisp0,value = #"0"
EndMacro


//CtrlNamedBackground后台任务,用于检查后台线程计算任务是否完成
//注意使用 ThreadGroupWait(tgID,0)检查线程是否完成,ThreadGroupWait 函数会立
//即返回,checkcal 耗时几乎为 0,对 Igor 前端没有任何影响
Function checkcal(s)
    struct WMBackgroundStruct &s
    nvar tgID = root:tgID
    if(ThreadGroupWait(tgID,0)!= 0)
        ControlInfo valdisp0
        ValDisplay valdisp0,value = _Num:V_Value + 0.2
        return 0                     //线程仍然在运行,返回 0,后台任务继续执行
    endif
    Button button2,disable = 0
    return 1                         //线程已经结束,返回 1,后台任务被结束
End
```

运行 Panel0()启动程序面板如图 7-5 所示,单击
【Start Thread】按钮,然后设置三维数据的 3 个维度
(K0,K1,K2),单击【Calculate】按钮进行赋值运算,在
计算过程中,【Calculate】按钮变成灰色,同时下方显示
已经使用的时间,计算完后,【Calculate】按钮恢复正
常。在运算过程中,可以利用 Igor 进行任何操作。

注意,如果在后台任务执行的同时编写程序代码,则
可以将后台任务代码放到一个 IndependentModule 里面。

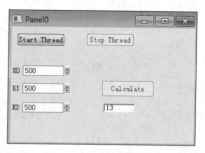

图 7-5　抢占式多任务

7.2.6　定时器和多线程

Igor 支持消息驱动的程序设计方式。所谓消息指的是鼠标单击、双击、键盘输入、控件
状态更新等,这些事件由使用者通过输入设备输入,由系统发送给 Igor,Igor 再调用用户自
定义程序执行指定的操作。窗口程序就属于典型的消息驱动模式,所有的控件都可以响应
各类预定义的消息。

在普通的程序设计语言中,都有定时器。定时器允许使用者在指定的时间执行一个特
定的操作。定时器工作原理也基于消息机制,到达设定时间后,系统会发送一个时间到的消
息,通过响应该消息,可以执行指定的操作。在 Igor 中,可以利用 StartMSTimer 创建一个
定时器,但遗憾的是该定时器是一个名副其实的"计时器",不会产生任何时间消息,自然也
无法利用该定时器执行周期性的任务。

那么,如果需要按照一定的时间间隔执行指定的操作(如每隔 1s 改变一个条件执行一
次运算,并观察相应的变化),该如何实现呢? 有的人会说写一个循环,在循环中检测时间,
在指定的时间间隔到后执行指定的函数。这种方法实际上不可行,因为它会完全阻塞 Igor
响应其他任何消息,也就是说此时不能用 Igor 做任何事情。

另外一种方法是利用 7.2.3 节介绍的 CtrlNamedBackground 命令创建一个后台任务,
这种方法基本满足要求,但是存在一定弊端:CtrlNamedBackground 创建的后台任务工作
于 Igor 程序的主循环,如果被指定周期性执行的程序耗时过长,会导致 Igor 无法响应其他
操作,如单击菜单,执行命令等,同时,周期性的间隔也可能被其他耗时操作打断。那么,是
否存在既能够执行周期性的操作,又不影响正常使用 Igor 的方法呢? 答案是肯定的,通过
多线程技术,可以模拟定时器,效果相当好。方法步骤如下。

(1)创建一个计时器,它将作为线程函数,因此必须是线程安全的。

```
ThreadSafe Function timer_thd(i0)
    wave i0
    do
        sleep/T 20          //计时器的精度约为 1/3s
        i0 = i0 + 1
    while(1)
End
```

(2)创建一个工作函数,在实际中这个函数是一个有意义的函数,是要执行的操作。

```
Function workfun1()
```

```
    //什么也不做,只是打印信息
    Print "time arrived, 1 s elapsed."
End
```

（3）创建一个辅助函数。用于在指定的时间间隔到达后触发"到时消息"，然后调用工作函数。

```
Function f1(i0)
    wave i0
    if(mod(i0,3) == 0)        //触发"到时消息"
        workfun1()
    endif
End
```

（4）启动定时器函数。此函数中创建相关变量，并启动线程。

```
Function starttimer()
    Variable/G v1,tgID
    Make/O/N = 1 i0 = 0
    Execute "v1: = f1(i0)"  //变量关联
    tgID = ThreadGroupCreate(1)
    ThreadStart tgID,0,timer_thd(i0)
End
```

（5）关闭定时器函数。此函数关闭线程，并完成清理工作。

```
Function stoptimer()
    nvar tgID
    if(!nvar_exists(tgID))
        Print "no timer present"
    endif
    if(0 == ThreadGroupRelease(tgID))
        Print "timer " + num2str(tgID) + " is stopped"
    else
        Print "Something wrong,please restart igor"
    endif
    nvar v1
    KillVariables/Z v1,tgid
    wave i0
    KillWaves/Z i0
End
```

在步骤（3）中，利用了 Igor 中的变量关联技术，即一个变量依赖于另外一个变量，当一个变量值发生变化时，被依赖变量也会跟着改变。这里利用这种特性来模拟定时器发出"时间消息"，请读者认真体会[①]。

将所有程序复制到程序窗口，在命令行窗口执行 starttimer（），启动定时器，执行 stoptimer（），关闭定时器。程序运行结果可能如图 7-6 所示。

```
*starttimer()
  time arrived, 1 s elapsed.
  time arrived, 1 s elapsed.
  time arrived, 1 s elapsed.
  time arrived, 1 s elapsed.
  time arrived, 1 s elapsed.
  .
*stoptimer()
  timer 2 is stopped
```

图 7-6   定时器运行结果

---

① 注意变量依赖优先级很低，即意味着"时效性"仍然没有保证（虽然不会阻断 Igor 对正常事件响应）。如果要周期性地执行某个操作，同时不影响 Igor 主循环，可以将待执行的函数以参数形式传递给线程。

7.3 运行时交互

运行时交互指在程序运行过程中用户与程序之间的互动,如程序执行到某个时刻需要用户输入数据,则暂停执行,等待用户输入,然后继续执行。命令行程序一般都采用这种交互模式。在进行数据拟合时,交互是非常频繁的,如利用 Cursors 设置数据的拟合范围、临时修改调整拟合参数等。

7.3.1 简单的输入数据框

在程序执行的过程中,如果需要提供数据,可以使用 Prompt 命令声明需要输入的变量,然后利用 DoPrompt 命令创建一个输入窗口,接收用户的输入。看下面的例子:

```
Function test()
    Variable v1 = 1
    String s1 = "hello"
    Prompt v1,"Input a number"          //声明需要输入的变量
    Prompt s1,"Input a string"
    DoPrompt "Input parameters",v1,s1    //创建输入窗口
    Print v1,s1
End
```

结果如图 7-7 所示。

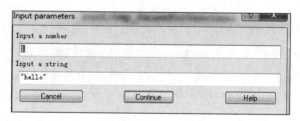

图 7-7 利用 Prompt 命令为程序输入数据

Prompt 命令格式为

```
Prompt variableName, titleStr
```

其中,variableName 表示接收输入的变量名字。titleStr 表示提示字符串,会显示在输入对话框对应的变量上边。

DoPrompt 命令格式为

```
DoPrompt dialogTitleStr, variable
```

其中,dialogTitleStr 表示输入对话框的标题,variable 表示将要接收用户输入的变量,这个变量必须由 Prompt 命令声明过。可以同时有多个变量,如

```
DoPrompt dialogTitleStr,v1,v2,v3
```

除了通过直接输入内容的方法给变量提供值之外,还可以通过一个菜单给变量提供值。

利用 Prompt 命令可以给变量指定一个选择菜单：

```
prompt variableName,titleStr,popup, menuListStr
```

其中，variableName 和 titleStr 的含义不变。popup 是关键字，表示通过菜单为变量选择值，menuListStr 是一个由分号分隔的字符串列表，每一个字符串都代表一个菜单项。看下面的例子：

```
Function test()
    Variable v1 = 1
    String s1 = "hello"
    Prompt v1,"select an option",popup,"option1;option2;option3"
    Prompt s1,"select an option",popup,"option1;option2;option3"
    DoPrompt "Input parameters",v1,s1
    Print "you have selected " + num2str(v1) + "th item"
    Print "you have selected " + s1
End
```

当 Prompt 声明的是一个数值型变量时，获得的输入值是菜单项的位置（从 0 开始），当 Prompt 声明的是一个字符串型变量时，对应的输入值就是菜单项字符串。

Igor 有很多的函数能返回由分号分隔的字符串列表，可以用来作为菜单项，如 WaveList 返回当前数据文件夹下的 wave 名字列表，ImageNameList 返回显示在当前 Graph 窗口的二维 wave 名字列表，TraceNameList 返回显示在当前 Graph 窗口的一维 wave 名字列表。

7.3.2　利用 PauseForUser 创建输入对话框

PauseForUser 命令指定一个程序面板作为输入对话框，同时程序暂停执行，直到该对话框被关闭为止。在此期间，只有 PauseForUser 命令指定的输入对话框（以及可能的目标对话框）能接收鼠标和键盘事件，其他的绝大多数窗口都不会对鼠标和键盘有任何响应。

PauseForUser 的使用方法非常简单，其使用格式如下：

```
PauseForUser [/C] mainWindowName [, targetWindowName ]
```

其中，mainWindowName 表示要接收用户输入的窗口名字（需要专门创建）。targetWindowName 表示目标窗口，为可选参数，一般为 Graph。在 PauseForUser 运行期间，除了 mainWindowName 和 targetWindowName 这两个窗口，其他的任何窗口都不接收鼠标和键盘事件。而且 mainWindowName 也不能通过标题栏上的关闭按钮关闭（除非创建的过程中使用了/K＝1 标记），只能在程序里利用 DoWindow/K 命令关闭。

没有标记/C 时，PauseForUser 会阻塞程序运行，直到 mainWindowName 窗口被关闭后 PauseForUser 才返回，把控制权交给调用它的程序；有标记/C 时 PauseForUser 在处理完信息后会立即将控制权还给调用程序（而不管 mainWindowName 窗口是否关闭），此时如果 mainWindowName 窗口没有关闭，则设置自动变量 V_flag＝1，否则设置 V_flag＝0，因此可以通过检查 V_flag 来判断 mainWindowName 窗口是否关闭。利用/C 标记，由于

PauseForUser 会立即返回,原程序将继续执行,所以可用于在接收用户数据的同时完成一些额外的工作,如倒计时。

看下面的例子:

```
Function UserCursorAdjust(graphName, autoAbortSecs)
    String graphName
    Variable autoAbortSecs
    DoWindow/F $ graphName
    if (V_Flag == 0)
        Abort "UserCursorAdjust: No such graph. "
        return - 1
    endif
    NewPanel /K = 2 /W = (187,368,437,531) as "Pause for Cursor"
    DoWindow/C tmp_PauseforCursor
    AutoPositionWindow/E/M = 1/R = $ graphName
    DrawText 21,20,"Adjust the cursors and then"
    DrawText 21,40,"Click Continue. "
    Button button0, pos = {80,58}, size = {92,20}, title = "Continue"
    Button button0, proc = UserCursorAdjust_ContButtonProc
    Variable didAbort = 0
    if( autoAbortSecs == 0 )
        PauseForUser tmp_PauseforCursor, $ graphName   //暂停程序,等待用户输入
    else
    SetDrawEnv textyjust = 1
    DrawText 162,103,"sec"
    SetVariable sv0, pos = {48,97}, size = {107,15}, title = "Aborting in "
    SetVariable sv0, limits = { - inf,inf,0}, value = _NUM:10
    Variable td = 10, newTd
    Variable t0 = ticks
    Do
        newTd = autoAbortSecs - round((ticks - t0)/60)
        if( td != newTd )                              //请读者思考为什么要进行这个判断
        td = newTd
        SetVariable sv0, value = _NUM:newTd, win = tmp_PauseforCursor
        if( td < = 10 )
        SetVariable sv0, valueColor = (65535,0,0), win = tmp_PauseforCursor
        endif
        endif
        if( td < = 0 )
        DoWindow/K tmp_PauseforCursor
        didAbort = 1
        break
        endif
        PauseForUser/C tmp_PauseforCursor, $ graphName
    while(V_flag)
    endif
    return didAbort
End


Function UserCursorAdjust_ContButtonProc(ctrlName) : ButtonControl
    String ctrlName
```

```
        DoWindow/K tmp_PauseforCursor
    End

    Function Demo(autoAbortSecs)
        Variable autoAbortSecs
        Make/O jack;SetScale x, - 5,5,jack
        jack = exp( - x^2) + gnoise(0.1)
        DoWindow Graph0
        if( V_Flag == 0 )
            Display jack
            ShowInfo
        endif

        if (UserCursorAdjust("Graph0",autoAbortSecs) != 0)
            return - 1
        endif

        if (strlen(CsrWave(A))> 0 && strlen(CsrWave(B))> 0)
            CurveFit gauss,jack[pcsr(A),pcsr(B)] /D
        endif
    End
```

这是一个具有实用价值的例子。主程序 Demo 中创建了一个名为 jack 的 wave，然后利用高斯函数去拟合。在拟合之前，需要由用户利用 cursors 设定拟合的范围，于是调用 UserCursorAdjust 函数来接收用户输入。UserCursorAdjust 函数创建了一个窗口 tmp_PauseforCursor，窗口上有一个按钮【Continue】，用户在完成 cursors 设置后可以按【Continue】按钮完成拟合。

当 demo 的参数 autoAbortSecs 等于 0 时，PauseForUser 命令暂停程序执行，并指定 tmp_PauseforCursor 为输入窗口，$graphName 对应的窗口为目标窗口，用户此时可以给 $graphName 窗口设置 cursors。设置完后，单击【Continue】按钮，【Continue】按钮对应的回调函数 UserCursorAdjust_ContButtonProc 执行，这个函数的作用是关闭 tmp_PauseforCursor 窗口。tmp_PauseforCursor 窗口关闭后，PauseForUser 立即返回，则 UserCursorAdjust 函数继续执行，并返回 0，于是对数据 jack 顺利完成拟合。

当 demo 的参数 autoAbortSecs 不等于 0 时，UserCursorAdjust 通过一个循环使用带 /C 标记的 PauseForUser 命令，此时 PauseForUser 会处理任何未处理的信息（如给 $graphName 窗口设置 cursors，以及其他的用户操作等），并立即返回。tmp_PauseforCursor 上新创建的文本框通过循环显示倒计时，计时初始值就是 autoAbortSecs。当倒计时为 0 时，调用 DoWindow/K 命令关闭 tmp_PauseforCursor 窗口，此时 PauseForUser/C 会设置 V_flag=0，于是循环退出，返回 1。如果在倒计时期间正确设置了 cursors，并按 continue 按钮，tmp_PauseforCursor 被关闭，V_flag 亦会被设为 0，循环退出，此时返回 0。

上面的例子并没有直接输入任何变量信息（信息由 cursors 间接指定）。一般可以通过全局变量获取由 PauseForUser 指定的输入窗口的信息。这里的窗口就是第 6 章窗口程序里的窗口,只不过这个窗口只包括控件,一般没有代码或者只有少量代码。通过将全局变量与输入窗口上的控件绑定,程序中通过访问全局变量就可以获取用户输入。看下面的例子:

```
Function UserGetInputPanel_ContButton(ctrlName) : ButtonControl
    String ctrlName
    DoWindow/K tmp_GetInputPanel           //关闭输入窗口
End

Function DoMyInputPanel()
    NewPanel /W = (150,50,358,239)
    DoWindow/C tmp_GetInputPanel
    DrawText 33,23,"Enter some data"
    SetVariable setvar0,pos = {27,49},size = {126,17},limits = { - Inf,Inf,1}
    SetVariable setvar0,value =  root:tmp_PauseForUserDemo:numvar
    SetVariable setvar1,pos = {24,77},size = {131,17},limits = { - Inf,Inf,1}
    SetVariable setvar1,value =  root:tmp_PauseForUserDemo:strvar
    Button button0,pos = {52,120},size = {92,20}
    Button button0,proc = UserGetInputPanel_ContButton,title = "Continue"
    PauseForUser tmp_GetInputPanel         //创建输入窗口(没有目标窗口)
End

Function Demo1()
    NewDataFolder/O root:tmp_PauseForUserDemo
    Variable/G root:tmp_PauseForUserDemo:numvar =  12
    String/G root:tmp_PauseForUserDemo:strvar =  "hello"
    DoMyInputPanel()
    NVAR numvar =  root:tmp_PauseForUserDemo:numvar
    SVAR strvar =  root:tmp_PauseForUserDemo:strvar
    printf "You entered  % g and  % s\r",numvar,strvar
    KillDataFolder root:tmp_PauseForUserDemo
End
```

上面的例子中,主程序 Demo1()中临时创建了一个数据文件夹 root:tmp_PauseForUserDemo,然后在其内创建了两个全局变量 numvar 和 strvar。随后调用DoMyInputPanel()函数接收用户输入。DoMyInputPanel()函数中创建了一个程序面板作为输入窗口,并添加两个 SetVariable 控件,分别绑定 numvar 和 strvar,然后利用PauseForUser 将该程序面板指定为输入窗口,等待用户输入,用户输入的数据将被存放于numvar 和 strvar。用户按下【Continue】按钮,输入窗口关闭,DoMyInputPanel()返回,Demo1()继续执行,并利用 nvar 和 svar 获取全局变量 numvar 和 strvar 的变量值。最后Demo1()删除了已经没有用处的 root:tmp_PauseForUserDemo 文件夹。

还可以利用全局变量返回操作的状态,比如在程序面板上放置一个【Cancel】按钮,表示取消操作,请读者自己练习(提示:在取消按钮的响应函数里,关闭输入窗口,同时设置一个全局变量为某个特定值。主程序里检查到这个值后直接终止程序)。

在程序里可以利用 PauseForUser 为数据拟合实时提供拟合初始参数,这样就不需要在窗口程序面板里专门开辟一块区域输入这些数值了。

7.3.3 程序进度条

Igor 在忙碌时，左下角会出现一个转动的"海洋球"，表示 Igor 正处于忙碌中，按下"海洋球"右边的【Abort】按钮，可以强制终止当前程序的运行[①]。Igor 处于忙碌状态将不能进行任何操作，只能响应有限的鼠标信息，如选择窗口等。菜单虽然可以选择，但是命令不能执行。

如果程序耗时巨大，用户会除了等待什么也做不了。此时可以设计显示一个程序进度条，以显示数据处理的进度，并提供一个按钮用于强制结束程序。利用 ValDisplay 控件和 DoUpdate 命令可以创建一个程序进度条。

```
DoUpdate / W = winname /E = 1
```

上述命令将名为 winname 的程序面板指定为一个程序进度条窗口。当 Igor 处于忙碌状态时，所有程序面板中只有程序进度条窗口会响应鼠标信息。运算任务完成后这种特殊状态自动解除。单击程序进度条窗口中的按钮，Doupdate 命令会创建变量 V_flag 并设置值为 2，因此可以在程序中检查 V_flag 来确定程序进度条窗口中按钮是否被按下。

```
ValDisplay valdisp0, mode = 4
```

上述命令在程序进度条窗口中创建一个进度条，用于显示程序的运行进度。进度条有两种显示风格：按比例显示进度和一直忙碌状态，前者一般用于耗时较短的程序，后者一般用于耗时较长的程序。

看下面的例子：

```
Function simpletest( indefinite, useIgorDraw)
    Variable indefinite
    Variable useIgorDraw                //设置为 1 使用 Igor 默认风格,否则使用操作系统风格
    NewPanel /N = ProgressPanel /W = (285,111,739,193)
    ValDisplay valdisp0, pos = {18,32}, size = {342,18}
    ValDisplay valdisp0, limits = {0,100,0}, barmisc = {0,0}
    ValDisplay valdisp0, value = _NUM:0
    if( indefinite )
        ValDisplay valdisp0, mode = 4      //一直忙碌状态
    else
        ValDisplay valdisp0, mode = 3      //按比例显示进度
    endif
    if( useIgorDraw )
        ValDisplay valdisp0, highColor = (0,65535,0)  //操作系统风格进度条
    endif
    Button bStop, pos = {375,32}, size = {50,20}, title = "Stop"
    DoUpdate /W = ProgressPanel /E = 1              //将此窗口设置为程序进度条窗口

    Variable i, imax = indefinite ? 10000 : 100
    for(i = 0; i < imax; i += 1)
```

---

① 在 Igor 7 以后版本中，"海洋球"移动到了右下角。

```
        Variable t0 = ticks
        do
        while( ticks < (t0 + 3) )
        if( indefinite )
            ValDisplay valdisp0,value = _NUM:1,win = ProgressPanel
                //每次"相位"改变1,进度条不断变化,显示忙碌状态
        else
            ValDisplay valdisp0,value = _NUM:i + 1,win = ProgressPanel
                //进度条按完成比例变化,显示进度
        endif
    DoUpdate /W = ProgressPanel
    if( V_Flag == 2 )                               //用户希望终止程序
        break
    endif
    endfor
    KillWindow ProgressPanel
End
```

执行 simpletest(1,0),结果如图 7-8 所示,按【Stop】按钮可以终止程序。

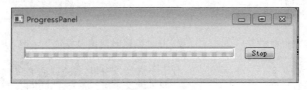

图 7-8 程序忙碌状态指示

上面看到进度条是在程序执行过程中被更新的,也就是说,程序本身知道自己的执行进度并实时更新进度条。

在很多情况中,程序本身并不知道自己的运行进度,例如 ContourZ 或者 ImageInterpolate 等插值函数,当数据量变大时这些函数相当耗时,由于是系统函数,无法在其内部插入更新代码。

对于这种情况,可以给程序进度条窗口指定一个钩子函数(hook),Igor 在忙碌时,会给程序进度条窗口的钩子函数发送 eventcode = 23 的事件,因此可以将更新进度条的代码放在这个钩子函数之中。同样,在钩子函数中检查 V_flag 并决定是否退出程序。指定钩子函数后程序进度条窗口被关闭后程序自动停止执行。关于钩子函数的详细介绍和使用请读者参看 7.4 节钩子函数的相关介绍。

看下面的例子,在命令行窗口输入 spinnertest(100)查看示例:

```
Function spinnertest(nloops)
    Variable nloops

    //--- 开始创建进度条窗口
    NewPanel/FLT /N = myProgress/W = (285,111,739,193)
    //FLT 表示创建一个浮动最前端显示程序面板
    ValDisplay valdisp0,pos = {18,32},size = {342,18}
    ValDisplay valdisp0,limits = {0,100,0},barmisc = {0,0}
    ValDisplay valdisp0,value = _NUM:0
    ValDisplay valdisp0,mode = 4        //一直忙碌模式
```

```
        Button bStop, pos = {375, 32}, size = {50, 20}, title = "Abort"
        SetActiveSubwindow _endfloat_         //取消程序面板为活动窗口
        //--- 进度条窗口创建结束
        DoUpdate/W = myProgress/E = 1         //设置刚创建的窗口为程序进度条窗口

        SetWindow myProgress, hook(spinner) = MySpinner
        //给程序进度条窗口指定一个钩子函数 MySpinner
        Variable t0 = ticks, i
        for(i = 0; i < nloops; i += 1)        //复杂耗时的计算
            PerformLongCalc(1e6)
        endfor
        Variable timeperloop = (ticks - t0)/(60 * nloops)

        KillWindow myProgress                 //程序运行结束关闭程序进度条窗口

        print "time per loop = ", timeperloop
    End

    //钩子函数, 窗口在运行时 Igor 会自动执行此函数
    Function MySpinner(s)
        STRUCT WMWinHookStruct &s

        if( s.eventCode == 23 )               //Igor 忙碌时向窗口发送 eventCode = 23 的消息
            ValDisplay valdisp0, value = _NUM:1, win = $ s.winName
            DoUpdate/W = $ s.winName           //更新进度条窗口, 检查是否有鼠标单击按钮事件发生
            if( V_Flag == 2 )                  //如果进度条窗口鼠标单击按钮, 则 V_Flag = 2, 表示退出
                KillWindow $ s.winName         //关闭进度条窗口, 程序也自动结束
                return 1
            endif
        endif
        return 0
    End

    //模拟一个耗时的复杂函数
    Function PerformLongCalc(nmax)
        Variable nmax

        Variable i, s
        for(i = 0; i < nmax; i += 1)
            s += sin(i/nmax)
        endfor
    End
```

读者会发现直接在窗口里放一个 ValDisplay 控件并配置为进度条模式也能达到相同的效果，无须使用 DoUpdate 命令来指定。这没有问题，但如果不使用 DoUpdate 命令，该窗口将无法接收鼠标消息，即只能看，不能操作。

7.4　钩子函数

窗口程序由消息驱动。前面看到，通过结构体类型变量，控件能够响应非常多的 Windows 标准消息。但仅仅依靠结构体变量仍然是不够的，如按钮控件只能响应鼠标消息，无法响应键

盘按键消息。另外,有时需要窗口也能接收消息(如上一章提到的通过鼠标右键在窗口创建弹出式菜单),但窗口并不是一个控件,无法通过和控件一样的方法给窗口发送消息。

使用钩子函数(Hook Function)可以解决上面的问题。窗口钩子函数会截获发往窗口的所有信息,对控件无法响应的消息给予响应,还可以限制控件的行为。

除了窗口钩子函数之外,还有用户自定义钩子函数,这些钩子函数会截获某些特定的操作,如拖曳文件、程序编译、窗口打开、启动 Igor 等。

将钩子函数指定给某个对象需要使用 SetWindow 和 SetIgorHook 命令,前者设定窗口的钩子函数,后者设定用户自定义钩子函数。钩子函数由用户自定义,但是必须满足指定的格式要求——参数类型确定,返回值含义明确。

7.4.1　用户自定义钩子函数

用户自定义钩子函数是指由用户自定义一个函数,然后利用 SetIgorHook 命令将其设定为一个钩子函数。

为了方便,Igor 预定义了一些函数名称和格式。用户的自定义函数只要取这些函数名,参数满足要求,这个函数就自动成为用户自定义钩子函数,无须使用 SetIgorHook 命令专门指定。

用户自定义钩子函数的功能是由 Igor 事先定义好的,绝大多数为文件操作、窗口操作等一般方法难以实现的操作。表 7-2 列出了 Igor 预定义的钩子函数名称及其含义。

表 7-2　预定义钩子函数名称及其含义

钩子函数名称	调用钩子函数的时机
AfterCompiledHook	程序刚刚编译
AfterFileOpenHook	文件被打开
AfterMDIFrameSizedHook	窗口的大小被调整
AfterWindowCreatedHook	窗口刚刚建立
BeforeDebuggerOpensHook	调试器即将打开
BeforeExperimentSaveHook	实验文件即将保存
BeforeFileOpenHook	文件即将打开
IgorBeforeNewHook	一个新的实验文件即将打开
IgorBeforeQuitHook	Igor 即将关闭
IgorMenuHook	菜单即将打开或者某个菜单项刚刚选择
IgorQuitHook	Igor 已经关闭
IgorStartorNewHook	启动了一个新的 Igor 实例

在程序中只需要利用表 7-2 的钩子函数名称定义函数,Igor 就会在相应的事件发生后自动调用该函数。钩子函数必须满足指定的参数格式。限于篇幅,本书不详细介绍每个钩子函数的参数和含义,读者如果需要请查阅帮助文档(在命令行窗口中输入 DisplayHelpTopic "User-Defined Hook Functions"打开帮助文档)。

下面举一个例子。在程序文件里输入代码:

```
Function AfterCompiledHook()
    Print "all procedures are compiled!"
End
```

在程序编译后会自动打印：

all procedures are compiled!

利用用户自定义钩子函数，可以实现很多用普通程序设计方法不能实现的功能。

在 Windows 系统中，可以通过拖曳的方式方便地打开文件：如果这个文件格式是 Igor 支持的文件格式，那么 Igor 将会直接打开文件，否则会弹出一个对话框，询问打开的方式。

向 Igor 拖曳文件时，会引发一个打开文件的操作，通过钩子函数可以截获这个操作：如果是 Igor 支持的文件格式，则直接打开；如果是 Igor 不支持的文件格式，则可以调用用户自定义函数打开。使用 BeforeFileOpenHook 钩子函数就可以实现这一目的：

```
Function BeforeFileOpenHook(refNum,fileName,path,type,creator,kind)
    Variable refNum,kind
    String fileName,path,type,creator
    variable handled = 0
    return handled
End
```

BeforeFileOpenHook 由 Igor 预定义，当使用这个函数名和上面的参数格式定义自定义函数时，编译器会自动将它识别为钩子函数。这个函数在文件加载入 Igor 之前被调用。

refNum 表示文件 ID，类似于 C 语言中的 FILE 指针。fileName 表示文件名字。path 表示文件所处的路径，注意 path 是一个符号路径变量（symbolic path）（见 7.8 节）。type 表示文件的类型。creator 表示文件的创建程序，如 doc 文件 creator 是 winword. exe。kind 表示打开文件的类型（Igor 通过一定的规则指定，如 XOP file 则 kind＝3）。

这些参数在调用之前由 Igor 设定，用户可以使用这些参数操作文件。

看下面的例子：

```
Function BeforeFileOpenHook (refNum,fileName,path,type,creator,kind)
    Variable refNum,kind
    String fileName,path,type,creator
    Variable handled = 1
    String s1 =  "The file refrence number is " + num2str(refNum)
    s1 = s1 + " and the find kind is thought as " + num2str(kind)
    Print s1
    Print "File info:",fileName,path,type,creator
    PathInfo $ path
    Print "Symbolic Path " + path + " points to " + S_Path
    return handled
End
```

向 Igor 中拖曳一个文件，结果如图 7-9 所示。

path 的值为 IGOR_Pro_Programming，这是一个符号路径，如果要获取真正的路径（E:\Igor gramming\），需要使用 PathInfo 命令。注意在 Igor 下用冒号代替了反斜线。

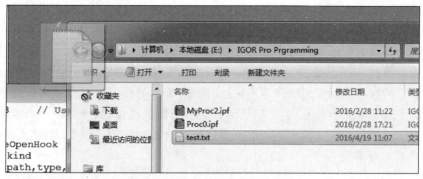

(a) 选定一个文件拖曳到Igor

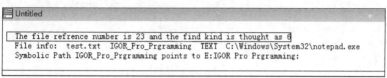

(b) 输出结果

图 7-9　BeforeFileOpenHook 钩子函数效果演示

BeforeFileOpenHook 返回非 0 时表示文件打开完全由用户处理,Igor 将不再处理与文件打开有关的任何操作,文件将被关闭。返回 0 时表示 BeforeFileOpenHook 执行完后再由 Igor 接手执行默认的文件打开操作,文件不会被立即关闭。

BeforeFileOpenHook 执行完后 refNum 即失效,不要在其他函数中使用该 refNum,否则会出现文件读写错误。

注意,只有通过拖曳或者双击的方式打开文件时才会触发 BeforeFileOpenHook,利用【Open File】等菜单命令并不会触发该函数。

除了直接使用 Igor 预定义的名字定义钩子函数外,还可以使用 SetIgorHook 命令将一个非预定义名字的函数指定为钩子函数。这样做的目的主要是避免命名冲突。SetIgorHook 命令的使用格式如下:

```
SetIgorHook [/K/L] [hookType [ = procName ] ]
```

其中,hookType 表示由 Igor 预定义的事件类型,procName 表示要被指定的用户自定义函数。hookType = procName 表示当 hookType 事件发生时,执行 procName 函数。标记/K 删除指定类型的钩子函数(注意只是删除钩子函数的作用,并不删除函数本身)。/L 指定新创建的钩子函数最后执行(否则是先指定,先执行)。如下面的例子:

```
SetIgorHook BeforeFileOpenHook = myhook
```

表示文件拖曳入 Igor 时执行 myhook 函数(注意,myhook 函数的参数个数和类型必须与前面介绍的 BeforeFileOpenHook 完全一致)。这里可以看到 hookType 的名字就是表 7-2 列出的名字,含义也完全一样。

在实际中为了使用方便,通常将这些钩子函数声明为静态函数,即钩子函数为程序文件所私有，这样做的好处是每一个程序文件都可以定义相同的钩子函数，而不必担心命名冲突。可以定义多个相同的钩子函数，例如每一个程序文件都可以定义一个静态的钩子函数。

当有多个相同的钩子函数时，理解钩子函数执行的顺序比较关键。Igor 执行钩子函数的顺序为窗口界面钩子函数、SetIgorInfo 指定的钩子函数、静态钩子函数、非静态钩子函数。静态钩子函数的执行按照编译顺序执行（注意，编译的顺序一般是不可控的，不要假设某个静态钩子函数会先执行）。多个钩子函数并不会都被执行，如果其中一个返回非 0 值，则后面的钩子函数都不会被执行。一般不需要定义这么多的钩子函数，除非这样做是必要的。看图 7-10 所示例子：

```
Proc0

#pragma rtGlobals=3     // Use modern global access method and strict wave acc
static Function beforeFileOpenHook (refNum,fileName,path,type,creator,kind)
   variable refNum,kind
   String fileName,path,type,creator
   print 2
   return 0
end
```

```
Procedure

#pragma rtGlobals=3     // Use modern global access method and strict wave acc


Function beforeFileOpenHook (refNum,fileName,path,type,creator,kind)
   Variable refNum,kind
   String fileName,path,type,creator
   print 1

   return 1
end
```

图 7-10　指定两个相同的钩子函数，一个为静态，一个为非静态

上面有两个相同的钩子函数 BeforeFileOpenHook，其中静态版本定义在一个新打开的程序文件 proc0 中，非静态版本定义在内置程序文件中，则拖曳一个文件进入 Igor 时，Igor 将优先执行静态版本，然后执行非静态版本，由于静态版本返回 0，因此两个函数都会被执行，结果如图 7-11 所示。

图 7-11　静态钩子函数优先级比非静态钩子函数高

7.4.2　窗口钩子函数

窗口钩子函数是一个用户自定义函数，通过 SetWindow 命令指定给一个窗口，用于截获窗口的各种消息和事件，用户可以对这些事件作出响应和处理。

窗口钩子函数的名称任意，但参数必须是一个 WMWinHookStruct 类型的结构体变量或

是一个字符串型变量。窗口钩子函数返回 1 表示事件已经处理,Igor 将忽略该事件,返回 0,
Igor 还会接着处理该事件(虽然可能什么也不做)。看下面的例子:

```
Function MyWindowHook(s)
    STRUCT WMWinHookStruct &s
    Variable hookResult = 0        //0 表示没有处理,1 表示已经处理
    switch(s.eventCode)
        case 11:                   //键盘消息
            switch (s.keycode)     //按键对应的 ASCII 码
                case 28:
                    Print "Left arrow key pressed."
                    hookResult = 1
                    break
                case 29:
                    Print "Right arrow key pressed."
                    hookResult = 1
                    break
                case 30:
                    Print "Up arrow key pressed."
                    hookResult = 1
                    break
                case 31:
                    Print "Down arrow key pressed."
                    hookResult = 1
                    break
            endswitch
            break
    endswitch
    return hookResult              //窗口钩子函数返回非 0 值表示事件已经处理,Igor 将忽略该事件
End

Function DemoWindowHook()
    DoWindow/F DemoGraph           //窗口是否存在
    if (V_flag == 0)               //窗口不存在
        Display /N = DemoGraph     //创建窗口
        SetWindow DemoGraph, hook(MyHook) = MyWindowHook
    endif
End
```

上面的例子利用 SetWindow 命令将 MyWindowHook 钩子函数指定给窗口 DemoGraph,
并且给该钩子函数取名为 MyHook。MyWindowHook 钩子函数可以实现对键盘方向箭头
的响应,并在命令行窗口打印哪个方向键被按下去的信息。可以利用上面的代码通过方向
键方便地设置控件的 SetVariable 值。

在这里可以看到给窗口指定钩子函数的命令是 SetWindow。给窗口指定钩子函数非
常简单:

```
SetWindow winname, hook(hookname) = procname
```

上面命令给 winname 窗口指定了一个钩子函数 procname,这个钩子函数又名 hookname。
hookname 用于管理指定给窗口的钩子函数。可以将多个钩子函数指定给相同的窗口,不

同的钩子函数利用 hookname 来区分。

注意，当程序面板中嵌套程序面板时，只能给最顶层窗口指定钩子函数，要想使子窗口也能利用钩子函数，可以在钩子函数的最开始添加下面的代码：

```
GetWindow $ s.winName activeSW   //获取活动窗口,窗口名字保存在 S_value 中
String activeSubwindow = S_value
if (CmpStr(activeSubwindow,"G0") != 0)
    return 0
endif
```

这里 G0 是子窗口名字。CmpStr(activeSubwindow,"G0")检查 G0 是否活动窗口。如果不是活动窗口，则返回 0，即由 Igor 默认处理。Graph 在鼠标单击后即成为当前活动窗口，而 Panel 需要通过 SetActiveSubwindow 命令设置才能成为活动窗口。

用好钩子函数的关键是了解 WMWinHookStruct 结构体类型，下面给出这个结构体类型的定义：

```
Structure WMWinHookStruct
    char winName[MAX_WIN_PATH + 1]        //所属窗口
    STRUCT Rect winRect                   //窗口坐标(局域)
    STRUCT Point mouseLoc                 //鼠标位置
    Variable ticks                        //事件发生时的时间
    Int32 eventCode                       //事件消息代码
    char eventName[MAX_OBJ_NAME + 1]      //事件名字
    Int32 eventMod                        //组合键信息
    char menuName[255 + 1]                //菜单名字
    char menuItem[255 + 1]                //菜单项
    char traceName[MAX_OBJ_NAME + 1]      //cursor 所处的曲线名字
    char cursorName[2]                    //cursor 名字(A 或 B)
    Variable pointNumber                  //cursor 在 wave 中位置(x 方向或一维)
    Variable yPointNumber                 //cursor 在 wave 中位置(y 方向)
    Int32 isFree                          //1 表示没有 cursor
    Int32 keycode                         //键盘字符对应的 ASCII 码
    char oldWinName[MAX_OBJ_NAME + 1]     //窗口名字
    Int32 doSetCursor                     //1 表示设置鼠标形状
    Int32 cursorCode                      //鼠标代码,不同取值对应不同的鼠标形状
    Variable wheelDx                      //鼠标滚轮水平方向滚动大小
    Variable wheelDy                      //鼠标滚轮竖直方向滚动大小
EndStructure
```

最重要的字段当属 eventCode、eventMod、keycode。eventMod 表示是否有 Ctrl 键或者 shift 键按下，参看 6.2.1 节窗口程序设计。keycode 表示键盘字符对应的 ASCII 码，如按下 a 对应的 ASCII 码为 97，按下 A 对应为 65。下面编写一个钩子函数查看每一个键盘按键对应的 ASCII 码：

```
Function ff(s)
    Struct WMWinHookStruct &s
    Variable handled = 0
    switch(s.eventcode)
        case 11:                        //表示键盘键按下
```

```
                SetVariable setvar0, value = _STR:num2char(s. keycode)
                ValDisplay valdisp0, value = _NUM:s. keycode
                handled = 1
            break
        endswitch
        return handled
    End

    Window Panel0() : Panel
        PauseUpdate; Silent 1                //创建窗口
        NewPanel /W = (150,77,423,188)
        SetVariable setvar0, pos = {24,29}, size = {50,16}, value = _STR:""
        ValDisplay valdisp0, pos = {144,32}, size = {50,13}, limits = {0,0,0}, barmisc = {0,1000}
        ValDisplay valdisp0, value = #"0"
        TitleBox title0, pos = {26,10}, size = {54,12}, title = "Character", frame = 0
        TitleBox title1, pos = {140,10}, size = {30,12}, title = "ASCII", frame = 0
        setwindow panel0, hook(myhook) = ff
    EndMacro
```

结果如图 7-12 所示。

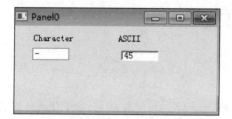

图 7-12 通过窗口钩子函数截获键盘按键信息

表 7-3 列出了窗口钩子函数能截获的事件名字、代码及其含义。

表 7-3 窗口钩子函数能截获的事件名字代码及其含义

eventCode	eventName	含 义
0	"activate"	窗口被选择为活动窗口
1	"deactivate"	窗口失去焦点
2	"kill"	窗口被关闭
3	"mousedown"	鼠标按下
4	"mousemoved"	鼠标移动
5	"mouseup"	鼠标释放
6	"resize"	窗口大小变化
7	"cursormoved"	移动 cursors
8	"modified"	修改发生，只对 Graph 或者 notebook 有效
9	"enablemenu"	单击菜单
10	"menu"	选择菜单项
11	"keyboard"	键盘键按下
12	"moved"	窗口移动

续表

eventCode	eventName	含　义
13	"renamed"	窗口重命名
14	"subwindowKill"	子窗口被删除
15	"hide"	窗口被隐藏
16	"show"	窗口被显示
17	"killVote"	窗口将要被关闭
18	"showTools"	进入编辑模式
19	"hideTools"	进入运行模式
20	"showInfo"	调出 cursors
21	"hideInfo"	隐藏 cursors
22	"mouseWheel"	鼠标滚动
23	"spinUpdate"	见 7.3.3 节程序进度条

在程序中使用 switch 语句对各种事件进行处理,如:

```
switch(eventCode)
    case 3:   //鼠标按下
              //执行操作
    break
    default:
    break
endswitch
```

通过响应鼠标滚轮事件(eventCode=22),可以利用鼠标滚轮控制窗口里面的对象,如对曲线进行缩放、修改参数值等。

WMWinHookStruct 中的 traceName 字段在窗口是 Graph 时很有用,可以通过这个字段直接获取当前 cursor(A 或者 B)附着的曲线名字,并利用 TraceNameToWaveRef 函数获取该曲线的 wave 引用。关于 cursor 的操作请读者参看 7.11.3 节 cursor 编程。

WMWinHookStruct 中的 cursorCode 字段和 doSetCursor 字段设置窗口中鼠标的形状。Igor 支持多达 33 种不同的鼠标形状,利用鼠标形状可以表示程序不同的运行状态或者不同的操作对象。看下面的例子,在窗口中单击鼠标左键切换鼠标形状:

```
Function ff(s)
    Struct WMWinHookStruct &s
    String s0
    Variable n
    switch(s.eventCode)
        case 3:
            s0 = GetUserData("","","s0")
            n = str2num(s0)
            n = n + 1
            if(n > 32)
                n = 0
            endif
            s.doSetCursor = 1
            s.cursorCode = n
```

```
            SetWindow kwTopWin, userdata(s0) = num2str(n)
        break
      endswitch
  end
  Window Panel0() : Panel
      PauseUpdate; Silent 1              //创建窗口
      NewPanel /W = (150, 77, 450, 277)
      SetWindow kwTopWin, userdata(s0) = "0", hook(myhook) = ff
  EndMacro
```

请注意：每次调用钩子函数时，传递给钩子函数的 cursorCode 总是 0，因此使用了 userdata 来保存每次单击后当前鼠标形状对应的代码。这里也可以使用全局变量实现相同的目的。

上面在利用 SetWindow 命令给窗口指定钩子函数的同时，给钩子函数取了一个独一无二的名字，利用这种方法可以给窗口指定多个钩子函数。Igor 也支持匿名的钩子函数，使用方法为

```
SetWindow winname, hook = hookfunction
```

匿名钩子函数使用一个字符串变量作为参数，字符串变量以"键值对"的方式存放了各种事件信息，可以通过 StringByKey 函数获取这些信息：

```
Function hookfunction(infostr)
    String infostr
    String eventStr = StringByKey("EVENT", infostr)
    …
    return statusCode        //0 表示由 Igor 接着处理，1 表示已经处理
End
```

匿名钩子函数的使用基本和命名钩子函数相同，但是有一些细节稍微有些变化，如鼠标单击、移动及 cursor 移动必须在设定 hookEvents 后才发生：

```
SetWindow winname hookEvents = flag
```

其中，flag 是一个比特变量，含义如表 7-4 所示。

表 7-4　比特变量 flag 的含义

比　特　位	含　　　义
bit0	置位截获鼠标按下事件
bit1	置位截获鼠标移动事件
bit2	置位截获 cursor 移动事件

匿名钩子函数是一种过时的用法，属于 Igor 早期版本的编程技术。最新版本的 Igor 仍然支持这种方法，但主要是为了兼容以前版本下的代码。因此不建议读者使用匿名的钩子函数。

7.4.3　依赖

除了钩子函数之外，Igor 内建依赖（dependence）机制，通过依赖机制，可以实现函数的自动运行、wave 的自动赋值和更新等操作。

使用过 Excel 的读者一定知道，单元格中的数据可依赖于其他单元格，当任意单元格中数据更新时，所有的公式都会重新计算。

Igor 中 Table 并不支持这个功能，但是 Igor 提供了类似的功能，那就是依赖。看下面的例子：

```
Variable v1,v2
v1 = v2
```

上面的赋值操作仅将 v2 赋值给 v1，如果 v2 发生改变，v1 是不会有任何变化的。如果将上面的赋值操作改成如下形式：

```
v1: = v2
```

此时 v1 就依赖于 v2，或者说建立了 v1 的一个依赖。当 v2 发生改变时，v1 会自动改变。

再看下面的例子：

```
Make/O wave1
wave1: = sin(K0 * x/16)
```

其中，wave1 依赖于全局变量 K0 和 x 坐标。当 K0 变化或者 wave1 的 x 坐标发生变化，wave1 会自动更新。

一般地，可以利用下面的命令给一个变量或者 wave 建立依赖：

```
objectname: = expression
```

其中，objectname 表示一个变量或者 wave，"：＝"是创建依赖的操作符，expression 是一个 Igor 表达式，这个表达式里可以包含变量、wave、函数和各种运算符（但不能包括命令）。

注意，上面的表达式只能在命令行或者脚本（Macro）中使用，如果在函数中创建依赖，需要使用 SetFormula 命令。SetFormula 命令的使用方法如下：

```
SetFormula objectname,expression_str
```

即用字符串来描述表达式，如下：

```
SetFormula v1,"v2"
```

expression_str 就是"：＝"操作符右边的内容。下面做法是错误的：

```
SetFormula v1,"v1: = v2"       //错误
```

依赖表达式中可以使用自定义函数，如下：

```
Function f1(v)
    Variable v
    return v + 1
End
Variable v1,v2
v1: = f1(v2)
```

上面的例子中，当 v2 发生变化，v1 立即发生变化。

在实际中，v1 和 v2 可能没有什么实际含义，真正有意义的是 f1 本身。如本书 7.2.6 节的定时器，通过在指定时间间隔到后改变 v2（v2 变成什么不重要，只要值改变就行，甚至只要有一个赋值操作的行为就行）使 f1 自动执行，这就相当于给 Igor 发了一个"时间到"事件。

依赖表达式中不能包含命令，那么要通过依赖技术，在某个条件满足时执行命令，该怎么做呢？只需要将命令放在函数中就行了。将上面的 f1 函数修改如下：

```
Function f1(v)
    Variable v
    Print "you have changed v2\r"
End
```

可以利用菜单命令【Misc】|【Object Status】在弹出的对话框中查看和管理当前已有的依赖，包括破损的依赖（被依赖的变量不存在或者改名）。

使用依赖要注意依赖的更新机制。Igor 只在下列时刻更新依赖。

（1）在命令行窗口输入命令，且执行完毕。

（2）Proc 和 Macro 中每条表达式执行完毕。

（3）用户主动调用了 DoUpdate 命令。

（4）Igor 处于空闲状态。

依赖的优先级是比较低的，如果 Igor 在进行其他运算，那么依赖是不会自动更新的。此时可以利用 DoUpdate 强制更新依赖。

用好依赖可以极大地简化程序的设计，看下面的例子：

```
K0 = 1
Make/O wave1 : = sin(K0 * x/16)
Display /W = (4,53,399,261) wave1
ControlBar 23
SetVariable setvar0, size = {60,15}, value = K0
```

结果如图 7-13 所示。

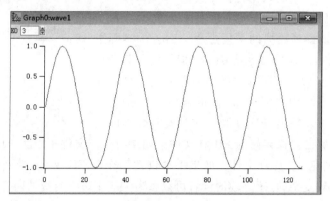

图 7-13　利用依赖自动修改 wave

上面的例子中，通过创建依赖省去了给 SetVariable 控件创建回调函数的麻烦。

7.5　数据采集

数据采集是指控制硬件设备，利用串口或者其他通信端口获取数据的方式。Igor 一般是不能操作硬件的，但是利用 XOP 技术、IndependentModule 和 FIFO 技术，是可以做到控制硬件采集数据的。

Igor 的以下特性能使数据采集变得容易。

（1）Graphs 动态显示，即 Graph 里显示的内容会随着 Data(wave)的变化而变化。

（2）first-in-first-out(FIFO)技术以及 Charts 控件的使用。

（3）后台任务。Igor 支持两种层次的后台任务程序设计，第一种通过 CtrlNamedBackground 命令创建后台任务，第二种通过多线程创建后台任务。前者适合处理简单的计算任务，后者适合处理复杂的计算任务。前者与 Igor 主线程位于同一线程，会阻断主程序运行或者被阻断运行，后者与 Igor 主线程完全独立。

（4）利用 XOP 工具包拓展 Igor 的功能。XOP 以 C++ 程序设计语言作为开发工具，开发扩展 Igor 基本功能。

（5）程序设计。利用程序可以控制测量过程，读取数据，利用窗口程序可以模拟仪器界面，对测量仪器进行控制。

本节介绍 FIFO 和 Charts 的简单应用，较为详细地介绍 VDT2 串口读写 XOP 的使用，概括地介绍 XOP 扩展的含义和使用方法。

7.5.1 FIFO 与 Charts

Igor 支持实时数据采集，只需声明一个 FIFO 对象即可。FIFO 是一个数据缓冲区，全称是 first-in-first-out。FIFO 是硬件与计算机数据存储文件之间的中介，FIFO 对象从测量设备获取实时数据，并写入计算机存储文件。存储文件不是必需的，如果没有存储文件，当 FIFO 写满以后最先写入的数据将会丢失。

Charts 类似于示波器，用于显示 FIFO 数据。有了 Charts，就能实时观察到数据的采集过程。Charts 实际上是 Igor 的一个控件，对应的命令是 Chart，但不同于其他控件，Chart 没有属性对话框，所有的操作都是通过命令行完成的。图 7-14 描述了 FIFO 与 Charts 的作用及关系。

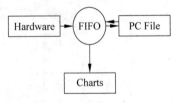

图 7-14 FIFO 与 Charts

从图 7-14 中可以看出，FIFO 既可作为实时数据的缓冲区，也可用于浏览已经保存好的 FIFO 文件。如果将一个文件指定为 FIFO 的存储文件，这个文件自动被创建为 FIFO 文件。如果手动创建一个 FIFO 文件，则必须遵循指定的格式，这个过程是比较复杂的，感兴趣的读者可以参考关于 FIFO 的帮助内容。

FIFO 一般需要结合 Charts 使用，与之相关的命令列出如下：

```
NewFIFO          //创建新的 FIFO 对象
KillFIFO         //删除 FIFO 对象
NewFIFOChan      //创建 FIFO 通道
CtrlFIFO         //操作已有的 FIFO 对象
FIFO2Wave        //从 FIFO 对象中提取数据
AddFIFOData      //向 FIFO 对象中添加数据
AddFIFOVectData  //向 FIFO 对象中添加矢量数据
FIFOStatus       //获取 FIFO 对象的状态
```

```
Chart                    //示波器,用于实时显示 FIFO 数据
ControlInfo              //获取控件的信息
```

使用 FIFO 的流程如下。

（1）利用 NewFIFO 创建一个 FIFO 对象；

（2）利用 NewFIFOChan 创建一个或几个 FIFO 通道，每一个通道代表一个数据源；

（3）利用 CtrlFIFO 启动 FIFO 对象；

（4）创建一个 Charts 控件，将 Charts 控件的 FIFO 参数指定为刚创建的 FIFO 对象；

（5）利用 AddFIFOData 或者 AddFIFOVectdata 向指定通道写入数据；

（6）利用 FIFO2Wave 将 FIFO 中的数据转换为 wave；

（7）使用完后利用 KillFIFO 删除 FIFO 对象；

（8）在程序中可以使用 FIFOStatus 获取 FIFO 对象的状态。

为了帮助读者理解 FIFO 和 Charts 的使用，看下面的例子：

```
Function test()
    FIFOStatus/Q dave
    if(0 == V_Flag)
        NewFIFO dave
        NewFIFOChan/D dave,chan,0,1,-2,2,""
        CtrlFIFO dave,deltaT = 0.1
        Make/O/N = 2000,aa
        SetScale/P x,0,0.1,aa
        aa = sin(x)
        Variable/G timebase = 0
    endif
    CtrlFIFO dave,start
    Execute "Panel0()"
    CtrlNamedBackground backtastk,period = 6,proc = updatedata,start
End

Function updatedata(s)
    Struct WMBackgroundStruct &s
    wave w = aa
    nvar i0 = timebase
    if(i0 >= 2000)
        Execute "stopfifo(\"\")"
        return 1
    endif
    AddFIFOData dave,w[i0]

    i0 = i0 + 1
    return 0
End

Window Panel0() : Panel
    PauseUpdate; Silent 1        //创建窗口
    NewPanel /W = (195,271,675,596)
    Chart foo,pos = {1,2},size = {470,277},fifo = dave
    Chart foo,chans = {0},omode = 0,umode = 3
```

```
        chart foo, linemode(0) = 1
        Button button0, pos = {4, 287}, size = {104, 23}, proc = stopfifo, title = "stop"
EndMacro

Function stopfifo(ctrlName) : ButtonControl
        String ctrlName
        CtrlNamedDackground backtastk, stop
        KillFIFO dave
End
```

效果如图 7-15 所示。

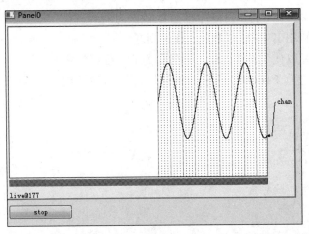

图 7-15　利用 Charts 和 FIFO 显示实时数据采集

　　执行 test() 函数查看上面的例子。本例演示了 FIFO 与 Charts 使用的一般方法。这里手动创建了一个 wave aa 用于模拟实验数据，AddFIFOData 用于将 aa 中的数据写入 FIFO，模拟实时测量。foo 是一个 Charts 控件，用于显示实时数据采集状态。在真实的使用环境中，实验数据可能来源于硬件，通过串口读写或者其他命令可以获取这些数据。

　　程序中较为复杂的有 CtrlFIFO 和 Charts 控件，其他的都非常好理解。请读者通过帮助获取这些命令的详细使用方法介绍。

　　除了用于实时显示实验数据之外，FIFO 和 Charts 也可以用于浏览存放于文件中的大数据。

7.5.2　串口读写

　　串口通信是计算机与外围设备常见的通信方式，很多实验设备都是通过串行接口与控制计算机通信并接受控制。Igor 本身不支持串口通信，但以 XOP 扩展的形式提供对串口的支持。所谓扩展是指通过 XOP 工具包开发的可以在 Igor 中使用的函数或者命令，关于 XOP 的介绍请读者参看 7.5.3 节。

　　串口通信扩展包 XOP 名为 VDT2. xop，位于 Igor 安装目录\More Extensions\Data Acquisition 目录中，这是一个由 WaveMetrics 公司开发和维护的 XOP 扩展包。将该扩展包复制到 Igor 安装目录\Igor Extensions 目录里，即可以在 Igor 下进行串口操作。当然，也可以创建 VDT2.xop 的快捷方式，然后将该快捷方式放入 Igor 的安装目录\Igor Extensions 目录里，原理是一样的。Igor 会自动加载位于 Igor Extensions 目录下所有的 XOP 扩展。请注意一并创建 XOP 帮助文件的快捷方式，并按照相同的方法进行操作，这样可以在 Igor 里查看该 XOP 的帮助信息，如图 7-16 所示。

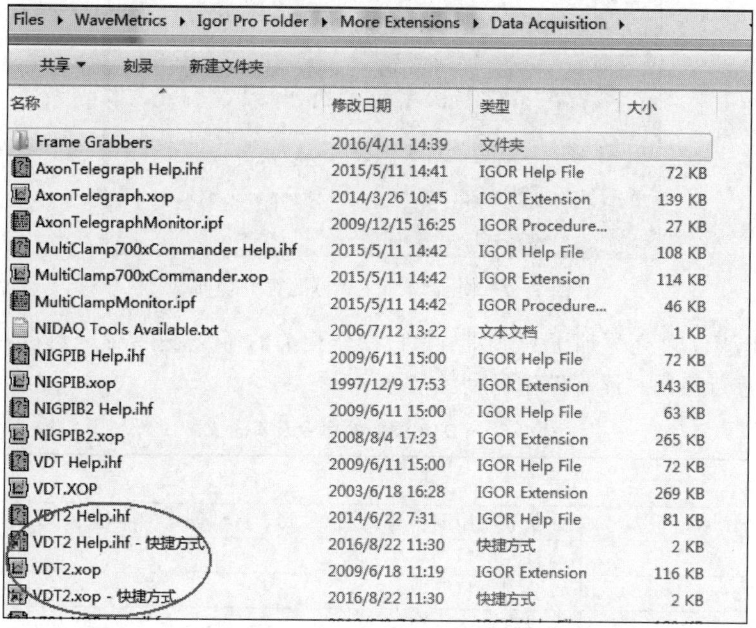

(a) VDT2.xop位于Data Acquisition文件夹

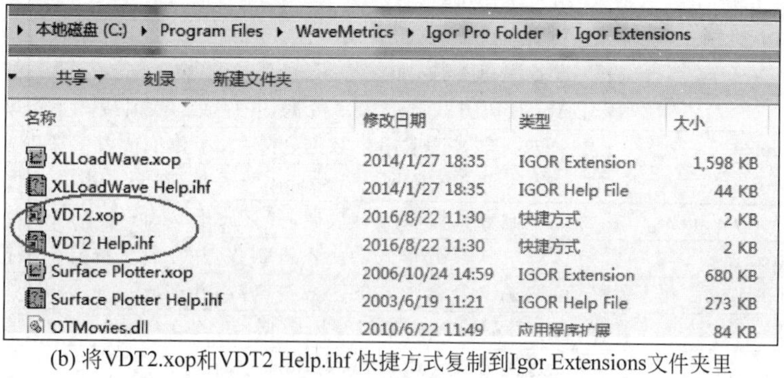

(b) 将VDT2.xop和VDT2 Help.ihf 快捷方式复制到Igor Extensions文件夹里

图 7-16　使用 VDT2 进行串口读写

VDT 表示 very dumb terminal，含义是哑终端，即模拟串口设备的终端界面。将 VDT2 扩展包放于 Igor Extensions 目录里，Igor 启动时会自动加载，并在【Misc】菜单下面创建一个名为 VDT2 的菜单，该菜单提供了利用 VDT2 进行串口通信的基本操作命令，如打开终端窗口（Open VDT2 Window）、串口设置（VDT2 Settings）、指定终端串口（Terminal Port）、指定工作串口（Operation Port）、利用终端串口传递或者接收文件等。【VDT2 Help】

命令用于打开 VDT2 的帮助文档，如图 7-17 所示。

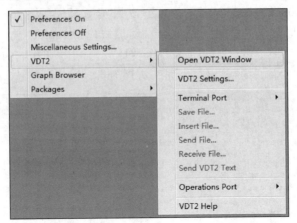

图 7-17　Misc 菜单下 VDT2 串口菜单

除此之外，VDT2 还添加了一系列与串口操作相关的命令，这些命令可以在函数中直接调用，对串口进行控制和读写操作，如表 7-5 所示。

表 7-5　VDT2 添加的命令及其含义

命　　令	含　　义
VDTGetPortList2	获取可用的串口列表，存放于自动创建的变量 S_VDT 中
VDTOpenPort2	打开串口
VDTClosePort2	关闭串口
VDTTerminalPort2	指定终端串口
VDTOperationsPort2	指定工作串口
VDTGetStatus2	获取串口信息（很少用）
VDT2	设置串口参数，如波特率、奇偶校验等
VDTRead2	ASCII 码方式读取串口数据，并存放于数值或者字符串变量中
VDTReadBinary2	二进制方式读取串口数据，并存放于数值或者字符串变量中
VDTReadWave2	ASCII 码方式读取串口数据，并存放在 wave 里
VDTReadBinaryWave2	二进制方式读取串口数据，并存放于 wave 中
VDTReadHex2	读取 ASCII 码形式的十六进制数，并存放于数值或字符串变量中
VDTReadHexWave2	读取 ASCII 码形式的十六进制数，并存放于 wave 中
VDTWrite2	ASCII 码方式向串口写入数据
VDTWriteBinary2	二进制方式向串口写入数据
VDTWriteWave2	ASCII 码方式向串口写入 wave
VDTWriteBinaryWave2	二进制方式向串口写入 wave
VDTWriteHex2	以 ASCII 码十六进制形式向串口写入数据
VDTWriteHexWave2	以 ASCII 码十六进制形式向串口写入 wave

VDT2 里 Terminal Port 和 Operaton Port 是有区别的。Terminal Port 作为终端串口，或者更狭义地说，仅作为 VDT2 Window（通过菜单命令【Misc】|【VDT2】|【Open VDT2 Window】打开的窗口）与串口设备通信的串口。

Operation Port 作为工作串口,上面介绍的各种读写串口的命令都是通过 Operation Port 与串口设备进行通信的,或者说通过命令行或者函数操作串口时都是通过 Operation Port 进行的。如果 Terminal Port 和 Operation Port 被指定为同一个串口,Igor 将优先保证该串口处于工作串口模式。

下面介绍将 VDT2 作为终端操作串口设备的应用。首先指定一个串口作为 Terminal Port,在这里指定为 COM3,然后单击【Open VDT2 Window】打开 VDT2 Window,如图 7-18 所示。

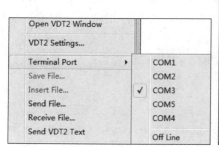

图 7-18　将 VDT2 作为终端通过串口操作设备

然后使用一个普通的串口模拟软件模拟串口设备(实际中可能是真正的设备),该串口软件使用 COM2 作为串口,COM2 和 COM3 可通过软件模拟连接在一起。这样,VDT2 输入的任何数据都将出现在串口模拟软件窗口中,串口模拟软件输入的数据也都将出现在 VDT2 窗口中,如图 7-19 所示。

(a) VDT2 终端窗口　　　　　　　　　(b) 串口设备模拟软件界面

图 7-19　VDT2 给串口设备发送信息以及从串口设备接收信息

这里使用了串口模拟软件 SSCOM3.2,这款软件来源于互联网,作者为聂小猛。

注意,在 VDT2 窗口中即使是按下删除键,该信息也会被输入到串口中,在本例中会出现在模拟的串口设备界面上。这正是 VDT(very dumb terminal,哑终端)的含义。

在【Terminal Port】和【Operation Port】级联菜单中都有一个【Off Line】的选项,选择该选项将关闭终端或者工作串口通信。

【VDT2 Settings】菜单项用于设置串口的波特率、传输数据单位长度、停止位和奇偶校验、是否支持握手通信等，这些含义和使用普通编程语言进行串口通信程序设计含义完全相同，读者如果有疑问可以参考串行通信类书籍。

对串口更方便的操作是通过命令行方式进行的。

任何场合串口的操作基本流程都是：打开串口，向串口读写数据，关闭串口。Igor 中这个流程基本不变，稍有区别的是，Igor 只能指定一个工作串口，所有的读写命令中并不包含串口信息，都默认通过该串口进行数据通信。因此，Igor 中的串口程序，如果读写不同的串口，应该在每次读写之前，都调用 VDTOperationPort2 命令指定该串口，并在读写完后及时关闭（以免影响其他程序使用该串口）。需要注意的是，当指定了串口时，一般并不需要显式地调用 VDTOpenPort2 命令打开窗口，读写命令会自动打开串口，这是和一般程序中串口操作的不同之处。

下面是一个利用函数对串口写入数据的简单例子。同样，这里利用串口模拟软件模拟了一个串口设备：

```
#pragma rtGlobals = 3
Function vdttest()
    Make/O data
    SetScale/I x,0,2 * pi,data
    data = sin(x)
    Variable i,N
    N = numpnts(data)
    VDTOperationSport2 COM3
    VDTOpenport2 COM3
    for(i = 0;i < N;i += 1)
        VDTWrite2 num2str(data[i]) + ","
    endfor
    VDTClosePort2 COM3
End
```

结果如图 7-20 所示。

图 7-20　通过编程向串口写入数据

虽然 Igor 中串口可以自动打开，但一般推荐调用 VDTOpenPort2 命令主动打开。如果该串口处于被使用状态，就会返回一个错误信息，这样可以避免后续的错误读写操作。

串口读写命令绝大多数使用起来都是非常简单的,请读者查阅 VDT2 Help 文档中关于这些命令的帮助信息,也可以右击命令查看命令的帮助信息。串口通信程序设计更多的困难来源于对通信协议的理解,如串口设备规定的特殊字符、VDT2 对特殊字符的处理等,这些特殊字符往往涉及通信的继续和停止。要写出高效、稳定、没有错误的串口通信程序,必须对这些内容有非常详细的了解。

VDT2 在读写期间,Igor 会停止对其他事件的响应。因此当写入数据量非常巨大时,要注意采用一定的技巧,如将数据分成小块,多次传输。当利用 VDTRead2 等命令从串口读取数据时,可考虑利用后台任务,定时查询,如果没有数据及时返回,以免阻塞主程序运行。如果 VDT2 阻塞了 Igor 主程序的运行,可以按 Ctrl+Break 组合键强制退出。

7.5.3 XOP 扩展

Igor 作为一款基于命令行和程序设计的数据处理工具,具有高度的可定制性,用户可以通过 Igor 提供的命令和函数,通过程序设计的方式编写任意复杂的数据处理程序。这是 Igor 不同于一般数据处理程序的鲜明特性。虽然本身提供的命令和函数已经能完成绝大多数的数据处理任务,Igor 仍然提供了更为强大的扩展接口,允许用户通过更为普适的编程工具如 C++ 等扩充功能。

扩展的功能相当于一个动态运行库,扩展名为 XOP(external operations 的缩写),Igor 主程序通过预定义好的数据接口和通信协议调用该动态运行库,执行数据处理或者采集工作。对于用户而言,这些过程是完全透明的,在用户的视角来看,仍然是通过 Igor 来完成所有的任务(当然事实上也是这样)。

Igor 本身很多功能也是基于 XOP 开发的,如前面提到的 VDT2 串口操作。3D Gizmo 绘图操作和 Igor 下的数据浏览器也是基于 XOP 开发的(这里指 Igor 6.37 及之前的版本,最新的 Igor Pro 7 及之后的版本这部分内容已经集成到 Igor 内部了)。Igor 安装目录下 More Extensions 文件夹里包含了一些实用的 XOP 扩展程序,由于这些程序经过了较为充分的测试且由 Igor 提供或者推荐,所以完全具备实用的价值,如图 7-21 所示。

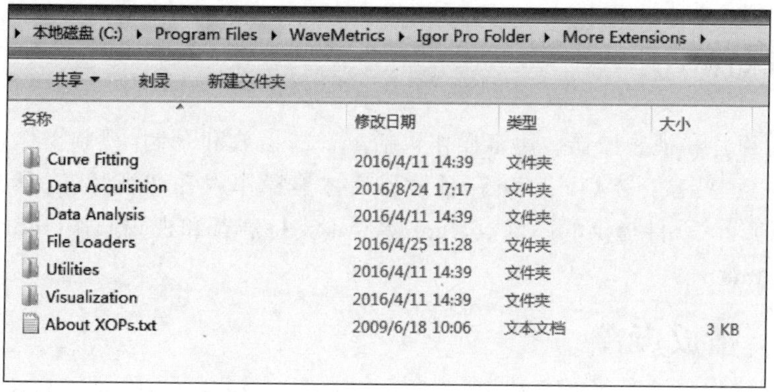

图 7-21 Igor 自带的 XOP 扩展包

Igor 提供了 XOP ToolKit 的工具包，用于开发 XOP 扩展应用。XOP ToolKit 包括 3 部分：开发文档、示例项目以及运行库。开发文档可以在官网免费下载，文档里详细介绍了 XOP 的开发技术。示例项目是一些预定义好的 VS C++ 工程项目，可以直接从该项目文件开始进行 XOP 开发。运行库包括一个已经写好的 VS C++ 工程项目和一个库程序，提供 XOP 与 Igor 通信的运行支持库。

示例项目里包括了开发一个新的 XOP 扩展应用需要的源文件及编译器环境设置，开发者可以在示例项目的基础上开发新的项目。XOP 的开发环境是 Visual C++，具体版本依赖于 XOP 所要应用的 Igor 版本。熟练的开发者也可以利用其他的编程工具配置和开发 XOP，这是因为 XOP 本质上是一个动态运行库，只需要遵守 Igor 规定的数据交换和通信协议，Igor 主程序就可以无障碍地使用 XOP 所提供的所有功能（当然不用 Visual C++，编程难度是比较大的）。

Igor 提供了很多工具以辅助开发，如可以自动复制生成新的实验项目，自动生成 XOP 需要的 C 语言数据结构等。这有点类似于 IDE，在熟练掌握 XOP 设计的原理之后，只需要按部就班填入需要的内容就能够开发出一个 XOP 扩展程序。

XOP ToolKit 工具包和 Igor 是两个不同的产品，需要单独购买。

XOP 主要用于数据处理速度要求高，但 Igor 本身提供的命令或者函数不能满足需要，需要调用特殊驱动程序完成数据加载或者采集，需要向 Igor 添加新的对话框，需要与其他仪器设备进行通信等几个方面。

开发 XOP 扩展应用需要一定的编程基础和相当的编程技巧，特别是对于 C/C++ 的理解掌握以及对 Visual C++ 的熟悉和应用。使用者如果具有 C++ 程序，特别是 Windows 下 C++ 程序开发的经验，将能很快掌握 XOP 的开发技巧。利用 XOP 技术结合 Igor 本身的编程能力，能使 Igor 集设备控制、数据采集和处理于一身，可大大降低数据处理的成本和提高数据处理的效率。

XOP 的使用非常简单。Igor 在启动时，会自动加载位于 Igor Extension 目录下的文件。因此，使用 XOP 的方法是将 XOP 文件放入 Igor Extension 目录下，或者将 XOP 文件的快捷方式放入该目录下。前面在介绍 VDT2 的使用时就是将 VDT2.xop 的快捷方式放入了 Igor Extension 目录。

7.6　多媒体

Igor 支持声音和视频操作。声音操作包括声音的播放和录制，视频操作包括视频的播放和创建。注意，只有安装 QuickTime 播放器后才能操作声音和视频，这是因为对应的命令需要 QuickTime 软件提供的库函数，Igor 本身不支持声音和视频操作（Igor Pro 7 不再需要安装 quicktime）。

7.6.1　播放声音

声音的播放相对简单，但录制要复杂很多。下面介绍声音的播放，录制技术请读者查看帮助文档（在命令行窗口中输入 DisplayHelPtopic "Sound"）。播放声音的命令是 PlaySound，使用方法如下：

```
PlaySound [/A [ = a ]] soundWave
```

其中，soundWave 表示声音 wave，如果是一个两列的 wave，则为立体声（左右通道同时输出声音）。soundWave 的 x 坐标为时间，坐标间隔的倒数表示采样频率。MP3 的采样频率为 44100Hz，如果 soundWave 代表一个 MP3，则 1s 的时间间隔内有 44100 个数据，x 坐标时间间隔为 1/44100s。soundWave 数值一般取 16 位整数。看下面的例子：

```
Make/B/O/N = 1000 sineSound            //数字化声音(8 位)
SetScale/P x,0,1e - 4,sineSound        //采样频率为 10kHz
sineSound =  100 * sin(2 * Pi * 1000 * x)   //声音的频率为 1kHz
PlaySound sineSound                    //播放声音
```

除了手动创造 soundWave 之外，还可以利用 SndLoadWave 加载声音文件，如加载一个 MP3 文件。SndLoadWave 是一个扩展命令（参看 7.5.3 节扩展程序 XOP），Igor 默认安装没有这个命令，将"Igor Pro 安装目录 \ More Extensions \ File Loaders \"文件夹内的 SndLoadSaveWave. xop（或者其快捷方式）复制到"Igor Pro 安装目录 \ Igor Extensions \"目录下就可以使用这个命令。SndLoadSaveWave. xop 会在【Data】菜单中创建一个加载声音文件的菜单命令。执行菜单命令【Data】|【Load Waves】|【Load Sound File】打开加载声音对话框加载声音。注意，SndLoadWave 不支持中文文件名[①]。

注意，在 Igor Pro 7 中，使用 SoundLoadWave 命令加载音频文件。该命令已经内置为 Igor 的一个基本命令，不再以 XOP 扩展方式提供。命令的执行也不需要依赖 quicktime。其他有关声音操作的命令也有相应的变化。

/A 标记用于控制 PlaySound 的行为，表 7-6 列出了其含义。

表 7-6 **PlaySound 标记/A 含义**

A	含 义
0	PlaySound 命令在声音播放完后返回
1	异步播放，PlaySound 命令立即返回
2	立即停止正在播放的声音并异步播放当前声音

不使用标记/A 时，默认为 A＝0。A＝0 时，PlaySound 在声音播放完后才返回，声音播放过程中 Igor 将失去对任何操作的响应能力，如果时间较长，Igor 会进入假死状态，因此 A＝0 只适合播放时间极短的声音。A＝1 表示异步播放，此时 PlaySound 命令会立即返回，而声音将一直播放，直到结束。异步播放时 Igor 可以正常操作，不受任何影响。A＝2 表示停止当前声音播放，立即播放新的声音。Igor 没有暂停和停止声音播放的命令，但可以利用 A＝2 来实现声音的暂停或者停止，方法是播放没有任何声音内容且极短（如只有两个数据点）的 wave。

---

① Igor 7 以后版本不再提供此 XOP，可以通过内置命令 Sound Load Wave 加载声音文件。

7.6.2　视频播放和创建

播放视频的方法如下：

```
PlayMovie as filenamestr
```

其中，filenamestr 表示文件名，如 PlayMovie as "E:mymovie.avi"播放 E 盘下的 mymovie.avi 文件。Igor 只支持 avi 格式的视频文件，如果安装了 QuickTime 播放器则还支持 QuickTime 格式的视频文件[①]。如果只使用 PlayMovie 命令则打开一个窗口选择文件。

除了播放视频之外，Igor 下也可以创建视频。创建视频的命令包括 NewMovie、AddMovieFrame、AddMovieAudio、CloseMovie。

NewMovie /O/A/S＝soundwave /P＝path /F＝10 as filenamestr 表示在文件路径 path 下创建一个名字由 filenamestr 指定的 avi 格式视频文件[②]，声音由 soundwave 指定，每秒帧数为 10。/O 选项表示如果文件存在则覆盖。只使用 NewMovie/A，Igor 会提供窗口以打开或者创建文件。注意 path 是符号路径，由 NewPath 创建。filenamestr 也可以是完整路径，此时可以不用 P 参数，如 NewMovie /A as "E:mymovie.avi"。

AddMovieFrame 命令将当前顶层窗口的内容作为一帧添加到打开的视频文件中。AddMovieFrame 一般不需要参数。

AddMovieAudio w 命令添加一帧对应的声音文件，w 就是声音 wave。注意，w 的采样频率需要和 S 参数指定的声音文件的采样频率相同。

CloseMovie 命令关闭打开的电影文件，不需要参数。

Igor 同时只能操作一个电影文件。当前处于打开状态的电影文件只有关闭才能使用 PlayMovie 播放其他电影文件[③]。

操作电影文件的命令为 PlayMovieAction，这个命令最大的作用是截屏，如 PlayMovieAction extract 截取当前屏幕，存放于 M_Movieframe 中。

可以利用视频创建技术将多幅数据 Graph 显示在"电影"中，观察数据的动态演化。

7.7　错误处理

程序运行遇到错误会返回一个错误代码，通过错误代码可以查看错误信息，并决定是否对错误进行处理。

7.7.1　程序错误退出

编写健壮的程序要求对各种可能的、无法预料的错误进行及时处理，否则程序会脆弱难用，如容易出现死循环、运行时错误等。死循环经常发生在代码编写错误、无法达到收敛条

[①]　在 Igor 7 以后版本中，PlayMovie 命令会调用操作系统的视频播放器，因为视频文件格式不再有限制。

[②]　Igor 9 中，默认格式为 mp4。

[③]　在 Igor 7 以后版本中，由于是调用操作系统视频播放器，打开电影文件数量没有限制。

件、程序设计算法逻辑有误等情况下,这一般在设计程序时就应该避免。运行时错误则更为普遍,如函数和命令的运行条件不满足等,这些错误在编写程序时是无法避免的,只能在错误发生时调用专门的代码来处理。

当一个程序执行时间太长时(有可能是死循环),可以按 Igor 左下角的【Abort】按钮[①]强制退出程序。除此之外,还可以在程序的代码中调用 Abort 命令强制退出程序,或者使用 AbortOnValue 和 AbortOnRTE 关键字在遇到不可预见的错误时退出程序。看下面的例子:

```
if(aborttest)
    Abort "some thing with wrong happened"
endif
```

注意 Igor 左下角的【Abort】按钮和 Abort 命令,虽然看起来一样,但二者原理是不同的,前者由用户引发,后者由程序引发。

发生运行时错误时,Igor 内部会记录错误的状态,但并不影响程序的执行。在所有的代码都执行完后会出现一个对话框提示最先遇到的错误。看下面的例子:

```
Function test()
    String s
    Make/O a = {1,2,3}
    a[5] = 100                    //错误:wave 访问越界
    Print s                       //错误:使用未赋值字符串
    Variable i,n
    for(i = 0;i < = 100;i += 1)
        n += i
    endfor
    Print n
End
```

执行上面的函数后程序会打印最后的循环运算结果,然后弹出如图 7-22 所示的错误提示框。

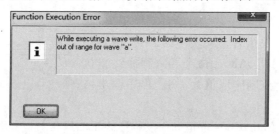

图 7-22　程序运行错误提示框

如果需要在遇到错误时立即终止程序的执行,就可以使用 Abort、AbortOnValue 和 AbortOnRTE 命令。AbortOnValue 的使用方法如下:

```
AbortOnValue abortCondition, abortCode
```

其中,abortCondition 是一个条件表达式,当表达式计算值为 1 时触发 Abort,程序立即终

---

① 在 Igor 7 以后版本中,是右下角。

止。abortCode 由用户指定，try-catch-endtry 语句中能接收到这个数值，用户可以根据该数值判断引发退出的原因并做出处理。同 Abort 相比较，AbortOnValue 可以返回不同的退出数值代码，而 Abort 返回的值永远是−3。

AbortOnRTE 表示运行时遇到错误立即终止程序执行。这个命令很有用，因为很多时候很难知道什么时候会发生错误，那么在可能发生错误的地方使用 AbortOnRTE 将是最佳的做法。AbortOnRTE 的使用方法非常简单：在可能出现运行时错误的表达式后边跟一个分号，再跟 AbortOnRTE 就可以了：

```
< expression >;AbortOnRTE
```

AbortOnRTE 返回的退出代码数值为−4。

7.7.2 try-catch-endtry

Igor 支持 try-catch-endtry 语句。将可能发生错误的代码置于 try 块内，一旦发生错误或调用 Abort 等终止程序的命令终止程序执行时，程序将立即跳到 catch 块内执行。在程序被终止时，可以在 catch 块中检查 V_AbortCode 变量来获知是哪个操作终止了程序。V_AbortCode 存放的就是 7.7.1 节里的退出代码。看下面的例子：

```
Function test()
  try
      Abort
      Print "try - catch"
  catch
      Print "catch - endtry"
      Print V_AbortCode
  endtry
End
```

上面的代码中，故意在 try 块中让程序强制退出，此时程序立刻跳到 catch 块执行，try 块中的 Print 语句并没有执行的机会。由于是 Abort 命令导致程序终止执行，catch 块中 V_AbortCode 取值为−3。程序输出结果如图 7-23 所示。

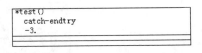

图 7-23 try-catch 异常处理示例

表 7-7 给出了 V_AbortCode 取值和引发程序终止的操作对应关系。

表 7-7 V_AbortCode 和程序终止操作对应关系

V_AbortCode	终止操作（命令）
−4	AbortOnRTE 引发终止
−3	Abort 引发终止
−2	栈溢出引发终止
−1	用户按下 Abort 按钮
⩾1	AbortOnValue 引发终止，取值为 AbortCode

再看下面的例子：

```
Function test()
    try
        String s
        Print s;AbortOnRTE
    catch
        Print V_AbortCode                    //输出 - 4
    endtry
End
```

上面的例子中，由于使用了未经赋值的字符串 s，所以程序会产生一个运行时错误，这个错误被 AbortOnRTE 捕获并立即终止程序执行，然后跳到 catch 块。

7.7.3　Igor 错误代码和描述

Igor 提供了两个非常重要的函数 GetRTError 和 GetErrMessage 用于获取和处理错误信息，前者用于获取刚刚发生的错误代码，后者以错误代码为参数获取对错误代码的描述。Igor 一共定义了 1444 个系统错误代码[①]，使用下面的函数查看这些错误代码及其含义：

```
Function test()
    NewNotebook/N = nb1/F = 0
    Variable i = 1
    String s1
    do
        s1 = GetErrMessage(i)
        if(strlen(s1) == 0)
            break
        endif
        NoteBook nb1,text = num2str(i) + ": " + s1 + "\r"
        i += 1
    while(1)
End
```

结果如图 7-24 所示。

使用 GetRTError 函数的例子如下：

```
Function test()
    String s
    Print s
    Variable v = GetRTError(0)
    Print GetErrMessage(v)
End
```

GetRTError 有一个参数，取值为 0 时，返回刚刚发生的错误代码；取值为 1 时，返回刚刚发生的错误代码，同时清除错误状态。利用这个特性，可以通过参数 1 清除错误状态，这

---

① 　在不同 Igor 版本中，这个数字不一样，在 Igor 9 中是 519。

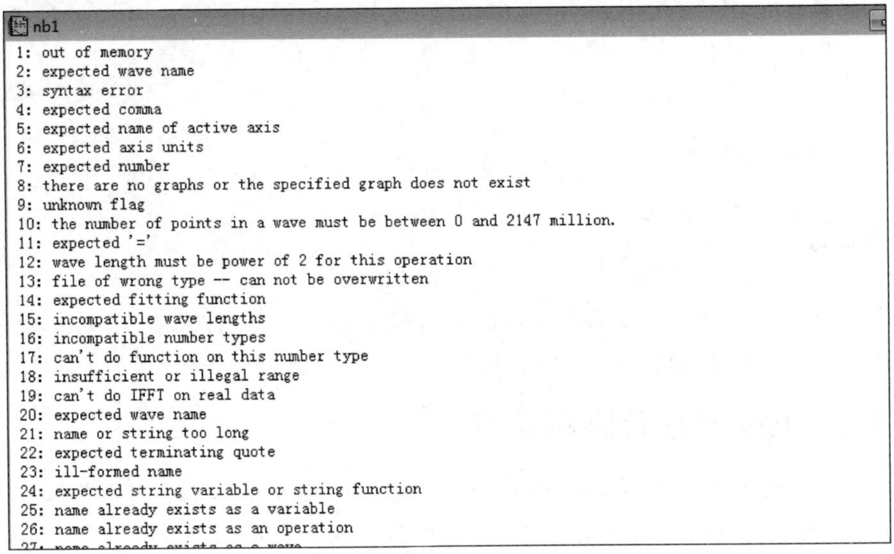

```
1: out of memory
2: expected wave name
3: syntax error
4: expected comma
5: expected name of active axis
6: expected axis units
7: expected number
8: there are no graphs or the specified graph does not exist
9: unknown flag
10: the number of points in a wave must be between 0 and 2147 million.
11: expected '='
12: wave length must be power of 2 for this operation
13: file of wrong type -- can not be overwritten
14: expected fitting function
15: incompatible wave lengths
16: incompatible number types
17: can't do function on this number type
18: insufficient or illegal range
19: can't do IFFT on real data
20: expected wave name
21: name or string too long
22: expected terminating quote
23: ill-formed name
24: expected string variable or string function
25: name already exists as a variable
26: name already exists as an operation
27: name already exists as a wave
```

图 7-24　Igor下错误代码及其描述

样 Igor 就不会在程序执行完后弹出一个错误对话框，这在很多时候是很有必要的。看下面的代码。

```
Function test()
    String s
    Print s
    Variable v = GetRTError(1)
    Print GetErrMessage(v)
End
```

上面的代码能正确获取错误信息，但并不会跳出错误提示对话框。

注意错误代码和 V_AbortCode 的区别，前者表示程序遇到的具体错误类型代码（程序可能继续执行），后者表示是什么终止了程序执行（可能没有任何错误发生）。

7.8　文件读写

在读取实验数据时需要读写文件。Igor 提供了用于文件读写的命令和函数，可以读取文本文件和二进制文件。利用 XOP 工具包可以读取任意格式的文件。本节介绍利用 Igor 内置编程环境读写文件的方法。

7.8.1　文件读写函数和命令

简单的实验数据可以直接通过表格输入，复杂的实验数据则需要通过读取文件来加载。一些科学仪器直接输出支持 Igor 的数据文件。对于 Igor 支持的数据格式，可以直接双击或者拖入 Igor 打开，也可以调用相应的命令在程序中打开。Igor 提供了一系列命令和函数用于读写数据文件。本节介绍这些命令和函数的含义及其基本的使用方法。

表 7-8 列出了文件读写相关的命令和函数。

表 7-8 文件读写函数和命令

类 型	名 字	含 义
1	LoadWave	读取 Igor 预定义格式数据文件,或者格式化的文本数据
	LoadData	读取 Igor 支持的数据文件(如 pxt)或实验文件(pxp)
2	Open	打开或者创建文件
	fprintf	格式化写入文件
	wfprintf	将 wave 格式化写入文件
	FSetPos	设置文件指针位置
	FStatus	返回文件的状态
	FBinRead	读取二进制文件
	FBinWrite	写入二进制文件
	FReadLine	读取文本文件的一行
	Close	关闭文件
3	NewPath	创建一个符号路径
	PathInfo	查看符号路径的信息
	IndexedFile	列出文件
	IndexedDir	列出目录

第 1 类用于读写规范格式的数据,第 2 类用于读写任意格式的数据,第 3 类是文件读写操作常用的辅助命令和函数。

LoadWave 用于读写规范格式的数据。规范格式有两类:数据为 Igor 格式,如利用 Save 命令保存的实验数据;数据为文本文件,且分列显示。

LoadWave 命令参数众多,使用起来较为复杂,但 Igor 提供了【Data】|【Load Waves】菜单命令,大大简化了 LoadWave 的使用。这个菜单将对数据的 Load 操作转换为对 LoadWave 命令的调用,这些命令稍加修改即可用于程序中。

LoadData 用于从 Igor 实验文件中(pxp,pxt 文件)读取数据,这些数据包括变量、wave 和字符串。一些科学仪器直接以 pxt 格式输出测量数据,可以通过 LoadData 加载这些数据。

第 2 类是文件读写命令,包括文件的打开、创建、读取、写入、修改、追加和关闭。这是一组功能强大的文件操作命令和函数,可以读取任意类型的文件。

第 3 类是文件读写的辅助函数和命令。这里列举了常用的 4 个命令和函数。每一个都很重要,下面逐一介绍这些命令和函数的作用。注意,这里没有全部详细给出每个命令和函数的标记参数及其含义,读者可在了解其作用的基础上自行查阅帮助文档。

1. NewPath 命令

NewPath 命令用于创建符号路径,符号路径相当于一个指向操作系统文件夹的变量,可以通过符号路径指定文件所处的文件夹,如下面的代码创建指向"E:\Igor Programming\"

文件夹的符号路径变量：

```
NewPath path1,"E:Igor programming:"
```

若 NewPath 后不跟文件路径，则 Igor 会打开一个对话框用于选择文件路径，并将路径信息保存于 path1。

2. PathInfo 命令

PathInfo 命令用于获取符号路径的信息，如符号路径指向的文件夹路径，使用格式如下：

```
PathInfo path1
```

PathInfo 创建两个变量：V_flag 和 S_Path。V_flag＝1 表示 path1 存在，S_Path 存放对应路径，这里就是"E:Igor programming:"。

3. IndexedFile 函数

IndexedFile 函数用于获取指定文件夹下满足条件的所有文件名列表，IndexedDir 函数和它类似，但是获取的是文件夹列表，例如下面的代码：

```
String list = IndexedFile(path1, - 1,".pxt")
```

path1 是一个符号路径，list 为 path1 所指向路径下面扩展名为 pxt 的文件名列表。

4. Open 命令

Open 命令用于打开或者创建一个文件夹，基本使用方法如下，标记和参数的含义见表 7-9。

```
Open [ /A /C = creatorStr /D[ = mode ] /F = fileFilterStr /M = messageStr /MULT = m /P = pathName /
R /T = typeStr /Z[ = z ] ] refNum [as fileNameStr]
```

表 7-9　Open 命令标记和参数的含义

标记和参数	含　义	
/R	只读模式打开	
/A	追加模式打开	
ref	文件参考变量，程序中使用该变量访问文件	
fileNameStr	文件名(可以包含完整路径)	
/Z	忽略文件打开错误	
/D	是否打开一个对话框	
	/D=1 或者/D	总是打开对话框
	/D=2	无法确定文件位置时打开对话框
/P	指定文件要打开的路径(符号路径)	
/F	过滤字符串，用于打开指定的文件类型	
/MULT	指定可以同时打开的文件数量(与/D 一起使用)	
	/MULT=0	只能打开一个文件
	/MULT=1	可以打开多个文件(/D=1/R)
/T	苹果系统下有意义	
/C	苹果系统下有意义	
/M	如果打开对话框，在对话框标题栏上显示的信息	

理解表 7-9 是操作文件的重要基础。下面列出了打开文件常用的命令格式：

```
Open ref                           //以读写方式打开或创建文件,文件存在时被覆盖,Open 会
                                   //提供一个打开文件对话框
Open ref as fileNameStr            //以读写方式打开 fileNameStr 指定的文件
Open/R ref as fileNameStr          //只读方式打开
Open/A ref fileNameStr             //追加方式打开
Open/R/D ref                       //只读方式打开文件,总是打开对话框,选择单个文件
Open/D = 2 ref fileNameStr         //保存文件,如果 fileNameStr 信息不全,打开保存对话框
Open/P = pathName ref as fileNameStr //打开或创建 pathName 指定路径下的文件 fileNameStr
Open/R/F = filterStr               //只读方式打开,filterStr 提供过滤字符串
```

ref 是一个数值型变量，相当于 C 语言中的 FILE 指针，程序中将使用 ref 操作文件。fileNameStr 是字符串变量，包含了文件名或者文件的完整路径。下面的命令打开 E 盘下的 tmp.dat 文件：

```
Variable ref
Open ref as "E:tmp.dat"
```

请注意文件路径的表示方式：用冒号分隔。如果 tmp.dat 不存在，则创建 tmp.dat。

fileNameStr 可以是完整路径，如前面的"E:tmp.data"，或者仅为文件名，如"tmp.dat"。为完整路径时，Open 命令会直接打开该文件。如果使用完整路径指定的文件不存在，Open 会发生错误并退出。

如果 fileNameStr 只包含路径，或者只包含文件名，且没有使用/P 标记，Open 命令会提供一个打开文件的对话框。如果 fileNameStr 包含路径，对话框会定位到该路径对应的文件夹。

如果利用/P 标记指定了 pathName，则 fileNameStr 可以不包含路径或者包含一个相对路径。如果无法通过 fileNameStr 定位文件，Open 出错并退出。

如果利用/P 标记指定了 pathName，但不指定 fileNameStr，则 Igor 会打开一个文件对话框，该对话框自动定位到 pathName 对应的文件夹。

上面的描述有点复杂，读者可以按照下面一个简单的原则去理解 fileNameStr 和/P 标记的作用：如果用户给出了全部的文件路径信息，Open 命令会尝试去打开文件，打不开就报错。如果用户给出了部分信息，Open 命令无法确定文件的完整路径，就会打开一个对话框让用户选择要打开的文件。

/D 标记打开一个文件对话框。如果不使用/D 标记，Open 命令只有在不能确定要打开的文件的完整路径信息时才打开文件对话框。

/D 或者/D=1，总是打开文件对话框。使用/R 或者/A 标记，则该对话框为打开文件对话框，表示打开一个已经存在的文件。如果不使用/R 或者/A 标记，则该对话框为保存文件对话框，此时 Igor 会创建一个文件或者覆盖一个已有的文件。

/D=2，只有当/P 和 fileNameStr 不能确定文件位置时，才打开文件对话框。其他的用法和含义与/D=1 完全相同。

注意，使用/D 标记时，Igor 既不真正打开文件，也不创建文件，而是将要打开或者创建的文件的完整路径保存在 S_fileName 变量中。程序中应该再次使用 Open 命令，打开或者创建文件。例子如下：

```
Variable ref
Open/D/R ref                    //从文件打开对话框选择一个文件(注意文件并没有打开)
Open/R ref as S_fileName        //真正打开该文件
Open/D ref                      //从文件保存对话框创建一个文件(注意文件并没有创建)
Open ref as S_fileName          //真正创建文件
```

5. fprintf 命令

fprintf 命令类似于 C 语言中的 fprintf 函数，用于将数据格式化写入文件，使用格式如下：

```
fprintf ref,"%s:%g",str,var
```

6. wfprintf 命令

wfprintf 命令用于向文件格式化写入一个 wave，相当于多次调用 fprintf。

7. FSetPos 命令

FSetPos 命令用于设置文件读写指针的位置，以字节作为单位，使用格式如下：

```
FSetPos ref,filepos
```

注意，关闭文件时，Igor 只会保存文件读写指针前面的内容。以读写方式打开一个文件时，如果没有任何读写操作，文件指针指在文件开头的位置。如果此时关闭文件，则文件的内容会全部丢失。如果要保存原文件的内容，应该将文件读写指针移到文件末尾：

```
FStatus ref
FSetPos ref,V_logEOF
```

文件读写操作会自动修改文件读写指针的位置。

8. FStatus 命令

FStatus 命令用于获取打开文件的信息，使用格式如下：

```
FStatus ref
```

文件的信息保存在自动创建的变量中，含义如表 7-10 所示。

表 7-10　FStatus 命令自动创建的变量与文件的信息对应关系

名　　称	含　　义
V_flag	1 表示文件有效，0 无效
V_filePos	当前文件读写指针位置
V_logEOF	文件总长度(以 byte 作为单位)
S_fileName	文件名
S_path	文件路径

9. FReadLine 命令

FReadLine 命令用于从文本文件中读取一行数据，使用格式如下：

```
FReadLine ref,str
```

10. FBinRead 命令

FBinRead 命令用于读取二进制文件,使用格式如下:

```
FBinRead [/F = f ] refNum, objectName
```

其中,/F 标记可选。f=0 为默认情况,一次读取的二进制字节数取决于 objectName。f=1 表示读取一字节(整型)。f=2 表示读取两字节(整型)。f=3 表示读取四字节(整型)。f=4 表示读取四字节(浮点型)。f=5 表示读取八字节(双精度浮点型)。

11. FBinWrite 命令

FBinWrite 命令用于以二进制方式写入文件,使用格式如下:

```
Fbinwrite [/F = f ] refNum, objectName
```

其中,/F 的含义和 FBinRead 完全一样。

12. close 命令

close 命令用于关闭文件,close/A 关闭所有文件。注意文件如果没有正常关闭(如程序出错等原因),重新打开时就会出错,此时可以使用 close/A 关闭所有未关闭的文件。

7.8.2　文件读写示例

文件读写操作比较复杂,下面通过几个具体的例子帮助读者掌握文件读写命令和函数的使用方法。

(1) 在 E 盘 tmp 文件下创建 data1.dat、data2.dat 和 data3.dat,第 1 个写入文本数据,第 2 个和第 3 个写入二进制数据:

```
Function filedemo1()
    Variable v1,v2,v3
    Open v1 as "E:tmp:data1.dat"
    Open v2 as "E:tmp:data2.dat"
    Open v3 as "E:tmp:data3.dat"
    Make/N = 100 w1,w2,w3
    SetScale/P x,0,0.01,w1,w2,w3
    w1 = sin(x)
    w2 = x^2
    w3 = x
    wfprintf v1," % g\r\n",w1              //格式化写入文件,一行写一个数字
    FBinWrite v2,w2
    FBinWrite v3,w3
    close/A
End
```

(2) 打开上面的 data1.dat 和 data2.dat,读取数据并保存到一个 wave 中,然后显示 wave:

```
Function filedemo2()
    Variable v1,v2,v3
    Open/R v1 as "E:tmp:data1.dat"        //以只读方式打开
    Open/R v2 as "E:tmp:data2.dat"
    Make/O/N = 1000 w1,w2                  //创建一个足够长的 wave 来存储数据
    Variable i,v
```

```
        String s1
        for(i = 0;i < 1000;i += 1)
            FReadLine v1,s1                      //读取一行,并存放在 s1 中
            if(!cmpstr(s1,""))                   //s1 为空时表示已到文件末尾
                break
            endif
            sscanf s1," % g",v
            w1[i] = v
        endfor
        Redimension/N = (i) w1                   //将 wave 长度调整为实际读入数据个数
        FBinRead v2,w2
        FStatus v2
        Redimension/N = (round(V_logEOF/8)) w2   //V_logEOF 为总字节数,每个数字需要 8 字节
        Display w1
        Display w2
        close/A
    End
```

（3）获取 E:tmp 文件夹下刚创建的 3 个.dat 文件列表,并打开 data3.dat,读取数据:

```
Function filedemo3()
    Variable v
    NewPath/O path1,"E:tmp:"                     //创建名为 path1 的符号路径
    String list = IndexedFile(path1, - 1,".dat") //获取该路径下所有扩展名为.dat 的文件
    Print list
    String s1 = StringFromList(2,list)
    Open/R/P = path1 v as s1                      //由于用 path1 指明了路径,s1 只包含文件名
    Make/O/N = 1000 w
    FBinRead v,w
    FStatus v
    Redimension/N = (round(V_filepos/8)) w
    Display w
End
```

（4）LoadData fileNameStr 命令可以加载 fileNameStr 指定的文件,fileNameStr 可以通过 IndexedFile 函数获取,文件路径可以用/P 选项（符号路径）指定,可能的代码如下,读者可以根据实际需要修改:

```
NewPath pathname, "E:tmp:"
String list = IndexedFile(pathname, - 1,".pxt")
FileNameStr = StringFromList(i,list)
LoadData/P = pathname FileNameStr
```

上面的代码能读取 pxt 格式数据,这个格式是 Igor 支持的数据格式。

（5）打开保存对话框,创建一个新文件 data4.dat,保存 wave:

```
Function filedemo4()
    Variable v
    Open/D v                                     //这个命令会打开一个保存文件对话框
    Open v as S_Filename                         //S_Filename 里存放了要创建或者选择的文件路径信息
    Make/O w
    FBinWrite v,w
    close v
End
```

注意,本例中首先调用 Open/D 命令获取要保存的文件路径信息,然后再次调用 Open 命令打开或创建该文件,并保存 wave w。

7.9 初始化技术

这里的初始化指新建实验文件时的初始化和打开窗口程序时的初始化。

7.9.1 新建实验文件时初始化

新建实验文件时,可自动加载程序文件、自动执行某些函数以完成数据加载或者创建环境变量等。Igor 的安装目录下有一个名为 Igor Procedures 的文件夹,将程序文件放入此文件夹内,新建实验文件时程序文件会自动加载,如图 7-25 所示。

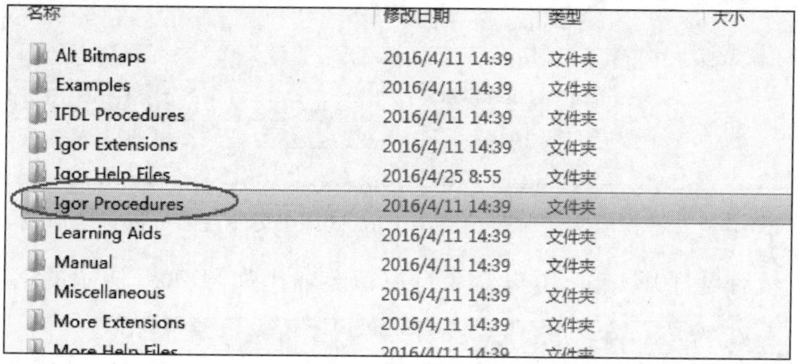

图 7-25 位于 Igor Procedures 文件夹内的程序文件在 Igor 启动时自动加载

可以将经常需要执行的程序文件放入这个文件夹中。注意,User Procedures 文件夹下程序文件和 Wavemetrics Procedures 下的程序文件不会自动打开,需要利用 include 指令或者手动打开。

如果想在新建实验文件后自动执行某些函数(如创建全局变量,自动搜索打开数据,自动更新程序版本,自动打开窗口)可以将包含这些函数的程序文件放入 Igor Procedures 文件夹内,这个程序文件里同时应该包含一个名为 IgorStartOrNewHook 的钩子函数,这个钩子函数中包含要执行的函数(参看 7.4.1 节)。看下面的例子:

新建一个程序文件,然后编写 IgorStartOrNewHook 函数,如图 7-26 所示。

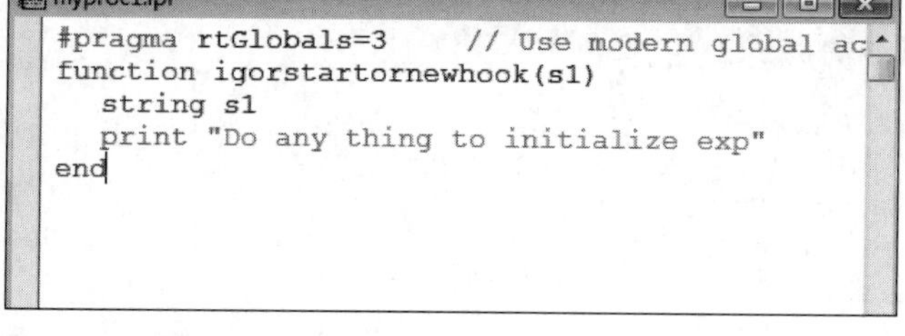

图 7-26 创建自定义钩子函数 IgorStartOrNewHook 用于初始化

执行菜单命令【File】|【Save Procedure Copy】，将上述程序文件保存到 Igor Procedures 文件夹下（或者 My Documents 里的 Igor Procedures 文件夹里面也可以），如图 7-27 所示。

图 7-27　将程序文件保存在 Igor Procedures 文件夹内可以自动加载

关闭 Igor，然后再打开 Igor，历史命令行窗口会输出如图 7-28 所示的信息。

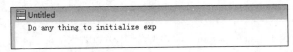

图 7-28　IgorStartOrNewHook 钩子函数在程序启动时自动执行

7.9.2　打开窗口程序时初始化

窗口程序的初始化指打开程序后，自动创建窗口程序需要的环境变量，如与控件绑定的全局变量、控件显示需要的 wave(ListBox)、菜单项的内容等。这种初始化严格地说属于窗口界面程序设计范畴。一般可以采用下面的技巧。

（1）设计窗口界面，创建生成脚本；

（2）创建一个程序，执行对程序的初始化工作并显示窗口；

（3）创建一个菜单，通过菜单执行步骤（2）的程序。

下面是一个可能的例子：

```
Window Panel0() : Panel                         //创建窗口生成脚本
    PauseUpdate; Silent 1
    NewPanel /W = (207,92,443,184)
    Button button0,pos = {153,33},size = {50,20}
    SetVariable setvar0,pos = {33,33},size = {76,16}
    setvariable setvar0,value = root:demo_package:var1
        //servar0 绑定一个全局变量 var1,这个变量在窗口创建时必须存在
```

```
    EndMacro

    Function LoadmyPanel()
        String curr = getdatafolder(1)          //获取当前数据文件夹并保存在 curr 中
        DoWindow/F Panel0                        //检查 panel0 是否已经打开
        if(0 == V_flag)                          //flag = 0,没有打开;flag = 1,已经打开
            dfref dfr = root:demo_package
            if(!DataFolderRefStatus(dfr))        //检查 root:demo_package 是否存在,不存在则
                                                 // 创建
                NewDataFolder/S root:demo_package //创建 root:demo_package
                Variable/G var1                  //创建 var1 变量
            endif
            Execute "panel0()"                   //创建界面
        endif
        SetDataFolder curr                       //恢复原来的数据文件夹
    End

    Menu "mymenu"
        "load my panel",LoadmyPanel()            //创建菜单,通过菜单打开程序
    End
```

7.10 其他编程技术

7.10.1 计时

周期性执行计算任务,采集数据、调试程序等场合需要计时。Igor 中用于计时的函数或命令有 4 个: ticks、StartMSTimer、StopMSTimer 和 Sleep。

ticks 是一个函数,返回从计算机开始运行到当前的时刻值,以 tick 作为单位,一个 tick 大约等于 $1/60\text{s}$,如

```
Print ticks
Variable t0 = ticks
```

后台任务 CtrlNamedBackground 就是以 tick 作为时间单位的。tick 不是很精确,精确计时需要使用 StartMSTimer 和 StopMSTimer()函数。

StartMSTimer 函数(注意没有括号)打开一个计时器,同时返回计时器 ID,StopMSTimer(ID)停止计时器,并返回该计时器的计时大小,以 μs 作为单位。ID 也可以取 -1 和 -2,StopMSTimer(-1)返回计时器的频率,StopMSTimer(-2)返回从计算机开始运行到当前的时刻值(以 μs 为单位)。下面的例子返回代码运行的时间:

```
Variable t0 = StopMSTimer(-2)
< do something >
Variable t1 = StopMSTimer(-2)
Print (t1-t0)/1000000
```

Sleep 是一个延时命令,Sleep/S 2 表示延时 2s,Sleep/T 2 表示延时 2 ticks。Sleep 还有其他的参数,感兴趣的读者可以查阅帮助。注意,Sleep 会阻塞 Igor 主循环,在 Sleep 运行

期间，不能进行任何操作。

7.10.2 Cursor 编程

Cursor 一般表示光标，亦即鼠标在计算机屏幕上的显示图像。在 Igor 里，Cursor 具有不同的含义：表示附在一个数据点上的标记图像，通常是一个圆圈或者一个方框，指示当前选择数据点。

选中一个 Graph 或者 Image，按下 Ctrl＋I 组合键，在 Graph(Image)的正下方会出现一个工具条，按下鼠标左键选择圆形或者方框，并拖动到 Graph 上曲线的某个位置（或者 Image 图像上的某个位置）就可以添加一个 Cursor。工具条中会显示相应 Cursor 附着点处数据的信息：数值、在 wave 中的位置、x 坐标等。可以同时设置两个 Cursor，圆圈对应的 Cursor 为 A，方框对应的 Cursor 为 B，此时工具条还会显示两个 Cursor 之间的坐标间隔。当 Cursor 附着在曲线或者 Image 上以后，可以按下左右方向键或者直接利用鼠标拖动改变 Cursor 的位置，工具条中的信息也会做相应调整。通过 Cursor 可以在 Graph 中查看数据信息，Cursor 在 Igor 中的使用极为频繁，必须熟练掌握。图 7-29 是一个 Cursor 使用的例子。

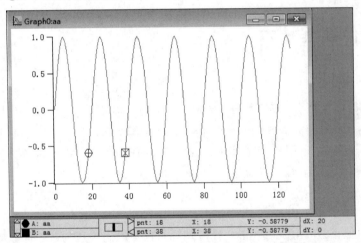

图 7-29　通过 Cursor 在 Graph 中查看每一个数据点信息

有时除了查看数据点信息之外，还希望在 Cursor 移动时自动完成分析功能，如 Image 中自动抽取 Cursor 所处位置对应的切面曲线、自动计算 Cursor 所处数据点附近的平均值等。此时需要编写程序，并在 Cursor 移动时自动执行程序以实时完成特定的分析运算。本章 7.4 节钩子函数中提到可以通过 SetWindow 命令给窗口指定一个钩子函数：

SetWindow *graphName*,hook(*hookname*) = *userproc*

在 userproc 中响应 cursormoved 事件即可实现上面的目的：

```
Function userproc(s)
    Struct WMWinHookStruct &s
    switch(s.eventcode)
        case 7:    //Cursor 移动事件
```

```
                //执行指定的分析、计算等
            break
        endswitch
    End
```

当移动 Cursor 时,如果在 Root 下存在这样的文件夹和字符串变量:

```
root:Winglobals:Graphname:S_CursorAInfo
root:Winglobals:Graphname:S_CursorBInfo
```

则 Igor 会自动更新 S_CursorAInfo 和 S_CursorBInfo 的内容。这里 Graphname 表示窗口的名字,如 graph0 或者 graph1 等。S_CursorAInfo(S_CursorBInfo)是一个字符串变量,包含了 Cursor 所附着的 wave 及窗口等信息:

```
GRAPH:graphName;CURSOR:< A - J >;TNAME:traceName;MODIFIERS:modifierNum;
ISFREE:freeNum;POINT:xPointNumber;[YPOINT:yPointNumber;]
```

利用下面的函数自动创建某个窗口对应的上述变量:

```
Function CursorGlobalsForGraph()
    String graphName = WinName(0,1)
    if( strlen(graphName) )
        String df = GetDataFolder(1);
        NewDataFolder/O root:WinGlobals
        NewDataFolder/O/S root:WinGlobals: $ graphName
        String/G S_CursorAInfo, S_CursorBInfo
        SetDataFolder df
    endif
End
```

利用下面的函数自动清除这些变量(如窗口关闭时,自动执行):

```
Function RemoveCursorGlobals()
    String graphName = WinName(0,1)
    if( strlen(graphName) )
        KillDataFolder root:WinGlobals: $ graphName
    endif
End
```

读者可以先任意显示一条曲线,执行 CursorGlobalsForGraph() 函数,在 Graph 上设置 Cursor,并移动 Cursor,然后观察 S_CursorAInfo 或者 S_CursorBInfo 的变化。

下面利用依赖的概念(请参看 7.4.3 节),创建一个当 Cursor 移动时自动执行的函数。注意下面的函数已经完成了自动创建 S_CursorAInfo 等变量的功能。

```
Function CursorDependencyForGraph()
    String graphName = WinName(0,1)
    if( strlen(graphName) )
        String df = GetDataFolder(1);
        NewDataFolder/O root:WinGlobals
        NewDataFolder/O/S root:WinGlobals: $ graphName
        String/G S_CursorAInfo, S_CursorBInfo
        Variable/G dependentA
        SetFormula dependentA, "CursorMoved(S_CursorAInfo, 0)"
```

```
            Variable/G dependentB
            SetFormula dependentB,"CursorMoved(S_CursorBInfo, 1)"
            SetDataFolder df
        endif
    End
```

上面的代码中，创建了一个全局变量 dependentA，并利用 SetFormula 使 dependentA 依赖于表达式"CursorMoved(S_CursorAInfo，0)"。这里 CursorMoved 是一个函数，也正是希望自动执行的函数，这个函数计算 Cursor 所处位置附近 5 个数据点的平均值，定义如下：

```
Function CursorMoved(info, isB)
    String info
    Variable isB                    //0 表示光标 A(Cursor A),否则为光标 B
    Variable result = NaN           //错误代码
    String topGraph = WinName(0,1)
    String graphName = StringByKey("GRAPH", info)
    if( CmpStr(graphName, topGraph) == 0 )
        String tName = StringByKey("TNAME", info)
        if( strlen(tName) )         //设置了光标(Cursor)
            String cn
            Variable xVal
            if( isB )
                xVal = hcsr(B)
                cn = "Cursor B"
            else
                xVal = hcsr(A)
                cn = "Cursor A"
            endif
            WAVE w = TraceNameToWaveRef(graphName, tName)
            Variable pointNum = NumberByKey("POINT",info)
            Variable x1 = pnt2x(w,pointNum − 2)
            Variable x2 = pnt2x(w,pointNum + 2)
            result = mean(w,x1,x2)
            Print cn + " on " + tName + " moved to x = ",xVal,"mean = ",result
        endif
    endif
    return result
End
```

读者可以任意显示一条曲线，执行 CursorDependencyForGraph（），然后设置并移动 Cursor，历史命令行窗口会出现类似图 7-30 所示的内容。

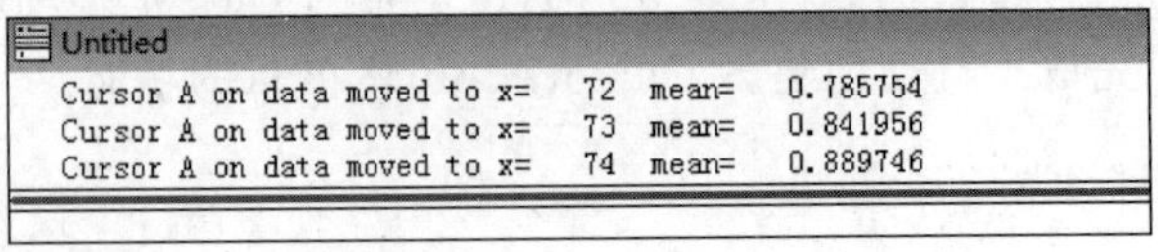

图 7-30　利用依赖关系进行 Cursor 编程

7.10.3　字符串及正则表达式

Igor 提供了大量的函数和命令用于字符串处理，从最简单的操作，如字符串相加、查找，到复杂的操作，如通过"键值对"的方式访问字符串，对字符串应用正则表达式等，都有相应的函数和命令。字符串还可以使用中括号的语法进行操作访问：

```
String s1 = "hello,Igor"
Print s1[0]
```

上面的语句输出 h。

　　Igor 具有极强的字符串处理能力，这是由它的功能特色定位所决定的。Igor 通过编程处理数据，在程序设计中，不可避免地要和各种数据对象打交道，包括 Variable、String、wave、Table、Graph、Window、Function、Path 等，所有的这些数据对象都需要通过名字进行访问，名字由字符串组成，操作这些对象必然涉及对字符串的处理。

　　Igor 下常用的字符串处理函数有 StringFromList、Strlen、StrSearch、StringBykey、Cmpstr、Num2Str、GrepList 和 GrepString。常用的命令有 Grep 和 SplitString。

　　Igor 下很多命令或者函数可以获取对象名字列表，并以分号分隔存放在指定的字符串中，如：

　　（1）string s1＝WaveList(" * ",";",",")获取当前目录下所有的 wave 名字列表，以分号分隔返回；

　　（2）string s1＝ControlNameList("",";"," * ")获取当前窗口上所有控件的名字列表，以分号分隔返回；

　　（3）string s1＝FunctionList(" * ",";","KIND：2;")获取所有用户自定义函数名字列表，以分号分隔返回。

　　可以利用 StringFromList 函数获取指定字符串，并利用 $ 符号将该字符串转换为对应 Igor 对象的引用，如：

```
wave w = $ StringFromList(0,s1)                  //获取第一个 wave 名字及其引用
ModifyControl $ StringFromList(0,s1),disable = 0  //获取第一个控件名字及其引用,设为可用
funcref modfun f1 = $ StringFromList(0,s1)       //获取第一个函数名字及其引用
```

Strlen 用于获取字符串的长度，可用下面的命令来判断字符串是否为空：

```
if(Strlen(s1)!= 0)
    //执行具体操作
endif
```

　　注意，如果 String 为 null（即未赋值）时，Strlen 返回 NaN，而不是 0。一般为了避免在使用字符串时对字符串检查的复杂性，应该在声明后直接赋空值：

```
string s1 = "";
```

　　num2str 函数用于将数值转换为字符串，与之对应的命令是 str2num，用于将字符串转换为数值。char2num 和 num2char 用于字符和对应 ASCII 码的转换。

　　GrepList、GrepString 函数和 Grep、SplitString 命令需要用到正则表达式。正则表达式用于匹配、查找、获取或者替换满足特定规则的字符串，是用于字符串处理的利器。Igor 对正则表达式的支持相当好，完全兼容 PCRE。利用正则表达式，可以更方便地对字符串进行处理。正则表达式是一个复杂的话题，详细内容请读者查阅帮助或者相关书籍。这里举一

个应用正则表达式的例子：

ControlInfo 命令作用于控件，会自动设置一系列相关变量，通过这些变量可以获取控件的相关属性。一般而言这就够了，但 ControlInfo 有时并不能获取控件的全部信息。如对于 ListBox 控件，一个很重要的参数是 selSave，这是一个数值型 wave，用于记录列表中项被选中的情况。当 ControlInfo 作用于 ListBox 控件时，并没有生成专门存放 selWave 信息的变量，这给自动获取这个 wave 带来了困难。不过，在 ControlInfo 自动生成的变量中，有一个变量为 S_recretion，里面包含了控件的全部生成代码。通过前面的介绍知道，生成代码包括控件的全部信息，那么自然 selWave 也可以通过该字符串获取。但是这个字符串较为复杂，利用普通的字符串处理函数，很难将该信息顺利抽取出来，利用正则表达式，这个问题将变得很简单。

首先生成一个 Panel，在 Panel 上创建一个 ListBox 控件。然后创建两个 wave，一个 text 型存放列表项，一个数值型作为 selWave。将刚创建的 wave 设置为 ListBox 控件的 List Text Wave 和 Selection Wave，如图 7-31 所示。

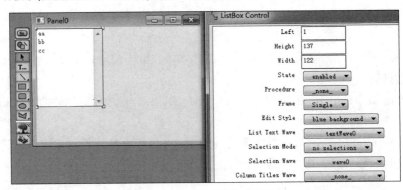

图 7-31　创建一个 ListBox 控件

打开程序窗口输入以下内容：

```
Function/S test()
    ControlInfo list0
    String s1 = GrepList(s_recreation,"selWave",0,"\r")
    String s2,e1
    e1 = "(?<=selWave=)([a-zA-Z\d:]+)"          //正则表达式,查找"selWave="后的内容
    SplitString/E=e1 s1,s2
    return s2
End
```

执行 Print test()可以看到输出：

```
root:wave0
```

在程序里可以用下面的语句获取该 selWave 的引用：

```
wave sw = $ test()
```

之后就可以通过 sw 操作访问 ListBox 对应的 selWave 了，而无须关心该 wave 位于哪个数据文件夹，wave 名字是什么。

本书术语说明

Igor 是一款英文软件,本书中所用的很多概念和术语是从英文翻译而来,而有些则直接采用原英文名称。由于 Igor 中文学习资料的匮乏(这也是本书写作原因之一),很多概念和术语并没有被完全广泛接受的中文称谓,大部分是根据软件中所处的上下文环境结合对应概念的字面意思进行翻译,这可能会造成一个问题,部分概念可能会有歧义,或者与一个广为接受的概念不一致,或者虽然一致但名称不同。为了不致引起误解,现将本书中用到的一些术语基本含义罗列如下,供读者参考。

wave

Igor 下存放数据的对象,类似数组,具有坐标属性,根据维度可分为一维 wave、二维 wave、三维 wave 和四维 wave。是 Igor 下最基本的概念。

wave 坐标

wave scaling,用于描述 wave 的坐标属性。wave 中每一个数据都对应一个坐标值。坐标有 x 坐标、y 坐标、z 坐标和 t 坐标,分别对应 wave 的 4 个维度。利用 SetScale 命令可设置修改坐标范围。

XY wave

绘制曲线时,x 坐标值用专门的 wave 指定,这样的一对 wave 叫作 XY wave。

free wave

不属于 Igor 数据目录系统的 wave。free wave 生存期完全依赖于指向它的引用。

数据文件夹

Igor 中数据的组织方式。Igor 中的 wave、Variable 和 String 存放在数据文件夹下。数据文件夹可以嵌套,在程序里可以编程访问。访问数据对象需要指明数据的路径,不指明则在当前数据文件夹中寻找指定名称的数据对象。

Graph 图

一般专指一维 wave 的绘制窗口,即曲线绘制窗口。

Image 图

一般专指二维 wave 的绘制窗口,且用假色图来表示数据的大小。

Contour 图

一般专指二维 wave 的绘制窗口,且用等高线来表示数据的大小分布。

Surface 图

曲面绘制窗口，数据源是一个二维数据。

Gizmo Plot

利用 3D 绘图技术呈现数据，Igor 下 3D 绘图技术称为 Gizmo Plot，基于 OpenGL 技术。

外观

Appearance，特指对数据呈现方式的设置，包括线型、图形标记、颜色等。

刻度线

Ticks，显示在坐标轴线上与坐标轴垂直的短线。

刻度标签

Ticks Label，显示在刻度线旁边的标签，一般为数字，描述刻度线的位置或其他含义。

坐标轴标签

Axis Label，显示在坐标轴旁边，用于对坐标轴说明的文字或者图形。

图形标记

Marks，特指一个用于表示数据的小图形，如一个圆圈、一个实心方块、一个叉等。

程序窗口

Igor 中用于代码编写和调试的窗口。按 Ctrl+M 组合键打开内置程序窗口。

程序文件

用于存放 Igor 代码的文件，以 ipf 为扩展名存放于计算机存储介质里。

编译

将程序窗口里的代码编译成较底层的机器指令。函数必须在编译后才能使用。

命令行窗口

Igor 中一个特殊的窗口，相当于 Igor 里的命令交互解释器，可以执行合法的 Igor 表达式，由命令行输入窗口和历史命令行窗口组成。利用 Ctrl+J 组合键可以调出命令行窗口。

记事本

Note Book，Igor 中的文本编辑器，支持纯文本和富文本编辑。

脚本

一系列合法 Igor 表达式的集合，由关键字 Proc、Macro 和 Window 等声明，解释执行，速度较慢，但是编程简单方便。

生成脚本

Recreation Macro，一系列 Igor 命令的集合，通过执行这些命令能够重建程序面板、Graph 图、Image 图和 Contour 图等。生成脚本一般由 Igor 自动创建。

内置函数

Igor 的内置功能，具有明确的返回值和一个参数列表，完成某项具体的运算。如 sin(v) 返回正弦值。内置函数不能单独作为表达式，必须处于赋值号右边或者能够接收返回值的位置。

自定义函数

合法 Igor 表达式的集合，由 function 关键字声明，具有返回值，必须在编译后才能使用。自定义函数可以单独作为表达式。

钩子函数

Hook Function，分为窗口钩子函数和用户自定义钩子函数。钩子函数能够响应特定的事件和操作，如打开新文件、鼠标移动、键盘按键等。利用钩子函数可以极大地提高程序的灵活性和处理能力。

命令

Igor 内置功能，完成某个特定操作，无明确返回值，一般都具有较为复杂的命令参数和标记。

标记

命令的控制参数，用于对命令的行为作出限制或者要求，一般由斜杠加一个或者几个字母组成，如/Q 标记表示不向历史命令行窗口输出信息，/Z 标记表示忽略错误等。很多标记可选。

标记参数

命令的标记所带的参数，如 Make/N＝100 中 100 表示标记/N 的参数，它指明创建的 wave 长度为 100。

命令参数

命令操作的对象，如一个数，一个 wave 等。如 SetScale［/I/P］dim，num1，num2［，unitsStr］［，waveName］…中，dim、num1、num2、unitsStr、waveName 都是命令参数。标记，标记参数和命令参数在本书中有时也被统称为参数。

符号路径

存放操作系统文件目录的变量。通过符号路径可以访问操作系统提供的资源，如读取文件等。

顶层窗口

Igor 是一个多窗口程序，位于最前端的窗口叫作顶层窗口。很多命令和函数都默认操作顶层窗口。

全局对象

Igor 中会永久保存的对象，如存放于数据文件的变量、wave、没有关闭的窗口等。

Proc Picture

程序图片，由 Picture 关键字声明的一段 ASCII 码字符，以文本的方式存放图片。Picture 可保存在程序文件中，可被控件用来作为外观图片。

Igor Pro 常用快捷键

快捷键可以帮助用户提高工作效率，Igor Pro 中常用的快捷键如下。

Ctrl+S

保存实验文件。处理数据一定要养成随时保存的习惯。

Ctrl+F、Ctrl+G、Ctrl+H

查找命令。很多不同的对象都支持查找，Igor 会根据查找环境的不同调整对应的查找对话框，除了 Procedure、Notebook 之外，DataBrowser、Table 等也都可以通过 Ctrl+F 组合键进行查找。Ctrl+G，再次查找相同的内容，在程序中多处相同的地方需要修改时，可使用这个快捷键。Ctrl+H，自动查找选择的内容(不会跳出查找对话框)。

Ctrl+J

打开或者使命令行窗口位于最前端。Igor 是一个多窗口程序，一个数据处理文件中经常有很多的窗口，彼此重叠，利用这个快捷键可以将命令行窗口调到最前端显示，方便输入命令。

Ctrl+M

打开内置程序窗口。任何时候，输入代码均可按此快捷键。

Ctrl

按 Ctrl 键，单击主菜单【Windows】按钮，会列出最近打开的窗口，包括程序文件。写程序时在不同的程序文件之间切换利用这个功能会很方便。利用 Ctrl 键还可以打开多个实验文件。双击打开 pxp 实验文件时，如果已经有打开的实验文件，Igor 会提示保存已经打开的实验文件，然后打开新的实验文件，即默认只能打开一个 Igor 实例(简单来说就是运行 1 个 Igor 程序)。双击的同时按 Ctrl 键可以突破这个限制，或者按 Ctrl 键，右键选择打开。

Ctrl+Y

打开一个能对窗口操作的面板，操作一般包括两项：给窗口命名；创建或者更新窗口生成代码(Recreation Macro)。创建的生成代码位于内置程序窗口中，编程中经常使用。

Ctrl+Enter

执行程序窗口(或 NoteBook 窗口)中被选择的命令行。Igor 内置帮助文件中有大量的示例代码，都可以按照这个方法执行。

Ctrl+A

Graph 操作快捷键,用于自动设置坐标轴范围,自动设置的方式取决于 SetAxis 命令的设置(也可在【Modify Axis】对话框的【Axis Range】选项卡下进行设置),默认设置为 wave 对应的坐标范围。这个快捷键通常用来恢复坐标轴的默认最大范围。

Ctrl+I

Graph 窗口操作快捷键,在 Graph 窗口下打开一个小面板,可以给曲线或者 Image 添加一个光标(Cursor),小面板中自动显示当前光标处对应的值和坐标信息。Igor 6 最多添加 2 个光标,Igor 7 最多添加 6 个光标。

Ctrl+T

在 Graph 窗口或者 Panel 窗口左侧打开一个绘图工具条,可以在窗口绘制图形,添加控件。

Ctrl+D

复制窗口,Table、Graph、Panel 都可以复制,还可以复制 DataBrowser 中的数据对象。利用这个快捷键可以方便地做备份。如对某个 wave 进行实验操作,在 DataBrowser 中选择该 wave,然后按 Ctrl+D 组合键,则自动创建一个备份。

Alt

按住 Alt 键可直接删除数据文件夹中的对象,关闭窗口,无须确认。另外,按 Alt 键,拖动数据文件中的对象,可以将一个数据文件夹中的对象复制到另一个数据文件夹,如果没有按 Alt 键,数据会被移入新的数据文件夹。

Ctrl+F1

程序窗口中在当前位置自动插入函数和命令行模板,编程时很方便(Igor 7 不支持)。

Ctrl+Z

撤销操作。Igor 6 对 Ctrl+Z 组合键的支持很有限,绝大多数时候仅能撤销一次。

Igor Pro 新版本特性

本书以 Igor 6.37 为基础,截至 2023 年 3 月,最新版本^①为 9.01。

与 Igor 6.37 相比,新版本添加了一些新的特性,介绍如下(更详细的介绍请参阅官网 https://www.wavemetrics.com)。

1. 整体方面

(1) 与 Igor 6 系列比较,新版本软件几乎全部重写,大量的函数和命令重写,执行速度和效率大大提升。

(2) 支持无限制的 undo 操作。

(3) 采用 UTF-8 编码,可正常显示中文等非 ASCII 字符。

(4) 对多线程的支持更加全面。

2. 绘图方面

(1) 3D 绘图能力大大加强,Gizmo 3D 绘图程序全部重写,内置为软件功能的一部分(以前是 XOP 扩展,并非 Igor 本身内置功能)。

(2) 在设置数据颜色的基础上增加了透明色,即在以前 r、g、b 的基础上加入 α 分量,可描述颜色的透明程度。这个功能非常强大,实现各种图表特效更加方便。

3. 数据管理

数据浏览器内化为软件功能的一部分,功能非常丰富,类似于 Windows 资源管理器,除了显示数据对象名字外,还能显示创建时间、大小等信息,并可以按照这些信息排序。以前的数据浏览器 DataBrowser 其实不是 Igor 的内置功能,而是一个 XOP 扩展。

4. 编程方面

(1) 命令行窗口支持语法高亮。

(2) 程序窗口显示代码行数。

(3) 程序窗口可以显示所有的函数和数据结构等。这是一个很大的改进,查找函数非常方便。

(4) 函数定义可以使用 C 语言的程序设计风格,使得熟悉 C 语言程序设计的用户更容

---

① 这里列出的新特性在 Igor 7 以后版本中都支持。

易上手。

（5）在代码编写方面支持外置编辑器，如 UltraEdit、Vim 等。Igor 会自动更新程序文件。但是外置编辑器不能自动检查语法错误，无法在线查看帮助系统。不建议使用外置编辑器。

5. 其他

（1）新版本更好地支持 Windows 10 操作系统和高分辨率显示器。以前的 Igor 6 系列在 Windows 10 下运行时，会出现一些问题，如显示太小、无缘无故崩溃等，Igor 7 及以后版本不存在这样的问题。

（2）Wavemetrics 公司仍然提供 Igor 6 系列及其以前版本的下载，但已经停止了对旧版本的更新和维护。

Igor 不同版本之间的兼容性一直做得很好。新版本的提升更多地体现在性能和使用体验上。本书介绍的全部内容在所有 Igor 版本中都适用。